U0031124

工藝琴酒全書

·歷史 × 製程·

全球夢幻酒款與應用調酒

鄭哲宇
Soso

著

「透過哲宇精闢的文字敘述，帶領著我們穿越時空。
一探琴酒的過往、現今及未來；一邊閱讀，一邊會時
不時的信手拈來一瓶琴酒，混合著自己所喜愛文字裡
橋段的氛圍，細細品味琴酒、歷史與自己共譜的迷人
滋味。」

—— **Aki Wang 王偉勳**

華人雞尾酒教父、三次世界調酒冠軍、全球百大酒業最具影響力人
物、世界及亞洲 50 大酒吧 Indulge Bistro 創辦人

「琴酒正夯？琴酒又流行了？其實琴酒早已經紅了幾
百年，也從來沒有退流行過！

《工藝琴酒全書》幾乎囊括了所有有關琴酒的知識，
從原料、釀造、蒸餾、種類；從產地、國家、品牌、
特色，甚至飲用到調配方式，皆鉅細靡遺一一道來。
書後段更是把大家熟知的經典調酒從典故、用酒、
份量和調製訣竅也寫得一目瞭然，兼具故事性和實用
性！

《工藝琴酒全書》是每一位對酒有興趣的人，不論賣
酒的人、愛喝酒的人，尤其是每一位調酒師，當然對
知識有愛好的人，都該人手一本！很樂意看到愈來愈
多優秀的人才投入調酒這個行業，不但將實務跟知識
結合，也讓更多人將正向聚焦在調酒師身上！

感謝 SOSO 花了這麼多的時間跟精神完成了這本好
書！」

—— **王靈安**

資深調酒師

「告訴你必須人手一本，我認為都太委屈這本書了。吃了大把鹽和味精是什麼感覺？我看完後口乾舌燥，迫切地想喝幾口冰涼琴酒解心裡的渴，如此無以名狀。」

—— **尹德凱 & AHA 團隊**

World Class 調酒大賽亞太冠軍、全球季軍知名調酒師、AHA Saloon 創辦人

「終於，我們等到了第一本華文的琴酒專書，而作者正是華人世界撰寫琴酒專書的不二人選。」

—— **謝博文**

《日本威士忌全書》譯者，專業威士忌、琴酒進口商負責人

「身為一個歷史與酒精的愛好者，特別著迷於『蒸餾』這個概念，再加上植物的個性，交織成琴酒迷人的特質。」

—— **工頭堅**

米飯旅行社「酒鬼巴士」創辦人

在琴酒之路上

葉怡蘭

飲食生活作家
蘇格蘭雙耳小酒杯執持者 Keeper of the Quaich

展讀此書過程裡，忍不住頻頻回憶，究竟是何時開始跌入琴酒的醉人懷抱？

我想，最早應可回溯到 2012 年秋天，在東京的「Y&M Bar KISLING」，已然故去的調酒大師吉田貢的吧台前；一杯敬慕憧憬多年、已成消逝傳奇的「吉田馬丁尼」，那水般清澈透明，卻又習習綻放的奔放香氣和華美層次，如此澄淨、卻又如此多芳，職人魂在漫漫數十年裡點滴凝鍊而成的絕高境界，自此開啟了我對馬丁尼的追逐熱情，以及對這經典調酒中之核心神髓 —— 琴酒的好奇。

然後，2014 年，另位我同樣景仰的匠人，蘇格蘭 Bruichladdich 威士忌蒸餾廠前任總製酒師 Jim McEwan 於退休前最後一次來臺，除了發表最新作品，還帶來了酒廠推出的琴酒：蒐集酒廠所在地、也是 Jim 的摯愛與歸屬之地的艾雷島上二十二種植物，萃取蒸餾而成的「The Botanist Islay Dry Gin」。

現場試飲，溫和但沉著的杜松子氣息中，花香果香妍媚明亮；剎那憶起多年前的艾雷島之訪，春末夏初，這原本凜冽靜默之島上，原野間遍開芳花，那畫面那印象，就和這酒一模樣。

那刻，我真正意識到，琴酒的世界，已經不一樣；在地工藝琴酒的年代，已經風火烈烈來到。

再不單單安於調酒基酒的角色，而從素材、蒸餾、浸漬、萃取到調配都有專精有講究，丰姿風貌多端；最重要是，緊隨全球風起雲湧、也是我在各類食飲領域裡最是著迷沉醉的思潮，開始展現出豐富的「在地性」── 因原料植物使用的開闊多端、無所制限，遂各國各地紛紛從本有自有植物出發，醞釀出結合在地風土、飲食人文特色的酒款，多樣紛呈、百花齊放，

誘得我自此一步踏入，流連忘返。

然而，和我同樣留戀的其餘酒類，葡萄酒、威士忌、白蘭地、清酒、燒酎截然不同，琴酒的世界，實在複雜。

正因這素材使用的全然開放，配方與風味於是無窮無際無邊，再加上分佈版圖簡直光速般遼廣擴散，難能歸類歸納推敲捉摸，每一款琴酒，不開瓶嚐飲，便無從論斷其路數風格樣貌；且還不光只是純飲，調飲又是另門獨立學問，讓置身這繁華大千之境的我，著實眼花撩亂，吃足了苦頭。

這當口，我發現了 Soso 縮梭 ── 總是在上天下地狂搜瘋找資料找酒時，不斷撞進他的部落格與臉書，於是，就這麼自然而然落腳下來，一路乖乖追讀他的各種發表，直到現在；甚而因緣際會參與「推坑」了這本書的出版。

此際，全書在手，細細讀來，一方面如我的預期、另方面又出乎預料：如我預期是，果然從歷史、製程、原料、分類以至經典調酒，所有有心入門者所需要的知識全都扎實翔實羅列、說解，非常實用；預料之外則是，竟然涵括了這麼多的酒款！「沒辦法，他說無法割捨任何一款……」編輯悄悄哀嘆。

我懂。那是一種，恨不能將平生痴愛的所有傾囊分享的火般情熱和願望 ── 讓我顧不得編輯的焦頭爛額跳腳，禁不住多生事端，央求把竟未收錄，卻是我向來愛看的，他的個人品飲心得和思考再加上去。

成為一本、我想應該也是國人親手書寫的第一本琴酒寶典、大全、指南，以及，願和我一起，沉醉徜徉在這浩瀚無涯酒海裡的人們的一盞明燈、一位良伴。

最厲害的「八天德」，
最廣袤的琴酒天地

~~~~~~~~~~

邱德夫

蘇格蘭雙耳小酒杯執持者 Keeper of the Quaich
《威士忌學》作者 /《財訊雙周刊》「威士忌狂想曲」專欄作家
「台灣單一麥芽威士忌品酒研究社」第三任理事長

先聲明，我不懂琴酒，免得捱罵撈過界。不過就是因為不懂，所以想找書來學習，但正如我所料，國內找不到任何中文書，只得上網隨意抓了兩本，分別是我們熟悉的大鬍子作家 Dave Broom 所著的 "Gin: The Manual"，以及 Tristan Stephenson── 一位很厲害的「八天德」（bartender）所寫的 "The Curious Bartender's Gin Palace"。兩本書遠渡重洋的寄到手中時，我得意洋洋的在臉書上宣告本人即將開始認真研讀琴酒；但實際翻開，才感覺超級頭痛 ── 因為「琴酒」一旦扣除掉我略懂的「酒」，其餘竟全都是植物！對於居住在都市森林的酒徒我而言簡直比天書還難，何況還是英文原版，只得默不吭聲的放棄這項高大上的讀書計畫。

但是有人不放過我。我的編輯樹穎小姐在怡蘭的慫恿下突然問我，是不是有可能翻譯隨便其中之一？我說不要啦我最討厭翻譯，因為得遷就作者的思想和文風，不過，我告訴樹穎，我知道國內有某人在過去幾年間，已經蒐集累積了大筆資料和文字，由他來撰寫，一定更接地氣也更生動活潑，而比起國外那些知名作者，更是有過之而無不及。那……是哪位厲害人物啊？

所謂高手在民間，在網路不發達的舊石器時代，這些隱姓埋名的高手只能藏諸山野，一世獨孤求敗，但是網路提供了一個宣洩出口，讓每個細微專業裡曖曖含光的珠玉都能讓人看見，而且一曝光便驚世絕艷，本書作者便是其中

之一。有趣的是，我從來就不知道他的本名，只知道 FB 的暱稱「鄭縮梭」，至於這個奇怪名號的由來我從來沒問過，但猜想或許是來自英文名 SO-SO，也就是聳聳肩、一般般、馬馬虎虎的意思，應和著作者隱於市的謙沖個性。

說起來，深居簡出、不混酒吧的我本來也不算認識縮梭，網路無遠弗至，聊得開心但見面不識的情況時常發生，不過我不僅識得縮梭本人，但更認識的是他書寫六年的部落格 Gin Side (http://ginvans.blogspot.com)，以及在 FB 所成立的「無以酩狀」粉絲專頁。請讀者們注意，這兩方網域可說是琴酒的寶地，讀者搜尋後請立即、馬上加入書籤，因為你手上這一本書絕不會是縮梭探索琴酒的終點，後續更廣大的天地還待他持續鋪陳。

至於 Soso 那家藏身於文昌街、門面並不顯眼、分內外兩部分的 Sidebar，外酒吧提供一般調酒，但說出密碼並推開一扇鐵門後，便能真正踏入這間宛如禁酒令時期的 Speakeasy，被譽為全台北，不，全台灣最瘋狂的琴酒吧？！放眼望去，吧台後方是來自世界各國、一千多種珍奇的琴酒，而站在吧台裡優雅的調製調酒的「八天德」，便是作者本人。讀者可以好好瀏覽一瓶瓶利用不同植物、蔬果和不同製法製作的琴酒；如果跟我一樣都不認識也沒關係，縮梭會從開天闢地講起，帶領你進入他的琴酒天地。然後，不妨請他以任一種琴酒為基酒，調製一杯最適合你今晚心情的調酒，去領略為什麼琴酒在近年來成為全球最夯的酒種。

對了，我有提到縮梭白天的本職工作是軟體工程師嗎？而他的大志願便是每個月快閃出國一趟，快去快回的參訪世界各地的琴酒廠？這一切只證明，琴酒之於縮梭絕對是真愛，而這一份執著與迷戀，全都灌注在這本琴酒書裡。所以，不必再理會我的胡言亂語了，請翻開扉頁，跟著縮梭一頭栽入琴酒的世界。

老酒空認證：
治病治心，皆有奇效

～～～～～～～～～

Soac 索艾克

電視主廚

從一杯琴湯尼開始的友誼。

琴湯尼（Gin Tonic），一個多漂亮的翻譯，從選字就別致素雅，彷彿有著旋律感的飲料。酒譜豐富的調酒向來不是我的首選，喝起來太累人；相反的，我喜歡簡單的琴湯尼，點起來也帥，有著經典老派的傲氣。

愈簡單的東西，其實難度愈高，就像料理一盤炒飯看似簡單，其中細節和眉角若沒掌握好，缺點反而看得更明顯。

認識 Soso 這十幾年（究竟為何我們兩個的外號同名啊？），每次見面都是請他幫我調一杯琴湯尼開始，永遠的清爽暢快，不曾失手。

從最早常見的英人牌琴酒，到各種歐陸出產的稀奇酒款。每一次，他都誤以為我是酒博士，眼睛發著光的向我介紹，這回又端出什麼琴酒和罕見的通寧水做搭配。殊不知我只是個貪杯的過客，心裡想著請他快把酒端上來，我好渴。

也是因為他的介紹，才打開我對琴酒的大門，慢慢品嘗其中細緻的花語曼妙。我跟他一樣都算半路出家，這種人最偏執了，一旦確定自己的興趣，可以當作賴以為生的工具，便著了魔的發狂研究。

說真的我很好奇，他對琴酒的喜好究竟有多麼發狂入迷，才有心力完成這一本談琴酒的經典指南？內容紮實富具考究，很學院派的玩法，真的很狂。省去我翻譯原文，或是在茫茫網海中搜尋不知真偽資料的時間。

這本書裡，他將職人精神和琴酒狂粉的個性，發揮得淋漓盡致，連老酒空如我讀起來都嘖嘖稱奇。這是一本工具指南，也是一本字典，更是一本你毫無調酒靈感時，隨意翻起即可變化出迷人飲品的調酒書。

琴酒從古至今，都是被當作功能性的藥劑，從前治身體的病，現在治心病，特別是在有陽光的午後服用，個人驗證十足有效。

愛琴釀的酒，準不會出錯啦！

讓 Soso 的琴酒，
實現你的願望

～～～～～～～

個人意見
作家

我記得那一天跟一群人去參觀一個台灣本地的小釀酒廠（想不到吧，但我個人對各種事物被做出來的過程，都充滿了無窮的好奇心），釀酒廠的老闆拿出幾種蒸餾好的原料，請 Soso 現場調配出他覺得理想的比例，關於台灣本地產琴酒該有什麼樣的氣味，那是柑橘、桂花、芒果，跟其他我不明瞭的氣味（說實話，後來我有點醉了）。

人在解釋世間的時候第一是利用自己的世界觀去解讀，我在看他調配比例時，覺得很像寫作，寫作純粹以技術來說，就是把所知所擁有的素材，經過調配，產生出一個作品來，沒人有辦法寫出超出知識範圍的東西，就像調配琴酒一樣（或者調配各種以琴酒為基底的調酒），技術上沒有辦法超出素材的限制。

這說法聽起來合理，但就除了我們身為寫作的人，真的會訝異自己怎麼能寫出這樣的東西，調酒的人也會訝異（或喝的人會訝異），能夠把這些看似平凡或不搭配的材料，變出一個令人驚喜的味道，成為一個難忘的體驗。

人第二種解釋世間的方式，就是當無法解釋的時候，我們便創造出神話。神話有其壯麗輝煌的系統，有歷史，有知識，這本書寫的是琴酒的身世，是琴酒的變化萬千，但是就像科學家無法在實驗室裡創造出生命的起源，琴酒是

在無數歷史的必然與巧合下，產出的物品，所以它有千種風貌，它的味道用顏色來比喻會用盡光譜裡的所有色彩，它多半是透明無色的液體，而那個液體裡面可以承載無數的意義和想像，可以啟發、療癒和創造。

每個人都有一本書的額度，不是看，而是寫，至少一本，每個人都至少有一樣熱情、一個人生事蹟，可以寫一本書，Soso 的第一本書寫的就是琴酒，這本書從琴酒的歷史到不同的風味，一樣的材料，但在不同人的手裡可以有各種充滿性格的變化，這是一個深情的人向你講述他摯愛的事物，而你除了讀到，還能嚐到，讀與嚐增益了彼此，你理解了歷史與各種不同的琴酒，那品飲便多了一層深度，你喝過他的調酒，對理解這本書又多了一份感情。

尼爾蓋曼的《美國眾神》寫眾神入凡間，裡面有個中東的精靈到了紐約，變成一個計程車司機，我一想到這個造意就覺得妙不可言，因為精靈會實現願望，而每個上計程車的人跟精靈說的願望，都是「我要到那個某處。」那個精靈很不快樂，但如果他是一個調酒師呢？也許他會快樂得多。

Soso 知曉千百種琴酒背後的身世來歷，每一瓶每一廠最細微的味道與差異，他知道這個時令該當是什麼，他知道不同釀酒廠的山水風土，他知道什麼該與什麼搭配。

書的序言並不好寫，但其實只要這句就夠了：打開這本書，推開這道門，在吧台點一杯酒，告訴他，你的願望。

用琴酒閱知
人生百味

〜〜〜〜〜〜〜〜

自序

獻給我的父親，以及一直叫我不要喝太多的老媽。

為什麼特別喜歡琴酒？這是我一直以來最常被問到的問題。

其實什麼酒我都喜歡，喜歡酒裡的滋味韻緻，也喜歡飲酒時放鬆的氛圍；真要說為什麼，那就是因為我容易著迷 —— 著迷每款琴酒背後的故事，著迷琴酒酒瓶的設計，著迷琴酒入喉的滋味，尤其是著迷每次親訪酒廠時，蒸餾師們充滿熱情的介紹說明，彷彿他們用琴酒就能構建出宇宙。

就跟所有日漸生情的愛戀一樣，久了就在心底扎根般難以脫身。

從小看著父親喝酒，也看著他喝醉失態，暗自告誡自己千萬得要滴酒不沾。長大後進入職場當了工程師，利用閒暇到酒吧打工開始喝起酒；當時的老闆韋伯教會我關於調酒與酒類知識，他說將來這些都會成為生活裡的情趣。站在吧台後看出去的旁觀者視角，有人落寞有人欣喜，有人沉默有人喋喋不休；時而插上幾句話，讓自己恰如其份地當個場景中的配角。

突然我好像慢慢看得懂父親酩酊的身影。

後來認真的喝起琴酒，建了粉專，在部落格寫些介紹，甚至訂了一個月參觀至少一間酒廠的年度目標。琴酒不只是琴酒，概念發想、原料採集、浸泡蒸

餾、瓶身雕琢，用科學呈現感性，理性地詮釋藝術；過去被認為老派無趣的琴酒，如今翻玩出眾多樣貌，可以沉穩可以輕鬆，能夠清爽也能醇厚，不管用來調酒或者純飲，滋味總是百般不同。

最喜歡哪款琴酒？我沒有辦法只對單款琴酒鍾情，就像香水、衣著配件，得視場合或是心情調整當下的穿搭；當然有些人能夠從一而終，但對於琴酒方面我不是。每款琴酒在同樣調酒裡表現的深淺差異有時候無關好壞，取決於每個人從中能不能符合潛意識裡的期待；有人喝到驚喜，有人喝到驚嚇。我會說那是與這瓶琴酒的緣份，彼此都不必強求。

參觀酒廠成為我近年來旅行的主軸，有時候搭飛機快閃三五天，曾經有過瘋狂的當天來回，只為了親訪幾間酒廠；小資上班族的特休假期有限，存款也常捉襟見肘，但是換來每次與酒廠人們對話的滿足總是難以度量。他們會把自己與酒廠的故事說上一遍，帶你站在閃亮耀眼的蒸餾器面前告訴你自家琴酒如何用它變出戲法；倘若夠幸運，還能嗅飲到剛蒸餾出來的酒液，一邊被叮囑著：小心，這可是高濃度酒精！有時候蒸餾師會分享還在研發中的試作品詢問意見，充滿好奇地談論臺灣有沒有些特殊香料或植物能夠用來做琴酒。

當你親身漫步在那座城市或小鎮，經歷過當地的生活，似乎就能稍微瞭解是什麼讓這款琴酒成形。閱讀是字句上的旅行，旅行則是視界裡的閱讀，而飲食便是閱讀與旅行的具象載體；透過邱德夫大哥介紹，我得以將一路行腳見聞到的琴酒抒寫成文字並出版，分享所知的一切給讀者們，心底的感激與喜悅實在難以言喻，只好替自己再倒杯琴酒純飲，感謝提攜相挺的許多朋友以及這份幸運。Cheers！

PS. 書中的中文譯名部分可能與臺灣代理商實際使用名稱不同，已盡量保持一致不造成大家困擾。

The Story of Gin
琴酒的故事

｜ 附　　*The Appendix*　　錄 ｜

02

World-famous Gins
風靡全球的夢幻酒款

03

Classic & Signature Cocktails
經典調酒與原創調酒

part O1

The Story of Gin

琴酒的故事

將大千世界的多元味道、人類對於風土自然的極致
想像，融入小而廣的杯中宇宙。

琴酒的歷史

The History of Gin

from medicinal alcohol to industrial arts

從藥用酒到工藝浪潮

近年來琴酒浪潮席捲世界各地，除了傳統琴酒大國荷蘭與英國，各大洲的酒商紛紛添購或使用現有設備製作琴酒，發揮無窮想像與自家優勢，表現細膩的風土層次，風味多變令人驚喜，不僅原料各擅勝場，瓶身設計琳瑯滿目，許多餐廳、酒吧，甚至連博物館也與酒廠推出聯名款琴酒。

相對其他酒類，琴酒較沒有太嚴格的限制，人們喜愛琴酒，也許是被如同香水似的氣味吸引，又或許是被入喉的百般滋味撥撩，連美不勝收的瓶身，也可能是讓人忍不住想帶回家收藏的主要原因！

來自琴酒聖地 ——— 英國的海曼系列(Hayman)倫敦琴酒,經典的基礎原料有十種。

源自大航海時代

　　回到琴酒最簡單的定義,即是「浸泡過杜松子的烈酒」,酒精濃度則依各國法規有所不同。歐洲在 1989 年首度制定琴酒規範,之後曾陸續修訂,2008 年之後未曾變動,直到 2019 年才又稍做調整;澳洲則在 1987 年、美國在 1991 年、加拿大在 1993 年,都各自對琴酒制定規範並沿用至今。

　　琴酒的起源可上溯至十五～十七世紀的歐洲大航海時代,各處的東印度公司將產自東方的香料、中國茶葉等異國風土特產帶到西方,並成為各酒廠生產琴酒的部分原料。時至今日,琴酒百花齊放、種類繁多,簡單來說,有不甜的辛口琴酒 (Dry Gin)、歐盟規範地區生產的地域限定琴酒 (Geographical Indication Gin)、酒精濃度偏高的海軍強度琴酒 (Navy Strength Gin)、略甜的老湯姆琴酒 (Old Tom Gin)、不特別強調杜松子氣味的當代琴酒 (Contemporary Gin)、桶陳過的熟成琴酒 (Matured Gin)。1860 年代,調酒風氣日盛並成為一項專職,琴酒的飲用隨著酒吧及調酒師們開枝散葉,以琴酒為基底的調酒,舉凡馬丁尼 (Martini)、內格羅尼 (Negroni)、琴費士 (Gin Fizz) 等皆跨越時代而成經典。

英國大廠英人牌琴酒（Beefeater Gin）的酒廠導覽入口。

中古歐洲人的「防疫配方」

　　古埃及人採集杜松子治病，或浸泡於油膏製成精油使用。古羅馬學者老普林尼 (Pliny the Elder) 於西元 77 年的著作、被視作西方古代百科全書的《博物志 (Naturalis Histoia)》，曾多次提及杜松子消脹止咳的療效。

　　大約在九世紀，蒸餾技術從阿拉伯世界傳進歐洲，義大利薩萊諾地區 (Salerno) 有少數修道士運用此法提煉酒精並藉以保存草藥，醫藥教學機構也教授相關知識；這些草藥就包含杜松子。當時的醫藥論著《薩萊諾藥理概要 (Compendium Salernitanum)》收錄一款以水果酒浸泡杜松子的配方，被視為杜松子酒的前身。許多杜松子複方也常被用以治療胃腸、肝腎，1269 年荷蘭文的《自然花卉 (Der Naturen Bloeme)》，也曾介紹松杜子等各類藥用草本植物。

　　十三世紀時，曾在歐洲最古老大學之一、法國蒙佩利爾大學任教的阿諾德‧諾瓦 (Arnaldus de Villanova)，有系統的以葡萄酒蒸餾出生命之水 (Aqua

Vitae)，這也被認為是現今白蘭地 (Brandy) 的原型，並浸泡藥草飲用以達到療效。隨後十四世紀歐洲陷入黑死病恐慌之中，許多人購入杜松子露 (Juniper Cordial)，以為能夠預防病疫；當時治療黑死病的瘟疫醫生 (Plague doctor)，除了穿黑袍、戴手套，還會在造型奇妙的鳥嘴面具裡塞滿杜松子等藥材，用以抵抗病源並掩去腐臭氣味。

瘟疫醫生全副武裝並不是為了戲劇效果，是為了防疫，鳥嘴中還會塞杜松子等藥材。

（圖片來源 Wikimedia Commons,Credit: Wellcome Library, London. Wellcome Image, http://wellcomeimages.org）

從麥酒到杜松子酒

經義大利傳遍歐洲的蒸餾技術，在十六世紀更為成熟。適逢低地諸國 (現今荷比盧、法國北部及德國西部) 的葡萄欠收，人們改用穀類作物發酵，再蒸餾取得更高濃度的酒液；而當時因為印刷普及，蒸餾知識的傳播更為便利。早期的蒸餾產物較為粗糙，荷蘭人將這些低度酒 (Low Wine) 透過二次蒸餾得到更純淨強勁的烈酒，這些用穀類製成的烈酒被稱作麥酒 (Malt Wine)。

在麥酒之中增添杜松子風味，就成為杜松子酒 (Genever)。

目前已知最早的杜松子酒作法文獻，是 1552 年安特衛普的醫師菲利普斯・赫曼尼 (Philippus Hermanni) 在其著作《康斯特里克蒸餾書 (Constelijck Distilleer Boek)》中提及，以及 1560 年代，法國新教胡格諾教派避居法國北部法蘭德斯 (現今為比利時三大區之一)，當時亦留下杜松子酒的紀錄。

不過直到 1575 年 2 月，荷蘭萊登大學的創辦人西爾威斯・德布維教授

(Sylvius de Bouve) 把杜松子精油添加至麥酒裡，並稱為「Genièvre」（另稱 Jenever、Genever、Peket)，他才是被公認為確立杜松子酒名稱的人。1595 年他將配方賣給波爾士家族 (Bulsius) 設立於阿姆斯特丹的波士酒廠 (Bols，1575 年成立)。

壯膽良方：荷蘭的勇氣

1585 年，英女皇伊莉莎白一世派遣英軍協助荷蘭對抗西班牙，之後的「三十年戰爭」(1618 ～ 1648 年) 由英法荷聯手和神聖羅馬帝國對壘，軍人上戰場前總習慣喝點杜松子酒暖身或壯膽，因此別稱「荷蘭的勇氣 (Dutch Courage)」，被喻為借酒壯膽之意。

1602 年，荷屬東印度公司 (Vereenigde Oost-indisch Compagine，簡稱 VOC) 成立，專門處理亞洲殖民地的貿易事宜；同年，歐洲第一間證交所在荷蘭鹿特丹 (Rotterdam) 成立，荷屬東印度公司被認為是世界第一間發行證券的跨國公司。往來各洲的船員們每日都能配給 150 到 200 毫升不等的杜松子酒，連帶影響了各地的荷屬殖民地也廣泛飲用。

荷屬東印度公司為歐洲帶來豐富的東方茶葉、糖、草藥及香料，鄰近鹿特丹的斯希丹 (Schiedam) 得地利之便，從小漁村變成歐洲穀類與異國物產交易中心，更發展出許多像是諾利 (Nolet，1691 年建廠)、赫曼楊森 (Herman Jansen，1777 年建廠) 等酒廠；十七世紀時共三十七間酒廠，沒幾年倍增至兩

荷蘭斯希丹的杜松子酒博物館。

荷蘭斯希丹的諾利酒廠 (Nolet Distillery) 外的風車，現作為酒廠導覽中心。

百五十餘間，到 1880 年代極盛時期甚至有四百多間酒廠！整座城鎮有四分之三的人力都投入杜松子酒生產線，涵蓋了從磨麥到裝瓶的工序。斯希丹至今仍是荷蘭的杜松子酒產製中心，隨處可見當時用來磨麥的風車磨坊。

　　歐盟目前的法規依然限制僅有荷蘭、比利時兩國全境，以及德國和法國部分地區所產的杜松子酒才能稱作「Genever」，後文會再詳述。

從杜松子酒到琴酒

　　英國人將「杜松子酒 (Genever)」簡化稱為「琴酒 (Gin)」。十七世紀初期開始在倫敦附近港口、普利茅斯 (Plymouth)、樸茨茅斯 (Portsmouth)、布里斯托爾 (Bristol) 等地少量製造琴酒，用作強身健體或藥療；然而啤酒或法國白蘭地依舊才是民眾飲酒首選，蘭姆酒尚未盛行，威士忌僅有蘇格蘭及愛爾蘭人飲用，伏特加則是百年後才自波蘭與俄羅斯引入。

　　1688 年，荷蘭的奧蘭治親王威廉三世跨海出征英國，發動「光榮革命」，迫使企圖將天主教定為國教的英王詹姆斯二世逃亡到法國；1689 年 2 月 11 日繼位成為英王的威廉三世，率領信仰新教的英、荷兩國對抗天主教法國，下令抵制自法國進口葡萄酒及白蘭地。

　　1690 年英國議會通過的「安法案 (An Act)」，鼓勵所有人民皆能使用玉米與其他穀類生產烈酒，以補足法國白蘭地的短缺，並徵收少量消費稅以補貼戰爭花費；農民得以販售大量作物給蒸餾酒廠製酒，也提升政府稅收。1694 年英國「噸位法案 (Tonnage Act)」對船艦載運的啤酒課以重稅，以添補對法九年戰爭的損耗，人民於是選擇改喝較廉價的琴酒。來自荷蘭、與威廉三世系出同源的琴酒，因而成為英國人日常飲用烈酒的大宗，蔚為風尚。

　　英國皇家藥劑師湯姆斯・凱德曼 (Thomas Cademan) 在 1638 年獲准成立倫敦市官方蒸餾酒廠 (City of London Livery Company)，他與旅居英法的瑞士籍醫生兼化學家泰奧多爾・杜克・德梅耶 (Théodore Turquet de Mayerne)，於 1698 年出版的《倫敦蒸餾人 (The Distiller of London)》記載了許多以杜松子為主要原料，佐以丁香、肉豆蔻、乾燥柑橘皮和新鮮莓果製成琴酒的配方。

最古早的琴酒配方

不過目前所知最古老的琴酒配方並非來自英國。

比利時研究杜松子酒的權威 —— 艾瑞克·范舍恩伯格 (Eric van Schoonenberghe) 發現一份 1495 年標題為《製作白蘭地酒 (Om Gerbrande Wynte Maken)》的文章，提到來自荷蘭阿納姆 (Arnhem) 與阿珀爾多倫 (Apeldoorn) 區域的製酒配方：將杜松子、肉豆蔻、肉桂、南薑、天堂椒、丁香、薑、鼠尾草、荳蔻浸泡基酒再蒸餾，被視為現今最古老的琴酒製作紀錄，目前這份文獻被收藏在大英圖書館內。這份配方除了杜松子與鼠尾草也使用多種異國香料，當時經過絲路取得的香料對歐洲國家而言是十分珍貴的物品，只有富人才能夠飲用製作成本如此高昂的琴酒。

值得一提的是，美國調酒專家菲利浦·杜夫 (Philip Duff) 自范舍恩伯格處得知這份手稿，又與幾位烈酒權威及調酒研究名家：戴夫·布魯姆 (Dave Broom)、大衛·旺德里奇 (David Wondrich)、格瑞·雷根 (Gary Regan) 等人合作，他們找上由尚賽巴斯帝·羅比蓋 (Jean Sébastien Robicquet) 和布魯諾·德雷雅克 (Bruno de Reilhac) 兩位蒸餾師於 2001 年在法國干邑區 (Cognoc) 開設的歐酒之門酒廠 (EuroWinegate，EWG)，在 2014 年重現這款 1495 風華再現琴酒 (Gin 1495 Verbatim)，全球僅限量一百組。

琴酒太熱門，引起社會問題

不過真正於文獻紀錄出現「琴酒 (Gin)」這個字詞，是 1714 年出版的《蜜蜂的寓言 (Fable of the Bee)》，當中的詩句描述來自荷蘭、以杜松子製成且惡名遠播的烈酒簡稱作琴酒。1730 年代的倫敦，生產出大約五百萬加侖的烈酒，超過九成都被城市裡的人民喝掉；1725 年到 1750 年間，倫敦市區因為大量酗飲琴酒造成的社會問題日益嚴重，某些地區的嬰兒在兩歲前竟然僅有不到八成的存活率，能活到五歲以上的只有 75%。許多家庭蝸居在破爛欲墜的小屋，路邊攤販與街巷到處有人兜售廉價黑心琴酒，當時約有一萬七千多間私售琴酒小店，還不包含合法商家與酒館。

有母親勒斃自己兩歲女兒，把孩子身上的衣服賣掉換琴酒；有父親忍痛打死才十一歲卻嗜酒成癮、行徑野蠻的兒子……這些誇張嚴重的情況成為英國著名諷刺畫家 —— 威廉·賀加斯 (Willam Hogarth)1751 年筆下的畫作「琴酒巷弄 (Gin Lane)」，描繪倫敦民眾酗酒潦倒情景。當時人們生活困頓，貧弱的母親們甚至沒有自身奶水哺餵嬰孩，在琴酒遠比牛奶便宜的情況下，有些母親

竟然以琴酒代替奶水餵食小孩，此番誇張行徑被稱作「荒唐琴酒娘 (Madam Geneva)」。另外有許多店家為了快速生產廉價琴酒，甚至拿松節油加味做成黑心假琴酒，對健康有所危害，一連串的「琴酒熱 (Gin Craze)」問題使得英國國會必須以法令規範琴酒的製作生產。

威廉・賀加斯 1751 年的畫作「琴酒巷弄」。

(圖片來源 Wikimedia Commons)

六次琴酒法案

首先是 1729 年第一次琴酒法案 (Gin Act)，大幅提高琴酒零售商的執照費用與銷售稅收，但此舉僅打擊到合法酒廠與商家，非法酒廠與商家則毫不受影響；這段時間內在倫敦市區登記有案的琴酒廠就有一千五百間以上，共約一千七百座大小蒸餾器。第一次琴酒法案無效，1733 年提出的第二次琴酒法案額外增加酒類稅收，並禁止攤販銷售琴酒，然而此法卻只是讓賣家改為躲進屋子裡暗地交易而已。

1736 年實施第三次琴酒法案，提高申請蒸餾烈酒執照費用為一年五十磅，在當時是鉅額費用，並再度加重無照營業的琴酒零售商與攤販罰金，不過這項措施十分倚賴告密者才得以取締，也讓倫敦街角暗巷處處成為非法交易的場合。隔年又立法「甜頭法案 (Sweet Act)」提供舉報者獎金，導致許多人包括婦女都被控違法買賣琴酒。過不多時，就不斷傳出告密者被攻擊或謀殺情事，於是 1738 年再度立法對這些攻擊告密者的人處以重罪，並讓警方不需舉證就能進行逮補 —— 琴酒蒸餾及販售更是大量轉向地下化。當時一位名叫

杜立・布瑞斯追特 (Dudley Bradstreet) 的軍官為了規避法規，想出一個私售琴酒的方法：他在窗上繪製黑貓圖案並接上管子，酒客們投錢後，只要聽到屋內傳出貓叫聲且回應的話，琴酒就會從貓嘴管流到酒客自備的杯罐或嘴巴中。

雖然舉報者能夠得到獎金，但是被告密的人卻付不出罰款，這個收支缺口日益變得嚴重。1743 年的第四次琴酒法案，大幅減低販售琴酒執照申辦金額為一英磅，改為提高烈酒稅收，嚴禁酒廠直接販賣產品給公眾；這是首次琴酒法案推動有所成效。1740 年開始、持續數年的奧地利王位繼承戰爭讓英國財務告急，因此，1747 年第五次琴酒法案再度加重酒廠稅額，且發行高價執照讓酒廠得以直接賣酒給民眾，同時也降低啤酒消費稅，稍微改變了飲酒習慣。

1748 年戰爭結束後，歸國軍人不務正業，偷拐搶騙各種犯罪層出不窮，人們將責任都推諉給琴酒；1751 年第六次亦是最後一次琴酒法案，再一次加重酒廠稅額，連帶雙倍收取零售執照申辦金額，限制僅能於酒館與飲酒小吃店銷售琴酒，並提供獎金給通報無照商家的抓耙仔。

1757 年英國農作收穫欠豐、糧食短缺，政府嚴禁穀類出口與蒸餾烈酒，即使來年農收變好，卻仍然持續禁止使用穀類製酒，雖然能夠使用進口糖蜜製作烈酒，但因為成本過高而無法普及。

從琴酒酒精裡逐日清醒的倫敦，開始在各項建設措施之中快速繁榮進步，貧富差距也日趨顯著；即便 1759 年的作物豐收，人們要求政府開放製酒，在道德正義擁護者、教會與中產階級阻撓下仍舊不得其效，直到 1760 年 3 月，才以雙倍稅率再次讓玉米重回蒸餾酒廠製酒。這段時期間接讓蘭姆酒趁勢興起，英國民眾又開始喝起啤酒，琴酒消費量下降約二成，同時也讓琴酒尋找新方向、改走精緻化路線。

工業革命提升了製酒蒸餾技術

英國自十八世紀開始的工業革命不僅在農業、紡織、能源上有重大進步，也連帶推動製酒發展。許多至今仍舊活躍的琴酒品牌在當時一一登場：1761 年的格林諾 (Greenall)、1769 年的高登 (Gordon)、1770 年的布奈特 (Burnett)、1793 年的普利茅斯 (Plymouth)；與此同時，英國皇家海軍把琴酒帶進征途航線，影響西班牙沿岸或地中海小島開始販賣起琴酒並進行少量產製。

1801 年，法國化學家愛德華・亞當 (Edouard Adam) 率先研發連續蒸餾 (Columns)，其橫向連續蒸餾器能夠反覆回流蒸餾提高酒精濃度；1817 年的德國強納森・皮斯托瑞斯 (Johannes Pistorius) 接著發明皮斯托瑞斯欄狀蒸餾器 (Pistorius Still)，能夠取得 85%ABV 以上的酒；1820 年中期，蘇格蘭奇爾佩其 (Kilbagie) 酒廠的羅伯特・司坦 (Robert Stein) 發展出柱狀蒸餾器；1830 年，愛爾蘭稅務官埃尼斯・科菲 (Aeneas Coffey) 又將這種柱狀蒸餾器加以改良，成為如今普遍使用的科菲蒸餾器 (Coffey Still)，並於 1835 年 1 月在都柏林及倫敦成立科菲公司；1872 年約翰・多爾 (John Dore) 自埃尼斯家族手中接管，並更名為約翰多爾同名公司。

蒸餾技術的革新，讓製作琴酒的基底烈酒 (Base Spirit) 在酒精強度與風味有更多選擇，影響琴酒日後的多樣面貌；基底烈酒品質整體提升，製酒師不再必須用增甜或其他方式讓琴酒容易入喉，辛口琴酒 (Dry Gin) 於是成為琴酒的主流類別之一。

比時利在 1830 年時從荷蘭屬地獨立，除了禁止從荷蘭進口杜松子酒，還減低民眾自釀酒的稅率，重拾十六世紀用杜松子製作的傳統，加上新式連續蒸餾技術，例如席拉布魯門索連續式平板柱狀蒸餾 (Cellier Blumenthal's Continuous Plate Column Distillation) 等，造就許多酒廠的興起。建立於 1869 年安特衛普的米斯酒廠 (Meeus Distillery)，1912 年生產的杜松子酒量幾乎等同 2014 年高登 (Gordon)、坦奎利 (Tanqueray)、英人牌 (Beefeater)、龐貝藍鑽 (Bombay Sapphire) 這幾個琴酒大品牌總量，共約一億公升。而荷蘭雖然引進連續蒸餾技術的較遲，但是生產的麥酒 (Malt Wine) 因為品質極佳，經常被德、法、英等國進口用來製作其他烈酒或利口酒。

市井裡的琴酒殿堂

1825 年，英國政府再次降低蒸餾執照費用及稅金，琴酒變得比啤酒廉價，銷量翻倍成長，消費市場日趨競爭，許多琴酒酒吧於是將店內裝潢得富麗堂皇，各式雕花、玻璃鏡面、浮誇燈飾等比拚氣派。倫敦大學創辦人之一的亨利・布瑞得蕭・費倫 (Henry Bradshaw Fearon) 亦為這波「琴酒殿堂 (Gin Palace)」先驅，於 1828 年在倫敦以自家經營的「湯普森與費倫 (Thompson and Fearon)」葡萄酒商為名，開設維多利亞風格的琴酒豪華專賣。這些「琴酒殿堂」店家推出各種行銷策略，甚至還替每款琴酒取些討喜名稱，像是「奶之谷 (The Cream of the Valley)」、「不犯錯 (The No Mistake)」、「真的被擊潰

了我 (The Real Knock-me-down)」！

　　這項因為政策失當造成的「琴酒殿堂」熱潮，退散的速度跟當初興起一樣迅速，1830 年英國政府調降啤酒稅率後，人們自這些金碧輝煌的琴酒殿堂重新走回街邊小店酒吧喝啤酒。只是這些曇花一現的琴酒殿堂，也影響後代酒館的行銷思維，願意在裝潢下些功夫吸引顧客。

　　1743 年第四次琴酒法案限制酒廠必須「透過取得執照的零售商家販售琴酒」，商家自酒廠購入以木桶、玻璃、陶罐等大容量裝的琴酒後，可以添加水或砂糖再轉賣給來客，因此無法確保各商家賣同一款琴酒就是相同滋味。1861 年 6 月 28 日，英國「單瓶法案 (Single Bottle Act)」通過，琴酒廠得以先將琴酒裝瓶，再由店家直接售出；琴酒品牌於是在此情況建立產品信譽與顧客忠誠度。

老湯姆琴酒與貓

　　在連續蒸餾技術尚未完全普及的十八、十九世紀前期，傳統鍋爐式蒸餾器較難控制蒸餾烈酒品質一致，必須以茴香、檸檬 (風味較重) 或甘草 (能增加甜度) 等原料來掩蓋部分琴酒氣味不佳的問題；而原先是奢侈品的糖，也在變得較容易取得後成為琴酒添加物之一。

　　老湯姆琴酒 (Old Tom Gin) 便是這段期間演變出的產品。「老湯姆琴酒」之名的由來，最多人訛傳的版本是有一間不知名酒廠，有隻貓掉進酒桶內，反而使得琴酒變得滋味出眾；另一種較可信的說法則是取名自倫敦蘭貝斯 (Lambeth) 的賀智蒸餾酒廠 (Hodge Distillery) 的製酒師湯瑪斯・張伯倫 (Thomas Chamberlain)。張伯倫的徒弟湯瑪斯・諾里斯 (Thomas Norris)，在倫敦柯芬園 (Covent Garden) 透過老師協助開設一間琴酒殿堂專賣。被暱稱作「小湯姆 (Young Tom)」的諾里斯，向「老湯姆 (Old Tom)」張伯倫購買特殊配方琴酒，裝盛於大木桶裡並標註「老湯姆」，再銷售給高端消費族群。

　　成立於 1726 年的布爾德父子酒廠 (Boord & Son)，1849 年時酒廠老闆喬瑟夫・布爾德 (Joseph Boord) 為老湯姆琴酒註冊了貓與木桶的商標，黑貓與老湯姆琴酒的形象關聯便因此而來。為了這個商標，布爾德酒廠曾在 1903 年到法庭控告赫達德 (Huddart) 公司抄襲仿冒。

當人們開始琴湯尼

另一個琴酒擴展版圖的關鍵是琴湯尼 (Gin Tonic) 問世。1850 年，布思琴酒 (Booth Gin) 酒廠透過英國議會法案減免外銷關稅，其他酒廠陸續跟進，順勢將連續蒸餾技術興起後帶動的辛口琴酒風潮一併推廣到海外新市場。

要提琴湯尼，就要先認識通寧水 (Tonic Water)，這種飲品添加了提煉自金雞納樹皮 (Cinchona Bark) 的鹼性物質奎寧 (Quinine)，因歐洲強權的殖民地多地處熱帶，飲用通寧水能防治肆虐各地的瘧疾。十七世紀初期，西班牙駐秘魯總督的妻子欽瓊伯爵夫人 (Countess of Chinchón) 感染瘧疾，隨行的歐洲醫生們束手無策，全賴當地人進獻以「耶穌聖樹 (Jesuit's Tree)」或「治瘧之樹 (Fever Tree，英國一款通寧水的品牌便以此為名)」樹皮磨成的粉末，伯爵夫人服用後竟奇蹟似的痊癒。這種樹皮因此又被稱作「伯爵夫人樹皮 (Countess Bark)」或「秘魯樹皮 (Peruvian Bark)」，十八世紀時才由瑞典生物學家卡羅路斯・林奈 (Carolus Linnaeus) 定名為「金雞納 (Cinchona，原本應為 Chinchona，推論是誤拼)」。

金雞納樹皮。

發現金雞納樹皮的妙處後，歐洲列強群起效尤，又以殖民地位於瘧疾疫區者為甚；各國擔心自南美進口金雞納樹皮的市場會被西班牙壟斷，乾脆運送金雞納樹種籽到自家的殖民地，如荷蘭的爪哇、英國的印度和斯里蘭卡等處栽植。臺灣於日治時期，在高雄六龜也曾栽種過。

　　法國科學家約瑟夫‧卡旺圖 (Joseph Caventou) 與皮耶‧佩爾蒂埃 (Pierre Pelletier) 於 1817 年發現利用金雞納樹皮萃取奎寧的方法，並在秘魯興建工廠製藥。1825 年開始，前往印度的英國人為了消暑並預防瘧疾，又將琴酒混合配給的奎寧粉末、糖、萊姆 (因為盛產檸檬的西班牙與法國結盟，英國人不易取得檸檬，改用出自西印度群島、同樣具有豐富維他命 C 的萊姆供給船員)、蘇打水，混合調製飲用，成為琴湯尼原型。1858 年，倫敦商人伊拉思莫斯‧龐德 (Erasmus Bond) 看準商機，用奎寧製成通寧水 (Tonic Water) 進行販售；隨後，從日內瓦遷至倫敦的碳酸水品牌舒味思 (Schweppes)，有鑑於通寧水在英屬殖民地的印度相當受歡迎，在 1870 年以奎寧和其他風味原料、糖、蘇打水等生產出世界首款氣泡通寧水，命名為「印度通寧水 (Indian Tonic Water)」。如今，印度通寧水亦泛指原味調性的通寧水。

調酒文化推波助瀾

　　除了琴湯尼，這段時間內陸續出現的琴酒調酒，也成為琴酒文化發展的關鍵。

　　來自英格蘭肯特郡的詹姆士‧皮姆 (James Pimm)，1823 年在倫敦金融區開設一間生蠔酒吧，店內提供一款以琴酒為基底、浸漬多款水果與草本香料調味的酒精飲料，有助餐後消化， 滋味絕妙廣受好評而被讚呼「第一名之杯 (No.1 Cup)」，並被冠上皮姆本人大名 —— 「皮姆之杯 (Pimm's Cup)」。1859 年還正式設廠生產「皮姆一號 (Pimm's No.1)」等系列酒款，當時不少小販騎著腳踏車擺攤販售「皮姆之杯」調酒；至今，皮姆酒與香檳幾乎是溫布頓網球錦標賽必備酒款，光是 2014 年的兩週賽事，就喝掉四萬多公升「皮姆一號」。

　　1826 年，服役於英國海軍海克力斯艦隊 (HMS Hercules) 的船醫亨利‧沃克夏普 (Henry Workshop)，當船航行至加勒比海，他和遷居至委內瑞拉安格仕圖拉城 (Angostura) 的德籍醫師約翰‧戈特利布‧班傑明‧西格特 (Johann Gottlieb Benjamin Siegert) 聯手，兩人在 1824 年發明將藥用的西格特風味苦精 (Siegert's Amargo Aromatico)，與普利茅斯琴酒 (Plymouth Gin) 調製成「粉紅琴酒 (Pink Gin)」，可以幫助船員鎮痛、舒緩腸胃不適；西格特風味苦精便是日後著名的「安格仕苦精 (Angostura Bitter)」。

　　1867 年，勞克林‧羅斯 (Lauchlin Rose) 在蘇格蘭愛丁堡發明了添加糖分以延長保存的羅斯萊姆露 (Rose's Lime Cordial) 並申請專利；同年，被英國皇家

海軍大量採購配給予船員補充維他命 C，以預防壞血病。海軍軍官拿這款萊姆露加上琴酒，即是現今耳熟能詳的調酒「琴蕾 (Gimlet)」。

早在十八世紀，英國水手們自印度帶回「潘趣 (Punch)」，概念始自印度拜火教徒外來語「panj(北印度語：pāñc पाँच)」，是為「五」的意思，代表使用酒、糖、檸檬、水、茶 (或香料) 五種原料調製而成的飲料；當時以蘭姆酒或白蘭地調成的潘趣，售價高昂，遠不及琴酒潘趣 (Gin Punch) 便宜，這也讓琴酒潘趣在市井間大為流行，幾乎每個人、每間店都有獨家配方比例。

琴酒即是在如此廣泛多元的飲用方式下，成為人們的日常。

飄洋過海到北美洲

1863 年，根瘤蚜蟲害 (Phylloxera) 造成歐洲三分之二以上的葡萄園毀壞，不僅影響葡萄酒釀製，也衝擊白蘭地產量長達十餘年，而這段時間，琴酒趁著天時之利銷量大增。

1624 年荷蘭人正式占領曼哈頓島，並命名為「新阿姆斯特丹 (New Amsterdam)」，雖然旋即在 1664 年又被英國奪取、更名為「紐約 (New York)」，但是荷蘭人隨身飲用杜松子酒的習慣卻已然於新大陸萌發，荷蘭的優越蒸餾技術也因而引進。十九世紀曾有多次進口「荷蘭琴酒 (Holland Gin)」的紀錄，反觀「英式琴酒 (English Gin)」相對來說數量很稀少。

1806 年，新英格蘭波士頓商人弗雷德里克‧都鐸 (Frederic Tudor) 與其員工納撒尼爾‧惠 (Nathaniel Wyeth) 投入冰塊交易，直到 1830 年代冰塊銷售開始普及，並被運用於調酒。在 1840 年代被稱為「法式搖酒器 (French Shaker)」的兩件式搖酒器，從英國傳至美國，並日漸廣受酒吧與居家使用，讓人們調製冰鎮飲料更方便；日後又接續被改良為「巴黎式搖酒器 (Parisian Shaker)」，再變成「波士頓搖酒器 (Boston Shaker)」，而後演變為三件式「酷伯樂搖酒器 (Cobbler Shaker)」，甚至現今還有灌入二氧化碳產生氣泡的「佩利尼搖酒器 (Perlini Shaker)」 —— 這些事物的出現、演進，都影響並推進調酒文化的發展。

早期美國的調酒書籍，例如 1862 年傑瑞‧湯瑪斯 (Jerry Thomas) 的《調酒師指南 (The Bartender's Guide)》，當中僅提及荷蘭琴酒與老湯姆琴酒。近代酒類專家作者大衛‧旺德里奇 (David Wondrich) 認為，在 1906 年出現的辛口馬丁尼 (Dry Martini) 尚未風靡前，琴酒飲用習慣多表現於「費士 (Fizz)」、「司令

(Sling)」、「潘趣 (Punch)」這類酸甜調酒，主要選擇仍在荷蘭琴酒與老湯姆琴酒，而非口感銳利的辛口琴酒。1888 年由哈利・強森 (Harry Johnson) 編撰的《調酒師手冊 (Bartender's Manual)》共有十九款琴酒調酒，其中有十一款指定荷蘭琴酒、八款老湯姆琴酒，書裡被視為馬丁尼前身的「馬丁 (Martine)」用的是老湯姆琴酒。

1892 年從芝加哥遷至紐約的德籍調酒師威廉・施密特 (William Schmidt)，在他的著作《杯中物 (The Flowing Bowl)》裡有十一款杜松子酒調酒和五款老湯姆琴酒調酒。出生於舊金山的威廉・湯姆士・布斯比 (William Thomas Boothby) 前往紐約、芝加哥、紐奧良等地見習調酒後回到故鄉，在 1908 年出版的《世界飲品與調製 (World's Drinks and How to Mix Them)》終於有所改變口味，調酒配方有六款使用辛口琴酒，與各九款的杜松子酒、老湯姆琴酒。

雖然 1870 年就有由捷克移民家庭弗萊希曼 (Fleischmann) 兄弟於俄亥俄州辛辛那提創立美國首間琴酒廠 —— 弗萊希曼兄弟 (Fleischmann Brothers，現今隸屬於 Sazerac Co.)，生產美國第一瓶辛口琴酒 (American Dry Gin)；但是辛口琴酒的接受度仍舊要到二十世紀後才逐漸普遍。

禁酒令危機

1919 年 1 月 16 日，在共和黨、禁酒黨派和許多婦女的訴求下，美國通過「憲法第十八修正案」，宣告私人釀造、運輸、銷售酒類皆為違法行為。1916 年之前，四十八州裡其實已有二十六個州禁止酒類買賣，人們想要喝上幾杯就需要跨越到鄰近尚未禁酒的州鎮。1920 年 1 月 17 日正式實施「禁酒令 (Prohibition)」，人們開始想方設法到秘密地下酒吧 (Speakeasy) 飲酒或非法交易買酒，而酒通常來自加拿大陸路、五大湖區與東岸走私，以及私釀製酒。

「浴缸琴酒 (Bathtub Gin)」便是禁酒令時代的產物。有一說是當時人們為了躲避查緝而使用水管輸送琴酒，打開水龍頭，酒就流入自家浴缸，裝瓶後再拿到街坊偷偷販售；另有一說則是直接用家裡浴缸裝滿烈酒，再浸泡杜松子、水果或藥草，生產出簡易廉價的風味琴酒。

這段禁酒時期，擁有理想與天賦、偏偏有志難伸的調酒師們只好從美國出走，也讓調酒的知識、文化在歐洲開枝散葉。像是出生自蘇格蘭鄧迪 (Dundee) 的哈利・麥克艾爾馮 (Harry MacElhone) 曾服務於紐約廣場酒店，禁酒令實施後便受雇到巴黎的紐約吧 (New York Bar) 工作，1923 年麥克艾

爾馮買下該酒吧，改名為「哈利的紐約吧」。另一位出身自英國斯特勞德 (Stroud)、搬到美國的調酒師哈利‧克拉多克 (Harry Craddock)，離開紐約霍夫曼之家 (Hoffman House) 酒吧，前往倫敦薩伏伊酒店的美國吧 (American Bar) 任職。前者著有《酒吧日常與雞尾酒 (Barflies and Cocktails)》和《調酒 ABC(ABC of Mixing Cocktails)》；後者則是《薩伏伊雞尾酒手札 (Savoy Cocktail Book)》的作者，這兩位因為禁酒令而被迫離開美國的調酒師都留下經典書籍，成為調酒文化史中的指標人物。除了前往歐洲發展，另一位出生於費城的艾迪‧沃奇 (Eddie Woelke) 則是到古巴哈瓦那繼續調酒生涯，創作出「大總統 (El Presidente)」這款蘭姆酒經典調酒。

實施嚴格的禁酒令沒有讓社會問題獲得解決，反而衍生出幫派犯罪、收賄貪汙、私製劣酒情況層出不窮且日趨嚴重；1933 年第二十一修正案終於通過生效，並廢除先前的第十八修正案，而第十八修正案也是至今唯一被廢除的美國憲法修正案。

回頭看其他國家，1919 年時，比利時立法限制杜松子酒僅能於酒館內販售飲用，民眾因此改喝啤酒，杜松子酒慢慢遠離比利時人們的日常；法國也曾在 1914 年下令禁止艾碧斯 (Absinthe) 產製，直到 2011 年四月中旬才廢除。這些舉措都對酒類產業造成相當影響。

老派傳統與再創奇蹟

整體而言，禁酒令後，人們逐漸淡忘飲用美味精緻調酒的經驗，即便店家試圖把大眾拉回到酒館裡享用調酒仍徒勞無功；就算這段時間不乏才氣縱橫的調酒師，琴酒的調酒卻已不再像過去般時時推陳出新。二次大戰時，英美兩國的蒸餾酒廠大多被徵收製造燃料或彈藥，僅有少部分酒廠保留藥用製酒；想要保持中立的荷比兩國，酒廠卻因為被德國納粹占領也改成產製彈藥燃料，迫使眾家酒廠必須用盡方式保護自家生財工具，像是比利時的菲利埃斯酒廠 (Filliers Distillery)，就將蒸餾器藏匿於附近湖中。

1946 年，美國開始使用生產過剩的馬鈴薯生產伏特加 (Vodka)，並隨著莫斯科騾子 (Moscow Mule) 與血腥瑪莉 (Bloody Mary) 等新經典調酒的出現，兼以各品牌大力行銷廣告後，價低且較無雜味的伏特加日漸成為調酒新寵，於美國市場的銷售量甚至一度超過波本威士忌 (Bourbon Whiskey)，連原先的琴酒馬丁尼 (Gin Martini) 也被伏特加馬丁尼 (Vodka Martini) 所取代。時至 1980 年代，琴酒在美國幾乎已然式微，琴酒對於喝調酒的人而言變成一種老派傳

統，不夠時髦先進。

在英國，人們雖然回到簡單調製琴湯尼的需求，到了 1960 年代卻變得過時；轉而飲用葡萄酒、調和式威士忌、雪莉酒。

即使琴酒市場低迷，有位著迷於英式傳統文化的美國律師兼企業家艾倫·蘇賓 (Allan Subin)，他為加拿大琴酒品牌西格蘭 (Seagrams) 工作時，依然堅守從英國進口琴酒的念頭，他將格林諾 (Greenall) 酒廠的沃靈頓琴酒 (Warrington's Gin) 易名為龐貝辛口琴酒 (Bombay Dry Gin)，更把維多利亞女王的頭像設計在酒標上。1960 年龐貝琴酒於美國上架後，每年至少都有數萬瓶銷售量，可謂為琴酒黑暗期間的奇蹟！1980 年龐貝琴酒被國際製酒集團 (International Distillers & Vintners，IDV) 收購；1987 年，負責美國市場的代理商米歇爾·魯克斯 (Michel Roux) 仿效自家推廣瑞典「絕對伏特加 (Absolut Vodka)」的行銷模式，在包裝設計下功夫：設計藍色方瓶，並調整口感變得較為輕柔，瞄準新世代族群推出龐貝藍鑽琴酒 (Bombay Sapphire Gin)，此舉成功吸引到不少消費者，也為琴酒帶來一絲曙光。

1990 年代琴酒與伏特加的角力競爭，有一大部分關鍵在於價格，這段時間內許多琴酒品牌，包含高登琴酒 (Gordon Gin)、普利茅斯琴酒 (Plymouth Gin) 等，為了降低成本，皆調整酒精濃度為 37.5%ABV。

琴酒狼煙再起

2000 年前後則是琴酒新創的重要里程碑，許多新式琴酒開始不再以突出杜松子風味為主要訴求，並且添加一些過去在琴酒配方裡少見的元素，諸如：運用新鮮柑橘的坦奎利十號 (Tanqueray No. Ten)、使用小黃瓜的馬丁米勒 (Martin Miller)、加進玫瑰與黃瓜的亨利爵士 (Hendrick) 等等，雨後春筍般冒出爭鋒。

2005 年開始，以美國調酒復興教父 —— 戴爾·達格洛夫 (Dale DeGroff) 帶頭，精湛調酒風潮再起，讓許多調酒師正視調酒的細節、酒款的優劣與運用、發掘經典酒譜，對琴酒的需求也不再侷限於單一風格，許多酒廠更投入開發琴酒。甚至有調酒師與酒廠攜手合作設計琴酒，像是自經典調酒「飛行 (Aviation)」發想、研製的同名「飛行琴酒 (Aviation Gin)」在 2006 年 6 月發售，兩者的合作挖掘出何種琴酒特質適合用什麼樣的調酒展現風味。不到十年時間，美國境內從六十間小酒廠成長超過兩百間酒廠，並且啟發英國微型工藝酒廠，例如：史密斯 (Sipsmith)、翠斯 (Chase) 品牌的出現。

社群網站的出現，也讓許多世界各地琴酒愛好者能夠閱知不同國家區域的訊息，傳遞琴酒本身或是蒸餾師、酒廠背後的故事。

2010 年，西班牙流行起以氣球杯 (Copa de Balon，始於十八世紀巴斯克地區) 裝滿冰塊，添加多樣裝飾的西班牙風格琴湯尼 (Gin Tonica)；消暑解熱又色彩繽紛、容易調製的新式琴湯尼很快就傳遍世界各地，同時帶動許多新品牌通寧水出現搶占商機。精美瓶身設計，加上滋味各自不同的琴酒，動人的品牌敘述與行銷操作擄獲眾多客群。

根據「國際葡萄酒與烈酒研究 (International Wine & Spirit Research，簡稱 IWSR)」2013 年的報告，飲用最多琴酒的國家為菲律賓，每人每年平均喝掉 1.4 公升 (約莫兩瓶琴酒)，其當地琴酒品牌聖米高琴酒 (Ginebra San Miguel Gin) 則是世界上銷量最大的琴酒。第二名為斯洛伐克 1.2 公升，第三名為荷蘭 0.8 公升，第四名的西班牙則是頂級琴酒品牌重要市場，如：坦奎利 (Tanqueray)、英人牌 (Beefeater)，每人每年 0.6 公升，琴酒形象要地英國則屈居第五名，每人每年只喝掉 0.4 公升，第六名為美國 0.3 公升，第七名為加拿大與烏干達並列 0.2 公升，第九名是德國 0.1 公升。

新創威士忌酒廠在等待威士忌熟成裝瓶前，也會生產自有琴酒，以提供酒廠運作資金；許多試圖展現在地文化的人們，則將當地採集所得元素，透過琴酒為載體實現理念。

2008 年於美國芝加哥建廠的科沃酒廠 (Koval Distillery)，創辦人羅伯特‧波內科特 (Robert Birnecker) 以自身經驗協助有興趣的業者建立微型酒廠，催生多款美國琴酒；2018 年美國境內已有超過一千五百間酒廠，英國累計也有三百多間酒廠。2009 年則是將這波琴酒新浪潮吹到澳洲，2012 年在南非也逐漸醞釀，2016 年發表的京都「季之美琴酒 (Ki No Bi Gin)」讓許多日本新舊酒廠紛紛跟進，用琴酒臨摹出日式風情。

2009 年開始，熟成琴酒 (Matured Gin) 前仆後繼出現，讓琴酒風味再添變化；飲用琴酒的愛好者們也能同時體驗烈酒與木桶的交互作用，日漸引領出品味純飲琴酒的風潮。2017 年，結合歷史淵源和創新想法的調味琴酒，更占了琴酒銷量五成以上，對於杜松子氣味避之唯恐不及的消費者也能嘗試喝起琴酒。

　　2013 年上市，英國的粉紅者琴酒 (Pinkster Gin) 與西班牙的東印度港草莓琴酒 (Puerto de Indias Strawberry Gin)，都添加莓果作為主調，粉紅色酒液與甘甜口感吸引許多年輕族群，帶起粉紅琴酒 (Pink Gin) 熱潮，引領調味琴酒的興起，大小品牌紛紛仿效。也因為調製成西班牙風格的琴湯尼廣受喜愛，加上行銷操作，2019 年粉紅琴酒的銷售成長非常出色，靠著味覺與視覺的活潑亮眼，成功開創出另一片琴酒市場，後文會再詳述。

　　即飲 (Ready to Drink，RTD) 調酒市場早於 2001 年便開始，思美洛艾斯 (Smirnoff ICE) 自 2003 年引進臺灣後便持續穩占即飲調酒的銷售寶座；而日本大廠麒麟 (Kirin) 於 2001 年上市的「冰結系列」與三得利 (Suntory)2009 年的「強凍 (Strong Zero)」系列，在日本更是隨處可見。隨著琴酒逐步擴大版圖，琴湯尼帶動眾多新款通寧水的出現，2018 年夏季，部分琴酒或通寧水品牌看準市場潛能，合作生產即飲琴湯尼，出眾的罐裝設計加上方便易買，2019 年在市面上可以看到超過三十款不同的即飲琴湯尼。

1980 年代的琴酒。

整體而言，琴酒的定義廣泛，材料選擇較其他烈酒更能夠天馬行空、發揮想像；除了必備的杜松子，幾乎任何食材：水果、花草、香料，甚至連昆蟲都能入酒 —— 澳洲阿得雷德丘酒廠 (Adelaide Hills Distillery) 的綠螞蟻琴酒 (Green Ant Gin)，以及日本辰巳蒸留所 (Tatsumi Distillery) 的水蟲琴酒 (Water Bugs Gin，別稱田鱉) 都是著名酒款。

從大酒廠到微型蒸餾室，或是酒廠協同餐廳、酒吧、酒類專賣店等合作，世界各地週週都有新琴酒問世，不論是在地特色琴酒或者忠於杜松子原味的傳統類型，有愈來愈多的琴酒產品在世界各處開花爭艷。

蒸餾前需要仔細處理原料 (澳洲四柱酒廠)。

琴酒的製程

The Process of Gin

基底烈酒與
各種蒸餾法

base spirit and various kinds of distillations

琴酒能夠普遍流行於世界各地,很大部分的原因在於製程自由度與材料選擇的獨特性,幾乎添加杜松子或杜松子風味的烈酒都能稱為琴酒,那麼各國對於琴酒的相關規範又有何不同?其中限制最嚴格的當屬琴酒的發源地歐洲。

根據歐盟 2008 年制定的《酒精飲品分類定義 (Definitions of Categories of Alcoholic Beverages)》,琴酒是使用以農作物製成 96% ABV 烈酒再加工的杜松子風味烈酒,裝瓶的最低酒精強度必須為 37.5% ABV;而根據《美國聯邦規則彙編 (United States Code of Federal Regulations)》第二十七章 < 酒精、煙草製品和槍支規則條例 >,限制琴酒最低酒精強度必須為 40% ABV。

正在將原料倒進蒸餾器內的蒸餾師（澳洲四柱酒廠）。

基底烈酒 *Base Spirit*

琴酒的製作關鍵是杜松子加上基底烈酒，要最純粹的表現杜松子與其他相襯原料本身的風味，便得使用中性烈酒 (Neutral Spirit)。

發酵醪 (Wash) 經過第一次蒸餾，會從原本約 8% ABV 變成 21% ABV 左右的低度酒 (Low Wine)，隨後以傳統壺式蒸餾器 (Pot Still) 再次蒸餾得到 70% ABV 的烈酒，透過耗時、反覆多次的壺式蒸餾能夠達到 85% ABV；若使用現代連續蒸餾器 (Column Still) 則可提高強度至 95% ABV，更高達 96.48% ABV。經過這些蒸餾方式、尚無添加任何風味前的烈酒便稱之為中性烈酒；歐盟規定中性烈酒必須超過 96% ABV，美國及澳洲定義的中性烈酒僅需超過 95% ABV。

將 95% ABV 烈酒提高至 96% ABV 所額外耗費的成本甚鉅，這些成本 (設備、場地、技術) 對於歐洲許多小酒廠來說難以負擔，現實考量之下只能從其他酒廠購入中性烈酒，或是做出不完全符合歐盟規範的琴酒。從「穀物到杯中 (Grain to Glass)」要徹頭徹尾都由同一間酒廠完整產出、又可合乎規範的歐洲琴酒實在屈指可數，相對來說美國酒廠便容易一些。

為了要合格，或是自家生產的烈酒未達中性烈酒標準，酒廠會從其他廠購

入中性烈酒再與自家烈酒混合做為基底，如此既能遵循規定又可表現酒廠特色。

　　最常被運用於琴酒的是穀類 (Grain) 中性烈酒，大部分原料來自小麥 (Wheat) 與大麥 (Barley)、裸麥 (Rye)、玉米 (Corn)。琴酒並無特別限定其中性烈酒的種類，有些琴酒會使用以糖蜜 (Molasses) 或葡萄甚至是蘋果、馬鈴薯等其他含有澱粉或糖份較高之農產品製成的中性烈酒。

　　不同的中性烈酒會帶給琴酒不同口感，從「最清新」到「最柔順」依序是：大麥、葡萄、蘋果、裸麥、小麥、玉米、馬鈴薯、糖蜜（但仍舊得視琴酒使用原料才能決定整體風味），當然也能混合多種不同中性烈酒，如葡萄牙薩里斯琴酒 (Sharish Gin)，就混用糖蜜、米、小麥三種烈酒製作，越南頌凱琴酒 (Sông Cái Gin) 則是調和米及糖蜜兩種烈酒做為基底。

　　雖然中性烈酒不像其他蒸餾烈酒影響琴酒風味過甚，但是不同原料來源的中性烈酒依舊帶有差異；普遍被認為最不具多餘特殊風味的是小麥中性烈酒，其次為大麥、玉米、馬鈴薯、裸麥等等。有趣的是，演變至今，廣義琴酒的定義不必然都會使用中性烈酒，例如有些日本琴酒以燒酎 (Shōchū) 為基底，有些墨西哥琴酒以梅斯卡酒 (Mezcal) 為基底，有些秘魯琴酒以皮斯可酒 (Pisco) 為基底，即使不符合歐美正統規定，深具風土色彩的基底烈酒卻更能表現出各地文化。

用來製成克里斯汀德魯琴酒基底烈酒的蘋果。

烈酒種類	代表琴酒
小麥烈酒 Wheat	精神之作琴酒 Spirit Works Gin 絲塔朵琴酒 Citadelle Gin
大麥烈酒 Wheat	馬瑞琴酒 Gin Mare 史密斯琴酒 Sipsmith Gin
裸麥烈酒 Rye	科洛琴酒 Kyrö Gin 聖喬治裸麥琴酒 St. George Dry Rye Gin
玉米烈酒 Corn	日果科菲琴酒 Nikka Coffey Gin 史丁琴酒 Stin Gin
糖蜜烈酒 Molasses	猴子 47 琴酒 Monkey 47 Gin 獨裁者哥倫比亞琴酒 Dictador Colombian Gin
葡萄烈酒 Grape	紀凡琴酒 G'Vine Gin 聖塔瑪莉亞琴酒 Santamania Gin
馬鈴薯烈酒 Potato	巴維斯登琴酒 Bareksten Gin 翠斯大英琴酒 Chase Great British Gin
蘋果烈酒 Apple	克里斯汀德魯琴酒 Le Gin de Christian Drouin 1911 琴酒 1911 Gin
稻米烈酒 Rice	季之美琴酒 Ki No Bi Gin 合力勇氣琴酒 Holy Valor Gin

浸泡與再餾 *Steep and Boil*

浸泡再蒸餾是琴酒製作最傳統的作法：將杜松子與其他植物原料混合浸於加水稀釋後的中性烈酒 (通常會稀釋到 50% ABV)，一段時間後再蒸餾。部分酒廠會將材料浸泡二十四小時甚至四十八小時充份釋放香氣；不過，有些蒸餾師則認為浸漬至酒液呈稻稈色後就該立刻蒸餾。再餾時會去除初段酒頭，將部分不溶於水的物質剔除，以免酒色變得混濁。杜松子的木質、雪松調性通常會在蒸餾過程一開始出現，接著是苔蘚、土味，而樹脂和新鮮柑橘風味則是蒸餾較末段時。

蒸餾師決定蒸餾時要區分頭尾及酒心的時間範圍，稱為分段 (Cut)，酒心取得時間會影響最後琴酒的香氣，有些琴酒會推出由蒸餾師另外挑選酒心的品項，標註為蒸餾師嚴選 (Distller's Cut) 版本。

浸泡時的原材料是否經過壓碾或是磨成粉狀，亦會影響氣味分子 (Aroma Molecules) 的取得，有些酒廠在浸泡杜松子、荳蔻之前會稍加壓碾，質地堅硬的原料如鳶尾根、杏仁會磨粉後使用。

浸泡杜松子準備蒸餾。

中性烈酒加水稀釋後再行浸泡蒸餾，是因為酒精沸點約為攝氏 78 度，若酒精濃度過高會使蒸餾過程過短，能取得的原料氣味分子較少；因此浸泡時間、酒精濃度、材料浸泡型態都取決於琴酒風味的分配設計。

　　部分琴酒品牌會將植物原料分開浸泡蒸餾，再調和出理想的琴酒風貌，認為如此能更有效控制最後琴酒味道的呈現，不致因為將所有材料混合會交相影響彼此風味；有的琴酒品牌則是分開浸泡原料再混合蒸餾，如此也能個別控制浸泡時間。

　　蒸餾器大部分的材質選擇依導熱係數高低有銅製 (386 W/mK)、不鏽鋼 (14 W/mK)、玻璃 (1 W/mK)，銅製蒸餾器相對能取得杜松子內含的氣味分子較多；加熱方式分別有明火 (Open Flame) 或電子設備直接加熱、隔著蒸氣 (Steam Jacket) 或熱水夾層 (Water Jacket) 的間接加熱。

美國西雅圖太平洋酒廠（Pacific Distillery）使用葡萄牙銅製蒸餾器直火加熱。

蒸氣萃取 *Vapour Infusion*

　　雖然最早關於蒸氣萃取的文獻紀錄見於 1855 年，法國蒸餾師皮耶·杜普拉斯 (Pierre Duplais) 隨身手札《利口酒與酒精蒸餾準則 (Traité des Liqueurs et de la Distillation des Alcools')》當中多次提及蒸氣萃取的作法，但是在此之前就已經有人設計讓蒸氣通過碳籃以達過濾效果。1831 年，龐貝琴酒 (Bombay Gin) 前身、英國布里奇街酒廠 (Bridge Street Distillery) 的第二代接班人瑪莉·戴金 (Mary Dakin) 買下寇迪蒸餾器 (Corty Still)，1936 年再添購卡特蒸餾器 (Carter Still)；這兩組新式蒸餾器是首度用蒸氣 (Vapour) 經過掛置香料籃的蒸

氣室 (Chamber) 以獲取香氣的製作方式。一般會將香料置於蒸餾器內浸泡中性烈酒再進行蒸餾，在清洗鍋爐上費時費力；而某些蒸餾師也認為部分原料以蒸氣萃取方式取得香氣較細緻、明亮。

香料籃可以懸掛於鍋爐內，也能設置於酒精蒸氣冷凝前的任何部分。香料籃裡的原料放置上下層順序亦會影響氣味分子取得，以龐貝藍鑽琴酒 (Bombay Sapphire Gin) 為例，最底層為杜松子，接著依序為芫荽籽、粉狀原料 (甘草、桂皮、鳶尾根、杏仁)、歐白芷根、檸檬皮、天堂椒、尾胡椒；固定每次香料籃內的原料排列順序以保持產出風味一致性。不分層混合所有原料則較難確保每次堆疊的原料分佈位置相同，容易造成每批次琴酒風味差異。

英國的龐貝系列琴酒、蘇格蘭的科倫琴酒 (Caorunn Scottish Gin) 皆是全程採用蒸氣萃取，而艾雷島上的植物學家琴酒 (Botanist Gin)、倫敦近郊的寂靜之湖琴酒 (Silent Pool Gin)、法國慷慨琴酒 (Generous Gin) 則是部分使用蒸氣萃取。值得一提的是，大部分同時使用浸泡原料與蒸氣萃取的琴酒品牌都在同一座蒸餾器製作，亨利爵士琴酒 (Hendrick's Gin) 卻是各自以卡特蒸餾器及班奈特蒸餾器 (Bennett Still) 兩座蒸餾器來完成不同香氣汲取方式。

減壓蒸餾 *Vacuum Distillation*

亦可稱為「真空蒸餾」。旋轉蒸餾儀 (Rotavap、Rotary Evaporator) 是應用科學實驗室內「在低壓環境下液體沸點會隨之降低」的原理，在當代琴酒的製程很常見。一般而言，酒精沸點約攝氏 78 度，使用真空減壓後可以降至攝氏 25 到 40 度，甚至更低；旋轉蒸餾儀首先進行真空減壓，並以水浴槽 (Water Bath) 控制定溫加熱玻璃燒瓶底部，旋轉玻璃燒瓶好讓液體增加蒸發表面積，以求增快蒸餾速度，經迴流冷凝管再冷卻凝結成液體蒐集。

旋轉蒸餾儀有其優勢，不像傳統蒸餾器占空間，從廚房到吧台都能擺放，便於進行小批次商業蒸餾，酒商更好發揮。有些素材一經加熱香氛就容易被破壞，如新鮮草本、水果、花卉，以這種低溫蒸餾就能獲取較多的氣味分子；但像是較堅硬的香料類、植物根部、樹皮，就需要用較高的溫度去釋放出香味。另外，相較於一般加熱蒸餾，低溫蒸餾較不易產生不必要的揮發物；然而像是杜松子的木質、雪松調性和新鮮柑橘風味等，減壓 (低溫) 蒸餾所得到的會略少於一般加熱蒸餾。整體來說蒸餾方式與設備仍舊要視想呈現的風味而定，無關乎品質優劣好壞。

　　率先使用減壓真空蒸餾的琴酒品牌，就是百加得酒業集團 (Bacardi Group) 與倫敦泰晤士酒廠 (Thames Distillery) 合作生產的奧克斯利琴酒 (Oxley Gin)，沸點被控制在攝氏負 5 度進行蒸餾。2009 年在奧克斯利琴酒發表後，陸續有位於倫敦市海格區 (Highgate)、以實驗儀器在自家進行真空蒸餾的薩科里德琴酒 (Sacred Gin)，在紐約布魯克林使用水銀真空器 (Mercury Vacuum) 搭配客製化銅製蒸餾器的格林虎克琴匠琴酒 (Greenhook Ginsmiths Gin)，以及美國北卡羅來納州德罕 (Durham) 同時結合真空蒸餾與蒸氣萃取兩種技術的歇斯底里琴酒 (Conniption Gin) 等等。

使用旋轉蒸餾儀製作的西班牙琴裸琴酒（Gin Raw）。

一次製成 One Shot 與多倍製成 Multi Shot

　　一次製成是指中性烈酒透過再次蒸餾汲取原料香氣所得到的琴酒原液，僅以水稀釋至預定酒精強度後進行裝瓶；多倍製成則是通常使用數倍原料增量，產出的琴酒香氣更濃縮飽滿，之後再以水及中性烈酒調和稀釋裝瓶。同樣一批次的蒸餾過程，多倍製成最後所得到的總容量較多，相對來說成本也比一次製成做法來得低。不過堅守一次製成的蒸餾師們，則認為多倍製成有違傳統也不算精緻工藝，壓根是一種取巧手法。

　　多倍製成有時會視添加的中性烈酒倍率，稱為兩倍製成 (Two Shot)。不過假設不考慮酒精蒸餾時能獲取香氣分子含量上限，實際品飲時的確無法明顯辨別出一次製成與多倍製成之間的差異優劣。

一次製成 One Shot	龐貝系列琴酒 Bombay Gin	史密斯琴酒 Sipsmith Gin
	坦奎利琴酒 Tanqueray Gin	橘花琴酒 Kikka Gin

多倍製成 Multi Shot	英人牌琴酒 Beefeater Gin	傑森琴酒 Jensen's Gin
	高登琴酒 Gordon's Gin	馬瑞琴酒 Gin Mare

拆解西班牙馬瑞琴酒的蒸餾器。

四柱酒廠內的蒸餾器。

合成 *Compounding*

有些人把琴酒視為一種調味伏特加，認為不論味道來源是天然或是合成，只要有杜松子風味就能稱得上是琴酒，而事實上歐盟也沒有為合成琴酒另外明確訂立規範。超市常見自有品牌的琴酒，許多可能來自於酒精與化合物調配而成，價格低廉，甚至完全沒有使用蒸餾器或杜松子，僅有味道聞起來「像是杜松子」，這種即屬於合成琴酒 (Compounded Gin)，由於這些琴酒基於商業考量不會在酒瓶上清楚標示，消費者只能透過事先做些功課瞭解。

另一種單純使用烈酒浸泡原料，不再經過蒸餾的方法稱為冷泡 (Cold Compounding)；冷泡琴酒的風味通常會比蒸餾琴酒容易散失，酒液也無法透明清澈，因為冷泡不像蒸餾能依過程的時間決定要保留當中哪段氣味分子，因此在冷泡材料的選擇上便需要詳加實驗及取捨。

想要在一定時間內製造出品質優異穩定的琴酒，透過大量蒸餾會比只浸泡香料再費時過濾（甚至還得澄清去色）來得容易；有些琴酒品牌會使用冷泡作法，是為了向過去禁酒令時期的浴缸琴酒致敬，但要確保品質、讓風味一致，就得於製程中定時抽樣檢查，這必須付出額外成本。

不過要注意的是，合成琴酒不必然就代表低廉或劣質，主要還是視各琴酒品牌的製程與品質管控，近年來幾個世界琴酒評比也已將合成琴酒當成其中一項競賽分類。

使用冷泡方式製作的英國叩門者浴缸琴酒（Tappers Bathtub Gin）。

過濾 *Filtration*

琴酒萃取風味完成後要過濾以去除雜質，大部分蒸餾師會以 0.5 微米 (0.0005 公釐) 濾材過濾琴酒；有些酒廠會將琴酒冷却至攝氏負 10 度到 4 度之間，透過低溫使得顆粒沉澱或析出再過濾，此作法另稱為「冷凝過濾 (Chill Filter)」。如同威士忌，有人認為經過冷凝過濾會去除掉酒體原先風味的複雜度，不過琴酒為了減少加水或稀釋時發生乳化反應 (Louching) 導致乳白色混濁，一般還是會經由冷凝過濾避免。

稀釋 *Cutting* 與裝瓶 *Bottling*

一般而言，經過蒸餾所得的琴酒強度為 70% ABV，有些甚至會到 90% ABV 不等；一些合成琴酒或是多倍製成琴酒會在此時添加中性烈酒，再以水 (通常為軟質水) 稀釋至裝瓶酒精濃度。歐盟立法定義琴酒時規定其裝瓶濃度至少為 37.5% ABV，美國則為 80 Proof(40% ABV)，然而市面較為優質的琴酒其濃度都在 40% ABV 以上。

英國 G & J 格林諾蒸餾廠 (G & J Greenall Distillers) 首席蒸餾師喬安娜·摩爾 (Joanne Moore)，認為歐盟選定以 37.5% ABV 為琴酒最低標準，是因為參照伏特加在 38% ABV 時，水分子與酒精分子最能夠呈現風味平衡的緣故。

酒精與水的比例會影響琴酒風味與口感；氣味分子的疏水性 (Hydrophobic) 與親水性 (Hydrophilic) 各異，使這些氣味分子揮發至液體表面上的頂空 (Headspace)，造成人們不同的嗅覺感知。一般而言，帶有花香的氣味分子具有疏水性，酒精濃度低時較容易被嗅聞到；而親水性高的氣味，如青草、肉桂，在酒精濃度高時會比較明顯。原料的選擇、浸泡時間，加上最後裝瓶濃度，在一定程度下都影響琴酒風味，端看酒廠或蒸餾師想表現的香氣主調，以決定適宜酒精濃度。

有些酒廠會在裝瓶前再添加其他酒增添風味，這類琴酒稱為「混搭琴酒 (Hybrid Gin)」。由英國調酒師與帝亞吉歐酒業合作研發、受日式元素啟發的神通琴酒 (Jinzu Gin)，在琴酒蒸餾後，再加入蒸餾過的「清酒再餾烈酒」調和才稀釋裝瓶；德國斐迪南薩爾琴酒 (Ferdinand's Saar Gin) 則是加入少量麗絲玲白酒 (Riesling)。

　　稀釋後會靜置若干時日等待氣味分子穩定融合，各品牌的靜置時間長短不一；通常會等到約一週後再裝瓶。裝瓶方式視各酒廠產量而定，中小型酒廠會選擇人工或電動裝瓶機輔助，大型酒廠則採用高效率全自動包裝產線。

比利時盲虎琴酒（Blind Tiger Gin）的小型自動化裝瓶線。

琴酒的25種常見原料

The
Raw
Materials
of Gin

local custom and tradition about gin

濃縮風土
百無禁忌

除了必要的杜松子，琴酒並沒有明確規範能使用或不可使用哪些原料，既可以只用杜松子做為單一原料，例如義大利薩丁尼亞的獨奏曲琴酒 (Solo Wild Gin)，也可以像德國黑森林的猴子 47 琴酒 (Monkey 47 Gin) 添加多達四十七種原料，又或者跟美國威斯康辛州的死門琴酒 (Death's Door Gin) 一樣，只採用杜松子、芫荽籽、茴香籽三種素材。基本上只要能夠符合各國條規合法使用，安全無毒性，儲存方法、使用方式不會造成損壞的原料，都可以成為琴酒裡的風味。

氣味與口感的取捨、地域或本身的獨特性，如何運用這些原料完成一款琴酒，便是蒸餾師和酒廠的課題。

菲律賓的「群島植物琴酒 (Archipelago Botanical Gin」，
含有芒果、柚子、萊姆、野薑花、茉莉、本格特松芽等
二十二種在地材料，以及杜松子、歐白芷、肉桂、八角等進
口原料，著實反映豐富的環境特色。

| 杜松子 *Juniper* |

　　一般用來製造琴酒的杜松 (學名：Juniperus Communis) 是種針葉植物，屬於松柏類家族，30 公分至 10 公尺高不等，可存活百年，生長範圍廣泛，包括北美的加拿大、阿拉斯加一帶，往北至格陵蘭、冰島、歐洲一帶，以及北非、亞洲北部、日本等，皆能得見其蹤，可適應酸鹼性土壤；當中又以歐洲的馬其頓與托斯卡尼產量與品質最為優異。不過並不是所有的杜松屬漿果都能食用，像美國境內的鉛筆柏 (Eastern Red Cedar，學名：Juniperus Virginiana) 對人類來說就帶有毒性。

　　如前文所述，西元前一千五百年，埃及人用杜松子治療關節或肌肉疼痛，古希臘的奧林匹克運動選手還會大量吞食杜松子當作大力丸，堅信能提升表現；古羅馬人則是在飯後食用幫助消化。至今，杜松子精油仍被視為具有收斂鎮定、殺菌解毒效果。

　　杜松為雌雄異株植物，雄花呈黃色橢圓狀，叢聚於枝枒，經過風力或蟲類授粉至綠色雌花；類似松果，花開後三片雙層的萼片會保護果實成熟，從綠色轉成藍紫色，歷時十八至三十六個月之久，每一顆直徑約 0.5 到 1 公分的杜松子，內有三至六顆種籽，這些小種籽便是琴酒氣味豐富的主要來源。這些氣味來自萜烯 (Terpene)，植物分泌萜烯化合物是為了嚇阻草食動物以保護自身 (卻成為琴酒愛好者的最愛，製造啤酒的啤酒花風味來源也是萜烯)；松柏類植物是萜烯的大宗，杜松子就存有五種最主要的萜烯種類，而這些精華僅占一顆杜松子的 3%。

　　阿法蒎烯 (Alpha Pinene) 提供木質調性、雪松氣味；貝塔蒎烯 (Beta Pinene) 則是帶著綠色樹木味道；月桂烯 (Myrcene) 聞起來類似苔蘇、麝香還有一點紅葡萄果香，決定草本尾韻長短；檜烯 (Sabinene) 會有樹脂、泥土、黑胡椒感覺，檸烯 (Limonene) 是新鮮柑橘味道來源。其他還有石竹烯 (Caryophyllene) 表現出近似丁香的辛香氣味；水芹烯 (Phellandrene) 會有胡椒與薄荷感覺；欖香烯 (Elemene) 帶有淡淡花香。

　　不同風土環境也會造成各種萜烯所占比例多寡，因此不同產地杜松子所呈現出的氣味也各異。十八、十九世紀的倫敦琴酒酒廠都還是使用英國產杜松子居多，然而近年來需求大增，加上植物病害導致收成不穩，大部分已仰賴進口。許多強調區域特色的琴酒會選擇當地採集的杜松子，如廣島的櫻尾限量版琴酒 (Sakurao Gin Limited) 使用日本杜松子；巴塞隆納近郊的馬斯卡羅九號琴酒 (Mascaró Gin 9) 使用西班牙杜松子；加利利的阿卡琴酒 (Akko Gin) 使用以色列杜松子；雷克雅維克的冰島春泉琴酒 (VOR Gin) 使用冰島杜松子。

　　採集期間從每年 10 月到隔年 2 月，經驗老道的採收者僅須技巧性拍擊樹身，便能讓熟成的杜松子掉落，往往一天能撿拾將近 60 ～ 80 公斤。蒸餾師在使用杜松子前通常會放置一段時間讓水份自然風乾，剩餘精華油脂再稍加磨碾以便萃取風味。

產區	風味特色	代表琴酒
托斯卡尼 Tuscany 溫布利亞 Umbria	溫暖醇厚，油脂感覺	沉睡山狼琴酒 Wolfrest Gin 大象琴酒 Elephant Gin
馬其頓 Macedonia	銳利口感，飽滿柑橘調性	薩瑞斯琴酒 Sharish Gin 季之美琴酒 Ki No Bi Gin
保加利亞 Bulgaria	檸檬清新	利物浦琴酒 Liverpool Gin 薩科里德琴酒 Sacred Gin

| 芫荽籽 *Coriander Seed* |

　　芫荽在亞洲與墨西哥料理中很常見，雖然它的味道未必人人歡迎，但芫荽籽卻是琴酒製作僅次於杜松子之外的最重要原料。一年生的芫荽為紅蘿蔔、茴香的近親，小花叢集成傘狀，同屬繖形科，可生長至約 60 公分高。乾燥芫荽籽去除掉原本的青草味與濃郁芫荽氣味後，會殘留柑橘、溫和木質調性，而其顯著的檸檬香氣甚至能讓沒有添加檸檬皮的琴酒散發檸檬清新。

　　這股檸檬柑橘的氣味，來自於芫荽籽中主要四種不同的萜烯組合：比例最高的芳樟醇 (Linalool，又名沉香醇、芫荽醇)，帶有柑橘、辛香氣味與薰衣草花香，也經常使用於清潔產品；百里酚 (Thymol) 會延長溫暖木質調尾韻；經常見於天竺葵的乙酸香葉酯 (Geranyl Acetate) 則是偏向柔美花香；和杜松子一樣也有蒎烯 (Pinene) 成份，因此更能與杜松子相輔相成；其餘還有少量像是帶樟腦味的莰烯 (Camphene)、柑橘調的檸烯、苔蘚感覺的月桂烯、百里香與孜然味的傘花煙。另外，芫荽籽也有部分定香物質 (Fixative Property)，能夠讓香氣更穩定保存在烈酒中。

　　生長於西伯利亞、北歐等夏季較溼涼地區的芫荽籽，含有較多精華油脂，品質佳，然則產量難以評估，大部分蒸餾師還是選擇產自摩洛哥、埃及、東南歐一帶，例如保加利亞、羅馬尼亞等地的芫荽籽。

　　有些琴酒也會適量使用芫荽葉 (Cilantro，包括葉及部分莖部) 做為原料，例如美國加州的聖喬治植物食客琴酒 (St. George Botanivore Gin) 與日本岡山精緻琴酒（Craft Gin Okayama）。

產區	風味特色	代表琴酒
保加利亞 Bulgaria	柑橘調性柔順，些許蠟味	布洛克琴酒 Broker's Gin 史密斯琴酒 Sipsmith Gin
摩洛哥 Morocco	銳利辛香，淡淡花香	龐貝系列琴酒 Bombay Gin 絲塔朵琴酒 Citadelle Gin

| 荳蔻 *Cardamom* |

　　除了昂貴的番紅花、香草，荳蔻也是香料界的貴族成員。原生於印度西高止山脈 (Western Ghats)，在十九世紀英國殖民時代，是僅次於咖啡的第二重要作物。在今日的南亞地區，荳蔻籽萃取物是來改善皮膚與消化疾病的重要藥品。1910 年代，德國企業化咖啡種植者亦開始在瓜地馬拉栽種起荳蔻，如今瓜地馬拉成為荳蔻來源大宗。

　　擁有豐富香氣的綠荳蔻 (又稱作白荳蔻)，主要產地有印度邁索爾 (Mysore) 及瑪拉巴 (Malabar)。邁索爾豆蔻因為顯著芳樟醇 (Linalool) 而有較溫暖的柑橘類花香，瑪拉巴荳蔻則是有更明顯的尤加利葉 (Eucalyptus，又稱作桉樹)，類似薄荷醇 (Menthol) 氣味。帶有些許煙燻感，體積較大的黑荳蔻 (亦稱棕荳蔻或尼泊爾荳蔻) 主要產自喜瑪拉雅山脈一帶。

　　兩種荳蔻裡都有的桉油酚 (Cienol) 帶來尤加利樹葉味道，乙酸松油酯 (Terpinyl Acetate) 則是柑橘樹葉與清新芳香氣味；這些萜烯風味常見於百里香或羅勒。綠荳蔻另外多了檸烯 (Limonene) 有著檸檬柑橘味，黑豆蔻是貝塔蒎烯 (Beta Pinene) 提供木質調。

　　使用前大多會先碾碎荳蔻莢，好讓細小深色的荳蔻籽釋放香氣，又因為荳蔻獨特的香氣容易揮發，對於蒸餾師來說如何使用是個挑戰。一般來說，如果不另外說明，製作琴酒的荳蔻通常指綠荳蔻，少數琴酒會同時使用兩種荳蔻，如英國倫敦的多德琴酒 (Dodd'Gin)。

荳蔻種類	風味特色	代表琴酒
綠荳蔻	淡淡辛香料之外有著柑橘果香	琴索琴酒 GIN SUL 諾迪斯琴酒 Nordes Gin
黑荳蔻	煙燻感及木質調性	龐貝琥珀琴酒 Bombay Amber Gin 伊登米爾蘇格蘭橄欖球隊琴酒 Eden Mill Scottish Rugby Gin

| 甘草 *Liquorice* |

時常見於藥方內以增加天然甜味，或是治療支氣管炎與止咳。大部分甘草來自中國及中南半島，甘甜特色讓能琴酒變得柔順，並讓餘味持續；製作琴酒前會先將質地堅硬的甘草根部先磨成粉末再浸泡蒸餾。

來自甘草本身的甘草素 (Glycyrrhizin) 是甜味主要來源，其甜度是砂糖的三十至五十倍；雖然甘草素僅占乾燥甘草根內的 4 ～ 25%，但在砂糖還是珍貴物品的年代，可說是用來製作甘甜口感老湯姆琴酒的原料首選。此外，內含的封酮 (Fenchone，又稱小茴香酮) 帶有樟樹木質調性。

在乾燥甘草裡另有占 3% 左右的茴香烯 (Anethole，又稱茴香腦) 帶有顯著茴香風味，因為酒中的茴香烯在加水稀釋時會發生乳化反應 (Louching) 造成酒色混濁呈乳白色，因此有些蒸餾師會透過冷凝過濾，去除不穩定分子以避免此情況。不過現今許多精緻琴酒會採用非冷凝過濾以保留原有特色，像是美國芝加哥的雷色比琴酒 (Letherbee Gin)。

琴酒常見原料含有茴香烯的還有八角、羅勒、龍蒿 (Tarragon)、香桃木 (Myrtle) 等。

| 鳶尾 *Orris* |

鳶尾又稱為愛麗絲 (Iris)，為多年生植物，植株高約 1 公尺，花卉品種顏色眾多，其中紫色較為常見。鳶尾根的芬香調性與歐白芷根都能幫助琴酒風味取得平衡，作為定香劑 (Fixative) 讓氣味分子穩定持久較不易揮發，苦中帶著帕爾馬紫羅蘭 (Parma Violet) 香氣，一些木頭與覆盆莓味道。古羅馬時期開始人工栽種以取其根部使用，十五世紀被拿來製作香水。

鳶尾根生長三到四年才能採集，在使用前會洗淨、去皮再乾燥，經過兩到五年的貯放來讓味道達到最佳狀態；因為風乾後鳶尾根相當堅硬，因此會將之磨成粉狀再添加。最常使用也較難培育的品種為香根鳶尾 (Iris Pallida)，原生於克羅埃西亞海岸。

大部分鳶尾根來自義大利佛羅倫斯及托斯卡尼、東歐或南歐，德國鳶尾 (Iris Germanica) 的變異種，佛羅倫斯鳶尾 (Iris Florentina) 則生長於摩洛哥、中國、印度，香奈兒五號香水用的便是佛羅倫斯鳶尾。1 噸鳶尾根大約僅能萃取出 2 公升精油；雖然鳶尾根僅須少量便能擁有顯著作用，但鳶尾根仍舊是琴酒製作時屬於較昂貴的材料，配方內沒有添加鳶尾根的琴酒，香氣通常較易消失，這也是蒸餾師們會選擇鳶尾根為材料的主要理由之一。

| 肉桂 *Cinnamon* 與桂皮 *Cassia Bark* |

能很快讓人感受溫暖與甘甜氣味的肉桂 (Cinnamon) 被稱為錫蘭肉桂 (Ceylon Cinnamon) 或真肉桂，原生於斯里蘭卡，當地住民會在雨季開始樹皮較柔軟時採集，再將薄樹皮曬乾後捲成緊實一束，目前在印度與巴西部分地區都有商業種植。除了調味，還能治療蛇咬、改善雀斑、調理腎臟。

桂皮 (Cassia Bark) 大多來自越南、中國、印度、馬達加斯加等地，俗稱為中國肉桂 (Chinese Cinnamon)，可生長 3 至 5 公尺高，較厚的桂皮是兩側向內捲成束。含有較高濃度的香豆素 (Coumarin)，對香豆素過敏的人可能會傷害肝臟。味道較強悍帶有微苦，在東方多用以食物調味，西方則是用來當作髮油或皮膚保養。

肉桂與桂皮品種為近親，成品風味外觀相似而經常被搞混，兩者主要成份都有肉桂醛 (Cinnamaldehyde)，其他還有蒎烯 (Pinene)、除臭用的芳樟醇 (Linalool，沉香醇)、檸烯 (Limonene)、髮油裡常有的莰烯 (Camphene)，以及提供木質調與溫暖感覺的阿法愈創木烯 (Alpha Guaiene)；而肉桂另外含有較多丁香酚 (Eugenol)。因為產量與品質緣故使得肉桂價格較桂皮高，桂皮因而被視為窮人家的肉桂。

　　不論何者，都可以提供琴酒中段風味並且促成花香調性呈現。紀凡琴酒 (G'Vine Gin) 與龐貝琴酒 (Bombay Gin) 使用桂皮為材料，美國紐約的培理陶德海軍強度琴酒 (Perry Tot Navy Strength Gin) 添加肉桂，而史密斯琴酒 (Sipsmith Gin) 則同時使用中國桂皮與馬達加斯加肉桂。

| 歐白芷 *Angelica* |

　　與芫荽一樣都是紅蘿蔔、蒔蘿近親，可生長至 2 公尺高，名稱來源自希臘文的大天使。十五世紀黑死病猖獗於歐陸，一名神父在夢中得到大天使米迦勒 (一說是加百列) 告知能夠以歐白芷預防疫情因而得名，中古世紀的歐洲人還會拿歐白芷葉讓孩童戴在脖子上避邪。

　　歐白芷根帶有麝香和一點堅果、潮溼木頭或森林地面略顯回甘的松樹風味；當中含有木質調性的蒎烯 (Pinene) 與柑橘特色的檸烯 (Limonene)，以及強烈草味的貝塔水芹烯 (Beta Phellandrene)。1927 年，德國學者自歐白芷根發現帶有麝香氣味的環狀十五內酯，開始廣泛運用於香水調製。

　　歐白芷籽會有些微花香與柑橘氣味，類似啤酒花口感，甚至還有些芹菜味；過去有些蒸餾師會用英國隨處可見的歐白芷籽替代杜松子。

　　歐白芷種類共約六十餘種，遍佈美國西岸、歐亞，於涼爽氣候地區生長最為繁茂。現在德國薩克森 (Saxony) 與比利時法蘭德斯 (Flanders) 皆進行商業種植；薩克森歐白芷相對來說較為柔順醇厚，法蘭德斯歐白芷多了些辛辣感。

　　歐白芷又別稱洋當歸，部分亞洲琴酒會使用烹飪或藥療的當歸 (Chinese Angelica、Danggui) 替代歐白芷，例如香港的白蘭樹下琴酒 (Perfume Trees Gin) 就以當歸取代歐白芷，日本奈良的橘花琴酒 (Kikka Gin) 使用大和當歸葉作為素材。

　　其他使用歐白芷的酒類還有夏翠絲藥草酒 (Chartreuse)、班尼狄克丁藥草酒 (Bénédictine) 或是一些苦艾酒 (Vermouth)。

| 柑橘類水果 *Citrus Fruit* |

被認為原生於中國的檸檬 (Lemon)，大部分種植於中國、墨西哥、南美洲，少量見於義大利與西班牙，蒸餾師偏好的檸檬大多來自西班牙南部安達魯西亞，品種選擇厚皮精油含量多的菲諾 (Fino)、維爾納 (Verna)。主要取其果皮富含的檸烯 (Limonene) 風味、常見於茶樹的松油烯 –4– 醇 (Terpinen–4–ol)、貝塔蒎烯 (Beta Pinene)，後兩者讓檸檬較其他柑橘類多了綠色樹林的味道。

萊姆 (Lime) 糖份少於檸檬，酸度也略勝，含有較多芳樟醇 (Linalool) 與阿法蒎烯 (Alpha Pinene)；常見品種有酸味較強的墨西哥萊姆 (Key Lime、Mexican Lime)、耐寒果實偏大的波斯萊姆 (Persian Lime、Bearss Lime、Tahiti Lime)、果皮香氣飽滿且葉片也能使用的泰國青檸 (Kaffir Lime)。

苦橙 (Bitter Orange) 多用來料理或製成果醬、精油，當中最常被使用的苦橙種類為每年 3 月採收的西班牙塞維亞苦橙 (Seville Orange)，在十八世紀時被摩爾人帶到西班牙，再由西班牙探險家們帶到庫拉索島 (Curaçao) 上，繁衍出著名的庫拉索橙；微苦的部分能加強柑橘調性在琴酒裡的辨識度，並提供中段口感。甜橙 (Sweet Orange) 則多擠汁飲用，知名品種有瓦倫西亞橙 (Valencia)、血橙 (Blood Orange)、臍橙 (Navel)，甘甜特色能讓柑橘餘韻拉長，普利茅斯琴酒 (Plymouth Gin) 便是一例。

而這些柑橘類果皮的使用，也會依種類和琴酒想呈現的調性決定乾燥或新鮮狀態；苦橙皮多為乾燥，甜橙皮多選用新鮮，過去傳統琴酒以乾燥塞維亞苦橙皮為素材便是考量運送保存與取得便利性。

其他常見於琴酒原料的還有葡萄柚 (Grapefruit)、柚子 (Pomelo)、香檸檬 (Bergamot)、佛手柑 (Buddha's Hand)，以及一些新式琴酒中的日本柚子 (Yuzu)、金桔 (Kumquat)；全世界約莫有五十餘種不同柑橘類水果可供選擇，各地特有品種柑橘經常作為琴酒內的風土元素，例如日本鹿兒島的小正釀造蜜柑琴酒 (Komasa Komikan Gin) 添加櫻島特有小蜜柑，印度果阿邦的奇異父子琴酒 (Stranger & Sons Gin) 使用包括哥達荷拉杰檸檬等五種不同當地柑橘。

| 杏仁 *Almond* |

　　另譯為扁桃，廣泛生長於南歐、北非、美國加州的杏仁是杏桃 (Apricot) 與桃 (Peach) 近親，在中世紀時是相當重要的貿易貨品，杏仁油至今仍然常用作醫藥與皮膚保養；與中國一般區分南杏北杏的白色杏果仁 (Apricot Kernel，杏仁茶的原料) 是不同的風味。製作琴酒的杏仁會先磨成粉，苦杏仁能夠藉由杏仁膏 (Marzipan) 的甘甜柔順口感，以及一些堅果與絲毫櫻桃氣味，為酒體帶來複雜度。如果過量食用苦杏仁 (五十到七十顆)，攝取大量的氰化氫 (Prussic Acid aka Cyanide) 會有中毒致命之虞，不過氰化氫在烹煮後會消失。改良過後的甜杏仁則會有些蜂蜜味，提升口腔滑順感。

　　雖然杏仁內含有微量的砷，經由蒸餾過程能夠除去砷和堅果蛋白，因此飲用添加杏仁為原料的蒸餾琴酒，對於堅果過敏的人並沒有危害。有些琴酒會在磨成粉前稍加烘烤，再進行浸泡蒸餾，如法國諾曼第的克里斯汀德魯琴酒 (Le Gin de Christian Drouin)。

| 茴香 *Fennel* |

　　原生於地中海地區，如今世界各地幾乎都能栽種；新鮮茴香形似芹菜，而在琴酒風味內常被認為甘草或大茴香。常見品種有甘茴香 (Florence Fennel) 與甜茴香 (Sweet Fennel)，皆含有大量茴香烯 (Anethole)、部分帶有甜檸檬味的檸烯 (Limonene)，以及像樟腦油與尤加利樹葉氣味的桉油醇 (Eucalyptol)，琴酒蒸餾師會用茴香籽以加強甘草溫暖調性與香料感。

　　茴香花則有類似甘草糖氣味，像是荷蘭鬼廚琴酒 (Gastro Gin) 便同時使用茴香花及茴香籽作為原料。

| 肉豆蔻 *Nutmeg* |

原生於印尼摩鹿加群島的肉豆蔻是昔日荷蘭東印度公司壟斷的重要貿易商品，可生長至 40 英尺高的肉豆蔻樹，果實形似杏桃，果核部分即為一般熟知的肉豆蔻，而包覆其外的紅色果皮則稱肉豆蔻皮 (Mace)，味道苦而強烈。肉豆蔻內含的莰烯 (Camphene) 提供木質調、香料感與淡淡薄荷氣味，其他化合物還有檸烯 (Limonene)、芳樟醇 (Linalool)、蒎烯 (Pinene)、溫和甜玫瑰味的香葉醇 (Geraniol)。

添加肉豆蔻的琴酒不在少數，但是連同肉豆蔻皮一起浸泡的較少，如泰國曼谷的鐵球琴酒 (Ironball Gin) 與印度果阿邦的奇異父子琴酒 (Stranger & Sons Gin)，其中鐵球琴酒還會先稍微烘烤過肉豆蔻再使用。其他使用肉豆蔻的酒類還有蘇格蘭蜂蜜酒 (Drambuie)、班尼狄克丁藥草酒 (Bénédictine)。

| 尾胡椒 *Cubeb* |

與黑胡椒同種，皆為爬藤類植物的尾胡椒 (或稱蓽澄茄) 原產於印尼爪哇島，因此別稱爪哇胡椒 (Java Pepper)，白花會結成棕色果實，是當地重要的香料作物；乾燥尾胡椒形似帶尾的黑胡椒。雖然一樣有胡椒鹼 (Piperine) 帶來刺激感，尾胡椒則是多了些薰衣草花香，由香葉醇 (Geraniol) 提供的玫瑰氣味，檸烯 (Limonene) 產生的柑橘調性，還有本身蓽澄茄油烯 (Cubebene) 的木質、樟腦、辛辣味。

添加尾胡椒的琴酒通常會有胡椒、淡淡花果香、薄荷氣味，尾韻悠長，例如新加坡的東陵蘭花琴酒 (Tanglin Orchid Gin) 和英國的湯瑪士戴金琴酒 (Thomas Dakin Gin)。

| 天堂椒 *Grains of Paradise* |

　　原生於西非的天堂椒（亦稱非洲荳蔻）為薑的近親，外觀有如蘆葦般約 3、4 英尺的綠色莖幹，喇叭狀紫花會結成長狀果實，果實內約有近百顆小籽，採收期在 6、7 月間的雨季，其黑色種子帶有更甚於胡椒的辣味與香料氣息，常見於非洲料理。雖然天堂椒的運用早見於神聖羅馬帝國早期，卻要到十四世紀才開始在歐洲普及；當時尚未能輕易自東南亞取得黑胡椒，食物調味多用天堂椒，甚至連啤酒、烈酒與藥草酒都會用到。能夠加強芫荽的柑橘與香料調性，或與荳蔻的薄荷醇 (Menthol) 氣味相合，帶有些微薰衣草香。

　　天堂椒帶來類似薑的辛辣感，讓琴酒品嘗起來比實際酒精強度更強勁；以天堂椒為原料的琴酒有：德國猴子 47 琴酒 (Monkey 47 Gin) 與英國所羅門大象香料琴酒 (Opihr Oriental Spiced Gin)。

| 薑 *Ginger* |

　　身為世界悠久香料之一的薑，原產於中國及印度；現今幾乎所有國家都能栽種。種植、收成、儲存方式都會對薑產生風味上影響，數十種不同品種的薑也有各自特色。歷經五至七個月內收成的薑個性溫潤，接著其中的生薑醇 (Zingiberol) 含量會急遽增加至九個月達高峰，香氣飽滿。陰暗處種植的薑，其檸烯 (Limonene) 會較日照充足的薑來得多，柑橘氣味顯著；乾燥後的薑只會留下較多辛辣尖銳的薑烯 (Zingiberene)，另外還有水芹烯 (Phellandrene)、芳樟醇 (Linalool) 等其他化合物帶來的風味。

　　使用不同溫度蒸餾也會造成取得風味的差異，低溫蒸餾會取得清新柑橘氣味，而高溫蒸餾則是得到辛香具有刺激感的薑味。

薑味表現常見於琴酒尾韻部分，如日本沖繩的瑞穗原生琴酒 (Mizuho Ori Gin)、美國加州的維納斯琴酒一號 (Venus Gin Blend No.1)、德國漢堡的琴索琴酒 (GIN SUL) 等。

| 葛縷子 *Caraway* |

一年生的葛縷子原生於歐洲，另稱為「藏茴香」，與荷蘭芹為近親。古代埃及人就懂得用它幫助消化，後來德國人會添加進裸麥麵包或浸製藥草酒。果實帶有些微苦味、甘甜麝香和香料氣味，含有味道辛辣的葛縷酮 (Carvone)、檸烯 (Limonene)、阿法蒎烯 (Alpha Pinene) 等。

十五世紀末，斯德哥爾摩地區以葡萄烈酒浸泡葛縷子等草本香料，稱為「阿夸維特酒 (Aquavit，丹麥文：Akvavit)」，作法近似琴酒，差別在於前者以葛縷子為主角，後者則是杜松子；是當時平民難以取得的高級藥酒，取名源自拉丁語「生命之水 (Aqua Vitae)」。

葛縷子提供琴酒中的草本辛香感與回甘滋味，與其他原料相輔相成；代表琴酒有美國波特蘭的飛行琴酒 (Aviation Gin) 與挪威卑爾根的巴維斯登琴酒 (Bareksten Gin)。

| 月桂葉 *Bay Leaf* |

經常出現在廚房調味的月桂葉，一般係指甜月桂 (Laurus Nobilis)，內含桉油醇 (Eucalyptol) 而聞起來的清新感像尤利加樹葉，有芳樟醇 (Linalool) 賦予香料花香、隱約有潮溼木頭味道的檜烯 (Sabinene)、青草與松樹氣息的松油醇 (Terpineol)、木質調性的阿法蒎烯 (Alpha Pinene)。

月桂葉能帶來琴酒一開始的綠色樹林感覺及尾韻草本香氣，使用月桂葉的琴酒有西班牙的琴裸琴酒 (Gin Raw) 與荷蘭的 V2C 荷蘭琴酒 (V2C Dutch Dry Gin)。

| 薰衣草 *Lavender* |

原生於中歐的山腳地區,現今廣泛見於大西洋沿岸陸地,種類繁眾,部分帶有毒素;因顯著又特別的花香常用於新式琴酒之中,香氣介於玫瑰與紫羅蘭之間,有些薄荷感。內含除了主要的薰衣草醇 (Lavandulol),還有部分芳樟醇 (Linalool)、香葉醇 (Geraniol)、桉油醇 (Eucalyptol) 等。

乾燥後的薰衣草花經常用於花茶或甜點之中,使用少量薰衣草蒸餾琴酒便能得到明顯風味;代表琴酒包括:蘇格蘭的愛丁堡琴酒 (Edinburgh Gin) 及日本廣島的櫻尾蔓荊花琴酒 (Sakurao Hamagou Gin)。

| 洋甘菊 *Chamomile* |

被古希臘人稱為「地面蘋果」的洋甘菊,花朵成熟經乾燥後的芳香與藥用效果最強,常被用以呈現花香調性琴酒。帶有甜乾草、蘋果氣味。低矮的羅馬洋甘菊 (Roman Chamomile) 為多年生植物,原產於地中海區域,較易引發過敏;植株較高的德國洋甘菊 (German Chamomile) 則是一年生,常見於烹飪與藥用。在啤酒花尚未普遍被使用前,盎格魯撒克遜人會在啤酒內添加洋甘菊以增加風味,而義大利人也會把洋甘菊浸泡於義式白蘭地內當成餐後酒。琴酒使用的多為羅馬洋甘菊,其中的果香菊素 (Nobilin) 會帶來蘋果般的香氣。

洋甘菊帶來柔順的甘甜花香,淡淡紅蘋果與一絲香草調性,英國的花漾琴酒 (Bloom Gin)、坦奎利十號琴酒 (Tanqueray No. 10 Gin)、亨利爵士琴酒 (Hendrick's Gin) 和西班牙煉金術師琴酒 (Alkkemist Gin) 皆添加洋甘菊作為原料。

| 接骨木 *Elder* |

　　近年來被廣泛應用於琴酒製作的接骨木，遍及歐美各地，除了嚴寒氣候外幾乎皆可生存，被認為有驅魔避邪的功效。接骨木花與果實經常被拿來釀酒或是調配其他飲品。5 月底 6 月初開花的白色或淡黃色接骨木花帶有甘甜蜂蜜味、花香與近似白葡萄的果香，溫暖午後的花朵香氣最為飽滿；含有帶玫瑰花香的左旋玫瑰醚 (Cis–Rose Oxide)、近似鐵觀音茶味的去氫芳樟醇 (Hotrienol)、清新芳香的橙花醚 (Nerol Oxide)、略有醋味與甜橙味的天竺葵醛 (Nonanal，又稱壬醛)，其他還有些微芳樟醇 (Linalool)、一點丁香味的阿法松油醇 (Alpha Terpineol)、新鮮青草味的己醛 (Hexanal)。接骨木果實則呈黑紫色，化合物部分剩下天竺葵醛、去氫芳樟醇以及芳樟醇，少了顯著的花香，用以製作果醬或醬料。

部位	風味特色	代表琴酒
接骨木花	淡淡檸檬感覺的清新花香	沉睡山狼琴酒 Wolfrest Gin 寂靜之湖琴酒 Silent Pool Gin
接骨木果實	飽滿果醬感覺	庫柏漢德黑琴酒 Copperhead Black Gin 布倫海姆琴酒 Burleighs London Dry Gin
接骨木花及果實		史丁琴酒 Stin Gin 小十字琴酒 Shortcross Gin

| 繡線菊 *Meadowsweet* |

繡線菊為廣覆於歐洲、美東及加拿大的多年生草本植物,有奶油與蜂蜜味的白花與杏仁香氣的葉片常會被添加進啤酒或葡萄酒內飲用。位於瑞典的赫諾琴酒酒廠 (Hernö Gin Distillery) 便設廠於繡線菊環繞的郊區,所生產的系列琴酒也順理成章使用繡線菊為原料。主要風味來源為帶有杏仁、蜂蜜味的水楊醛 (Salicylaldehyde)、花香調性的苯乙醇 (Phenylethyl Alcohol)、大茴香醛 (Anisaldehyde)、讓人聯想到奶油的香草醛 (Vanillin) 等。

北歐和蘇格蘭、愛爾蘭生產的琴酒配方經常能看到繡線菊,會帶有一點類似乾草與青草風味,些許蜂蜜甘甜餘韻。除了赫諾琴酒,還有芬蘭的科洛琴酒 (Kyrö Gin)、挪威的維達琴酒 (Vidda Tørr Gin)。

| 玫瑰 *Rose* 和玫瑰果 *Rosehip* |

自玫瑰花瓣萃取的精油常見於甜點、香水、飲品;大部分蒸餾師因擔心加熱過程會破壞玫瑰的細緻花香,因而多在蒸餾後才另外添加玫瑰萃取液,例如知名的亨利爵士琴酒,另外還有日本鹿兒島的和美人大馬士革玫瑰琴酒 (Wa Bi Gin Damask Rose) 與南非開普敦的馬斯格雷夫粉紅琴酒 (Musgrave Pink Gin),同樣是蒸餾後再調和少量玫瑰水。

但仍舊有琴酒會在蒸餾過程就先加入玫瑰花瓣,例如赫諾酒廠與精品琴酒商行 (That Boutique-Y Gin Company) 合作推出的赫諾瑞典玫瑰琴酒 (Hernö Swedish Rose Gin)、法國羅亞爾河區域的瑪莉朵琴酒 (Meridor Gin)。

　　玫瑰果 (Rosehip) 也會使用在草本茶配方或果醬，帶有水果餡餅與一點柑橘滋味；琴酒使用玫瑰果為原料亦不在少數，例如荷蘭斯希丹的巴比琴酒 (Bobby's Gin)、德國薩爾堡的斐迪南薩爾琴酒 (Ferdinand Saar Dry Gin)。

| 啤酒花 *Hops* |

　　幫啤酒提升風味的啤酒花，在中世紀時從中國傳入歐洲，適合種植於全日照或部分蔭涼所在，需潮溼沃土以利生長，為多年生藤蔓草本植物；秋季時開花，雌花會結成球狀果實。超過一百二十餘種的啤酒花的風味涵蓋果香、柑橘、青草、松樹等各式香氣，常被用來做杜松子酒 (Genever) 增加風味的原料；現代有些兼具啤酒廠的琴酒品牌或是與啤酒商、酒吧合作的琴酒，經常會將啤酒花作為原料之一。例如：丹麥精釀啤酒品牌米凱樂 (Mikkeller)，推出以西姆科啤酒花 (Simcoe Hops) 為原料的米凱樂琴酒 (Mikkeller Gin)，以及澳洲四柱琴酒 (Four Pillars Gin) 為當地飯店酒吧設計專屬、使用瀑布啤酒花 (Cascade Hops) 的黏踢踢地毯琴酒 (Sticky Carpet Gin)。

　　啤酒花可以在蒸餾過程中加入，賦予花果香、柑橘風味，苦味也較少；亦能於蒸餾後再添加啤酒花作為酒花風味琴酒 (Hopped Gin)，得到近似印度淡色艾爾啤酒 (India Pale Ale，IPA) 的柑橘香氣與苦韻。

| 蜂蜜 *Honey* |

　　蜂蜜的香氣來自於蜂巢周圍的花種，種類不同，香氣各異，因此也成為表達區域特色的元素選擇之一。有些酒廠運用蜂蜜發酵成蜂蜜酒 (Mead)，接著蒸餾製成烈酒為琴酒基底，浸泡杜松子等原料，例如美國舊金山樹藝酒廠 (Treecraft Distillery) 的薰衣草木槿琴酒 (Lavender Hibiscus Gin) 和新加坡雷切爾兔子蜂蜜酒廠 (Rachelle The Rabbit Meadery) 的羅惹琴酒 (Rojak Gin)，都是使用自家製作的蜂蜜烈酒做為基底。

或者也能在蒸餾過程中加入蜂蜜增加口感，帶來微微的花香或甚至木質調甘甜；像是英國的多德琴酒 (Dodd's Gin) 與寂靜之湖琴酒 (Silent Pool Gin)。部分琴酒於蒸餾完成後直接調和蜂蜜增加風味，或是作為老湯姆風格琴酒的甜度來源，著名的有美國佛蒙特的巴爾山琴酒 (Barr Hill Gin) 與瑞典的赫諾老湯姆琴酒 (Hernö Old Tom Gin)。

| 花椒 *Sichuan Pepper* |

常見於麻婆豆腐或麻辣火鍋等中華料理的花椒，不僅可供料理調味，亦能提煉芳香精油。不同品種的花椒內含氣味揮發物質種類比例各異，通常包含檸烯 (Limonene)、芳樟醇 (Linalool)、桉油酚 (Cienol) 等等；紅花椒味道醇厚帶有果香與木質調，青花椒檸烯含量較少，清新草本氣味明顯。隨著新式琴酒興起，花椒特殊風味成為原料選擇之一。

中國上海的巷販小酒 (Peddlers Gin)、新加坡的紙燈琴酒 (Paper Lantern Gin)、英國的愛丁堡加農砲琴酒 (Edinburgh Cannonball Gin)，都使用花椒增加口感香氣呈現。

| 茶 *Tea* |

將茶樹的葉子製成茶葉沖泡，發源於中國，於唐朝盛行並廣傳至日本、韓國，十七世紀在歐洲殖民主義發展態勢下，茶飲被帶至歐洲與其他地區。綠茶、烏龍茶、紅茶、普洱茶因各自發酵程度不同 (或不經發酵)，帶有不同風味，或者製茶時加入調味以創造特殊的味道、香氣，例如伯爵茶或香片等。

英人牌琴酒 (Beefeater Gin) 的首席蒸餾師戴斯蒙德‧佩恩 (Desmond Payne)，為了紀念他自己長達四十年的蒸餾工作，以原本英人牌琴酒配方為基礎，構思出增添日式煎茶與中國綠茶的英人牌 24 琴酒 (Beefeater 24 Gin)，這是琴酒配方中添加茶為原料的濫觴。以茶入酒，需要格外小心避免出現茶澀味，美國舊金山的樹藝酒廠 (Treecraft Distillery) 覺得使用伯爵茶蒸餾出的琴酒澀味太過，所以僅添加香檸檬推出伯爵味琴酒 (Earl Grey Flavored Gin)。

　　有些品牌會將茶浸泡於基底烈酒再蒸餾，也有酒廠會在琴酒蒸餾後才浸泡茶葉，讓琴酒帶有茶色；許多琴酒因為地緣關係或餐飲文化而選擇使用茶作為配方，如鹿兒島的和美人琴酒 (Wa Bi Gin) 使用當地知覽茶、香港的白蘭樹下琴酒 (Perfume Trees Gin) 使用獅峰龍井茶。

季之美琴酒使用來自崛井茶園的玉露綠茶。

正在揀選茶葉的日本婦女。

琴酒的類型

The Type of Gin

learn about 14 types of gin

認識 14 種琴酒家族

有明文規範琴酒類別的，還是以歐盟為主，其餘分類則是根據琴酒的製程、風味、原料地域等演化出多種類型，這些分類其實也有利於推廣與識別。歐盟在 2019 年 4 月更新版的《烈酒與飲品法規 (Spirit and Drink Regulation)》，針對琴酒說明「辛口 (Dry，或譯為不甜)」，必須是每公升產品不得添加超過 0.1 克的增甜物，不過所有符合標準的琴酒可選擇是否要標示。

蒸餾琴酒 *Distilled Gin*

根據歐盟制定的《烈酒與飲品法規》，蒸餾琴酒所使用的中性烈酒最少要 96% ABV，需要以杜松子為原料蒸餾 (2019 年 4 月之前的蒸餾方法僅限傳統蒸餾器，現已不再侷限蒸餾器型態)，不能單以添加物提供琴酒本身風味口感，但是能夠在蒸餾後調和天然或人工香料、萃取液或其他增味劑。

意思是只要取用兩三顆杜松子透過浸泡中性烈酒再蒸餾後，添加大量酒精或任何香精調味，包括杜松子香精，都算是符合蒸餾琴酒的規範，因此掛上蒸餾琴酒的類別並無法視為品質保證。

格蘭父子酒業集團 (William Grant & Sons) 商請麥芽大師大衛‧史都華 (David Stewart)，以及集團內首位參與製作琴酒的女性蒸餾師蕾斯莉‧格雷希 (Lesley Gracie)，共同製作亨利爵士琴酒 (Hendrick's Gin)，雖然以銅製鍋爐蒸餾器產出優質琴酒，卻因為裝瓶前會添加荷蘭小黃瓜及保加利亞玫瑰萃取精華，只能歸類於「蒸餾琴酒」而非下文要介紹的「倫敦琴酒」。

倫敦琴酒 *London Gin*

十九世紀中期連續蒸餾普及後，琴酒的基底烈酒品質提升，倫敦短暫流行起不再需要增甜的琴酒，稱為「倫敦辛口琴酒 (London Dry Gin)」。

根據現今歐盟規定，使用每 100 公升不得超過 5 公克甲醇的優質中性烈酒為基底，經再次蒸餾 (與蒸餾琴酒一樣，2019 年 4 月之前的蒸餾方法僅限傳統蒸餾器，現今已不再侷限蒸餾器的型態、尺寸、加熱方式) 獲取天然原料香氣後的酒精強度需為 70% ABV 以上。原本規定不得再添加其他增味劑，限定所有風味僅能於蒸餾過程中取得，但歐盟於 2019 年 4 月已修改為可使用 (每 100 公升不得超過 5 公克甲醇的) 中性烈酒添加其他天然原料再蒸餾的蒸餾液，以及中性烈酒調和加水稀釋；但每公升酒液加入糖份不能超過 0.1 公克 (可選擇是否標示不甜)，不得染色，最低酒精強度必須為 37.5% ABV。

倫敦琴酒限制僅提及製程，至於風味並無特殊限制，也無關乎製造地點；只要合乎上述歐盟規定，皆可以在酒標上合法註明。

地域限定琴酒 *Geographical Indication Gin*

如同香檳 (Champagne) 或干邑白蘭地 (Cognac)，部分琴酒在歐盟法規裡也有地域限制。早先最為著名的普利茅斯琴酒 (Plymouth Gin)，英國政府亦曾於

1880 年代立法規定，唯有在普利茅斯製造的琴酒才能稱作普利茅斯琴酒；直到 2015 年 2 月，擁有普利茅斯琴酒品牌的保樂力加 (Pernod Ricard) 酒業集團認為普利茅斯琴酒如今僅代表品牌而非地域專屬，並在行銷商業等考量下，決定不再向歐盟遞交申請地域限定資格文件，該年 3 月開始，普利茅斯琴酒不再限定僅能於一地生產。

歐盟對於「地域限定」的規範，需要評估其地理特殊性與烈酒風格，且具備基本歷史淵源。現今仍舊有地域限制的琴酒尚有：西班牙梅諾卡 (Menorca) 小島上馬翁地區產製的馬翁琴酒 (Gin de Mahón) 與德國西伐利亞區域施泰因哈根的施泰因哈根琴酒 (Steinhäger Gin)、立陶宛首都維爾紐斯的維爾紐斯琴酒 (Vilnius Gin、Vilniaus Džinas)。

馬翁琴酒始於十八世紀英國占領梅諾卡島期間，當時島上海軍思念家鄉琴酒，卻不易自國內運送至此，遂就地創建琴酒酒廠並持續迄今。將杜松子置於壺式蒸餾器內浸泡葡萄烈酒，燃燒木柴加熱直接蒸餾，其他原料則置於香料籃內利用蒸氣萃取香氣，蒸餾完成後會將琴酒短暫靜置於大型橡木桶內再裝瓶。

德國施泰因哈根一帶在十九世紀時便有許多酒廠生產琴酒，至今僅現存兩間酒廠。以穀物烈性加上當地採集杜松子蒸餾呈現直接明確的杜松子風味，口感較為甘甜，酒瓶是類似杜松子酒的長型陶罐。

維爾紐斯從 1980 年左右才有酒廠開始製作琴酒，立陶宛在 2004 年加入歐盟後，維爾紐斯琴酒才有地域限定保護，使用原料除了杜松子以外還有蒔蘿籽、芫荽籽及橙皮。

老湯姆琴酒 Old Tom Gin

盛行於十八、十九世紀初期的甜味琴酒，一開始是為了降低蒸餾品質不穩定帶來的粗劣口感，而在琴酒添加糖或加重植物比例，被視為早期英式琴酒風味。老湯姆琴酒一詞最早出現於 1812 年英國報紙《北安普頓水星報 (Northampton Mercury)》的廣告，然而在一本 1802 年的酒廠手札裡，就曾提及甜味琴酒摻糖的作法及比例。

連續式蒸餾技術普及後，因基底烈酒品質大幅提升，不再需要增加甜度掩蓋劣質氣味，1960 年代，老湯姆琴酒在當時流行不甜口感的潮流下幾乎滅絕，僅有挪威埃庫斯公司 (Arcus AS) 在 1936 年使用甘草增甜的金雞老湯姆琴酒 (Golden Cock Old Tom Gin) 仍有少量出口。直到 2007 年大眾重拾對經典調

酒的熱情，2007 年發表的海曼老湯姆琴酒 (Hayman's Old Tom Gin) 率先搶攻市場，隨後部分酒廠也都嘗試製作自家老湯姆琴酒。

甜味來源可以來自糖、植物本身、蜂蜜、桶陳，例如海曼老湯姆琴酒甜度來自甘草及蔗糖，隨後推出的傑森老湯姆琴酒 (Jensen's Old Tom Gin) 甜味來自於甘草，2009 年的雷森老湯姆琴酒 (Ransom Old Tom Gin) 甜味則來自木桶及麥芽，2014 年 6 月上市的坦奎利老湯姆琴酒 (Tanqueray Old Tom Gin) 使用甜菜根糖，同年 9 月推出的赫尼老湯姆琴酒 (Hernö Old Tom Gin) 加強繡線菊比例，並添加蜂蜜增甜。

當代琴酒 *Contemporary Gin*

這款分類並沒有任何法律限制，卻已然是琴酒的一大類別。新式琴酒的崛起其實要歸功於傳統琴酒品牌坦奎利琴酒 (Tanqueray Gin) 於 1997 年發表口感近似老湯姆琴酒、使用秘密香料的坦奎利麻六甲琴酒 (Tanqueray Malacca Gin)；英人牌也在兩年後研發加入額外香料、梨子香精與少量糖份的英人牌甜琴酒 (Beefeater Wet Gin)；此外還有烈酒集團格蘭父子添加玫瑰與小黃瓜萃取液的亨利爵士琴酒 (Hendrick's Gin)、坦奎利 2000 年再發表以新鮮柑橘果皮和洋甘菊進行蒸餾的坦奎利十號琴酒 (Tanqueray No.10 Gin)。

2006 年由蒸餾廠與調酒師共同研發加進薰衣草、印度菝葜 (Indian Sarsaparilla，製作沙士原料) 等配方的美國波特蘭飛行琴酒 (Aviation Gin)，創始人雷恩‧馬加里安 (Ryan Magarian) 為自家琴酒定義出新詞 —— 新式西方琴酒 (New Western Gin)。簡而言之，不以杜松子風味為主調、其他材料為輔的琴酒都可以算是當代琴酒，講求多樣、多元植物及香料的氣味組合。

隨著精緻蒸餾盛行，小酒廠產品較難以價格取勝，只能更追求琴酒本身獨特性，讓原料變化更出眾，當代琴酒又被稱作新浪潮琴酒 (New Wave Gin)、現代琴酒 (Modern Gin)，在各地開枝散葉，從剛開始大酒廠的行銷策略產品，到如今微型酒廠百家爭鳴，當代琴酒的風貌充滿著無限可能。

杜松子酒 *Genever*

如前所述，歐盟立法限制僅有荷蘭、比利時兩國全境以及德國北萊茵－西伐利亞 (NordrheinWestfalen) 與下薩克森 (Niedersachsen)、法國北部－加萊海峽地區 (Nord and PasdeCalais) 等地所產，才能稱作「杜松子酒 (Genever、

Jenever、Genebra、Geneva)」。杜松子酒以烈酒浸泡，或經過再次蒸餾獲取杜松子氣味，不限定是否額外添加其他植物配方，主要關鍵是添加裸麥、麥芽或以玉米製成的麥酒 (Malt Wine，荷蘭文 Moutwijn)。各酒廠的製程略有差異，十九世紀中期連續式蒸餾法普及，透過柱狀蒸餾器產出價廉、味少的烈酒，讓杜松子酒廠有另一種選擇，過去僅使用麥酒作為基底，演變成中性烈酒混麥酒，迄今又發展出不同類型的杜松子酒。使用壺式蒸餾器製作的麥酒通常帶有果香，柱狀蒸餾器製作的麥酒會有堅果口感；各酒廠會依照最終杜松子酒風味需求而調整該使用何種蒸餾器、要蒸餾幾次，蒸餾次數多在兩三次之間。

主要可以區分新式杜松子酒 (Jonge)、舊式杜松子酒 (Oude)、穀類杜松子酒 (Korenwijn 或 Corenwyn) 三類，酒精濃度大多落在 35 ～ 40% ABV 之間，近代為了運用於調酒需要保留較多產品本身特色，有些品牌也會推出 40% ABV 以上的杜松子酒。

新式杜松子酒是 1950 年左右才發展出類似倫敦辛口琴酒風格，至多僅能混合 15% 比例的麥酒，與每公升上限 10 公克的糖。舊式杜松子酒需要含有 15 至 50% 比例的麥酒，且每公升上限 20 公克的糖，與新式杜松子一樣限制酒精濃度須超過 35% ABV，可以有透明以外的酒色，可於木桶熟成；倘若標

荷蘭斯希丹杜松子博物館的展示。

示陳年，則必須於 700 公升以下的木桶內熟成一年以上。穀類杜松子酒則混有 51 至 70%比例的麥酒，酒精濃度要超過 38% ABV，與舊式杜松子酒一樣限制每公升不得有超過 20 公克的糖；而完全只使用麥酒為基底的杜松子酒則稱為麥酒杜松子酒 (Moutwijn)。

　　歐盟限定區域以外的酒廠，也會以麥酒為基底，除了杜松子也不會添加太多種類原料，通常選擇啤酒花與杜松子做組合，簡單呈現麥芽與穀物香氣，口感偏甜，通常會稱作杜松子酒風格琴酒 (Genever–Style Gin) 或是荷蘭琴酒 (Holland Gin)。

熟成琴酒 *Aged Gin*、*Matured Gin*

　　十九世紀中期以前琴酒運送販售大部分陳放於木桶中，酒廠不得直接販售整瓶琴酒。從酒廠至商店運送需時數天甚至幾週，使得部分琴酒帶有淡淡桶陳風味；直到 1861 年 6 月 28 日，英國「單瓶法案 (Single Bottle Act)」通過，酒廠得以事先裝瓶再透過商店賣出，桶裝琴酒日漸消失。然而今日在琴酒多樣可能性與大眾威士忌潮流下，琴酒透過木桶熟成便是酒廠另一種琴酒產品製作方式；而各式不同酒桶選用也是琴酒趣味度的展現，諸如葡萄酒桶單寧感、雪莉桶堅果或果香、波本桶的奶油香草與辛香料、泥煤威士忌桶的煙燻泥煤等等。熟成的方式不僅能透過桶陳 (Barrel、Cask)，也可以在琴酒內加入木塊或是酒桶側板 (Staves) 取得木頭及酒桶風味。

　　英國琴酒蒸餾專家傑米 · 巴克斯特 (Jamie Baxter) 認為裝填木桶時的酒精濃度影響著熟成，裝填高酒精濃度能較快速取得桶內風味，也可能同時帶來更多單寧澀感；較低裝填酒精濃度則是能讓酒液漸進地取得木桶更多樣且細緻的風味。

　　熟成琴酒又再區分「黃色琴酒 (Yellow Gin)」與「啜飲琴酒 (Sipping Gin)」。黃色琴酒指的是透過木頭稍加添色，木質調性不會過於明顯張揚的琴酒，代表品項有：貯放於蘇格蘭威士忌桶三週的「海曼家傳琴酒 (Hayman's Family Reserve Gin)」，現已更名為「海曼輕熟成琴酒 (Hayman Gently Rested Gin)」、陳放兩到五週且實驗多款酒桶的「絲塔朵特選琴酒 (Citadelle Reserve Gin)」；啜飲琴酒則是熟成時間較長，風味如同威士忌般醇厚的琴酒，通常會被建議純飲或加冰塊飲用，亦能調製像是威士忌或陳年蘭姆酒類型調酒，代表品項有：熟成於自家裸麥威士忌桶六個月的芝加哥「科沃桶陳琴酒 (Koval Barreled Gin)」、陳放於美國白橡木桶三個月的芬蘭「科洛深色琴酒 (Kyrö

Dark Gin)」。

阿爾卑斯琴酒 *Alpine Gin*

琴酒原料取得來自於歐洲阿爾卑斯山 (Alps Mountain) 區域，受到該地區傳統草藥再製酒啟發，主要帶有銳利松針、草本苦韻、淡淡花香，忠實反映當地風土；常見特色原料有龍膽 (Gentian)、山松 (Mountain Pines)、錦葵 (Malva)、星芹 (Masterwort) 等，大多為野地採集。生產國家包括周圍法國、德國、義大利、奧地利、瑞士，此分類方便酒廠闡明自家琴酒出處，不完全限定於風味口感。阿爾卑斯琴酒的柑橘調性相對而言較內歛，適合調製像是內格羅尼 (Negroni) 或馬丁尼茲 (Martinez) 草本苦甜型調酒。

澳洲灌木叢琴酒 *Bush Gin、Aussie Gin*

2018 年澳洲餐飲界吹起一股使用原住民採集自灌木叢食材 (Bush Food) 烹調風潮，諸如被稱為「柑橘魚子醬」的手指萊姆 (Finger Lime)、擁有咖啡與可可一點榛果氣味的金合歡樹籽 (Wattle Seed)、塔斯馬尼亞胡椒 (Tasmanian Pepper)、檸檬香桃木 (Lemon Myrtle) 等。這些絕大部分原生於澳洲的素材，香氣口感獨樹一格，眾家酒廠常用來加入琴酒。澳洲灌木叢琴酒亦是呈現在地風土的新興琴酒分類之一，風格大多是帶有柑橘調樹葉、辛香料薄荷的草本滋味。

杜松白蘭地 *Borovička*

不符合歐盟琴酒規範的杜松白蘭地，盛行於東歐的捷克與斯洛伐克、匈牙利，起源自十六世紀，當時為了掩蓋烈酒刺鼻的味道，遂將發酵杜松子與基底烈酒一起蒸餾；杜松子內少量的糖份經過發酵轉化成酒精，為蒸餾後的杜松白蘭地帶來樹脂滋味。口感近似銳利風味的辛口琴酒，即便不被歐盟承認定為琴酒，仍被視作廣義琴酒種類之一。許多杜松白蘭地亦推出多款調味品項。波士尼亞地區會在 1 公升熱水中加入 70 公克杜松子，靜置一個月後發酵做為低酒精飲品 (約 0.5% ABV)，稱為「席瑞卡 (Smreka)」。

浴缸琴酒 *Bathtub Gin*

美國禁酒令期間，使用浴缸裝滿烈酒再浸泡水果或藥草，非法生產的琴酒

稱為「浴缸琴酒」，在秘密地下酒吧 (Speakeasy) 販售。2011 年，英國原子集團 (Atom Group) 以此為概念推出艾姆培爾福斯浴缸琴酒 (Ampleforth Bathtub Gin)，2016 年更名為艾波福斯 —— 使用一般琴酒為基礎，再添加部分材料稍加冷泡 (Cold Compounding)，推出後備受好評，改變大眾對於浴缸琴酒一詞的觀感。時至今日，浴缸琴酒亦被稱之為冷泡琴酒 (Cold Compounding Gin)。

合成琴酒 (Compounding Gin) 的分類包括上述浴缸琴酒，以及僅使用萃取液調和基底烈酒製成的琴酒，酒通常被認為成本低廉、品質較差，像是多數賣場的自有品牌琴酒；然而有些合成琴酒反而做工費時且成本偏高，許多琴酒評鑑會特別將合成琴酒視為其中一項類別作評比排名。

海軍強度琴酒 *Navy Strength Gin*

大航海時期的水手要怎麼判斷配給的蘭姆酒是否被摻水？他們很聰明的以火藥浸泡蘭姆酒後，使用放大鏡聚焦太陽光，以是否能點燃作為標準，這個方法後來也被英國用以識別酒精強度，作為徵收酒稅的高低標準，這個標準稱為「100 英式酒精純度 (British Proof)」，換算成今日的酒精濃度則是 57.15% ABV；直到 1816 年測定酒精強度才改為用比重方式來測。

十六世紀開始，英國海軍有配給酒類飲品的福利，種類從啤酒、葡萄酒再到其他烈酒都有，一般士兵能領到蘭姆酒，軍官則是琴酒，這個制度一直到 1970 年 7 月 31 日才廢除。琴酒與蘭姆酒連同火藥一併都貯放在甲板下，為了避免酒液滲出浸溼火藥，酒精濃度皆訂在 100 英式酒精純度，因此稱為「海軍強度 (Navy Strength)」；雖然海軍配給高濃度琴酒行之有年，但是當時其實尚未明確出現海軍強度琴酒此名稱。

十九世紀中期，普利茅斯琴酒專門為英國皇家海軍製作 57% ABV 琴酒，1863 年到 1950 年間的布魯蒸餾廠 (Burrough Distillery) 也為倫敦皇家軍港軍官們生產另一款名為「特級禮遇 (Senior Service)」海軍琴酒，這款琴酒後來即是海曼皇家海軍琴酒 (Hayman's Royal Dock Gin) 的前身。

直至 1993 年，海軍強度一詞才首次運用於商業行銷，普利茅斯琴酒為紀念酒廠成立兩百週年，並向皇家海軍致敬，推出 57% ABV 的海軍強度琴酒，此後就成為琴酒的新分類。有些琴酒品牌會直接提高原有產品的裝瓶酒精濃度 (在稀釋時加入較少的水)，有些會調整配方風味另外蒸餾，端視各酒廠考量，不過海軍強度琴酒濃度大多落在 57 至 58% ABV 之間。

部分琴酒會選擇特殊酒精濃度，並冠以地域或其他有趣名稱，如 45.2% ABV 的馬丁米勒韋斯特伯恩強度琴酒 (Martin Miller Westbourne Strength Gin)、52% ABV 的「絕不絕不南方強度琴酒 (Never Never Southern Strength Gin)」，以及「可憐湯姆傻子強度琴酒 (Poor Toms Fool Strength Gin)」，這些酒精濃度並非通用標準而大多是為了行銷識別。

調和琴酒 *Blended Gin*

部分酒廠會將琴酒素材個別或分類 (區分柑橘類、香料類等) 蒸餾，取得各風味蒸餾液後再調和裝瓶，可精確維持產品風味比例與品質穩定。蒸餾前的浸泡與蒸餾方式亦具彈性，能夠分別決定各材料浸泡時間長短、溫度與基酒酒精強度，蒸餾方式也能選擇傳統加熱蒸餾或是減壓低溫蒸餾，調整酒心取得時機點，便於掌握香氣口感，特別是運用於新產品的實驗試作，代表品牌有薩科里德琴酒 (Sacred Gin)、馬瑞琴酒 (Gin Mare)、季之美琴酒 (Ki No Bi Gin)、紀凡琴酒 (G'Vine Gin)。

來自日本的季之美琴酒(Ki No Bi Gin)。

馬瑞琴酒 (Gin Mare) 的調酒。

粉紅琴酒 *Pink Gin*

　　最早的粉紅琴酒一詞來自十九世紀中期，英國海軍於航行途中使用配給琴酒加上暗紅色安格仕苦精 (Angostura Bitter)，因為調製後呈色粉紅而取名為粉紅琴酒。2010 年，德國品牌「苦得有理 (The Bitter Truth)」運用此為概念，將琴酒與苦精調和推出苦得有理粉紅琴酒 (The Bitter Truth Pink Gin)，倫敦布魯姆斯伯里俱樂部 (The Bloomsbury Club) 與泰晤士酒廠於 2016 年也以相同方式製作 1751 琴酒巷粉紅琴酒 (Gin Lane 1751 Pink Gin)。

　　2013 年英國企業家史提夫・瑪西 (Stephen Marsh) 找上酒廠簽約製作添加新鮮覆盆莓的粉紅者琴酒 (Pinkster Gin)，粉紅酒液及顯著莓果氣味為粉紅琴酒帶來另類新解;西班牙東印度港酒廠 (Puerto de Indias) 則是使用新鮮草莓製作其東印度港草莓琴酒 (Puerto de Indias Strawberry Gin)。許多酒廠紛紛群起效尤，在琴酒產品內加進粉紅色系原料，除了紅色莓果，還有大黃 (Rhubarb)、葡萄柚、櫻花、玫瑰、木槿花等，亮眼的粉色加上更平易近人的風味於是吸引許多年輕消費者。

品飲琴酒 Gin-Tasting

how to taste gin like a professional?

琴酒
怎麼喝？

琴酒透過蒸餾將原料風味封存調和於酒液之中，不同原料的香氣分子揮發的順序殊異，也讓琴酒氣味如同香水般擁有前調 (Top Notes)、中調 (Heart Notes)、後調 (Base Notes)；前調大多是清新柑橘氣味，中調有著花果香氣，後調則是辛香料、植物根部、木質感或麝香。每款琴酒因為添加原料、使用基酒、酒精濃度各自不同，品飲變化度也相當多樣，這正是琴酒迷人之處。

嗅聞氣味、品嘗口感、感受餘韻、加水二次品飲，接著決定自己偏好的飲用方式；過程與品嘗威士忌方式並無二致，最大不同便是琴酒除了純飲外，很多人選擇添加其他素材做成調酒來享受它。

荷蘭巴比琴酒的發表活動。

香氣 *Nose*

一開始聞到的味道是什麼？主要風味有哪些？酒精感比較重還是其他原料香氣明顯？是喜歡還是討厭的味道？能描述出類似什麼的氣味？

口感 *Palate*

琴酒碰到舌尖的第一個感受是什麼？入喉的味道依序有哪些？停留在嘴巴中是什麼風味？

尾韻 *Finish*

餘韻持續多久？是灼熱感多還是覺得回甘柔順？有什麼氣味殘留喉間？

二次品飲

加一點水稍加稀釋，除了降低酒精刺激感，彰顯其他氣味，並且使嗅覺與味覺不易因酒精麻痺外，酒液裡親水性或疏水氣味分子揮發程度也會改變，影響香氣表現。因此，二次品飲時能夠感受前後風味如何變化，什麼氣味變

得明顯？什麼味道變得薄弱？

　　試著將琴酒含在口中數秒（至少五秒）再吞嚥，有助於品味到更多香氣。

　　查看該款琴酒添加原料，是否對應到自己品飲到的感受？有些原料選擇是為了提供滑順口感，有些為了襯托出其他風味，每種素材的使用都不一定只能反映於具體明確香氣。在瞭解琴酒風味後，確認自己是否喜歡或者有興趣，再決定要怎麼飲用，可以搭配哪些杯飾。

　　琴酒整體風味特色取決於蒸餾師想帶給消費者如何的感受，但畢竟不像威士忌或葡萄酒經過時間洗鍊（部分熟成琴酒除外），倘若能稍加瞭解瓶中的故事背景，亦是替琴酒添味的方式。有時候可以更率性，不需要喝得像鑑賞家每一滴鉅細靡遺，這款琴酒喜歡喝，那麼喝就對了。

西班牙馬瑞琴酒的品飲教學。

如何表現琴酒特色？

最常檢視以及表現琴酒特色的當然非琴湯尼莫屬；將琴酒加上一定比例通寧水稍加攪拌，調製方式相對簡易。琴湯尼的比例，琴酒與通寧水從 1：1 到 1：4 都有人偏好，但大多數的人會選擇琴酒和通寧水為 1：3。隨著琴湯尼在餐飲市場大受歡迎，通寧水品牌與風味也愈來愈多，甚至還有通寧濃縮糖漿 (Tonic Syrup) 能搭配使用。如果一杯琴湯尼有 75% 是通寧水，決定這杯酒好壞的關鍵就不單取決於琴酒本身，挑到適合的通寧水也相當重要。通寧水中的奎寧味道強弱、甜度高低、酸度差異、有沒有添加其他風味……都是琴酒選擇該搭配哪款通寧水的考量要素，有的組合能大幅提升層次表現，有的組合平庸無奇，有的甚至可能弄巧成拙。

裝盛琴湯尼的杯具選擇大致有三類：短杯 (Rock、Tumbler)、長杯 (Highball、Collins)、氣球杯 (Copa、Balloon)。最多人偏好使用氣球杯調製琴湯尼，不僅可以加進更多冰塊感受暢快清爽，也能放入更多水果、花草、香料杯飾提升視覺享受，但被忽略過量杯飾會影響琴酒原來風味；口感、香氣過於輕柔的琴酒較不適合使用氣球杯，會有氣味散失太快的狀況。長杯比氣球杯容易拿取，也方便拿捏琴酒與通寧水添加比例；以短杯調製的琴湯尼在氣泡感和香氣嗅聞上都遠不如前兩者，但是對一般消費者而言方便取得，因此仍舊有不少人使用。

一度被評選為世界上最受歡迎經典調酒第二名的「內格羅尼 (Negroni)」初始是以等量琴酒、金巴利苦酒 (Campari)、甜苦艾酒 (Sweet Vermouth) 加入冰塊攪拌；甘甜與苦澀之間的平衡讓人再三回味。2013 年起，美國《飲 (Imbibe)》酒類調飲專業雜誌與金巴利集團合作，於每年 6 月發起「國際內格羅尼週 (Negroni Week)」並藉此為各公益平台籌募資金，同時也讓這款調酒變得眾所皆知。

各具香氣風味的琴酒接連問世，以琴酒為主軸的內格羅尼，搭配甜苦艾酒與金巴利酒的比例也需要跟著調整，才能表現琴酒特色，三者等比例組合適合杜松子感強勁的傳統琴酒，柑橘調性與花果香琴酒適合提高琴酒兩倍左右比例，提高琴酒並降低金巴利酒比例則適合草本與辛香料琴酒。如何在當中取得平衡和層次變化，最後仍取決於每款琴酒本身與飲用者偏好。

　　馬丁尼 (Martini) 能表現琴酒特色的方式相對直接，與不甜苦艾酒 (Dry Vermouth) 的組合十分有趣；大部分人選擇琴酒和不甜苦艾酒的比例為 4：1 或者 5：1，在不甜苦艾酒淡雅草本與微量酸度的襯托下，琴酒原先的風味軸會被拉得更為寬廣。

琴調：琴酒的選擇指標

　　根據國際葡萄酒與烈酒研究 (International Wine & Spirits Research，IWSR) 於 2018 年針對歐洲市場的統計，售價在 10 歐元 (約 350 元新臺幣) 以下的低價琴酒 (Value Gin) 銷售數量占了總銷量 19%，10 到 20 歐元 (約 350 ～ 700 元新臺幣) 的普飲款琴酒 (Standard Gin) 占 56%，20 到 30 歐元 (約 700 ～ 1050 元新臺幣) 的高級琴酒 (Premium Gin) 占 20%，30 歐元 (約 1050 元新臺幣) 以上的頂級琴酒 (Super Premium Gin) 占 5%，而高價琴酒銷售量正持續逐步攀升。

　　錢要花在刀口上，既然花錢消費，除了經由調酒師或朋友推薦，該如何挑選自己有興趣的琴酒？ 2018 年，英國琴酒協會 (The Gin Guild) 與部分會員酒廠合作，制定出「琴調 (Gin Note)」，以供琴酒品牌簡易表達自家產品風味調性，方便描述出一款琴酒特色。歸類出六大分類風味：

杜松子 Juniper	杜松子、松針、雲杉芽、銳利感。
花香 Floral	橙花、玫瑰、茉莉、接骨木花。
柑橘 Citrus	檸檬、橙皮、葡萄柚、柚子。
草本 Herbal	迷迭香、百里香、月桂葉、抹茶。
辛香料 Spice	肉桂、荳蔻、天堂椒、薑。
水果 Fruit	蘋果、莓果、梨子、蜜桃。

　　每一風味強度從 1 到 10，每款琴酒的風味強度加總上限為 30，並加上簡短描述。

　　自 2013 年開始主辦「杜松狂歡節 (Junipalooza)」的英國琴酒基金會 (Gin Foundry) 也整理出詳細的風味輪，十項主分類：草本 (Herbal)、甘甜 (Sweet)、堅果 (Nutty)、根部 (Rooty)、香料 (Spiced)、柑橘 (Citrusy)、果香 (Fruity)、莓果 (Berries)、花香 (Floral)、青草 (Grassy)，以及四十一種次分類對應到各種原料，提供琴酒愛好者辨識掌握風味調性。

　　消費者也能從琴酒瓶標上取得部分資訊，除了法規明定需要標註的酒精濃度及產地，有些琴酒會列出使用原料、風味介紹、品牌簡述等。不管怎麼挑選參考，最後仍舊要靠實際品飲決定自己喜不喜歡這款琴酒。

南非的琴酒品飲會。

正在進行品飲介紹的海曼酒廠導覽人員。

part O2

World-famous Gins

風靡全球的
夢幻酒款

UK 英國

琴酒總銷售額最高、將琴酒發揚於世的英國，有舉世聞名的大廠：坦奎利（Tanqueray）、龐貝（Bombay）、英人牌（Beefeater）、亨利爵士（Hendricks），亦有數不清的微型酒廠品牌：寂靜之湖（Silent Pool）、塔克文（Tarquin）、賓堡（Bimber）等，雖然歷經琴酒法案、戰爭而低迷近一個世紀，但如今琴酒風潮再起，加上威士忌大廠在等待威士忌熟成時會轉而製作琴酒以增加營業品項，數百家酒廠推陳出新，投入琴酒產銷的人數與日俱增。業者除了延續傳統重現舊時配方，也研發多款新風味，對於從穀物到裝瓶的完整產線相當講究，同時也有愈來愈多酒商重視製酒過程中對環境友善的議題，大小環節面面俱到，不負琴酒聖地之名。

Ableforth's

以郵購販售威士忌起家、著名的獨立裝瓶及酒類零售商「麥芽大師 (Master of Malt)」創立於 1985 年，1990 年在肯特郡坦布里奇韋爾斯 (Tunbridge Wells) 開設零售店舖，不過後來經營慘澹已關閉實體店。麥芽大師的母公司是原子集團 (Atom Group)，負責人賈斯汀·佩茲札夫特 (Justin Petszaft) 在 2005 年接手重組公司業務，建立新團隊並重新設計網站，並找來兒時夥伴艾方斯 (Ben Ellefsen) 與麥克健力士 (Tom McGuinness) 擴編公司業務，如今的原子集團擁有大量獨立裝瓶與零售業務、研發自有品牌多元化經營。

雖然產品主力為威士忌，但是隨著琴酒市場日漸蓬勃，加上公司內有許多琴酒愛好者，在當時擔任銷售總監的艾方斯主導下，開發出科尼利厄思·艾姆培爾福斯教授 (Professor Cornelius Ampleforth) 系列琴酒。

艾姆培爾福斯教授跟兩位朋友在實驗室使用複方冷泡 (Cold Compounding) 及旋轉蒸餾儀減壓蒸餾，反覆測試心目中理想的琴酒樣貌，在 2011 年秋天底定第 3078 號配方，發表這款每批次只有三十至六十瓶產量的浴缸琴酒 (Bathtub Gin)。然而，這位虛構的「艾姆培爾福斯教授」其實便是艾方斯本人，而兩位朋友就是賈斯汀及湯姆，場景也要從實驗室切換成他們的辦公室。

艾姆培爾福斯教授系列以美國禁酒令時期盛行的浴缸琴酒為發想，一般來說冷泡琴酒容易令人聯想到劣質及廉價，有酒商會用較便宜的中性烈酒添加萃取液或增味劑、人工香料，以降低成本，而「複方冷泡」更像是自家隨意即興的再製酒。然而這款浴缸琴酒卻是工序繁複 —— 先向其他酒廠訂製添加了杜松子、歐白芷、芫荽籽、鳶尾根、荳蔻、甘草、桂皮、肉桂、檸檬皮、橙皮蒸餾過的基底琴酒，再浸泡杜松子、芫荽籽、荳蔻、丁香、肉桂、橙皮等六種原料至少一週，監控抽樣檢查，確認風味一致後與基底琴酒調和裝瓶；最後每瓶琴酒都是人工打褶包裝再蠟封。

2016 年，艾姆培爾福斯教授系列琴酒易名為艾波福斯 (Ableforth's) 系列琴酒。包裝以褐色牛皮紙包覆瓶身，並使用黑色蠟封瓶蓋，系列產品甚多，作法也略有差異。例如海軍強度琴酒 (Navy Strength Gin) 冷泡材料的時間較短，使用材料份量更多；桶陳琴酒 (Cask–Aged Gin) 則是將浴缸琴酒置於熟成過美國威士忌的

歐提夫桶 (Octave，容量約 25 至 50 公升)，為時三到六個月，再進行裝瓶；老湯姆琴酒 (Old Tom Gin) 則是另外添加少量蔗糖增甜。

說來，原子集團大概是最會行銷的琴酒團隊，旗下還有漫畫瓶標琳琅滿目的精品琴酒商行 (That Boutique-y Gin Company)，以威士忌獨立裝瓶的概念邀集各家琴酒酒廠合作，充分抓緊消費者喜歡嚐鮮的心理。

艾波福斯浴缸琴酒
Ableforth's Bathtub Gin 43.3% ABV

風味　**Juniper** | **Citrus** | Herbal | **Spice** | Floral | Fruit

原料　杜松子、芫荽籽、荳蔻、丁香、肉桂、橙皮

推薦調酒　Gin Tonic - 橙皮、Negroni

品飲心得　柑橘與些微杜松子，荳蔻和丁香等溫暖香料氣味。口感是一點肉桂甘甜、柑橘皮與杜松子木質調性，尾韻的辛香料舒服柔順。

艾波福斯浴缸海軍強度琴酒
Ableforth's Bathtub Navy Strength Gin 57% ABV

風味　**Juniper** | **Citrus** | Herbal | **Spice** | Floral | Fruit

原料　杜松子、芫荽籽、荳蔻、丁香、肉桂、橙皮

推薦調酒　Gimlet、Tom Collins

亞當斯

亞當斯酒業
Adnams

1872 年，喬治與厄尼斯特‧亞當斯兄弟 (George & Ernest Adnams) 在父親資助下購置舊啤酒廠成立亞當斯釀酒廠 (Adnams Brewery)，期間雖然一度轉手至洛夫特斯 (Loftus) 家族，2006 年仍舊回到亞當斯第四代繼承人強納森‧亞當斯 (Jonathan Adams) 手上。座落於英國薩福克郡索思沃爾德 (Southwold)、靠海的亞當斯酒廠每年的啤酒產量約九萬桶，主要供應當地與鄰近地區的酒館及旅店；在 2010 年以裝設的銅製鍋爐命名，建立銅屋蒸餾廠 (Copper House Distillery)。

首席蒸餾師約翰‧麥卡錫 (John McCarthy) 在 2001 年加入技師團隊，表現傑出、對製酒極有熱誠，在創廠初始就被選為主力培訓人才，派往美國密西根參訪克里斯汀‧卡爾 (Christian Carl) 德國蒸餾器製造公司的蒸餾課程；在回程班機上，亞當斯酒廠老闆強納森與他討論起實現蒸餾廠的可能性，不過當時麥卡錫對蒸餾烈酒尚是一知半解。隨後麥卡錫努力學習，取得英國釀造與蒸餾研究協會 (Institute of Brewing and Distilling，簡稱 IBD) 的蒸餾文憑。酒廠尚未設置大型蒸餾器前，他先在實驗室內研究調製出二十八款琴酒配方，其中兩款即是日後的銅屋琴酒 (Copper House Gin) 與首波琴酒 (First Rate Gin)。

亞當斯銅屋蒸餾廠的生產線從水、酵母與穀類就已開始，選用八十年老酵母進行發酵成約 7 % ABV 的麥芽發酵醪 (Wash)，透過初次連續蒸餾器 (Beer Stripping Column) 生成約 80 % ABV 烈酒，再經過加強蒸餾器 (The Polishing Column) 去除甲醇等雜質至 96.3% ABV，僅留下中段酒心；這些中性穀物烈酒皆是亞當斯銅屋酒廠、包含伏特加、威士忌、琴酒、艾碧斯 (Absinthe) 等產品的基底素材。

將自家的中性穀物烈酒稀釋至 50% ABV 後，用 1000 公升銅製壺式蒸餾器浸泡杜松子等原料一整夜，隔日再進行蒸餾程序，採一次製成 (One Shot) 作法，蒸餾完成後僅加水稀釋裝瓶。以大麥、小麥及燕麥製成的頂級伏特加 —— 亞當斯長岸 (Adnams Longshore Vodka) 作為基底中性烈酒，在實驗數個月之後，從原本十七種配方調整為十三種植物香料，終於生產出這瓶首波琴酒。

十八、十九世紀是英國皇家海軍的極盛時期，艦隊區分為六師，其中被稱為「首波 (First Rate)」的第一師通常最為精良，琴酒以此為名，代表只取用最優

質的酒心以創造最優異的口感；同時將藍天、船桅等元素放入酒標及瓶頸的設計，使用軟木瓶塞，裝瓶濃度為 48% ABV。

銅屋琴酒則以自家百分之百單一大麥伏特加「亞當斯東岸 (Adnams East Coast Vodka)」作為基底中性烈酒，浸泡六種原料；其中的木槿花 (Hibiscus Flowers) 發想來自麥卡錫某日在潛水假期時喝到的清涼木槿花茶。為了工作時也能經常享用木槿花茶，索性就把它加進原料之中。裝瓶酒精濃度為 40% ABV，於 2010 年 11 月發售。

2015 年委託英國新銳設計公司庫克奇克 (CookChick Design) 以亞當斯品牌標榜「從農田穀物到杯中酒 (Grain to Glass)」為概念，重新設計一系列產品瓶身。

2016 年推出的昇陽琴酒 (Rising Sun Gin) 以自家種植於薩福克郡雷登 (Reydon，古英文中，Rey 代表裸麥，Don 意謂丘陵) 的裸麥製成中性烈酒作為琴酒基底，並浸泡於日本抹茶、檸檬香茅等原料之中，裝瓶酒精濃度為 42% ABV。

UK

Europe | N.America | S.America | Asia | Africa | Oceania

首波琴酒
First Rate Gin 48% ABV

風味　**Juniper** | **Citrus** | Herbal | **Spice** | Floral | Fruit

原料　杜松子、芫荽籽、歐白芷根、甘草、鳶尾根、橙皮、檸檬皮、桂皮、茴香籽、百里香、香草、葛縷子、荳蔻

推薦調酒　Gin Tonic - 檸檬片、Aviation

品飲心得　太妃糖的氣味、茴香及薑糖，微微的香草；杜松子口感強勁，尾韻帶有肉桂及甘草味。

昇陽琴酒
Rising Sun Gin 42% ABV

| 風味 | **Juniper** | **Citrus** | **Herbal** | **Spice** | Floral | Fruit |

原料　杜松子、歐白芷根、橙皮、天堂椒、尾胡椒、日本抹茶、檸檬香茅、薑

推薦調酒　Gin Tonic - 青檸葉、Last Word

銅屋琴酒
Copper House Gin 40% ABV

| 風味 | **Juniper** | **Citrus** | **Herbal** | Spice | **Floral** | Fruit |

推薦調酒　Gin Tonic - 橙皮、Martini

原料　杜松子、芫荽籽、鳶尾根、橙皮、檸檬皮、木槿花

Beefeater

出生於 1835 年的詹姆士·布魯 (James Burrough) 在 1863 年以四百英磅買下位在倫敦切爾西區卡勒街的酒廠，1876 年增資發售迥異於老湯姆琴酒甘甜風格的倫敦琴酒，使用更強調香氣及口感的配方製造出英人牌琴酒 (Beefeater Gin)。1895 年的英人牌配方書裡明確記載了「松杜子、歐白芷根、歐白芷籽、芫荽籽、甘草、杏仁、鳶尾根、塞維亞苦橙皮、檸檬皮」，以這九種香料定義了倫敦琴酒風格。

1958 年酒廠遷至倫敦肯寧頓 (Kennington)，是當時少數真正將酒廠設置在倫敦的琴酒廠之一；擴建後仍舊承襲詹姆士·布魯自 1860 年代以來的浸泡及蒸餾方式，並由英國知名蒸餾器製造商約翰多爾 (John Dore) 鑄建更大型的銅製蒸餾器。1900 年代開始近 65% 皆為外銷，1987 年轉售予懷特布雷 (Whitbread) 這家英國大型餐飲集團，2005 年正式納入保樂力加集團 (Pernod Ricard) 旗下。

將香料依配方比例浸泡於穀類烈酒中二十四小時，釋放其精華以製造出富有個性且平衡的風味，蒸餾過程約八個小時。在現今首席蒸餾師戴斯蒙德·佩恩 (Desmond Payne) 監製下完成，然後調和至 40% ABV 裝瓶。富有特色的長方瓶，以倫敦塔的紅衣衛兵 (Yeoman Warders) 造型為其形象標幟；過去倫敦塔的衛兵因為通常會配給到大塊牛肉，而被稱為「食牛者 (Beef-Eater)」，便因此命名為英人牌。

英人牌御寶琴酒 (Beefeater Crown Jewel Gin) 在 1993 年進軍免稅通路，在經典的九種素材之外又加進葡萄柚皮，並提高裝瓶濃度為 50% ABV。值得一提的是，相傳倫敦塔內必須維持豢養至少六隻渡鴉，一旦少於這個數量便會導致塔傾國滅，甚至還派有專員負責照料這些渡鴉；英人牌以此軼聞作為概念，除了刻意做成長形的矩瓶，在暗紫色瓶身繪有十字皇冠及渡鴉，兩側還標註了當時八隻渡鴉的名字。2008 年停止生產，直到 2016 年再重新複刻發行，然而瓶身兩側渡鴉的名字已經不再相同。

2008 年 10 月，英人牌 24 琴酒 (Beefeater 24 Gin) 在西倫敦歷史悠久的諾森伯蘭公爵西昂莊園 (Syon House) 舉辦新產品發表盛會，同時紀念戴斯蒙德四十年的蒸餾經歷，這也是首款由他自己研發構思的產品 (之前的普利茅斯琴酒與英人牌

琴酒都是遵循前人配方，不另作大幅更動）。

24 琴酒比傳統英人牌琴酒多了日本煎茶 (Japanese Sencha Tea)、中國綠茶 (Chinese Green Tea)、葡萄柚，一共十二種嚴選香料，經過十八個月的實驗測試，最後產出清爽滑順的口感。瓶身設計受十九世紀末期工藝運動影響，四面皆有精緻的玻璃雕花，底部為漸層紅色（後來已改為全瓶身紅色）；瓶頸及瓶蓋從原本的紅色改成黑底，並貼上英人衛兵的紙標籤封。

會將茶加入配方之中，乃是因為創辦人詹姆士・布魯的父親曾是維多利亞女皇時期專門供應給王室的茶商，戴斯蒙德以此歷史連結為發想，以四十年的琴酒蒸餾經驗，取中國綠茶的清香和日本煎茶稀有的特色氣味，賦予琴酒一股清幽的香氣。

首席蒸餾師戴斯蒙德在 2010 年 5 月及 10 月分別推出夏日版琴酒 (Beefeater Summer Edition Gin) 和冬日版琴酒 (Beefeater Winter Edition Gin)，前者額外添加木槿花、接骨木花、黑醋栗，後者則是肉桂、肉豆蔻、松果；隔年再研發加入紅石榴、荳蔻、青檸葉的英人牌倫敦市集琴酒 (Beefeater London Market Gin)，靈感來自創辦人詹姆士・布魯經常前往倫敦市集尋找異國素材做靈感發想。

2013 年，英人牌布魯特選琴酒 (Beefeater Burrough's Reserve Gin) 發售，在尚德麗葉 (Jean de Lillet) 橡木桶中陳放三週後以酒精濃度 43% ABV 裝瓶，有別於傳統長方瓶的扁圓瓶身搭配淡黃色酒液，營造出奢華感，在初颺起的陳年琴酒風潮裡占有一席之地。

為了慶祝 2014 年 5 月開幕的英人牌酒廠遊客導覽中心，戴斯蒙德以當初詹姆士・布魯買下的切爾西舊酒廠附近切爾西藥草園 (Chelsea Physic Garden) 作為連結，新增了檸檬馬鞭草與百里香，推出英人牌倫敦花園琴酒 (Beefeater London Garden Gin)，原本只在酒廠裡限定發售，裝瓶濃度為 40% ABV，2019 年 6 月起開放全球通路購買。

在粉紅琴酒潮流當紅的 2018 年，同時也是戴斯蒙德的琴酒蒸餾生涯第五十週年，英人牌也推出草莓風味的粉紅琴酒 (Beefeater Pink Gin)，裝瓶濃度為 37.5% ABV；隔年再推出英人牌黑莓琴酒 (Beefeater Blackberry Gin) 和血橙琴酒 (Blood Orange Gin)，裝瓶濃度一樣是 37.5% ABV。

英人牌酒廠內設置的遊客導覽中心。

英人牌 24 琴酒
Beefeater 24 Gin 45% ABV

🟠 風味　**Juniper** | **Citrus** | Herbal | **Spice** | Floral | Fruit

🟢 原料　杜松子、芫荽籽、歐白芷根、歐白芷籽、鳶尾根、杏仁、甘草、苦
橙皮 - 西班牙塞維亞、檸檬皮、日本煎茶、中國綠茶、葡萄柚

🟠 推薦
調酒　Gin Tonic - 檸檬片、Martini

🔵 品飲
心得　柑橘及清爽杜松子風味帶來清新感。入喉滑順的柑橘調，尾韻有淡淡的茶
味單寧感。

Berkeley Square

伯克利廣場

G & J 格林諾酒廠
G & J Greenall Distillery

十八世紀中，擅長古典義大利風格的英國建築師肯特 (William Kent) 在倫敦設計出伯克利廣場 (Berkeley Square)，期望能為市民在繁忙的市區中保留一處寧靜。G & J 格林諾酒廠 (G & J Greenall Distillery) 的蒸餾師喬安娜‧摩爾 (Joanne Moore) 先是推出獻給女性的花漾琴酒 (Bloom Gin)，不久後又構思另一款符合紳士訴求的頂級琴酒，讓他們能像品嘗單一純麥威士忌般純飲賞味琴酒，並命名為伯克利廣場琴酒 (Berkeley Square Gin)。

這款琴酒融入了廚師料理手法，將新鮮香草束加入製程；嚴選四種傳統琴酒材料：杜松子、芫荽籽、尾胡椒、歐白芷，以及帶來甘甜檸檬氣味的青檸葉，全部浸泡於歷經三次蒸餾過後的中性烈酒逾二十四小時，再混合鼠尾草、羅勒、薰衣草成束裝入棉紗袋內浸泡過的酒液，在傳統銅製蒸餾器 No.8 之中加溫至攝氏 80 度，緩慢的蒸餾需耗費一日；整個程序共四十八小時，工序極為耗時，曾於舊版瓶身註明「慢製四十八時 (Slow 48 Distilled)」。舊版伯克利廣場琴酒的濃度為 40% ABV，期間推出過 46% ABV 的伯克利廣場八號蒸餾器限量版本 (Berkeley Square Still No. 8 Limited Release Gin)，新版則與當時限量版一樣調整為 46% ABV。

綠色的舊版瓶身參考廣場周遭長型的房舍，軟木塞的黑色瓶蓋呼應傳統英國紳士黑帽，瓶身上嵌有代表英國勇猛形象的獅首門環；新版瓶身比例偏寬，瓶蓋改為厚重金屬，瓶項刻印著伯克利廣場所在的倫敦梅費爾字樣。

伯克利廣場琴酒
Berkeley Square Gin 46% ABV

🍸 風味　**Juniper** | **Citrus** | **Herbal** | Spice | **Floral** | Fruit

🫒 原料　杜松子、芫荽籽、歐白芷根、尾胡椒、青檸葉、鼠尾草、羅勒、薰衣草

🍸 推薦調酒　Gin Tonic - 小黃瓜、Martini

🍸 品飲心得　杜松子與飽滿豐富的草本、土味感覺，清新甘甜的萊姆及柑橘香氣。口感柔順而紮實的中長韻味，尾段的草本和胡椒感顯著。

Bimber

2003 年從波蘭移居至倫敦的達里烏斯・普拉茲斯基 (Dariusz Plazewski) 與艾維莉娜・庫利歐斯茲 (Ewelina Chruszczyk)，數年後萌發創建酒廠的念頭；達里烏斯不僅擁有傳承自祖父的釀酒技藝，更有復興英倫威士忌昔日榮景的野心，2015 年申請成立賓堡酒廠 (Bimber Distillery)，選定西倫敦的北阿克頓 (North Acton) 設址。

酒廠取名「賓堡 (Bimber)」，源自波蘭語中「月光私釀烈酒 (Moonshine)」之意，酒廠鷹首標誌則是向波蘭國徽上的白鷹致敬。達里烏斯堅守傳統製酒步驟，與維持地板發麥的英國沃明斯特麥芽廠 (Warminster Maltings) 合作購入麥芽，自行發酵六天；接著再使用葡萄牙的銅製蒸餾器進行直火蒸餾，有別於現今大部分蒸餾器透過蒸氣加熱 (Steam Heat)，直火蒸餾更需要經驗及技術，產出的酒液氣味則較飽滿強勁。兩座銅製蒸餾器一座容量為 1000 公升，以希臘神話裡的海洋女神多莉斯 (Doris) 命名；一座容量為 600 公升，以代表真誠純潔的正義女神艾斯特萊雅 (Astraea) 為名。

2016 年 5 月 26 日，首批威士忌裝桶等待熟成；同時，達里烏斯亦推出伏特加、琴酒與數款利口酒。將保加利亞杜松子、芫荽籽、歐白芷根、乾燥檸檬皮、乾燥橙皮、肉桂、桂皮、甘草、鳶尾根、肉豆蔻等十款原料一同浸泡於自家四次蒸餾的小麥基酒內徹夜後，以 600 公升蒸餾器艾斯特萊雅開始蒸餾；蒸餾完成後稀釋至 42% ABV 靜置約一週再裝瓶，賓堡倫敦琴酒 (Bimber London Dry Gin) 的裝瓶和貼標都在自家酒廠內完成。

2018 年 1 月再推出以輕柔杜松子為特色、提供倫敦餐廳與酒吧使用的賓堡倫敦經典琴酒 (Bimber London Classics Dry Gin)，裝瓶濃度為 40% ABV。2019 年 5 月，以自家琴酒在室溫下浸泡來自中國武夷山的大紅袍烏龍茶一週後，51.8% ABV 裝瓶的賓堡烏龍茶琴酒 (Bimber Oolong Tea Gin) 問市，較高的酒精強度與醇厚茶香廣受好評；酒標與瓶身則是由艾維莉娜操刀設計。

不斷研發新產品的達里烏斯，除了威士忌、伏特加、琴酒、莓果利口酒，賓堡還擁有蘭姆酒與金桔利口酒等產品。

酒廠內的銅製蒸餾器。

正在解說桶陳狀況的酒廠老闆達里烏斯，他對於製酒的熱情與執著堪稱是賓堡酒廠最重要的資產及獨家秘方。

賓堡倫敦琴酒
Bimber London Dry Gin 42% ABV

🌀 風味　**Juniper** | **Citrus** | Herbal | **Spice** | Floral | Fruit

🌱 原料　杜松子 - 保加利亞、芫荽籽、歐白芷根、鳶尾根、肉桂、桂皮、甘草、
　　　肉豆蔻、橙皮 - 西班牙塞維亞、檸檬皮

🍸 推薦
　調酒　Gin Tonic - 檸檬片、Martini

🍷 品飲
　心得　由杜松子、肉豆蔻與芫荽組合成的複雜香氣，一點胡椒、柑橘與甘草調性。
　　　口感：溫暖的辛香料與柑橘，柔順卻不失勁道的杜松子延續不斷。

賓堡烏龍茶琴酒
Bimber Oolong Tea Gin 51.8% ABV

🌀 風味　**Juniper** | Citrus | **Herbal** | **Spice** | **Floral** | Fruit

🌱 原料　杜松子 - 保加利亞、芫荽籽、歐白芷根、鳶尾根、肉桂、桂皮、甘草、
　　　肉豆蔻、橙皮 - 西班牙塞維亞、檸檬皮、大紅袍烏龍茶 - 中國武夷山

🍸 推薦
　調酒　Gin Fizz、Bee's Knees

🍷 品飲
　心得　杜松子與烏龍茶香撲鼻，隱約的柑橘與香料氣味。厚實的茶韻和隨之而來
　　　的單寧感次漸為杜松子、柑橘、一點花香。

Blackwoods

謝德蘭群島 (Shetland) 位在蘇格蘭北方，曾是中世紀維京人黑市交易的根據地。2002 年 7 月在此設立的黑木酒廠 (Blackwood Distillery) 原來是威士忌酒廠，因經營不善，於 2008 年 5 月由凱特弗斯公司 (Catfirth Ltd) 接手，轉為生產琴酒；現在則隸屬於貝拉弗德酒業 (Blavod Wines & Spirits) 旗下，並計劃重新生產威士忌。

像謝德蘭這樣的小島，香料作物的選擇並不多，長期觀察黑木酒廠的琴酒，可發現全球暖化造成環境變異也會連帶改變琴酒風味。生產者不刻意追求每年產出的琴酒口感一致，而是讓自然之母去取捨，可能偏向花香調，也可能重草本，也因此黑木酒廠使用年份 (Vintage) 一詞，像釀製葡萄酒般讓風土天候成為酒質的關鍵要素之一。

每年 6 到 9 月，農民在灌木叢附近採集香料植物，再將原料攤置於小型銅製蒸餾器中的托盤上，以蒸氣萃取 (Vapour Infusion) 獲得原料香氣精華。除了固定的杜松子，配方並不全然相同；也不特別強調杜松子風味。另外因地處北緯六十度，特別推出 60% ABV 的限量款，並以謝德蘭島上的人口總數做為限定生產數量。

舊商標以象徵維京人的海盜船為概念，2012 年委託蝶砲公司 (Butterfly Cannon) 重新設計，該公司常與酒類品牌合作，例如幫酩悅軒尼詩 (Moët Hennessy) 設計酒瓶。最後以大海、峽灣、雲和被強風吹歪的樹等做為瓶身元素，象徵謝德蘭的地理氣候，並以色調來區分 60% ABV 的琴酒 (黃銅)、40% ABV 的琴酒 (蒼綠)、40% ABV 的伏特加 (天藍) 等不同產品。2017 年再次更換設計，改以長型多稜角瓶身呈現優雅感。

黑木 2012 年琴酒
Blackwoods 2012 Vintage Dry Gin 60% ABV

🌸 風味	Juniper	Citrus	Herbal	Spice	Floral	Fruit	🍸 推薦調酒	Gin Tonic - 檸檬皮、Martini

🥃 原料	杜松子、芫荽籽、歐白芷根、野生水薄荷、海石竹、繡線菊、檸檬皮、橙皮、甘草、桂皮、肉豆蔻、鳶尾根、紫羅蘭	🍷 品飲心得	清爽的檸檬及淡淡花香，些微杜松子的口感，略帶薑味的尾韻，強烈的花香。

Botanist

UK

Europe | N.America | S.America | Asia | Africa | Oceania

由威廉‧哈維 (William Harvey) 與兩位兄弟於 1881 年在艾雷島成立的布萊迪酒廠 (Bruichladdich Distillery) 堪稱命運多舛，1934 年發生大火，兩年後威廉逝世，接下來數度易主直到 1994 年關廠。2000 年 12 月，馬克‧萊樂 (Mark Reynier) 買下酒廠，並自波摩酒廠 (Bowmore Distillery) 挖角首席蒸餾師吉姆‧麥克文 (Jim McEwan) 加入團隊。

布萊迪酒廠於 2006 年又購入 1991 年關閉的英佛里文酒廠 (Inverleven Distillery) 設備，其中一座蒸餾器是 1959 年二次大戰後，由加拿大海倫渥克公司 (Hiram Walker) 的化學工程師為生產麥芽威士忌而製造，以羅夢湖 (Loch Lomond) 命名的羅夢蒸餾器 (Lomond Still)，1960 年代由直火加熱改為蒸氣加熱。因為蒸餾頸較一般寬大許多，造型像是倒蓋的垃圾桶，酒廠人員便戲稱她為「醜女貝蒂 (Ugly Betty)」；其蒸餾器頸部能活動調整空間，林恩臂角度設計則是為了取得更輕盈的酒體。

吉姆在 2008 年決定生產白色烈酒，與兩位退休回艾雷島的植物學家理查 (Richard) 和格列佛 (Mavis Gulliver)，自丘陵、沼澤及海岸等區域依季節蒐羅出二十二種植物，包括當地蔓生杜松子 (Prostrate Juniper)，並確認這些當地植物的持續取得無虞。首先將九種進口的琴酒基本原料置於容量 15500 公升的醜女貝蒂蒸餾器內，浸泡在稀釋至 50% ABV 的中性小麥烈酒十二小時後進行蒸餾，而二十二種艾雷島植物則置於香料籃內以蒸氣萃取香氣，整個蒸餾製程約十七小時，再以艾雷島上的泉水稀釋至 46% ABV 裝瓶 (使用艾雷島上的水也是布萊迪酒廠的堅持)；呈現出另一種迥異於泥煤威士忌的艾雷島風格。

被稱作「醜女貝蒂」的羅夢蒸餾器。

植物學家琴酒 (Bontanist Gin) 在 2010 年完成試作，於 2011 年上市。2013 年布萊迪酒廠加入人頭馬君度集團 (Remy Cointreau Group)，統一風格更換新瓶，除了瓶身上以紅色標示 22 的數字外，有別於舊瓶的方扁造型，透明的圓柱狀瓶身以浮雕字樣刻印出二十二種艾雷島植物的拉丁文名稱。

2015 年吉姆退休後由亞當‧漢內特 (Adam Hannett) 接任蒸餾師，植物採集工作交由從小鍾愛野外採集的詹姆士‧唐納森 (James Donaldson) 負責，他也接棒關注島上植物生態的永續生長。

正在處理採集植物素材的植物學家詹姆士‧唐納森。

首席蒸餾師亞當‧漢內特 (右) 與產品總監艾倫‧羅根 (左)。

UK

Europe

N.America

S.America

Asia

Africa

Oceania

植物學家琴酒

Bontanist Gin 46% ABV

🔆 風味 **Juniper** | **Citrus** | **Herbal** | Spice | Floral | Fruit

Ⓜ 原料 杜松子、芫荽籽、歐白芷根、鳶尾根、甘草、肉桂、桂皮、橙皮、檸檬皮、樺樹葉、香楊梅、蘋果薄荷、甜甘菊、田薊花、接骨木花、金雀花、石楠花、山楂花、蔓生杜松子、仕女砧草花、檸檬香蜂草、繡線菊、綠薄荷、艾草、紅苜蓿花、甜沒藥、菊蒿、百里香、水薄荷、白苜蓿、鼠尾草

🍸 推薦 調酒 Gin Tonic - 黃檸檬皮、Bramble

➕ 品飲 心得 甘甜的杜松子，豐富而不過於厚重的酒體，滑順平衡的草本氣味。杜松子、淡淡的花香及清爽柑橘口感。

Boë

擁有多年飲品銷售管理經驗的卡洛‧瓦倫特 (Carlo Valente) 與擅長線上銷售的葛蘭姆‧庫爾 (Graham Coull) 合夥，2002 年在蘇格蘭斯特靈 (Stirling) 附近成立 VC2 品牌，旗下包括斯堤維 (Stivy) 調味伏特加與蘋果酒、黑狼啤酒 (Black Wolf)，以及博依琴酒 (Boë Gin)；2013 年再加入曾擔任過帝亞吉歐集團 (Diageo) 等酒業行銷的安德魯‧理察森 (Andrew Richardson)。

琴酒一開始委託汀斯頓威士忌酒廠 (Deanston Distillery) 製作，主蒸餾師則是曾在布斯琴酒廠 (Booth's Gin，已關廠) 任職的麥克米倫 (Ian MacMillan)，可說是博依琴酒的另類招牌保證；後來改為由 G & J 格林諾酒廠 (G & J Greenall Distillery) 負責生產。博依琴酒添加十三種原料，以中性穀物烈酒，透過少見的卡特頭 (Carter Head) 蒸餾器進行蒸餾。

命名與配方靈感來自生於 1614 年的德籍醫生法蘭西斯‧西爾威斯‧德拉博依 (Franciscus Sylvius Dele Boë)，他曾製作過不少杜松子風味藥酒，經常被誤指為杜松子酒的首位發明者，1658 年時曾至萊登大學任教。德拉博依雖然不是做出杜松子酒的第一人，卻是 1650 年第一位註冊使用「杜松子酒 (Genever)」的人。另一款以這位教授為名的琴酒，是座落於荷蘭斯希丹的酒廠三株小樹 (Onder de Boompjes Distilleerderij) 所推出的西爾威斯琴酒 (Sylvius Gin)。

VC2 品牌另外還推出 41.5% ABV 的博依紫羅蘭琴酒 (Boë Violet Gin)、博依百香果琴酒 (Boë Passion Fruit Gin) 與其他以琴酒為底的利口酒。

博依蘇格蘭琴酒
Boë Scottish Gin 41.5% ABV

🌿 風味　**Juniper** | **Citrus** | Herbal | **Spice** | Floral | Fruit

🥃 原料　杜松子、芫荽籽、歐白芷根、薑、鳶尾根、桂皮、天堂椒、檸檬皮、橙皮、荳蔻、甘草、杏仁、尾胡椒

🍸 推薦調酒　Gin Tonic - 檸檬皮、Martini

😋 品飲心得　柑橘與杜松子氣味交互出現，一點香草暗示。杜松子與明顯的柑橘口感，尾韻是豐富的香料感，胡椒、肉桂與一點杏仁堅果。

Bombay

琴酒浪潮再起，龐貝可算是全球琴酒的領導品牌之一。1761 年，年僅二十五歲的湯瑪士‧戴金 (Thomas Dakin) 買下英國沃靈頓布里奇街 (Bridge Street, Warrington) 的土地興建蒸餾廠，是當時極少數將蒸餾廠設置在倫敦以外的琴酒廠。世界第一條工業用運河 —— 布里奇沃特運河 (Bridgewater Canal) 也在那一年建造完成，連接曼徹斯特、沃靈頓、利物浦，便利價廉而快速的運輸方式揭開英國工業革命序幕，戴金也開始打造他的蒸餾事業帝國。

1788 年，他的兒子愛德華在名流政商二代的飲酒會「友好會社 (Amicable Society)」結識釀製啤酒家族的愛德華‧格林諾 (Edward Greenall)，締結日後合作契機。1809 年，湯瑪士‧戴金的兒媳瑪莉 (Mary Dakin) 繼承家族職志，成為文獻記載的第一位女性琴酒蒸餾師。1821 年湯瑪士‧戴金逝世。1831 年，瑪莉添購改良自科菲蒸餾器 (Coffey Still) 使用蒸氣加熱且配置迴流頭 (Rectifying Head) 的寇迪蒸餾器 (Corty Still)，增加生產品質及效能；1836 年再購入卡特蒸餾器 (Carter Still)，卡特頭的設計加強酒精蒸氣迴旋。酒精蒸氣在迴流過程中雖然能得到更純淨口感，但同時會散失原料部分香氣；因此瑪莉將裝設於迴流頭與冷凝器之間、用來過濾酒精蒸氣的碳籃室，改成放置琴酒原料的香料籃，率先以蒸氣 (Vapour) 獲取香氣方式製作琴酒。

1860 年起，格林諾家族與戴金酒廠合作，且負責戴金家琴酒配方的監管；十年後格林諾正式買下戴金家族事業，更名為「G & J 格林諾酒廠 (G & J Greenall Distillery)」。1960 年酒廠遷移擴編，翌年將寇迪與卡特兩座蒸餾器整合成一座，並向約翰多爾公司訂製兩座卡特頭蒸餾器。

1960 年，著迷舊英式文化的美國律師兼企業家艾倫‧蘇賓 (Allan Subin)，將格林諾酒廠的沃靈頓琴酒 (Warrington's Gin) 易名為龐貝辛口琴酒 (Bombay Dry Gin) 並推廣至美國市場，即使當時琴酒已沒落，龐貝琴酒每年仍至少有數萬瓶銷售量；1980 年龐貝品牌被國際製酒集團 (International Distillers & Vintners，IDV) 收購。

美國代理商魯克斯 (Michel Roux) 以號稱六十克拉的孟買之星藍鑽石 (Sapphire) 為概念設計藍色方瓶，於 1987 年推出龐貝藍鑽琴酒 (Bombay Sapphire Gin) 由當

時格林諾酒廠首席蒸餾師漢米爾頓 (Ian Hamilton) 經過兩年研發，在原先龐貝辛口琴酒的八種配方之外再添加爪哇島尾胡椒 (Cubeb Berries)、西非天堂椒 (Grains of Paradise) 兩種香料。

1997 年龐貝品牌雖然轉售給百加得集團 (Bacardi Group)，琴酒仍交由格林諾酒廠負責製作，製作原料則是百加得集團內首席草本專家托努蒂 (Ivano Tonutti) 把關，確認品質。2005 年格林諾酒廠遭遇大火，僅留存幾座舊蒸餾器，但在一週後立即恢復龐貝琴酒的生產。2010 年，以龐貝藍鑽琴酒原有十種配方加上泰國檸檬香茅與越南黑胡椒，推出濃度 42% ABV 的龐貝藍鑽東方琴酒 (Bombay Sapphire East Gin)。

龐貝品牌委託英國知名建築設計鬼才湯瑪斯・海澤維克 (Thomas Heatherwick) 操刀的新酒廠於 2012 年夏季開始動工，改建漢普郡拉弗斯托克磨坊 (Laverstoke Mill) 的舊紅磚紙廠，打造出友善生態的特色酒廠；並且利用蒸餾時的熱氣仿製出熱帶與地中海型氣候兩間溫室，而流經的泰斯特河 (River Test) 還能提供電力設施發電。

2013 年 7 月裝設蒸餾器，秋天在新址進行蒸餾，為了慶祝新酒廠完工，以 49% ABV 強度裝瓶的龐貝藍鑽拉弗斯托克磨坊版本 (Bombay Sapphire Laverstoke Mill Limited Edition) 限量上市，邀請英國藝術家席・史考特 (Si Scott) 以龐貝琴酒本身靈魂發想整體包裝。

同年，推出以經典龐貝辛口琴酒八種配方加上烘烤過的黑荳蔻、肉豆蔻、苦橙皮，一樣以蒸氣萃取香氣，置於法國諾麗帕特苦艾酒桶 (Noilly Prat Vermouth Cask) 中熟成，酒液呈琥珀色的龐貝琥珀琴酒 (Bombay Amber Gin)，裝瓶強度為 47% ABV，瓶身以新酒廠溫室的獨特流線造型概念設計，有別於過往龐貝琴酒系列方瓶；僅限免稅通路 (新加坡、雪梨、多倫多機場) 販售。

2014 年將龐貝系列琴酒產線改回自家酒廠，不再由格林諾酒廠生產；2016 年推出龐貝之星 (Star of Bombay)，以龐貝藍鑽琴酒原有十種配方再增添義大利南部卡拉布里亞區 (Calabria) 的乾燥香檸檬皮 (Bergamot Peel) 與厄瓜多產的黃葵籽 (Ambrette Seed)，47.5% ABV。

2019 年 4 月推出以鄉間為靈感的龐貝藍鑽英式莊園琴酒 (Bombay Sapphire English Estate Gin)，添加普列薄荷、玫瑰果和烤榛果，並將這三款新材料繪製在正面瓶標外框。2020 年 3 月發售龐貝荊棘莓果琴酒 (Bombay Bramble Gin)，概念來自近代經典琴酒調酒「荊棘 (Bramble)」、使用自家琴酒浸泡覆盆莓及黑莓，色澤鮮紅，不添加糖及人工色素，酒精濃度 37.5% ABV。

龐貝辛口琴酒
Bombay Dry Gin 37.5% ABV

🌀 風味　**Juniper** | **Citrus** | Herbal | Spice | Floral | Fruit

Ⓜ 原料　杜松子 - 義大利托斯卡尼、芫荽籽 - 摩洛哥、歐白芷根 - 德國薩克森、杏仁 - 西班牙、甘草 - 中國、檸檬皮 - 西班牙莫夕亞、桂皮 - 中南半島、鳶尾根 - 義大利

🍸 推薦調酒　Gin Tonic - 葡萄柚或檸檬片、Martini

龐貝藍鑽琴酒
Bombay Sapphire Gin 40% ABV

🌀 風味　**Juniper** | **Citrus** | Herbal | **Spice** | Floral | Fruit

Ⓜ 原料　杜松子 - 義大利托斯卡尼、芫荽籽 - 摩洛哥、歐白芷根 - 德國薩克森、杏仁 - 西班牙、甘草 - 中國、檸檬皮 - 西班牙莫夕亞、桂皮 - 中南半島、鳶尾根 - 義大利、尾胡椒 - 印尼爪哇島、天堂椒 - 西非

🍸 推薦調酒　Gin Tonic - 萊姆角、White Lady

龐貝藍鑽東方琴酒
Bombay Sapphire East Gin 42% ABV

🌀 風味　**Juniper** | **Citrus** | **Herbal** | **Spice** | Floral | Fruit

Ⓜ 原料　杜松子 - 義大利托斯卡尼、芫荽籽 - 摩洛哥、歐白芷根 - 德國薩克森、杏仁 - 西班牙、甘草 - 中國、檸檬皮 - 西班牙莫夕亞、桂皮 - 中南半島、鳶尾根 - 義大利、尾胡椒 - 印尼爪哇島、天堂椒 - 西非、檸檬香茅 - 泰國、黑胡椒 - 越南

🍸 推薦調酒　Gin Fizz、20th Century

UK

Europe | N.America | S.America | Asia | Africa | Oceania

龐貝之星琴酒
Star of Bombay Gin 47.5% ABV

🌸 風味　**Juniper** | **Citrus** | Herbal | **Spice** | Floral | Fruit

🍶 原料　杜松子 - 義大利托斯卡尼、芫荽籽 - 摩洛哥、歐白芷根 - 德國薩克森、杏仁 - 西班牙、甘草 - 中國、檸檬皮 - 西班牙莫夕亞、桂皮 - 中南半島、鳶尾根 - 義大利、尾胡椒 - 印尼爪哇島、天堂椒 - 西非、香檸檬皮 - 義大利卡拉布里亞、黃葵籽 - 厄瓜多

🍸 推薦調酒　Martini、Gin Tonic - 葡萄柚皮

龐貝藍鑽英式莊園琴酒
Bombay Sapphire English Estate Gin 41% ABV

🌸 風味　**Juniper** | **Citrus** | **Herbal** | **Spice** | Floral | Fruit

🍶 原料　杜松子 - 義大利托斯卡尼、芫荽籽 - 摩洛哥、歐白芷根 - 德國薩克森、杏仁 - 西班牙、甘草 - 中國、檸檬皮 - 西班牙莫夕亞、桂皮 - 中南半島、鳶尾根 - 義大利、尾胡椒 - 印尼爪哇島、天堂椒 - 西非、普列薄荷、玫瑰果、烤榛果

🍸 推薦調酒　Gin Tonic - 檸檬百里香和檸檬片、Holland House

龐貝琥珀琴酒
Bombay Amber Gin 47% ABV

🌸 風味　Juniper | **Citrus** | **Herbal** | **Spice** | Floral | Fruit

🍸 推薦調酒　Neat、Martini

🍶 原料　杜松子 - 義大利托斯卡尼、芫荽籽 - 摩洛哥、歐白芷根 - 德國薩克森、杏仁 - 西班牙、甘草 - 中國、檸檬皮 - 西班牙莫夕亞、桂皮 - 中南半島、鳶尾根 - 義大利、黑荳蔻、肉豆蔻、苦橙皮

🍷 品飲心得　杜松子與柑橘調性，香料的甜味。口感柔順卻不失勁道，香料草本的口感，胡椒、薄荷、柑橘，還有一點木桶味。

*B*oodles

1762 年，威廉‧阿爾瑪克 (William Almack) 在倫敦帕摩爾街成立布鐸斯紳士俱樂部 (Boodle's Gentlemen's Club)，為政商名流人士的聚會；取名來自曾接掌俱樂部的主管愛德華‧布鐸 (Edward Boodle)。1793 年搬至倫敦聖詹姆斯街 28 號。俱樂部的成員大有來歷，除了首相邱吉爾，還有 007 小說作者伊恩佛萊明及英國演員兼作家大衛尼文。當時俱樂部內提供的指定琴酒，一為普利茅斯琴酒 (Plymouth Gin)，另一款則為布鐸斯英式琴酒 (Boodles British Gin)。

布鐸斯英式琴酒最早是由寇克羅素公司 (Cock Russell & Company Ltd.) 於 1845 年製造，之後由 G & J 格林諾酒廠接手生產。使用以英國小麥中性烈酒浸泡九種香料，以卡特頭 (Carter Head) 銅製蒸餾器減壓蒸餾製成，不添加柑橘類配方，原蒸餾師希望飲用者只加一片萊姆或檸檬來取得風味。

2001 年由加拿大品牌西格蘭 (Seagrams) 代理外銷美國，美國版的布鐸斯英式琴酒另外與玉米、小麥、大麥及裸麥製成的 95% ABV 中性烈酒混合，並稀釋至 45.2% ABV 裝瓶販售。自 2005 年起的五年內，英國貨架上的布鐸斯英式琴酒竟然大部分都是從美國重新進口回英國。之後曾轉售給保樂力加集團，接著於 2012 年再由美國普羅西莫烈酒 (Proximo Spirits) 購得經營權。2013 年 10 月，在英國重新上架，酒精濃度為 40% ABV，美日市場則為 45.2% ABV。另外有布鐸斯樹莓琴酒 (Boodles Mulberry Gin) 及布鐸斯大黃與草莓琴酒 (Boodles Rhubarb & Strawberry Gin) 調味款琴酒，酒精濃度僅為 30% ABV 及 35% ABV。

布鐸斯英式琴酒
Boodles British Gin 45.2% ABV

風味 | **Juniper** | **Citrus** | **Herbal** | **Spice** | Floral | Fruit

原料 | 杜松子、芫荽籽、歐白芷根、歐白芷籽、桂皮、葛縷子、肉豆蔻、迷迭香、鼠尾草

推薦調酒 | Gin Tonic - 檸檬皮、Martini

品飲心得 | 清新的杜松子氣味，帶著一點柑橘調及葉類草本香氣。口感微甘甜，肉桂及香芹的味道伴隨鼠尾草及迷迭香的芳香，接著湧現杜松子及芫荽的味道，柔順溫潤。

*B*oxer

拳擊手琴酒 (Boxer Gin) 由標榜節能環保的新創公司「綠盒飲品 (Greenbox Drinks)」創辦人馬克・希爾 (Mark Hill) 委託英國伯明罕蘭利酒廠 (Langley Distillery) 生產。以產自東英格蘭的小麥，經過連續蒸餾與傳統壺式蒸餾製造的滑順中性烈酒為基底，將材料區分三類浸泡八小時後分開蒸餾處理；使用的銅製蒸餾器是以蘭利酒廠執行董事母親命名的「安琪拉 (Angela)，又稱 Grandma)」，容量 1000 公升，1903 年由約翰多爾公司所製造，為目前英國古老且仍在運作的蒸餾器之一。

新鮮的喜瑪拉雅杜松子經過浸泡，再緩慢地進行二十小時蒸餾，而新鮮香檸檬皮油則是經過冷壓方式取得，與其餘傳統琴酒材料蒸餾所得的原酒三者調和後，以薩塞克斯泉水 (Sussex Spring Water) 稀釋裝瓶。2012 年上市，英國本地版本濃度為 40% ABV，外銷版為 45% ABV；另外還有透明瓶身的極辛口 (Extra Dry) 版本。

綠盒飲品的伏特加與琴酒，都推出 8.4 公升大容量盒裝，號稱能夠節省 95% 包裝成本，運輸重量降低 45%，容量則減少 63%；讓酒吧餐飲業者能夠以補充包的概念將酒裝入空瓶，讓客戶省空間也省成本。

綠盒飲品已於 2017 年更名為永續烈酒 (Sustainable Spirit)。

拳擊手琴酒
Boxer Gin 40, 45% ABV

🌀 **風味**　**Juniper** | **Citrus** | Herbal | **Spice** | **Floral** | Fruit

Ⓜ 原料　新鮮杜松子 - 喜瑪拉雅山（尼泊爾）、乾燥杜松子 - 保加利亞、芫荽籽 - 保加利亞、香檸檬 - 義大利、肉桂 - 塞席爾、歐白芷根 - 比利時、肉豆蔻 - 印度、鳶尾根 - 義大利、桂皮 - 中國、甜橙 - 西班牙、甜檸檬 - 西班牙、甘草 - 義大利

🍸 推薦
調酒　Gin Tonic - 橙皮、Martini

💠 品飲
心得　明顯的柑橘，花香與辛香料搭配著沉穩的杜松子。口感有著一點胡椒，像是伯爵茶的香檸檬氣味，紮實杜松子餘韻。

*B*ulldog

在摩根大通公司負責處理企業併購業務的安舒曼‧佛拉 (Anshuman Vohra)，老覺得工作單調乏味，某週五，他與同事外出吃午餐喝酒，因為點了琴湯尼被同事取笑太老派，連調酒師也說常常一週還調不到一杯琴酒調酒；吧台架上有二十款伏特加，卻僅有兩款琴酒能選擇。有感於此，安舒曼想要創造出一款能夠被大眾喜愛的新琴酒。沒有酒類行業背景，只憑藉和父親共飲琴湯尼的喜好及熱忱，安舒曼協同 G & J 格林諾酒廠一起研發出鬥牛犬琴酒 (Bulldog Gin)，以產自東英吉利區的諾福克小麥製成的中性烈酒做基底，加入異國風味的配方浸泡，蒸餾後接著三次過濾，再用威爾斯號稱最純淨的水質稀釋裝瓶。

英國人的鬥牛犬形象自十九世紀開始，到了二次世界大戰，首相邱吉爾更以鬥牛犬精神象徵英國人的堅毅果敢；鬥牛犬也同時成了邱吉爾的綽號。向來崇拜邱吉爾的安舒曼便以鬥牛犬為琴酒命名，恰好，這年也正是中國農曆的狗年。

鬥牛犬琴酒黑色瓶身的設計，加上頸口的狗圈造型，都是讓人眼睛為之一亮的巧思。取得的香料都採購自相同產區以確保品質穩定。2013 年底推出重量級鬥牛犬琴酒 (Bulldog Bold Gin)，將酒精濃度提高至 47% ABV。

2014 年，鬥牛犬琴酒將美國及部分海外銷售交給金巴利集團 (Campari Group)，2017 年金巴利集團以高價買下鬥牛犬品牌，仍由安舒曼擔任總監。

鬥牛犬琴酒
Bulldog Gin 40% ABV

🌀 風味　**Juniper** | **Citrus** | Herbal | **Spice** | Floral | Fruit

🌿 原料　杜松子 - 義大利、甘草 - 中國、桂皮 - 亞洲、杏仁 - 西班牙、鳶尾根 - 義大利、白罌粟花籽 - 土耳其、龍眼 - 中國、蓮花葉 - 亞洲、檸檬 - 西班牙、薰衣草 - 法國、芫荽籽 - 摩洛哥、歐白芷根 - 德國

🍸 推薦調酒　Gin Tonic - 檸檬片、Negroni

✨ 品飲心得　強烈的杜松子風味隱約帶著許多清甜香氣，口感甘甜滑順。

*B*urleighs

　　2013 年 10 月，由傑米・巴克斯特 (Jamie Baxter)、提姆・普利姆 (Tim Prime)、菲力浦・伯利 (Philip Burley)、葛蘭姆・梵奇 (Graham Veitch) 於英國萊斯特郡 (Leicestershire) 成立韋斯特 45 酒業 (45 West Distillers)，並由經驗豐富的巴克斯特擔任蒸餾師。這組人馬還另外經營精準釀製與蒸餾公司 (Exigo Brewing and Distilling)，提供從概念到完整實作技術諮詢。

　　巴克斯特先後曾於翠絲蒸餾廠 (Chase Distillery)、倫敦城酒廠 (City of London Distillery) 與東倫敦酒業公司 (East London Liquor Company) 協助蒸餾製程，在英國烈酒產業相當有名望。

　　韋斯特 45 酒業向設立在德國馬克多夫 (Markdorf) 的阿諾德・荷斯坦 (Arnold Holstein) 公司訂製 450 公升的銅製壺型蒸餾器，命名為「梅西・貝西 (Messy Bessy)」。由於鄰近查恩伍德森林和布倫海姆森林保護區，蒸餾師巴克斯特在某日行經布倫海姆森林時，動念將白樺樹、蒲公英、牛蒡、接骨木果實做為原料，另一方面也發想自巴克斯特祖母會在春天時取用新鮮透明的白樺樹液，帶有青草與一些辛香、尤加利樹葉氣味。

　　2014 年 6 月底，耗時八個月又兩天實驗完成布倫海姆琴酒 (Burleighs London Dry Gin) 並於 7 月上市，濃度為 40% ABV；瓶身為黑色圓肩瓶，字體使用顯眼的白色。2015 年將酒廠遷至萊斯特市區，並更名為 45 琴酒學校 (45 Gin School)，除了製作布倫海姆琴酒系列，更推廣來客自己學習動手製作琴酒。

布倫海姆琴酒
Burleighs London Dry Gin 40% ABV

風味	**Juniper** | **Citrus** | **Herbal** | Spice | **Floral** | Fruit
原料	杜松子 - 義大利托斯卡尼、芫荽籽 - 保加利亞與摩洛哥、歐白芷根 - 北歐、鳶尾根、桂皮、白樺樹 - 英國布倫海姆森林、蒲公英根 - 英國布倫海姆森林、牛蒡根 - 英國布倫海姆森林、接骨木果實 - 英國布倫海姆森林、荳蔻、橙皮
推薦調酒	Gin Tonic - 檸檬片、Negroni
品飲心得	尤加利樹葉氣味、一些杜松子、芫荽與淡淡檸檬皮香。刺激的口感包含於木質調性中，強勁的酒體透著一絲花香。

Caorunn

班羅馬克酒廠 (Balmenach) 座落蘇格蘭，1824 年由詹姆士・麥葛瑞格 (James McGregor) 成立，是蘇格蘭最早取得合法執照的威士忌酒廠之一；1897 年時被格蘭利威 (Glenlivet) 買下。1941 年短暫關廠，1947 年重新啟用，共有六組蒸餾器；直到 1969 年前，該酒廠甚至都還有專屬的鐵道分支用以運輸，1997 年再由英佛酒業 (Inver House Distillers) 接手酒廠至今。

酒廠位在凱恩戈姆國家公園 (Cairngorms National Park) 內，豐富的植物資源激發蒸餾師西蒙・柏萊 (Simon Buley) 製作科倫琴酒 (Caorunn Gin) 的靈感。2009 年，西蒙以世界僅存、製於 1920 年裝設有莓果室 (Berry Chamber) 設備的蒸餾器，於四層銅盤上鋪滿包括杜松子等六種香料、及從酒廠周遭採集來的香料與果實：香桃木、蒲公英、石楠花、羅恩漿果、考爾布萊希蘋果，將中性穀類烈酒以蒸氣穿透原料層盤萃取香味，再以斯佩賽水源稀釋裝瓶。

「科倫」是羅恩漿果的蘇格蘭蓋爾語，這是蘇格蘭的特色植物。五角瓶身及瓶底即代表著這五種塞爾特素材，瓶蓋上也繪有五角星；瓶身的特殊設計受到蘇格蘭新藝術運動影響。於免稅通路銷售、48% ABV 的科倫琴酒大師版本 (Caorunn Gin Master's Cut)，瓶標為黃銅色。隔年適逢科倫琴酒問世十週年，推出額外添加蘇格蘭伯斯郡 (Perthshire) 覆盆莓的科倫覆盆莓琴酒 (Caorunn Raspberry Gin)；同年 6 月 8 日世界琴酒日再推出更高酒精強度，深藍瓶標的科倫琴酒高地強度 (Caorunn Highland Strength Gin)，裝瓶濃度為 54% ABV。

科倫琴酒
Caorunn Gin 41.8% ABV

- 風味　**Juniper** | **Citrus** | Herbal | **Spice** | Floral | **Fruit**

- 原料　杜松子、芫荽籽、歐白芷根、桂皮、檸檬皮、橙皮、羅恩漿果、考爾布萊希蘋果、石楠花、蒲公英葉、香桃木

- 推薦調酒　Gin Tonic - 蘋果片、Martini

- 品飲心得　淡淡的杜松子，優雅的辛香料後是豐沛平順的果香甘甜。口感稍微甘甜，接著湧現杜松子及柑橘調性，柔順溫潤。

*C*hase

翠斯

翠斯酒廠公司
Chase Distillery Ltd.

　　身為農家子弟第五代的威廉・翠斯 (William Chase)，自 1990 年代便於英格蘭西南邊的赫里福德郡 (Herefordshire) 種植馬鈴薯，然而大型連鎖量販店破壞農產行情，使翠斯一家損失近三十英畝土地，瀕臨破產。威廉轉而收購各地馬鈴薯再大量轉賣給零售商，獲利後買回原來的二十英畝土地；2002 年開始到各國尋找製作洋芋片的設備與配方，返鄉後用自家馬鈴薯生產標榜厚切、不含人工添加劑的洋芋片，並以從小生長的泰瑞農場 (Tyrrell Court) 命名。2003 年時，威廉便萌發用馬鈴薯蒸餾伏特加的想法，2004 年前往美國順道拜訪馬鈴薯伏特加酒廠，回國後找上夥伴傑米・巴克斯特 (Jamie Baxter) 共同合作。2007 年頒受企業獎後，獲得七百五十萬美金融資，並賣掉泰瑞洋芋片 75% 股權，準備大舉進軍蒸餾事業。

　　2007 年的英國尚未允許蒸餾器容量在 2300 公升以下的酒廠申請執照，幾經波折後，威廉終於在 2008 年申請執照且成立酒廠，首批生產的伏特加稱為「泰瑞伏特加 (Tyrrell Vodka)」。由於泰瑞洋芋片大部分股權已轉售他人，後來改以家族名稱 「翠斯 (Chase)」來替名。添加酵母生成酒精的馬鈴薯酒約 9.5 至 11% ABV，再蒸餾至 85% ABV，最後經過連續蒸餾達到 96.5% ABV，使用源自莫爾文山脈 (Malvern Hill) 的優質水源稀釋裝瓶。

　　接著蒸餾團隊們決定嘗試製作琴酒，卻發覺自家伏特加對於想呈現花香與清爽口感的琴酒調性差異過大，於是採集自家農場裡的蘋果來製作烈酒，發現蘋果製成伏特加口感清冽帶有柑橘氣味，較於綿密滑順的馬鈴薯伏特加來說更符合他們心中所想。

　　從農場採集後的蘋果直接連皮榨汁，讓附著果皮的天然酵母自然發酵，再蒸餾至 85% ABV，最後經過連續蒸餾達到 96.4% ABV；使用農場水源稀釋倒進暱稱為「琴妮 (Ginny)」的 250 公升卡特頭蒸餾器。將琴酒所需原料封裝於枕頭套內置於蒸餾器，透過酒精蒸氣通過獲取香氣，最後稀釋至 48% ABV 裝瓶，成為這款威廉優雅 48 琴酒 (Williams Elegant 48 Gin)。

　　瓶身設計是以枯槁的老蘋果樹為構圖，基調為漸層暗黑色，英國國旗在對比之下顯得醒目；上下半部比中間部分多 2 公釐寬，方便握取。

　　從法國西北部諾曼第到英格蘭因為無法種植葡萄，於是改以蘋果替代釀酒，而成為今日著名的蘋果酒 (Apple Cider)；翠斯酒廠以布拉姆利蘋果 (Bramley Apple) 這種專門用以製酒的蘋果為原料 (布拉姆利蘋果原產地是英國東部的諾丁漢郡，果肉堅實，烹煮後仍能保持形狀不爛；果香濃郁帶酸性，與糖加熱後會變得溫和而微酸，果香更為馥郁，所以極適合用於烹調，如肉桂蘋果派)，成功產製出令人討愛的琴酒作品。以蘋果作為基底的烈酒，稀釋後也推出「就是蘋果伏特加 (Naked Apple Vodka)」販售。

　　現今的翠斯酒廠座落於占地 400 英畝的羅莎蒙農場 (Rosemaund Farm)，除了種植有機馬鈴薯與蘋果，還放牧牛隻，標準落實從農場到裝瓶一貫作業流程。翠斯酒廠的琴酒系列還包括：翠斯大英琴酒 (Chase GB Gin，馬鈴薯烈酒為基底)、粉紅葡萄柚琴酒 (Pink Grapefruit Gin，馬鈴薯烈酒為基底)、塞維亞柳橙琴酒 (Seville Orange Gin，馬鈴薯烈酒為基底) 等產品；不僅烈酒，還發行接骨木、大黃根、黑醋栗、覆盆莓等多款利口酒。

威廉優雅 48 琴酒
Williams Elegant 48 Gin 48% ABV

- 風味　**Juniper** | **Citrus** | Herbal | Spice | **Floral** | **Fruit**

- 原料　杜松子、芫荽籽、歐白芷根、葛縷子、鳶尾根、橙皮、檸檬皮、尾胡椒、接骨木花、啤酒花

- 推薦調酒　Gin Tonic - 蘋果片、Gimlet

- 品飲心得　果味、清爽，帶著一點胡椒暗示。口感偏甜，有淡淡的桂花香，蘋果及柑橘調性。

翠斯大英琴酒
Chase GB Gin 40% ABV

- 風味　**Juniper** | **Citrus** | Herbal | **Spice** | Floral | Fruit

- 原料　杜松子、芫荽籽、歐白芷根、杏仁、荳蔻肉桂、丁香、薑、檸檬皮、甘草

- 推薦調酒　Gin Tonic - 檸檬片、Vesper

City of London

被譽為琴酒聖地麥加的倫敦，到十八世紀約有一千七百多座大小蒸餾器，直到 1729 年頒佈第一次琴酒法案嚴加管控酒廠時，倫敦共計約有一千五百間登記有案的酒廠；之後兩世紀間，便鮮少有新的琴酒蒸餾廠設立於倫敦市區內，即使是 2009 年創建的史密斯蒸餾廠 (Sipsmith Distillery) 也僅是地處西倫敦漢默史密斯 (Hammersmith)，不算在市中心區域。

2012 年 12 月，強納森・克拉克 (Jonathan Clark) 連同之前擔任過翠絲蒸餾廠蒸餾師的巴克斯特 (Jamie Baxter)，於倫敦市中心區域的布萊德巷 (Bride Lane) 共同成立倫敦城酒廠 (City of London Distillery，簡稱 COLD)，由巴克斯特協助酒廠內蒸餾器配置；2013 年，推出倫敦城琴酒 (City of London Dry Gin) 初試啼聲。

酒廠內共有兩座銅製壺式蒸餾器，以倫敦城的守護巨人歌革 (Gog) 與瑪各 (Magog) 為名，這兩個英國異教神話中的巨人，自英王亨利五世 (1413 ～ 1422 年) 開始，就被視為倫敦護衛者，有一說是因為他們拯救遠古的倫敦公主，另一說是兩個巨人是被倫敦城建立者俘虜來守衛城市的。

歌革蒸餾器主要用來再次蒸餾購入的中性穀物烈酒，瑪各則負責琴酒製作；每一批次約可生產兩百瓶琴酒，這也是酒廠接受客製化訂單的最低數量。這兩座蒸餾器不免俗的還有另外的暱稱：珍妮佛 (Jennifer) 與克拉麗莎 (Clarissa)。

巴克斯特於 2013 年 12 月時正式離開倫敦城酒廠，另外在萊斯特郡 (Leicestershire) 與朋友共同成立韋斯特 45 酒廠 (45 West Distillers) 以及精準釀製與蒸餾公司 (Exigo Brewing and Distilling)，強納森接棒繼續經營酒廠。雖然品質表現不俗，名聲卻不如預期，後來強納森累積經驗與自信，並尋求多位琴酒大廠蒸餾師的意見，像是泰晤士酒廠的馬克斯韋爾 (Charles Maxwell)、坦奎利酒廠前蒸餾師尼科爾 (Tom Nichol)、英人牌琴酒的佩恩 (Desmond Payne)，向諸位前輩學習並調整配方製程後，結合酒廠與酒吧，以及導覽和客製化琴酒，讓倫敦城酒廠身變成琴酒迷前往倫敦必訪的要點之一。

倫敦城琴酒一共更換過三次瓶身設計及裝瓶酒精濃度：第一版以黑白倫敦市區地圖為底，再加上酒廠附近著名地標聖保羅座堂 (St Paul's Cathedral) 的照片，酒精濃度為 40% ABV；第二版則是直接以聖保羅座堂照片覆蓋瓶身，酒精濃度

亦為 40% ABV；2016 年的第三版拉長瓶身，直接將聖保羅座堂著名的巴洛克式建築圓頂設計於瓶肩處，更添典雅感，酒精濃度提高為 41.3% ABV。

除了添加三款新鮮柑橘皮的倫敦琴酒，另外還有倫敦城老湯姆琴酒 (City of London Old Tom Gin) 與倫敦城野莓琴酒 (City Of London Sloe Gin)。2016 年與坦奎利酒廠退休蒸餾師尼科爾合作 45.3% ABV 的克里斯多佛雷恩琴酒 (Christopher Wren Gin)，以杜松子、芫荽籽、歐白芷根、甘草、甜橙皮為原料，命名取自 1666 年 9 月倫敦大火後，負責重建多座教堂 (包括聖保羅座堂) 的建築師克里斯多佛·雷恩 (Christopher Wren)。之後更與泰晤士酒廠的馬克斯韋爾推出 47.3% ABV 的平方哩琴酒 (Square Mile London Dry Gin)，因為倫敦人除了用「倫敦城 (City Of London)」來稱呼倫敦，也會以「城市 (The City)」或「平方哩 (Square Mile)」來代表這個城市，因為倫敦市的面積恰巧約為一平方哩。原料包括杜松子、芫荽籽、歐白芷根、鳶尾根、檸檬皮、橙皮、葡萄柚皮等。

瓶蓋會貼上各款琴酒編號：No1. 倫敦辛口琴酒，No2. 克里斯多佛雷恩琴酒，No3. 倫敦城老湯姆琴酒，No4. 倫敦城野莓琴酒，No5. 平方哩琴酒。

2017 年成為英國飲品公司豪爾伍德國際 (Halewood International) 旗下產品，與利物浦琴酒 (Liverpool Gin) 及惠特利尼爾琴酒 (Whitley Neill Gin) 同為兄弟品牌。2019 年推出以英國童謠《柳橙與檸檬》中六座鐘命名的六座鐘檸檬琴酒 (Six Bells Lemon Gin)，刻意使用蒸氣萃取加強檸檬香氣；以及大黃玫瑰琴酒 (Rhubarb & Rose Gin) 和莫夕亞柳橙琴酒 (Murcian Orange Gin)。

倫敦城琴酒
City of London Dry Gin 41.3% ABV

風味　**Juniper** | **Citrus** | Herbal | Spice | Floral | Fruit

原料　杜松子、芫荽籽、歐白芷根、甘草、橙皮、粉紅葡萄柚皮、檸檬皮

推薦調酒　Gin Tonic - 檸檬皮、Martini

品飲心得　顯著的檸檬氣味，偕同杜松子、芫荽漸次浮現。杜松子口感與些微葡萄乾感覺，尾韻是柔順宜人的甘甜柑橘調性。

Cotswolds

來自美國紐約的丹尼歐・史佐爾 (Daniel Szor) 從事避險基金投資多年，平時偏好飲用威士忌，2000 年他注意到威士忌蓬勃發展，並曾參與巴黎的蘇格蘭麥芽威士忌協會 (SMWS)，深深為烈酒美味著迷。於 2006 年被公司外派至英國，與英國籍妻子搬到倫敦，並且在倫敦郊外的科茨沃爾德 (Cotswold)，這個充滿中古世紀風情並擁有優質農作物的地區購置度假小屋。

之後，史佐爾更在年度家族旅遊中參觀蘇格爾高地與島嶼區威士忌酒廠，感受他們的製酒熱情，遂決定以這些酒廠為仿效對象，2012 年決定在美麗豐饒的科茨沃爾德建造酒廠。當時的科茨沃爾德雖然農作發達、觀光興盛，但是卻沒有任何一間蒸餾酒廠。

當時已離開金融產業的史佐爾在因緣際會下，前往艾雷島上的布萊迪酒廠 (Bruichladdich) 學習，透過酒廠首席調酒師麥克文 (Jim McEwan) 介紹，結識蒸餾經驗超過五十年的資深蒸餾師科克本 (Harry Cockburn)，在科克本的協助下很有效率的訂購蘇格蘭品牌、專用以生產威士忌的弗席茲 (Forsyths) 蒸餾器，以及德國荷斯坦蒸餾器，並且以萊茵河傳說的美麗女妖 —— 羅蕾萊 (Lorelei) 命名；科克本也親自指導史佐爾關於製酒的種種技術。

準備就緒後，史佐爾延攬三名蒸餾師 (其中一位後來去日本的京都蒸餾所)，設立一個小型實驗室，提供每人一款 1 公升小型蒸餾器，收集一百五十種以上植物原料，以傳統倫敦琴酒為概念發想，並將原料配方從十二款配方刪減至三款，最後底定為九種原料。

以中性小麥烈酒浸泡 4 公斤嚴選杜松子、歐白芷根、芫荽籽等原料於容量 500 公升的荷斯坦蒸餾器內六至七小時，接著再以蒸氣萃取其餘六款包括新鮮葡萄柚皮及新鮮萊姆皮等原料精華，最後得到 80% ABV 琴酒烈酒後，僅添加純水稀釋至 46% ABV，每批次約生產四百瓶科茨沃爾德琴酒 (Cotswolds Dry Gin)；因為採非冷凝過濾，因此在加入冰塊稀釋後會有些微混濁現象。史佐爾期許能夠用這款琴酒呈現科茨沃爾德風土，使用當地作物與草本製酒，並且以對環境最友善的方式來經營酒廠。

科茨沃爾德酒廠的蘇格蘭風格威士忌也深受喜愛，另外還推出奶酒與艾碧斯，甚至還有葡萄柚與薰衣草風味苦精。

2016 年 4 月，適逢莎士比亞四百週年逝世紀念，和這名偉大劇作家「同鄉」的科茨沃爾德酒廠，考據當時莎士比亞喜歡喝的杜松子酒，以 55% 麥酒 (Malt Wine) 與 45% 中性烈酒混合，材料使用杜松子、芫荽籽、桂皮、肉豆蔻、橙皮及其他秘密原料，蒸餾後置於葡萄酒桶內熟成，最後推出裝瓶濃度為 46% ABV 的 1616 科茨沃爾德桶陳琴酒 (1616 Cotswolds Barrel Aged Gin)；取名 1616 是因為莎士比亞逝世的年份。

同年 10 月，推出樹籬琴酒 (Hedgerow Gin)，以黑刺李、黑莓、樹莓、歐洲野李、大馬士革李作為原料，這些種植於英國鄉間、用來當作藩籬的植物便成了琴酒靈感來源，裝瓶濃度為 40% ABV。而將樹籬琴酒貯放於紅酒桶內三至四個月的桶陳樹籬琴酒 (Barrel–Aged Hedgerow Gin) 濃度為 37.5% ABV，除了豐富莓果風味外還有淡雅木桶香氣。

巴哈拉特琴酒 (Baharat Gin) 以 50 公升小型蒸餾器製作，揉合中東至亞洲各式香料風味；「巴哈拉特」是綜合香料之意，除了杜松子、芫荽籽、荳蔻，還有辣椒、肉桂、丁香、孜然、黑胡椒、雅法橙皮。科茨沃爾德辛薑琴酒 (Cotswolds Ginger Gin) 則是以蒸餾至 83% ABV 的科茨沃爾德琴酒稀釋至 65% ABV，熟成於波本桶內三個月，再浸泡瓦倫西亞甜橙皮與薑，裝瓶濃度為 46% ABV。

2019 年 10 月上市的科茨沃爾德老湯姆琴酒 (Cotswolds Old Tom Gin) 耗費四週專注調整配方比例，使用稀釋至 60% ABV 穀物烈酒再添加杜松子、新鮮橙皮、荳蔻、葛縷子等，強調甘草與薑的風味，從 500 公升蒸餾器改由 50 公升小型蒸餾器瓦樂莉 (Valerie) 生產，柔順溫暖帶著些微甘甜適合純飲。

（左起）1616 科茨沃爾德桶陳琴酒、辛薑琴酒、巴哈拉特琴酒。

科茨沃爾德琴酒
Cotswolds Dry Gin 46% ABV

😊 風味　**Juniper** | **Citrus** | Herbal | **Spice** | **Floral** | Fruit

💧 原料　杜松子 - 馬其頓、芫荽籽、歐白芷根 - 波蘭、薰衣草 - 英國科茨沃爾德、
　　　　月桂葉、荳蔻、黑胡椒、萊姆、葡萄柚

🍸 推薦　Gin Tonic - 葡萄柚皮、Martini
　　調酒

✪ 品飲　新鮮葡萄柚皮與薰衣草花香，柔順的杜松子氣味。口感是甘甜柑橘調性，
　　心得　黑胡椒氣息，薰衣草與杜松子餘韻作結。

科茨沃爾德老湯姆琴酒
Cotswolds Old Tom Gin 42% ABV

😊 風味　**Juniper** | **Citrus** | Herbal | **Spice** | Floral | Fruit　　🍸 推薦　Gin Tonic - 橙皮、Tom Collins
　　　　　　　　　　　　　　　　　　　　　　　　　　　　　　　調酒

💧 原料　杜松子 - 馬其頓、芫荽籽、歐白芷根 - 波蘭、甘草、薑、葛縷子、荳蔻、橙皮

*D*arnley's

座落於蘇格蘭東部法夫郡 (Fife) 的威恩斯威士忌公司 (Wemyss Whisky Company)，自十三世紀便於自家廣闊的領地種植大麥，遠至法國與澳洲都擁有葡萄園。威恩斯的蘇格蘭蓋爾語意謂「洞穴 (Caves)」，在法夫甚至建造城堡，從聳立的岩丘上遙望遠處的愛丁堡。1824 年，約翰‧海格 (John Haig) 於此創建卡梅隆橋酒廠 (Cameron Bridge Distillery，後來被帝亞吉歐酒業集團併購)，以威恩斯土地上的大麥釀製威士忌；2005 年，威恩斯成立自有品牌威士忌獨立裝瓶酒廠，並以屹立六世紀之久的家族城堡作為形象標誌。

起初與倫敦南部克拉珀姆 (Clapham) 的泰晤士酒廠簽約監製合作，該酒廠首席蒸餾師馬克斯韋爾 (Charles Maxwell) 與琴酒專家柯蒂斯 (Geraldine Coates) 協同研發，取材自家族秘方。命名的靈感來源也很有趣，1565 年蘇格蘭瑪麗一世皇后在城堡的庭院窺見未婚夫達恩利勳爵 (Lord Darnley)，以這段浪漫軼事為琴酒取名 —— 達恩利目光琴酒 (Darnley's View Gin)，瑪麗皇后與達恩利婚後產有一子，就是後來的蘇格蘭詹姆斯一世與英格蘭詹姆斯六世，藉此代表蘇格蘭與英格蘭蒸餾技藝的結合。

以四次蒸餾後的中性穀物烈酒浸泡六種原料：杜松子、芫荽籽、歐白芷根、檸檬皮、接骨木花、鳶尾根，再與傳統銅製壺式蒸餾器進行蒸餾，之後僅添加純水稀釋至 40% ABV 裝瓶；於 2010 年春末發售，目前每年產量約一萬兩千瓶。透明瓶身上顯眼的紅色標誌繪有威恩斯家族代表動物天鵝，並寫上家族名稱「威恩斯 (Wemyss)」及家訓「我思考 (法文為 Je Pense)」。

2012 年中發表 42.7% ABV 的姐妹作 —— 達恩利目光香料琴酒 (Darnley's View Spiced Gin)。除了杜松子、芫荽籽、歐白芷根三種植物與原先達恩利目光琴酒相同，另外添加印尼產桂皮、斯里蘭卡與東南亞的肉桂、馬達加斯加與坦尚尼亞自治區尚吉巴的丁香、東馬其頓與印度的孜然、西非產天堂椒、中國的薑、印尼肉豆蔻共十款原料，著重香料氣味的呈現。

威恩斯家族與道格‧克萊門特 (Doug Clement) 合作，在 2014 年正式成立生產單一純麥威士忌的帝夢威士忌酒廠 (Kingsbarns Distillery)，2017 年於酒廠相鄰的小農舍配置義大利製、350 公升的銅製費立蒸餾器 (Frilli Still)，由曾在多間酒廠

任職過的蒸餾師高望斯 (Scott Gowans) 負責蒸餾事宜；將達恩利目光琴酒更名為達恩利基本款琴酒 (Darnley's Original Gin)，且提高濃度為 42.7% ABV，把生產線從泰晤士酒廠遷回法夫郡的達恩利琴酒酒廠 (Darnley's Gin Distillery)。

酒廠內的費立蒸餾器，以兩位從開幕就經常光顧酒廠附設咖啡廳的女士來命名，取為「桃樂斯 (Dorothy)」。

同年 3 月，推出紀念一戰時簽署「康邊停戰協定」的英國海軍元帥羅斯林・威恩斯 (Rosslyn Wemyss) 的 57.1% ABV 達恩利海軍香料琴酒 (Darnley's Navy Spiced Gin)。在史考特發想下，研發農舍系列 (Cottage Series) 限量版，以松木片燻烤過的法夫郡大麥、農舍自種芫荽、酒廠鄰近採集的歐州山梨果 (Rowanberry，又稱羅恩漿果)、橙皮、立山小種茶 (Lapsang Souchong Tea，又稱正山小種紅茶) 為素材的達恩利農舍系列煙燻與橙皮琴酒 (Darnley's Cottage Series Gin Smoke and Zest)，以及添加玫瑰果、黑刺李、接骨木果實、闊葉巨藻 (Sugar Kelp) 的達恩利農舍系列非常莓果琴酒 (Darnley's Cottage Series Gin Very Berry Gin)，裝瓶濃度皆為 42.5% ABV。

達恩利基本款琴酒
Darnley's Original Gin 42.7% ABV

🌸 風味	**Juniper** | Citrus | Herbal | **Spice** | **Floral** | **Fruit**	🍸 推薦調酒	Gin Tonic - 檸檬皮、Aviation
🍃 原料	杜松子 - 南歐、芫荽籽 - 摩洛哥、歐白芷根 - 法國、接骨木花 - 蘇格蘭鄉間、檸檬皮 - 西班牙、鳶尾根 - 西歐	🥂 品飲心得	柔順杜松子氣味，兼有淡淡檸檬、蘋果、青草味。入喉淡淡花香，溫潤的杜松子回甘帶著一點點力道而不刺激，簡單平衡。

達恩利香料琴酒
Darnley's Spiced Gin 42.7% ABV

🌸 風味	Juniper | **Citrus** | **Herbal** | **Spice** | Floral | Fruit
🍃 原料	杜松子 - 南歐、芫荽籽 - 摩洛哥、歐白芷根 - 法國、肉桂 - 斯里蘭卡與東南亞、肉豆蔻 - 印尼、丁香 - 馬達加斯加與尚吉巴、薑 - 中國、天堂椒 - 西非、孜然 - 希臘東馬其頓與印度、桂皮 - 印尼
🍸 推薦調酒	Gin Tonic - 橙皮、Tom Collins

*E*dinburgh

曾任職格蘭傑威士忌 (Glenmorangie) 行銷總監的艾力克斯・尼可 (Alex Nicol)，在 2005 年時於愛丁堡成立斯班塞菲德酒業 (Spencerfield Spirit)，生產兩款著名的調和式威士忌：山羊浴液 (Sheep Dip) 和豬鼻子 (Pig's Nose)，並在 2010 年 6 月發售愛丁堡琴酒 (Edinburgh Gin)。

早在 1770 年代，當地婦女便會在閒暇之餘以廚房鍋爐蒸餾琴酒。1777 年在利斯港及愛丁堡地區只有八家領有執照的蒸餾廠，卻有將近四百間非法酒廠，自從琴酒開始流行，這些酒廠們也像倫敦的蒸餾廠一樣，開始添加異國風味的配方，而愛丁堡琴酒的配方便是參考當時其中一家酒廠而來。

剛開始委託蘭利蒸餾廠 (Langley's Distillery) 產製基底琴酒，在將近兩百年歲的蘇格蘭銅製蒸餾器珍妮 (Jenny) 加入杜松子、芫荽籽、歐白芷根、柑橘皮、鳶尾根進行蒸餾，蒸餾出的酒液運往蘇格蘭浸漬在地物產：松杜子、乳薊、松葉、石楠花，再蒸餾至濃度為 60% ABV，稀釋至 43% ABV 裝瓶。

2014 年中，艾力克斯和妻子珍 (Jane) 將酒廠設置於愛丁堡西區的拉特蘭酒店 (Rutland Hotel) 地下室，由蒸餾師威金森 (David Wilkinson) 負責；並經營頭尾琴酒酒吧 (Heads & Tales)，同時與赫瑞瓦特大學 (Heriot-Watt University) 產學合作，提供學生到此實習操作。

製作基底的烈酒原料來自蘇格蘭當地穀物，使用 80% 小麥和 20% 大麥混合；酒廠設置有兩座訂自德國卡爾公司的客製化蒸餾器，容量皆為 150 公升，採用水浴加熱。專用於蒸氣萃取蒸餾的弗洛拉 (Flora) 蒸餾器能夠選擇吊掛式與銅籃式，端視蒸餾師決定；直接倒入中性烈酒進行蒸餾，大多用來取得溫和及輕柔的風味。結合壺式和連續式的混合型蒸餾器喀里多尼亞 (Caledonia) 則以稀釋至 50% ABV 的中性烈酒浸泡原料蒸餾，萃取更純淨酒質口感。另外有一小座 2 公升蒸餾器只負責新配方的實驗。

愛丁堡琴酒系列以杜松子、芫荽籽、歐白芷根、甘草、鳶尾根為基礎，愛丁堡琴酒額外添加甜橙皮、黑桑葚、松芽、薰衣草、檸檬香茅。2014 年 8 月，推出酒精濃度 57.2% ABV 的愛丁堡加農砲琴酒 (Edinburgh Cannonball Gin)，在基礎琴酒之外再加入花椒、檸檬皮；2015 年底，與赫瑞瓦特大學合作以聖經東方三賢

士故事為概念，添加沒藥、乳香的愛丁堡聖誕琴酒 (Edinburgh Christmas Gin)，
裝瓶濃度為 43% ABV；2016 年 3 月再次與赫瑞瓦特大學共同研發限量推出 43%
ABV 的愛丁堡海邊琴酒 (Edinburgh Seaside Gin)，則是使用辣根草、金錢薄荷、
墨角藻、天堂椒，現已改為量產。

　　隨著銷售日增，艾力克斯於 2016 年在愛丁堡港區利斯擴建第二間酒廠，訂製
更大的銅製蒸餾器琴酒珍妮 (Gin Jeanie) 以提升產量；同年年底，被蘇格蘭愛恩
馬格雷歐酒業 (Ian Macleod Distillers) 併購。

　　2018 年 4 月與愛丁堡皇家植物園合作的愛丁堡 1670 琴酒 (Edinburgh 1670
Gin)，以植物園前身為成立於 1670 年的藥草園為靈感，添加甜沒藥、茴香籽及
茴香葉、塔斯馬尼亞胡椒葉及果實等原料。因應調味琴酒席捲市場潮流，該品
牌也推出大黃與薑、檸檬與茉莉等琴酒，並生產多款香甜酒。

愛丁堡琴酒
Edinburgh Gin 43% ABV

風味	**Juniper** | **Citrus** | Herbal | **Spice** | **Floral** | Fruit
原料	杜松子、芫荽籽、歐白芷根、甘草、鳶尾根、甜橙皮、黑桑葚、松芽、薰衣草、檸檬香茅
推薦調酒	Gin Tonic - 橙皮、Martini
品飲心得	清爽的杜松子，有肉桂、甘草及胡椒香料氣味。口感柔順，些許草本及花香，有聖誕蛋糕般的香料及果香尾韻。

愛丁堡加農砲琴酒
Edinburgh Cannonball Gin 57.2% ABV

風味	**Juniper** | **Citrus** | Herbal | **Spice** | Floral | Fruit
原料	杜松子、芫荽籽、歐白芷根、甘草、鳶尾根、花椒、檸檬皮
推薦調酒	Gin Tonic - 檸檬片、Gimlet

UK

Europe | N.America | S.America | Asia | Africa | Oceania

愛丁堡海邊琴酒
Edinburgh Seaside Gin 43% ABV

風味 **Juniper** | Citrus | **Herbal** | **Spice** | **Floral** | Fruit

原料 杜松子、芫荽籽、歐白芷根、甘草、鳶尾根、辣根草、金錢薄荷、墨角藻、天堂椒

推薦調酒 Gin Tonic - 百里香、Negroni

Fifty Pounds

　　十八世紀時英國人大量飲用廉價琴酒造成的社會問題益發嚴重，政府開始於 1729 年實施「琴酒法案 (Gin Act)」。1736 年頒布第三次琴酒法案，除了額外徵收每加侖琴酒二十先令稅收外，還提高蒸餾烈酒執照的費用為每年五十磅，門檻提高後使得七年內僅發放過兩張合格執照，並再度加重無照零售商與攤販罰金，然而此一作法反倒使得有信譽的酒廠無法再經營，讓倫敦街角暗巷成為非法交易的場合。

　　發行於 2009 年的五十磅琴酒 (Fifty Pounds Gin) 便是以此淵源取名。泰晤士酒廠 (Thames Distillery) 首席蒸餾師馬克斯韋爾 (Charles Maxwell) 取材自家族配方，使用中性小麥基酒，在一百歲的銅製蒸餾器內浸泡十一種材料至少兩日，蒸餾僅取中段約 80% ABV 酒心。完成蒸餾後過濾三次，靜置超過三週以上，待琴酒風味分子與酒液完整融合，再加入軟質水稀釋至酒精濃度為 43.5% ABV 裝瓶；每批次約一千瓶。雖然官方只公布八種原料，有人推測其中還包括肉桂或桂皮。2018 年 3 月，推出熟成於佩德羅希梅斯雪莉 (Pedro Ximénez Sherry) 酒桶逾七年的五十磅後面熟成琴酒 (Fifty Pounds Cask at the Back Gin)，裝瓶濃度一樣為 43.5% ABV；僅限定五百瓶，售價約一萬塊新臺幣。

五十磅琴酒
Fifty Pounds Gin 43.5% ABV

風味	**Juniper** | **Citrus** | Herbal | **Spice** | **Floral** | Fruit
原料	杜松子 - 克羅埃西亞、芫荽籽 - 中東、歐白芷根 - 歐洲、甘草 - 南義大利卡拉布里亞、天堂椒 - 西非幾內亞灣、檸檬 - 西班牙、柳橙 - 西班牙、香薄荷 - 法國南部、三種秘密原料
推薦調酒	Gin Tonic - 檸檬皮、Aviation
品飲心得	經典顯著的杜松子與檸檬柑橘調性撲鼻，一點點薰衣草花香。口感厚實而柔順的韻味從杜松子接著芫荽，而後是柑橘與香料組合的溫暖回甘。

Fishers

2015 年春天，有多年飲品業經驗的安德魯·希爾德 (Andrew Heald) 走在薩福克郡 (Suffolk) 索思沃爾德 (Southwold) 海邊溼地，發現許多有趣而鮮少見聞的植物；並基於父親家族也同樣來自於薩福克郡的濱海城鎮，對於英國東南海岸有種眷戀。為了傳遞海岸野生環境的概念，他與熟悉白蘭地與威士忌的友人共同實踐想法，首先想到的標的便是琴酒，並選擇影響他至深的在地酒廠 —— 銅屋蒸餾廠 (Cooper House Distillery) 合作。

為了尋回昔時英國討海人們的記憶，安德魯找上致力發掘英國當地植物、畢業於牛津大學植物系的詹姆士·佛斯 (James Firth)。他可說將英國海岸風味收納於漁人琴酒 (Fishers Gin) 之中。

最關鍵植物，詹姆士選擇了難以取得的繖形花來負責琴酒前段風味，帶有一些咖哩氣味、芹菜與茴香，因數量稀少需要自己栽種；岩海蓬子一樣是不易取得的植物，特定生長於岩岸邊，多用以烹調的葉子部分帶點鹹味多汁，他則是使用其芬芳豐富的種子與花；歐亞路邊青生長於林地邊緣，早前多是藥療用途，漁人琴酒採集脆弱不易挖掘的爪形根部來使用，增加氣味層次；香楊梅僅在一年中特定時節能夠栽種，多樣的香氣，類似聖誕節蛋糕的綜合香料。

銅屋蒸餾廠首席蒸餾師麥卡錫 (John McCarthy) 以薩福克郡產的東安格林大麥 (East Anglian Barley) 增加地域連結，用自家的八年酵母進行發酵至 7% ABV，接著反覆蒸餾到 90% ABV，以此烈酒為基底浸泡材料一晚再蒸餾七小時，最後加水稀釋裝瓶，500 毫升的漁人琴酒每一批次約為一千五百瓶。包裝則請來自法國巴黎的設計師羅培茲 (Gilbert Lopez) 操刀設計，透明瓶身上遍布以黃、橘、藍三色線條交織成的漁網條紋。2016 年 5 月上市。

漁人琴酒
Fishers Gin 44% ABV

風味　**Juniper** | **Citrus** | **Herbal** | Spice | Floral | Fruit

原料　杜松子、芫荽籽、鳶尾根、橙皮、檸檬皮、荳蔻、葛縷子、茴香籽、歐白芷、繖形花、岩海蓬子（海茴香）、香楊梅、歐亞路邊青、野生歐白芷、野生茴香

推薦調酒　Gin Tonic - 檸檬片或鳳梨果乾、Last Word

品飲心得　豐富的草本氣味，一點點葛縷子，薄荷香氣。入喉後是芫荽籽與一些溫暖的檸檬柑橘調性，相當隱約的杜松子。

Hayman

詹姆士・布魯 (James Burrough) 在 1863 年以四百英磅向約翰泰勒父子公司 (John Taylor & Sons) 買下倫敦卡勒街、建於 1820 年的蒸餾廠，除了生產利口酒，也開始發售琴酒。

詹姆士在 1897 年逝世，由三個兒子繼承家業，1906 年遷至蘭貝斯區新址擴建酒廠，添購由約翰多爾公司製造的新蒸餾器，命名為卡勒蒸餾廠 (Cale Distillery) 以紀念從卡勒街發源。身為家族第三世代的艾瑞克 (Eric Burrough) 進入公司後，從 1917 年開始大量銷售英人牌琴酒至美國市場。1950 年時，詹姆士孫女瑪裘瑞・布魯 (Marjorie Burrough) 的丈夫、會計師內維爾・海曼 (Neville Hayman) 加入家族事業，重組公司、砍掉老湯姆琴酒及部分利口酒生產線。

1958 年酒廠遷至倫敦的肯寧頓迄今，1970 年艾瑞克逝世，堂兄弟艾倫 (Alan) 與諾曼 (Norman) 接手經營。1987 年 10 月，由諾曼擔任董事長，家族成員決定將公司販售給懷特布雷 (Whitbread) 這家英國大型餐飲集團，布魯家族經營的百年蒸餾事業於是劃下句點。

瑪裘瑞和內維爾之子克里斯多福 (Christopher Hayman) 在 1969 年進入公司，當酒廠被懷特布雷集團併購，他成為烈酒部門的執行經理，負責多間蘇格蘭威士忌酒廠及倫敦英人牌琴酒酒廠。之後懷特布雷集團決定出售位於埃塞克斯郡專門裝瓶、生產利口酒及其他酒類製品的「詹姆士布魯好酒部門 (James Burrough Fine Alcohols Division)」，想重振家族事業的克里斯多福於是趁此機會買回該事業體，1988 年 11 月 17 日重新啟用三條裝瓶產線；之後，克里斯多福甚至在 1996 年成為南倫敦泰晤士蒸餾廠的合夥人之一，致力於琴酒蒸餾。

克里斯多福的兒子詹姆士 (James) 在 2004 年 9 月加入，父子倆共同研製發表海曼 1820 琴酒利口酒 (Hayman's 1820 Gin Liqueur)，號稱是最早的琴酒利口酒；女兒米蘭達 (Miranda) 也在隔年加入。2007 年 11 月，根據 1860 年代布魯家族原始配方輔以現代口味調整，加強甘草用量及添加少許糖份的海曼老湯姆琴酒 (Hayman's Old Tom Giin) 上市。翌年發表海曼倫敦琴酒 (Hayman's London Dry Gin)，與海曼老湯姆琴酒一樣使用十種原料，調高柑橘皮比例，浸泡於攝氏 60 度的蒸餾器鍋爐內二十四小時後進行蒸餾。

發表於 2011 年的海曼 1850 特選琴酒 (Hayman's 1850 Reserve Gin)，以 1850 年代的配方比例加強杜松子及芫荽籽比重，陳放於蘇格蘭威士忌酒桶(大部分來自美國橡木)三到四週後裝瓶，每一批次只生產五千瓶。布魯家族自 1863 年起供應高濃度的特級禮遇琴酒 (Senior Service Gin) 給皇家海軍軍官，海曼酒廠向歷史致敬，推出裝瓶強度 57% ABV 的海曼皇家海軍琴酒 (Hayman's Royal Dock Gin)。

海曼系列琴酒皆以百分之百英國小麥製成中性烈酒為底蘊，固定的十種原料依各產品特色調整比例變化：杜松子、芫荽籽、歐白芷根、鳶尾根、肉桂、桂皮、甘草、肉豆蔻、橙皮、檸檬皮。

2013 年 6 月 6 日，克里斯多福將海曼琴酒生產線從泰晤士酒廠遷回埃塞克斯郡，更新酒廠內的德國卡爾蒸餾器，以詹姆士・布魯的孫女，同時也是克里斯多福的母親瑪裘瑞為名；該蒸餾器容積有 450 公升，以加熱管加熱蒸餾。同年 8 月，因應家族蒸餾事業一百五十週年紀念，海曼系列新瓶問世發售；新商標設計也以經典黑貓為主，加上五支杜松子枝葉以象徵五代琴酒蒸餾傳承。

於 2014 年 9 月 26 日發表的海曼家傳特選琴酒 (Hayman's Family Reserve Gin) 取代舊有海曼 1850 特選琴酒產品。詹姆士認為現今愈來愈多的熟成琴酒桶陳風味太過，最重要仍該取決於琴酒本身的原料風味而非木桶味。

2018 年 3 月，海曼酒廠終於回到倫敦，新址座落於巴爾漢姆區；空間比原先大三倍的新廠除了舊有 450 公升卡爾蒸餾器，再添購 1000 公升與 140 公升的蒸餾器，分別以克里斯多福的妻子卡琳 (Karin) 和女兒米蘭達命名。同年更換瓶身設計，將商標改為代表海曼家族的「H」字母纏繞著杜松子，並標上 1863 年代表酒廠的起源。

搬到新酒廠後，每週限時開放導覽作為推廣，也努力於開發產品的更多可能性。除了將海曼家傳特選琴酒改為常態商品、更名為海曼輕熟成琴酒 (Hayman's Gently Rested Gin)，更與倫敦威格莫爾酒館 (The Wigmore Tavern) 調酒師喬登・斯威尼 (Jordan Sweeney) 合作，推出在經典十種原料外添加新鮮葡萄柚皮與英式法格爾啤酒花 (English Fuggle Hop) 的海曼酒花琴酒 (Hayman's Hopped Gin)。2019 年 7 月推出順應低酒精飲品潮流的海曼微量琴酒 (Hayman's Small Gin)，濃縮豐富原料風味於 200 毫升的 43% ABV 琴酒中，強調僅需要 5 毫升微量琴酒就能表現 25 毫升的滋味。2019 年 10 月，為了紀念酒廠創辦人克里斯多福進入琴酒產業五十週年，限量發表海曼珍稀琴酒 (Hayman's Rare Cut Gin)，裝瓶濃度為 50% ABV。

　　整體而言，遵循經典卻又不落於守舊，海曼不斷以最傳統的素材推出意料之外的商品，風味紮實平穩，加上合理售價，就像轉角的老麵攤一樣，理所當然的成為我們的生活日常。

海曼倫敦琴酒
Hayman's London Dry Gin 41.2% ABV

風味　**Juniper** | **Citrus** | Herbal | **Spice** | Floral | Fruit

原料　杜松子 - 保加利亞／馬其頓、芫荽籽 - 保加利亞、歐白芷根 - 比利時／法國、鳶尾根 - 義大利、肉桂 - 馬達加斯加、桂皮 - 中國、甘草 - 斯里蘭卡、肉豆蔻 - 印度、橙皮 - 西班牙、檸檬皮 - 西班牙

推薦調酒　Gin Tonic - 檸檬皮、Martini

品飲心得　鮮明的杜松子香氣，口感是柔順的絲毫香料及力道不強的柑橘尾韻。

海曼老湯姆琴酒
Hayman's Old Tom Gin 41.4% ABV

風味　**Juniper** | **Citrus** | Herbal | **Spice** | Floral | Fruit

原料　杜松子 - 保加利亞／馬其頓、芫荽籽 - 保加利亞、歐白芷根 - 比利時／法國、鳶尾根 - 義大利、肉桂 - 馬達加斯加、桂皮 - 中國、甘草 - 斯里蘭卡、肉豆蔻 - 印度、橙皮 - 西班牙、檸檬皮 - 西班牙

推薦調酒　Martinez、Gin Tonic - 柳橙片

海曼皇家海軍琴酒
Hayman's Royal Dock Gin 57% ABV

風味 **Juniper** | **Citrus** | Herbal | **Spice** | Floral | Fruit

原料 杜松子 - 保加利亞／馬其頓、芫荽籽 - 保加利亞、歐白芷根 - 比利時／法國、鳶尾根 - 義大利、肉桂 - 馬達加斯加、桂皮 - 中國、甘草 - 斯里蘭卡、肉豆蔻 - 印度、橙皮 - 西班牙、檸檬皮 - 西班牙

推薦調酒 Gimlet、Pink Gin

品飲心得 銳利的杜松子氣味之後是柑橘及淡淡的橙花香，酒體醇厚。

海曼輕熟成琴酒
Hayman's Gently Rested Gin 41.3% ABV

風味 **Juniper** | **Citrus** | Herbal | **Spice** | Floral | Fruit

原料 杜松子 - 保加利亞／馬其頓、芫荽籽 - 保加利亞、歐白芷根 - 比利時／法國、鳶尾根 - 義大利、肉桂 - 馬達加斯加、桂皮 - 中國、甘草 - 斯里蘭卡、肉豆蔻 - 印度、橙皮 - 西班牙、檸檬皮 - 西班牙

推薦調酒 Martini、Gin Buck

品飲心得 溫潤口感，在杜松子的骨幹之中有奶油、香草等淡雅橡木桶氣味，柑橘尾韻。

海曼酒花琴酒
Hayman's Hopped Gin 41.3% ABV

風味 **Juniper** | **Citrus** | **Herbal** | Spice | **Floral** | Fruit

原料 杜松子 - 保加利亞／馬其頓、芫荽籽 - 保加利亞、歐白芷根 - 比利時／法國、鳶尾根 - 義大利、肉桂 - 馬達加斯加、桂皮 - 中國、甘草 - 斯里蘭卡、肉豆蔻 - 印度、橙皮 - 西班牙、檸檬皮 - 西班牙、葡萄柚皮、英式法格爾啤酒花

推薦調酒 Vesper、Gin Tonic - 葡萄柚片

Hendrick

以小黃瓜及玫瑰香氣蔚為經典的亨利爵士琴酒 (Hendrick's Gin)，有別於傳統倫敦琴酒，是產自蘇格蘭的當代琴酒先驅之一，來自蘇格蘭西南低地區的艾爾郡 (Ayrshire)，一開始是由格蘭父子集團旗下的穀類威士忌格文酒廠 (Girvan Distillery) 所生產。1999 年集團總裁查爾斯・高登 (Charles Gordon) 決定研發一款頂級琴酒，延請麥芽大師大衛・史都華 (David Stewart) 和當時在格文酒廠工作、加入格蘭父子十餘年的化學家蕾斯莉・格雷希 (Lesley Gracie) 研發，隔年進入美國市場販售。

瓶身設計是近似黑色的藥罐，酒標上「EST 1886」指的是威廉・格蘭 (William Grant) 成立格蘭父子公司的時間，而非亨利爵士琴酒的發行日期。這款琴酒調和自兩款不同蒸餾器產出的原酒，其中較小型鍋爐蒸餾器為 1860 年代著名銅製公司班奈特父子 (Bennett Sons & Shears) 的產品；將中性烈酒浸泡原料二十四小時後進行蒸餾，酒體厚重有油脂感，帶著強烈杜松子氣味，細膩風味較不明顯。而另一座則是 1966 年查爾斯在拍賣會場添購的卡特頭蒸餾器，產於 1948 年；透過在頂部香料籃內置放大量香料，讓蒸氣通過時萃取原料風味，最後得到富有花香及細緻口感酒液。兩者混合適宜比例，再加上荷蘭小黃瓜及保加利亞玫瑰萃取精華，用蘇格蘭低地區的軟質水稀釋裝瓶，亨利爵士琴酒於焉誕生。

美國食品藥品監督管理局 (Food and Drug Administration，FDA) 在 2010 年將繡線菊自「公認安全 (Generally Recognized As Safe，GRAS)」的清單中移除，因此酒廠也將配方中原來使用的繡線菊替換為蓍草 (Yarrow)。

蕾斯莉從 2013 年前往委內瑞拉雨林尋訪新素材，旅途歸來後，2014 年曾試著添加蠍尾木 (Scorpion's Tail) 蒸餾液到配方中，也就是僅有五百六十瓶的卡那奴庫尼琴酒 (Kanaracuni Gin)，只提供給少數酒吧及調酒師，這次嘗試舉也讓她更不受限的發想新琴酒的可能性。加上亨利爵士品牌曾於 2013 年時為自家琴酒製作了奎寧濃縮露 (Quinine Cordial)，以便調酒師能用它加上蘇打水取代通寧水，種種靈感催生出亨利爵士歐比恩琴酒 (Hendrick's Orbium Gin)。

除了通寧水，最常與琴酒搭配的苦艾酒製作要件便是苦蒿 (Wormwood)，結合這兩個元素：奎寧作為苦韻來源，苦蒿滋味回甘，而藍睡蓮則平衡了兩者；

2017 年 5 月推出亨利爵士歐比恩琴酒，歐比恩 (Orbium) 是拉丁文中圓形的複數意思，代表原料融合自世界各地。

2018 年 10 月，格蘭父子集團替亨利爵士在格文創建酒廠「亨利爵士的琴酒殿堂 (Gin Palace)」，並設置兩座溫室及一間實驗室，讓熱愛大自然的蕾斯莉種植各國植物作為實驗原料，發揮無窮想像。蒸餾器也增加至兩座卡特頭蒸餾和四座班奈特蒸餾器，由當地卡里克工程公司 (Carrick Engineering) 為亨利爵士琴酒量身製作。

為了慶祝亨利爵士琴酒上市二十週年，2019 年 2 月再發表調和秘密花香萃取液的亨利爵士夏至琴酒 (Hendrick's Midsummer Solstice Gin)，據說是蕾斯莉送給前亨利爵士琴酒全球品牌大使鄧肯‧麥克雷 (Duncan McRae) 的婚禮紀念品。

接續亨利爵士夏至琴酒在新風味的成功態勢，以艾爾海岸的夜月為靈感，2020 年 2 月底再推出亨利爵士月色琴酒 (Hendrick's Lunar Gin)，添加黑胡椒帶來溫暖感覺。同年 3 月，於免稅通路銷售概念源自亞馬遜雨林的亨利爵士亞馬遜琴酒 (Hendrick's Amazonia Gin)，添加雨林內的花草萃取液，調和出熱帶植物氣息與淡雅辛香，更與國際非營利環境保育組織「種一樹 (One Tree Planted)」合作，每售出單瓶亨利爵士亞馬遜琴酒，就在秘魯多種下一棵樹。

在琴酒殿堂完工後，身為近代女性琴酒蒸餾師先驅的蕾斯莉便不斷發想新可能，而順應新式琴酒大量出現，亨利爵士用向來擅長的綺麗魔幻畫面為新產品加值，不再只有玫瑰跟小黃瓜的亨利爵士，未來似乎還會有更多讓人期待的新品。

月色琴酒(左)和亞馬遜琴酒(右)。

亨利爵士琴酒
Hendrick's Gin 41.4% ABV

🎯 風味　**Juniper** | **Citrus** | Herbal | Spice | **Floral** | **Fruit**

🥃 原料　杜松子 - 馬其頓、芫荽籽、歐白芷根、檸檬皮、橙皮、葛縷子、鳶尾根、尾胡椒、接骨木花、洋甘菊、菖草、小黃瓜、玫瑰 - 保加利亞

🍸 推薦調酒　Gin Tonic - 小黃瓜、Gimlet

🌀 品飲心得　杜松子、淡淡玫瑰花、清爽的小黃瓜，溫潤的草本口感，尾韻是柑橘及杜松子氣味。

亨利爵士歐比恩琴酒
Hendrick's Orbium Gin 43.4% ABV

🎯 風味　**Juniper** | **Citrus** | **Herbal** | Spice | **Floral** | Fruit

🥃 原料　杜松子 - 馬其頓、芫荽籽、歐白芷根、檸檬皮、橙皮、葛縷子、鳶尾根、尾胡椒、接骨木花、洋甘菊、菖草、小黃瓜、玫瑰 - 保加利亞、奎寧、苦蒿、藍睡蓮

🍸 推薦調酒　Gin Tonic - 小黃瓜、Martinez

🌀 品飲心得　幽暗的花香與檸檬，入喉有清新的草本和柑橘，收尾是淡淡苦韻。

亨利爵士夏至琴酒
Hendrick's Midsummer Solstice Gin 43.4% ABV

🎯 風味　Juniper | **Citrus** | Herbal | Spice | **Floral** | **Fruit**

🥃 原料　杜松子 - 馬其頓、芫荽籽、歐白芷根、檸檬皮、橙皮、葛縷子、鳶尾根、尾胡椒、接骨木花、洋甘菊、菖草、小黃瓜、玫瑰 - 保加利亞

🍸 推薦調酒　Gin Fizz、Aviation

🌀 品飲心得　撲鼻的各式花香襯著一點綠松葉，新鮮的柑橘口感裡依舊是飽滿花香。

*J*awbox

　　出生於北愛爾蘭貝爾法斯特 (Belfast) 的蓋瑞·懷特 (Gerry White)，在酒吧工作三十餘年，雖然替客人倒了無數杯健力士黑啤酒與愛爾蘭威士忌，最愛還是琴酒。2010 年就開始構思心目中屬於家鄉的琴酒，數年後協同 2014 年成立、北愛爾蘭第一座取得蒸餾執照的埃克林維酒廠 (Echlinville Distillery) 合作。使用埃克林維酒廠自耕大麥，加工製成大麥中性烈酒為基底，耗費近三年的實驗，蓋瑞與酒廠首席蒸餾師米勒 (Graeme Millar) 決定加入鄰近黑山的新鮮石楠花，推出話匣子經典琴酒 (Jawbox Classic Dry Gin)。其中三款保密原料使用蒸氣萃取取得風味，其餘八種則是徹夜浸泡在加溫過的中性烈酒，再以銅製蒸餾器蒸餾。

　　貝爾法斯特是工業城市，以造船 (鐵達尼號)、製繩、還有薑汁艾爾發源地聞名。話匣子 (Jawbox) 又名「貝爾法斯特水槽 (Belfast Sink)」，是北愛爾蘭常見的居家設備，舉凡洗碗、洗衣服、洗腳踏車，人們會圍繞在水槽邊閒話家常。蓋瑞認為酒吧的功能正是這樣，人們到酒吧並不是為了買醉，往往是為了聯絡情感。

　　瓶身採用維多利亞時代的藥水罐與標籤設計，黑色底綴飾白色、金色文字和線條，標繪有貝爾法斯特市徽上的海馬圖樣，瓶頸則留有蓋瑞的簽名。

　　抱持著「愛琴成痴的男人最後都會想做出一瓶自己的琴酒」這樣的美夢，蓋瑞終於實現願望；而蓋瑞的約翰休伊特酒吧 (John Hewitt) 甚至還被旅遊雜誌《孤獨星球 (Lonely Planet)》列為到訪貝爾法斯特推薦夜生活景點之一。

話匣子經典琴酒
Jawbox Classic Dry Gin 43% ABV

🌀 風味　**Juniper** | **Citrus** | Herbal | **Spice** | Floral | Fruit

🍸 原料　杜松子、芫荽籽、桂皮、歐白芷根、檸檬皮、黑山石楠、荳蔻、甘草、天堂椒、鳶尾根、尾胡椒

🍹 推薦調酒　Gin Tonic - 檸檬皮、Martini

🍸 品飲心得　有些許荳蔻味，辛香料之後是顯著的杜松子與明亮的柑橘調；入喉則是檸檬草本交疊轉而溫暖的辛香，甘草回甘的甜味，杜松子柔順尾韻。

*J*ensen

　　丹麥出生的克里斯汀・傑森 (Christian Jensen) 曾任職於銀行業科技部門，2001年，他被外派至日本東京，在酒吧喝到一杯由店長小田先生用 1960 年代 (或更早之前) 絕版琴酒所調製的馬丁尼加檸檬皮，口感柔順平衡。接下來幾個月，克里斯汀幾乎每晚都到酒吧找小田先生飲用同款馬丁尼加檸檬皮，把店內兩箱庫存喝到所剩無幾；差旅結束前的最後一天，他照例前往酒吧喝酒並向小田先生告別，小田先生就將手邊剩下的最後一瓶舊琴酒送給他。

　　回到倫敦後克里斯汀念念不忘那款舊琴酒複雜卻又平衡的滋味，憑著瓶標上難辨的「don Gin(其實就是 Gordon Gin)」字樣為線索，在各大拍賣網站尋找這款舊式琴酒，甚至瘋狂到去歇業酒廠的檔案室，徹底翻遍從 1800 年中期到 1960年代的相關紀錄或配方手冊。最後，他找到一份極為相似的琴酒紀錄，並在朋友引薦下，委託泰晤士蒸餾廠的首席蒸餾師馬克斯韋爾 (Charles Maxwell) 合作，試圖重現這種讓他魂牽夢縈的味道。

　　歷經近十五次的試驗，克里斯汀終於得到一款與在東京酒吧嚐到口感相似的琴酒；該批次一共生產八百箱，裝瓶濃度為 43% ABV，瓶標字體選擇相當工程師風格的「信使 (Courier)」字型，成品全都堆放在自己家裡，只有少量供應給包含「躲藏 (The Hide)」等鄰近酒吧或用來招待朋友。克里斯汀實現了在家裡附近的酒吧喝到自己喜愛的馬丁尼的願望，並且以自家所在這條街 —— 保留十九世紀老倫敦樣貌的伯蒙德西街為琴酒取名「伯蒙德西琴酒 (Bermondsey Dry Gin)」。之後經由英國調酒師與酒類資訊網站 (diffordsguide.com) 創辦人迪佛德 (Simon Difford) 輾轉介紹，找到經銷商上市販賣後很快便銷售一空，2004 年正式量產銷售。

　　與泰晤士酒廠合作期間，克里斯汀又以一份 1840 年代老蒸餾師的遺留手稿為本，啟發他製作老湯姆琴酒的契機。在十七、十八世紀的英國，糖是奢侈品，部分酒廠會添加植物香料來替代甜度來源及消弭不佳的氣味，在當時大部分調酒師都還不知道什麼是老湯姆琴酒的年代，部分聽過老湯姆琴酒的人都認為它應該要添加些許糖份讓口感偏甜，然則克里斯汀提供眾人另一種思考方向。經過反覆實驗，2008 年推出 43% ABV 不加糖的傑森老湯姆琴酒 (Jensen's Old Tom Gin)—— 當時，老湯姆琴酒在市面上依舊罕見。

合作近十年後，2013 年已與泰晤士蒸餾廠終止合約，克里斯汀亦在 2012 年聖誕節前，於伯蒙德西街建立起自己的伯蒙德西蒸餾廠 (Bermondsey Distillery)；蒸餾器則依據克里斯汀的設計，仿照泰晤士酒廠內的大姆哥湯姆 (Tom Thumb) 蒸餾器，延請蒸餾器大廠約翰多爾公司製作。設有蒸餾實驗室開發新配方或檢測酒質，由牛津大學有機化學博士蒸餾師安娜・布洛克 (Anne Brock) 負責。

現在伯蒙德西酒廠以英國小麥中性烈酒為琴酒基底，蒸餾後運至曼徹斯特附近裝瓶，採用多倍製成 (Multi Shot)；傑森系列琴酒與泰晤士酒廠產品一樣，在蒸餾後會添加中性烈酒與水調和稀釋。安娜曾邀集多位專家盲飲測試，一次製成 (One Shot) 與多倍製成的成品並無法直接以口感分辨差異。2015 年更換瓶標設計，而安娜也已於 2017 年被挖角至龐貝琴酒 (Bombay Gin) 品牌擔任首席蒸餾師。

當初的一份執念，後來變成一間「天橋下的酒廠」，克里斯汀繼續在金融產業工作，持續他的斜槓人生。在居住二十餘年的伯蒙德西街擁有這片自己的琴酒小天地，不以迎合消費者作為考量，只想為自己與朋友、鄰近酒吧製作琴酒，這樣的堅持需要多少幸運？

傑森老湯姆琴酒
Jensen's Old Tom Gin 43% ABV

😀 風味　**Juniper** | **Citrus** | Herbal | **Spice** | Floral | Fruit

🌿 原料　杜松子、芫荽籽、歐白芷根、甘草、鳶尾草根、秘密

🍸 推薦調酒　Gin Tonic - 橙皮、Tom Collins

😊 品飲心得　強勁的杜松子及香料味，複雜有深度的氣味。不會過甜的口感，除了入喉的草本香氣，尾韻回甘，感覺得到一點柑橘及杏仁。

Jinzu

神通琴酒 (Jinzu Gin) 是英國布里斯托爾海德酒吧 (Hyde & Co) 的女調酒師狄‧戴維斯 (Dee Davies)，參與帝亞吉歐酒業集團 (Diageo)2013 年舉辦「表現你的熱情 (Show Your Spirit)」競賽勝出的作品。以日本富山縣境內沿岸種植有一千餘株櫻花樹的神通川為名，將英式傳統原料結合日式元素櫻花與柚子。

曾經在十六歲時造訪過日本的戴維斯，決賽入選後便進到帝亞吉歐世界新創中心參與產品實作，最後的作法，交給卡梅隆橋酒廠 (Cameron Bridge Distillery) 負責生產，由當時坦奎利琴酒 (Tanqueray Gin) 蒸餾師湯姆‧尼科爾 (Tom Nichol) 監製神通琴酒。

將杜松子、芫荽籽、歐白芷根浸泡於中性穀物烈酒 (與坦奎利琴酒一樣使用自家蒸餾廠生產的中性小麥烈酒) 內約二至二小時半，以傳統銅製鍋爐蒸餾器進行蒸餾前再添加櫻花和柚子，蒸餾後所得的酒精強度為 82% ABV 左右，再以純米清酒蒸餾成的烈酒調和至 60% ABV，接著用蘇格蘭軟性水稀釋至 41.3% ABV 裝瓶，每一批次約可製作一千六百瓶神通琴酒。

瓶身設計以曾為日本常見籠中鳥形象為發想，打開鳥籠讓鳥自在棲停於神通川的櫻花樹上，其中一爪撐著代表英國的黑傘。於 2014 年 11 月開始發售，每瓶銷售營收 5% 作為戴維斯競賽獎勵，另外 5% 則捐贈至調酒師協會基金。

神通琴酒
Jinzu Gin 41.3% ABV

 風味　**Juniper** | **Citrus** | **Herbal** | Spice | **Floral** | Fruit

原料　杜松子 - 托斯卡尼、芫荽籽 - 東歐、歐白芷根、櫻花 - 日本、柚子 - 日本

推薦
調酒　Gin Tonic - 蘋果片、Bee's Knees

品飲
心得　柑橘調性裡透著櫻花香，依舊有著杜松子骨幹。入喉有柚子清香，甘甜的清酒滋味，隱約的草本香氣流動。

*L*angley

　　蘭利蒸餾廠 (Langley's Distillery) 以伯明罕歐德布里 (Oldbury) 近郊的蘭利格林 (Langley Green) 為名，正式名稱為酒類有限公司 (Alcohols Ltd)。起初為克羅斯韋爾釀酒廠 (Crosswell's Brewery) 在 1902 年為了生產琴酒而設置，1805 年於倫敦銷售香料及蜜蠟、木製家具拋光起家的帕爾默家族 (Palmer Family) 於 1920 年開始參與經營，1955 年由威廉亨利・帕爾默 (William Henry Palmer) 買下，家族經營迄今，成為擁有六座蒸餾器的大酒廠，生產超過三百五十款不同琴酒，一年產量超過七千萬瓶琴酒。

　　用以主要製作琴酒的蒸餾器目前有四座，分別是以現任總裁亞當沃利斯・帕爾默 (Adam Wallis–Palmer) 母親之名、1903 年由約翰多爾公司製作容量為 1000 公升的安琪拉 (Angela)；同樣是約翰多爾製作於 1950 年、容量為 3000 公升的康斯坦絲 (Constance)，以酒廠蒸餾師多賽特 (Rob Dorsett) 的母親康妮 (Connie) 取名；1994 年安裝的珍妮 (Jenny) 蒸餾器容量為 12000 公升；自 1863 年保存至今的 300 公升小型蒸餾器麥克凱 (McKay)，也於 2017 年加入小批次蒸餾行列。

　　擁有數十年飲品業經驗的馬克・道金斯 (Mark Dawkins) 與馬克・克倫普 (Mark Crump) 於 2011 年成立恰特品牌 (Charter Brands) 公司，他們不愛新式琴酒過於柔美的調性，認為琴酒應該少點甜美而增加些厚重的豐富性，遂找上亞當沃利斯合作推出以男士為訴求的琴酒，而蘭利酒廠也以合約方式讓他們使用自家酒廠名稱來命名。

　　蘭利八號琴酒 (Langley No.8 Gin) 使用康斯坦絲蒸餾器生產，原料並未先行浸泡，而是直接添加入蒸餾器內與中性穀物烈酒開始進行蒸餾；蒸餾出來 77% 至 80% ABV 的琴酒再從伯明罕沃利運往埃塞克斯郡威特姆，在海曼酒廠的伯靈頓裝瓶廠 (Burlington Bottling) 稀釋至 41.7% ABV 裝瓶。

　　歷經十個月測試五十款配方，決選出第八款為最終版本 —— 蘭利八號琴酒的八，代表著八種原料，也代表著當初的第八款配方。經過一整年的研究，2016 年 9 月，馬克・道金斯再次與蘭利酒廠推出蘭利老湯姆琴酒 (Langley's Old Tom Gin)，英國版本為 40% ABV，外銷版本為 47% ABV。

　　經過六代傳承，蘭利酒廠為了紀念家族事業逾 200 週年，使用自亞當沃利斯母親取得的舊琴酒酒譜，2017 年推出自家第一款琴酒 —— 帕爾默家傳琴酒 (Palmers Gin)，以中性小麥烈酒浸泡杜松子、芫荽籽、歐白芷根、桂皮、鳶尾根、甘草、葡萄柚皮等七種原料再進行蒸餾；之後再推出使用百合、天堂椒等十五種原料的帕爾默家傳蒸餾師精選琴酒 (Palmers Gin Distillers Cut)，有別於蘭利酒廠產品以多倍製成，這款蒸餾師精選琴酒是以一次製成。2018 年，慶賀英國哈利王子與梅根・馬克爾 (Meghan Markle) 的皇家婚禮，蘭利酒廠推出自家第三款琴酒 —— 42% ABV 的帕爾默家傳琴酒歡慶版 (Palmers Gin Celebration Edition)，加入玫瑰與草莓蒸餾出甜美口感。

蘭利八號琴酒
Langley No.8 Gin 41.7% ABV

風味　**Juniper** | **Citrus** | Herbal | **Spice** | Floral | Fruit

原料　杜松子 - 馬其頓、芫荽籽 - 保加利亞、肉豆蔻 - 斯里蘭卡、甜橙皮 - 西班牙、甜檸檬皮 - 西班牙、桂皮 - 印尼、茴香、椪柑

推薦調酒　Gin Tonic - 葡萄柚片、Negroni

品飲心得　顯著胡椒味後是杜松子等溫暖感覺，入喉厚實的勁道接著柑橘調性，尾韻是偏長甘草、黑胡椒刺激感。

帕爾默家傳琴酒
Palmers Gin 44% ABV

風味　**Juniper** | **Citrus** | **Herbal** | **Spice** | Floral | Fruit

推薦調酒　Gin Tonic - 葡萄柚皮、White Lady

原料　杜松子、芫荽籽、桂皮、歐白芷根、鳶尾根、葡萄柚皮、甘草

Liverpool

　　過去為英國大港的利物浦，是香料、蔗糖、茶葉、各類酒的集散地，說起這個城市，我們會想起足球或披頭四，也許還有火車站附近的世界文化遺產聖喬治大廳 (St.George Hall)，對了，它也是《怪獸與牠們的產地》裡的場景；當然，還能一邊聽著〈Yesterday〉，一邊喝著利物浦琴湯尼。

　　曾待過出版業與經營華城軍火酒吧 (The Belvedere Arms) 的約翰‧歐道得 (John O' Dowd)，在一次參與波本威士忌品飲會時，與眾人討論起禁酒令對蒸餾業的打擊和九〇年代在美國復甦的話題，啟發他思索開創自己的蒸餾事業。他找上利物浦有機啤酒廠 (Liverpool Organic Brewery) 合作，使用有機認證義大利小麥製成的中性烈酒與異國原料，以傳統方式蒸餾，在 2013 年利物浦啤酒節展示這款利物浦琴酒 (Liverpool Gin)。簡潔瓶標上繪有利物浦標誌 —— 金色利物鳥 (Liver Bird)，並且標註 1207，代表利物浦此地開始有官方紀錄的年份。每瓶利物浦琴酒皆為手工裝瓶蠟封。另外還有慶祝約翰兒子婚禮的利物浦玫瑰花瓣琴酒 (Liverpool Gin Rose Petal)，以媳婦家鄉發想的利物浦瓦倫西亞橙香琴酒 (Liverpool Gin Valencian Orange Gin)。不只琴酒，酒廠也發售伏特加與蘭姆酒。

　　2016 年由英國豪爾伍德國際 (Halewood International) 取得經營權，隨後設置結合微型酒廠、導覽、餐酒吧、實驗室及調酒師學校的複合空間；裝設 600 公升的德國荷斯坦公司的蒸餾器瑪格麗特 (Margaret)，生產包括利物浦檸檬香茅薑味琴酒 (Liverpool Gin Lemongrass & Ginger) 等琴酒。

利物浦琴酒
Liverpool Gin 43% ABV

🌀 風味　**Juniper** | **Citrus** | Herbal | **Spice** | **Floral** | Fruit

🍵 原料　杜松子 - 保加利亞、荳蔻、甘草、桂皮、檸檬皮、橙皮、歐白芷根、歐白芷籽、秘密

🍸 推薦調酒　Gin Tonic- 西瓜、Negroni

🍷 品飲心得　溫潤的花香慢慢變化成豐富的草本，一點微微刺激感。口感是帶有柑橘的麥味之後有些微椰子乳香，尾韻辛香料與花香持續。

London No.3

成立於 1698 年的英國零售酒商貝瑞兄弟與路德 (Berry Bros & Rudd，簡稱 BBR)，總部設在倫敦聖詹姆斯街三號 (No.3, St. James's Street)，與 1695 年創設的荷蘭迪凱堡家族酒廠 (De Kuyper Royal Distillers) 合作，雙方依據貝瑞家族配方，在迪凱堡座落於荷蘭斯希丹的酒廠生產倫敦三號琴酒 (No.3 London Dry Gin)。

生產這款琴酒的一號鍋爐蒸餾器設置於 1911 年，容量 3110 公升，1960 年代從燃煤改成瓦斯加熱。基底酒使用 2000 公升稀釋至 55% ABV 的中性烈酒，整夜浸泡總共 100 公斤的六種原料，翌日早上再開始長達七個小時的蒸餾，將原物料香氣和油脂萃取至基底烈酒，經過蒸餾將味道封存進酒液。蒸餾完成後再添加中性烈酒與去除礦物質的軟性水，稀釋至 46% ABV 裝瓶。

「倫敦三號」之命名來自貝瑞兄弟公司總部的門牌號碼，瓶身則是荷蘭期希丹常見的杜松子酒寬肩方形酒瓶，正面鑲嵌的鑰匙仿照貝瑞兄弟商店內最古老、意義別具的「廳堂 (The Parlour)」房間鑰匙 —— 這把鑰匙象徵了這款琴酒繼承了貝瑞家族的傳統及專業。

2017 年與電影《金牌特務：機密對決》聯名推出酒精濃度 49% ABV 的金士曼三號琴酒 (Kingsman No.3 Gin)，跟倫敦三號琴酒僅有酒精濃度差別。2019 年 10 月將原本墨綠酒瓶改成透明綠寶石色，六角瓶身代表六款原料。

有趣的是，掛著倫敦三號的字樣實在讓人無法想像它其實在荷蘭生產，所見未必即所得，就像所有的特務電影總是要曲折一番，才找得到恍然大悟的答案。

倫敦三號琴酒的舊瓶(左)和新瓶(右)。

金士曼三號琴酒

Kingsman No.3 Gin 49% ABV

🌀 風味	**Juniper** | **Citrus** | Herbal | **Spice** | Floral | Fruit	
💧 原料	杜松子、芫荽籽、歐白芷根、荳蔻、葡萄柚皮、橙皮	
🍸 推薦調酒	Martini、Vesper	
🥃 品飲心得	明亮清新的杜松子香氣，淡淡花香與杜松子在口中化開，溫暖的辛香以及顯著的柑橘挾帶些許辛香，餘韻柔美悠長。	

倫敦三號琴酒

No.3 London Dry Gin 46% ABV

🌀 風味	**Juniper** | **Citrus** | Herbal | Spice | Floral | Fruit	🍸 推薦調酒	Gin Tonic - 檸檬皮、Martini
💧 原料	杜松子、芫荽籽、歐白芷根、荳蔻、葡萄柚皮、橙皮		

Martin Miller

《米勒古董鑑價指南 (Miller's Antique Price Guide)》的作者 馬丁‧米勒 (Martin Miller)，某日與大衛‧布羅米奇 (David Bromige)、安德烈斯‧維斯提格 (Andreas Versteegh) 一起在餐廳用餐，調酒師倒了一杯琴酒，然後用蘇打槍把通寧水注入杯裡，詢問馬丁是否需要加冰塊 —— 那是 1997 年，是琴酒式微不若伏特加受歡迎的年代，對於曾經足以代表英國的酒類淪落至此，馬汀十分難過。

既然市售琴酒無法滿足自己，三人於是委任蘭利酒廠共同研製新配方，最後在馬丁家中邀請各方調酒師及好友為第七號實驗作品進行評鑑，終於，在 1999 年發售馬丁米勒琴酒 (Martin Miller Gin)。大衛與安德烈斯於 2002 年出售自家的冰島伏特加給格蘭父子酒業，並更名為雷克伏特加 (Reyka Vodka)；同時兩人也帶著馬丁米勒琴酒加入生命資本集團 (Living Capital Group)。

以蘭利酒廠 1903 年由約翰多爾公司生產、容量 1000 公升的安琪拉 (Angela) 蒸餾器製作；精準量測原料比重，使用稀釋過後的穀物中性烈酒，將香料及柑橘類配方分成兩批各自浸泡十二小時，個別蒸餾避免香氣交相覆蓋。蒸餾完成後加上小黃瓜蒸餾液調和，穿越北海、將原酒運到三千哩外冰島西岸的博爾加內斯村 (Borganes)，以號稱世界最純淨的薩利立天然水 (Selyri Spring) 稀釋至 40% ABV 裝瓶，高含氧的水能讓酒喝起來更柔順。長細頸瓶身透明扁平，酒標印有英格蘭及冰島地圖之間的航行路線，瓶標上飄揚的藍底紅十字為冰島國旗，白底紅十字則為英格蘭的聖喬治十字旗。

2003 年針對調酒師需求推出的馬丁米勒韋斯特伯恩強度琴酒 (Martin Miller Westbourne Strength Gin)，以馬丁米勒一開始的辦公室所在地韋斯特伯恩格羅夫 (Westbourne Grove) 為名；調整比例並將酒精濃度提高至 45.2% ABV，承襲原有的柑橘清爽基調，並加強杜松子氣味及口感。不過創辦人馬丁已在 2013 年的聖誕夜逝世，現任總裁為雅各‧伊倫庫洛納 (Jacob Ehrenkrona)。

安德烈斯向來偏好琴酒的純粹潔淨，直到有天品嘗到紐約調酒師將馬丁米勒琴酒裝進小木桶內熟成的試作品，帶有淡淡桶陳柔順的口感，啟發馬丁米勒九月琴酒 (Martin Miller 9 Moons Gin) 問世。如何保留琴酒本身個性而不至於變成威士忌？這是安德烈斯在意的關鍵，他將馬丁米勒琴酒在不同木桶靜置九個月

後，其中美國波本橡木桶的琴酒最受歡迎。存放在冰島博爾加內斯緩慢熟成，2016 年 9 月正式上市，裝瓶濃度為 40% ABV。大衛保留了其中一部分裝有馬丁米勒琴酒的馬德拉加烈葡萄酒桶 (Madeira Cask)，熟成二十六個月後，2018 年推出馬丁米勒二十六月琴酒 (Martin Miller 26 Moons Gin)。

　　就像當初馬丁米勒琴酒三位創始人在餐廳喝到不像話的琴湯尼一樣，每每到酒吧喝到調酒師馬虎調製的琴湯尼，都會讓我覺得傷心欲絕；都已經是琴酒 (跟通寧水) 如此多樣繽紛的年代，怎麼還會端出如此不堪的飲品？

馬丁米勒系列琴酒。

馬丁米勒琴酒
Martin Miller Gin 40% ABV

🌀 風味　**Juniper** | **Citrus** | Herbal | Spice | **Floral** | Fruit

🍸 原料　杜松子 - 義大利托斯卡尼、芫荽籽、歐白芷根、鳶尾根、桂皮、甘草、橙皮、萊姆皮

🍹 推薦調酒　Gin Tonic - 檸檬皮、Martini

🍂 品飲心得　強烈的柑橘及杜松子風味，帶有一點花香及清新感。口感柔和滑順，清爽的柑橘與檸檬後韻。

Mayfair

以倫敦西敏市的梅費爾區 (Mayfair) 為名,該處以奢華及典雅著稱,是世界上地價最貴的區域之一,頂級旅館酒店及精品店林立,隨處可見古典外觀結合現代內裝的美麗建築。梅費爾之名,起源自 17 世紀開始一年一度為期兩周的「5 月市集 (May Fair)」,直到 1764 年被當地富人以市集會降低該區品味為由,而被迫遷往弓區 (Bow) 的展覽會場。

由四位在酒業打滾多年的夥伴在 2010 年創立的梅費爾品牌 (Mayfair Brands),產品開發總監道格拉斯·戴維森 (Douglas Davidson) 曾在愛倫酒廠 (Arran Distillery) 服務十年;管理總監羅傑·哈特菲爾德 (Roger Hatfield) 有三十年財務經歷;副總史提芬·達菲 (Stephen Duffy) 則在酒業做銷售工作近三十年;總裁麥克·皮爾士 (Michael Peirce) 當時同時擔任愛倫酒廠負責人。

梅費爾琴酒 (Mayfair Gin) 以羅伯特·柏奈特先生 (Sir Robert Burnett) 在 1769 年的秘密配方為基礎,委託位在泰晤士酒廠進行蒸餾製造,由首席蒸餾師馬克斯韋爾 (Charles Maxwell) 負責監製。美國銷售版本為酒精濃度 43% ABV,歐洲版則為 40% ABV。瓶身設計為由底部深綠向上為透明的漸層厚實玻璃方瓶;瓶標上除了商標之外,還繪有在梅費爾區常見帕拉第奧式 (Palladia) 建築的科林斯雕花柱 (Corinthain Order)。

梅費爾琴酒
Mayfair Gin 43% ABV,40% ABV

風味 **Juniper** | **Citrus** | Herbal | **Spice** | **Floral** | Fruit

原料 杜松子、芫荽籽、歐白芷根 - 土耳其、鳶尾根、香薄荷

推薦調酒 Gin Tonic - 橙皮、Martini

品飲心得 淡淡草本、果香及杜松子風味;口感有清甜花香及松杜子伴隨柑橘,尾韻有類似當歸的香料感。

所羅門大象

Opihr

G & J 格林諾酒廠
G & J Greenall Distillery

聖經記載所羅門王的藏寶之港名為俄斐 (Ophir)，所羅門大象香料琴酒 (Opihr Oriental Spiced Gin) 的命名靈感，正是源自於這個傳說中位在印尼與英國香料貿易航線上的港口。

由擁有生物化學背景的女性蒸餾師喬安娜・摩爾 (Joanne Moore) 創作，她 1996 年在擁有百年歷史的 G & J 格林諾酒廠服務，初時擔任品管，到 2006 年才正式擔任建廠後的第七任蒸餾師。

除了原有的格林諾琴酒 (Greenall's Gin) 維持一貫配方，其酒廠品牌發表的花漾琴酒 (Bloom Gin)、伯克利廣場琴酒 (Berkeley Square Gin)、湯瑪士戴金琴酒 (Thomas Dakin Gin) 皆出於其手。摩爾反覆推敲各國代表的香料形象，讓飲者藉由這些活潑奔放的氣味，仿若置身香料市集之中。所羅門大象香料琴酒的瓶頸繫有金紅相間的粗繩，瓶標為兩隻紅色彩繪大象，正代表著異國香料的特徵。

2018 年於免稅通路推出所羅門冒險者琴酒 (Opihr Adventurers'Edition Gin)，加重薑與木質調辛香料風味。順應「即飲調酒 (Ready to Drink, RTD)」風潮，同年也開始販售原味、辛薑、橙香三種口味的小玻璃瓶裝琴湯尼；2019 年 9 月，再研製出遠東、歐洲、阿拉伯三地版本，酒精濃度皆為 43% ABV。異國柑橘調的所羅門阿拉伯琴酒 (Opihr Arabian Edition Gin) 添加中東常見黑檸檬與提姆特胡椒 (Timut Pepper)；炙燃香料感的所羅門遠東琴酒 (Opihr Far East Edition Gin) 則是花椒和煙燻藏茴香籽 (Smoky Ajwain Seed)；苦韻芬香的所羅門歐洲琴酒 (Opihr European Edition Gin) 使用巴豆樹皮 (Cascarilla Bark) 以及沒藥 (Myrrh) 為代表。

行銷與通路的重要性在所羅門大象香料琴酒顯露無遺，與倫敦知名連鎖印度餐廳迪須姆 (Dishoom) 合作，著眼超市通路與酒吧銷售，加上簡單而明確的瓶標設計，已然比其它真正出身印度的琴酒更讓人感覺南亞風情。

免稅通路販售的所羅門冒險者琴酒。

所羅門大象香料琴酒
Opihr Oriental Spiced Gin 42.5% ABV

風味 **Juniper** | **Citrus** | Herbal | **Spice** | Floral | Fruit

原料 杜松子 - 義大利、芫荽籽 - 摩洛哥、歐白芷根 - 德國、尾胡椒 - 印尼麻六甲、黑胡椒 - 印度代利傑里、荳蔻 - 印度、孜然 - 土耳其、苦橙 - 西班牙、葡萄柚皮、薑、桂皮 - 中國

推薦調酒 Gin Tonic - 橙皮、Negroni

品飲心得 顯著的印度咖哩香料味道，荳蔻、孜然、胡椒，一點葡萄柚柑橘調。口感是突出的各式香料、胡椒，隱約紫羅蘭尾韻。

Oxley

　　奧克斯利琴酒 (Oxley Gin) 是首款採用低溫真空蒸餾製成的琴酒，結合科學家及蒸餾師的專業，在歷經八年、高達三十八種配方的調整後，2009 年委託泰晤士酒廠生產。擁有生化背景的保雷 (Matthew Pauley) 是低溫蒸餾技術的主力蒸餾師。雖然百加得集團 (Bacardi Group) 旗下已有龐貝琴酒，但是龐貝琴酒的酒廠並非位於倫敦，為了讓奧克斯利琴酒擁有純正的倫敦血統，特意與泰晤士酒廠合作。

　　由百加得集團提供原料，旗下馬丁尼公司 (Martini & Rossi) 第八代首席植物學家，同時也負責龐貝琴酒的草本大師托努蒂 (Ivano Tonutti)，親自在瑞士日內瓦確認原料，再將混合包含新鮮葡萄柚皮、新鮮橙皮、新鮮檸檬皮等十四種原料的兩袋「第三十八號秘方 (Recipe 38)」運回泰晤士酒廠。

　　原料浸泡中性小麥烈酒十五個小時後，採用攝氏 –5 度低溫低壓蒸餾五至六小時，這個溫度相當適合表現出一杯好的馬丁尼 (Martini) 風味。低壓時液體的沸點會隨著降低，一般烈酒的沸點約在攝氏 78 度，而奧克斯利琴酒將沸點控制在攝氏 –5 度進行蒸餾，奧克斯利團隊認為攝氏零度以下最能保留草本風味及油性化合物，80 度以上的高溫會破壞香料及新鮮水果的香氣。瓶身頸間纏有綠色手工製作的皮革標籤，並註明每一小批次的生產序號。

　　雖是減壓低溫蒸餾的先行者，但相較於現下吸睛的各式新穎素材，這款琴酒反倒較不受年輕人青睞，是生不逢時還是識貨者稀？但還好百加得集團與一些愛好者撐持，它不但存活至今，更設計新包裝並前進免稅通路。

奧克斯利琴酒
Oxley Gin 47% ABV

🔘 風味　**Juniper** | **Citrus** | Herbal | Spice | **Floral** | Fruit

🔘 原料　杜松子 - 義大利托斯卡尼、芫荽籽、檸檬皮、橙皮、繡線菊、香草、大茴香、鳶尾根、甘草、天堂椒、葡萄柚、可可、桂皮、肉豆蔻

🔘 推薦調酒　Gin Tonic - 葡萄柚皮、Martini

🔘 品飲心得　薰衣草、杏仁、柑橘的香氣及舒服杜松子氣味，入喉杜松子的氣味不致過份突出，滑順口感之中有溫暖的柑橘及些許荳蔻、胡椒尾韻。

Plymouth

西元 1431 年，基督教道明會 (Dominican Order) 在英國西南的普利茅斯港 (Plymouth) 興建修道院，是該處最古老的建築之一。在 1620 年先輩移民 (Pilgrim Fathers) 清教徒搭乘「五月花號」前往美洲拓荒前，這棟建築都做為宗教聚會場地。時隔數年後在此由福斯與威廉森 (Fox & Williamsons) 成立的黑衣修士酒廠 (Black Friars Distillery)，於 1793 年時，加入了年輕的科特斯先生 (Mr. Coates) 這位重要人物；而 1800 年初期，酒廠改由科特斯先生成立的科特斯公司 (Coates & Co) 經營，普利茅斯酒廠可能是英國歷史最悠久、且持續仍在原址營運的琴酒酒廠。

十九世紀初期，普利茅斯、倫敦、布里斯托爾、沃靈頓、諾里奇同為英國琴酒的蒸餾中心，每一地都有其獨特琴酒風格。倫敦琴酒隨後引領潮流，但普利茅斯琴酒仍保留其傳統風味，細緻完整的酒體，不帶苦感的香料，超過百餘年都未曾改變蒸餾方式。蒸餾器頸部較一般短，現任首席蒸餾師尚恩‧哈里森 (Sean Harrison) 相信這點讓普利茅斯琴酒與眾不同。1993 年，當時蒸餾師戴斯蒙德‧佩恩 (Desmond Payne) 為了紀念酒廠兩百週年，研製推出 57% ABV 的普利茅斯海軍強度琴酒 (Plymouth Navy Strength Gin)，之後「海軍強度」也自成琴酒分類。

普利茅斯原有數家琴酒酒廠，可惜關閉後沒有留下太多相關紀錄 (如香料、配方比例、銷售資料)，無法明確定義和瞭解普利茅斯琴酒風格。即使普利茅斯與倫敦琴酒兩者的製法無異，英國政府在 1880 年代仍立法「唯有在普利茅斯製造的琴酒才能稱作普利茅斯琴酒」，成為英國境內唯一風土、地域與商標一致無二的琴酒類別。不過因為倫敦琴酒的風行，普利茅斯琴酒相對沒落，為了搶救這個指標性的酒廠，反而是法國保樂力加酒業 (Pernod Ricard) 在 2008 年收購該公司。

位於港灣的普利茅斯，當時最重要的買家為英國皇家海軍；一般海軍配給為蘭姆酒，而軍官及官方人員則是琴酒。光是 1850 年，海軍就從普利茅斯購入了一千桶酒精濃度 57% ABV 的琴酒。1980 年代曾將酒精濃度降到 37.5% ABV，並使用甜菜根製成的中性烈酒；1997 年恢復為 41.2% ABV，以穀類中性烈酒製造，採用一次製成方式生產。銷售產品除了普利茅斯琴酒、普利茅斯海軍強度琴酒，

尚有普利茅斯黑刺李琴酒 (Plymouth Sloe Gin) 共三款。

普利茅斯琴酒的舊瓶身設計，早自 1870 年代起就會在瓶身繪製僧侶像，當你喝到酒液降至僧侶的腳底，代表該再買一瓶了！商標上的帆船則為「五月花號」。1884 年普利茅斯琴酒在倫敦國際健康博覽會 (International Health Exhibition) 獲獎，獎牌後來也成為瓶標的一部分。2011 年更換新設計為扁圓瓶身。

2019 年 7 月，蒸餾師尚恩窮盡二十年經驗所研發出的「普利茅斯琴酒金先生 1842 年配方 (Plymouth Gin Mr. King's 1842 Recipe)」上市；普利茅斯琴酒使用義大利溫布利亞 (Umbria) 的杜松子已有很長歷史，為了回歸根本，講究杜松子原有風味，尚恩僅使用同一天於福蘭蒂納諾山區 (Frontignano) 採集的杜松子搭配鳶尾根作為原料，瓶標圖像也從五月花號置換成杜松子。

堅守百年不變的配方，要如何在喜新厭舊的社會裡生存？依憑的就只有著迷於老味道的人。重現過去 VS. 標新立異，兩種思考面向沒有優劣之分，但如果老店只靠一樣經典產品便能屹立百年，除了幸運，更有紮實風味讓人耽溺。

普利茅斯琴酒
Plymouth Gin 41.2% ABV

風味	**Juniper** | **Citrus** | Herbal | **Spice** | Floral | Fruit
原料	杜松子、芫荽籽、歐白芷根、鳶尾根、荳蔻、檸檬皮、甜橙皮
推薦調酒	Gin Tonic - 檸檬皮、Martini
品飲心得	柔順的杜松子氣味及柑橘調。入喉有些微的油脂感，在清新的檸檬調消散後，是淡淡香料出現，尾韻持久。

Portobello Road

UK

Europe | N.America | S.America | Asia | Africa | Oceania

2000 年與夥伴保羅·連恩 (Paul Lane) 在倫敦開設音樂餐酒館的蓋·費爾特姆 (Ged Feltham)，在結識調酒師杰可·布咯 (Jake Burger) 後，三人在 2008 年共同在諾丁丘 (Notting Hill) 充滿懷舊氣息與著名市集的波多貝羅路 (Portobello Road) 成立波多貝羅之星 (Portobello Star) 酒吧。

十九世紀的波多貝羅路市集以生鮮販售為主，1940 至 1950 年代間開始有古董商進駐，現在的波多貝羅路是英國最大的古董市集。2011 年 11 月，三個人看準趨勢，在波多貝羅之星酒吧樓上成立琴酒協會 (Ginstitute) 博物館，除了豐富的古董琴酒收藏、讓愛好者可前來參訪，另外還設置一座容量 30 公升的葡萄牙製銅製鍋爐蒸餾器，命名為「哥白尼二世 (Copernicus the Second)」，進行小批次蒸餾，並提供到訪者調製自己的專屬琴酒。該博物館亦是倫敦第二小的博物館；在昔日琴酒盛行倫敦時期，這裡更是維多利亞時代的琴酒殿堂之一。

位於西倫敦市區諾丁丘的波多貝羅路酒廠。

於此同時，三個人也進行自家琴酒製作，歷時九個月研發，不僅單就純飲風味，也拿調製各類經典琴酒調酒的表現測試。最後以英國小麥中性烈酒為基底，浸泡杜松子、鳶尾根、檸檬皮、苦橙皮、肉豆蔻、桂皮、芫荽籽、甘草與歐白芷根等九種原料，經過二十四小時，蒸餾後稀釋至 42% ABV 裝瓶，於 2013 年正式發售這款波多貝羅路琴酒 (Portobello Road Gin)。

隨著銷售量倍增，找上泰晤士酒廠合作，交由酒廠內的大姆哥湯姆 (Tom Thumb) 蒸餾器進行大量生產；三個人並驕傲的將自己名字標註於瓶標，而維多利亞時代風格標籤上的 No.171，則是波多貝羅之星酒吧的門牌號碼。

2015 年適逢倫敦大火三百五十週年，他們選定於費爾特姆生日當天，推出另外添加蘆筍 (Asparagus) 的波多貝羅路總監版琴酒 1 號 (Portobello Road Gin Director's Cut No.1) 限量發售，並決議每年都會出一款限量琴酒。2016 年帶有煙燻感的波多貝羅路總監版琴酒 2 號 (Portobello Road Gin Director's Cut No.2)，以原本九種原料再加上墨西哥辣椒 (Chipotle) 與正山小種紅茶，杜松子則是先使用愛爾蘭泥煤先煙燻；慶祝琴酒協會博物館成立第五年，並由 400 公升容量的新蒸餾器 ── 亨利國王 (King Henry) 進行製作。

2017 年發表的波多貝羅路總監版琴酒 3 號 (Portobello Road Gin Director's Cut No.3) 以墨西哥雞胸肉梅茲卡酒 (Pechuga Mezcal) 為靈感，將波多貝羅路琴酒浸泡蘋果、梨子、蜜李、黑醋栗、紅葡萄乾、白葡萄乾、杏桃、棕米、百香果、肉桂、桂皮、肉豆蔻等材料後，在蒸餾器內懸掛火雞胸肉再蒸餾。2018 年發表波多貝羅路總監版琴酒 4 號 (Portobello Road Gin Director's Cut No.4)，使用蜜烤歐防風（芹菜蘿蔔）為關鍵原料，蒸餾後再調和香料梨子利口酒。

裝瓶濃度 57.1 % ABV 的波多貝羅路海軍強度琴酒 (Portobello Road Navy Strength Gin) 在蒸餾後會加入少量海鹽，藉此營造海軍航行海洋的意象。

酒廠也為西倫敦的名人們推出在地英雄 (Local Heroes) 系列：第一款是與萊德波餐廳 (Ledbury) 米其林澳洲廚師布雷特・格雷厄姆 (Brett Graham) 合作，添加綠橄欖、克萊門丁小紅橘 (Clementine)、蒲公英、歐當歸 (Lovage)。第二款與義大利名廚克拉科 (Carlo Cracco) 和旗下調酒師西提 (Filippo Sisti) 合作的琴酒則是添加烤芒果皮、提姆特胡椒 (Timut Pepper)、紫蘇葉、香檸檬，瓶頸上貼有象徵義大利國旗三色封條。第三款與世界百大吉他手、同時也是琴酒愛好者的音樂人馬克・諾弗勒 (Mark Knopfler) 合作，特別添加萊姆皮、小黃瓜皮、橄欖油，以透過亨利國王蒸餾器製作。如今波多貝羅路酒廠僅製作限量版與特殊風味，如奶油琴酒、煙燻琴酒、超級柑橘琴酒，一般版仍舊交給泰晤士酒廠。

　　波多貝羅路每週六的古董市集總能吸引許多淘寶客，愛情名片《新娘百分百 (Notting Hill)》正是在此取景，人們到這裡既是尋找舊物也向時光致敬，微型琴酒博物館的存在則是對琴酒的虔信表現。波多貝羅路琴酒系列就像電影裡的浪漫情節，只有願意溫柔的人才懂得感激。

（左起）波多貝羅路總監版琴酒 3 號、總監版琴酒 4 號、在地英雄系列第三款。

波多貝羅路琴酒
Portobello Road Gin 42% ABV

🌀 風味　**Juniper** | **Citrus** | Herbal | **Spice** | **Floral** | Fruit

Ⓜ 原料　杜松子 - 義大利托斯卡尼、芫荽籽、桂皮 - 東南亞、歐白芷根、檸檬皮 - 西班牙、苦橙皮 - 海地與摩洛哥、鳶尾根 - 義大利托斯卡尼、肉豆蔻 - 印尼、甘草

🍸 推薦調酒　Gin Tonic - 葡萄柚片、Martini

✳ 品飲心得　傳統的杜松子與香料感撲鼻，淡淡的花香與柑橘調。杜松子口感之後有薑、肉豆蔻與肉桂，些微胡椒感，尾韻紫羅蘭花香持續。

R ock Rose

　　2002 年在愛丁堡就讀化工系，一併修習釀造與蒸餾課程的馬丁‧墨瑞 (Martin Murray)，特別鍾愛蒸餾烈酒，畢業後進入石油天然氣產業近十年，經常四處外派；最後一次外派至法國波城，心底已經醞釀回鄉創建酒廠的計畫，好讓家人居有定所。當他接獲又要外派至奈及利亞或安哥拉的消息時，馬丁便決定離職返鄉。

　　凱瑟尼斯鄧尼灣 (Dunnet Bay, Caithness) 不僅是馬丁的家鄉，也是妻子克萊兒 (Claire) 家族幾代前的老家。2014 年 8 月 21 日，馬丁從這裡開始實踐自己的夢想 ── 鄧尼灣酒廠 (Dunnet Bay Distillery)，座落於距離英國大陸國土最北的地標「約翰奧格茨 (John o' Groats)」不遠處；從約翰多爾公司訂製底部為不鏽鋼酒槽、上半部則為銅管並附有蒸氣室的伊莉莎白 (Elizabeth) 蒸餾器。

　　經過十八個月測試，經過超過八十種植物原料、五十五款配方比例，最後決定留下十八種原料，其中包括透過當地生態管理員瑪莉‧雷格 (Mary Legg) 與草本專家布萊恩‧蘭普 (Brian Labm) 協助採集的五種在地植物，例如生長於彭特蘭海峽 (Pentland Firth) 的岩玫瑰 (Rhodiola Rosea、Rock Rose，又譯為紅景天)，在古代維京人用以當作保健提神飲料，帶有淡淡玫瑰香氣。

　　稀釋至 60% ABV 的小麥中性烈酒，使用電熱水浴式加熱兩小時，酒精蒸氣經過蒸氣室裡鋪滿杜松子、岩玫瑰、荳蔻、芫荽籽等原料的蒸籠盤萃取香氣。全程就靠馬丁的嗅覺來決定酒心該從何時開始收集，等杜松子氣味出現，便開始連續八、九個小時蒐集酒心，並留下一部分酒尾重新再餾。最後裝瓶濃度為 41.5% ABV，用主要原料將之取名為岩玫瑰琴酒 (Rock Rose Gin)。

　　2010 年起，琴酒商喜歡在瓶身設計上爭奇鬥豔以強化品牌辨識度，岩玫瑰琴酒的陶罐 (Ceramic) 材質參照荷蘭杜松子酒 (Genever) 陶罐，以防琴酒日曬變質。瓶標設計則與「口袋洛基 (Pocket Rocket)」合作，將設計稿印出來用曬衣繩吊在廚房裡，每天去掉一張設計稿，最後選了一個起初就相當中意的設計。鄧尼灣酒廠的四葉花瓣標誌來自岩玫瑰與蘇格蘭旗幟的結合形象，也向自己生長的土地致意。第一批次九百瓶僅四十小時就在線上搶購一空，原本預計第一年賣一萬瓶，結果第八個月就達標賣出一萬二千瓶。酒廠在 2016 年興建一小座溫室花

園，栽培製酒花卉植物。

馬丁從蘇格蘭飲品的歷史汲取靈感，推出加強酒精濃度的岩玫瑰海軍強度琴酒 (Rock Rose Navy Strength Gin) 之後，2016 年 1 月，再以蘇格蘭十八世紀著名詩人羅伯特·伯恩斯 (Robert Burns) 偏好飲用的木蘭茶 (Moorland Tea) 為發想，添加山桑子葉、草莓葉、石楠花、婆婆納花 (Speedweel)、野生百里香等複方，製作出蒸餾師精選系列「敬偉大女性的琴酒 (Lassies Toast Gin)」，命名靈感來自每年 1 月 25 日「伯恩斯晚宴」上向女性們舉杯致意 (Toast to Lassies) 的傳統。

馬丁也自四季變化演繹出四款季節限定琴酒，將經典的岩玫瑰琴酒既有配方稍作調整，以呈現四季風情。岩玫瑰春季琴酒 (Rock Rose Spring Edition Gin) 採集酒廠花園內荊豆花 (Gorse Flower，亦稱金雀花)、款冬花 (Coltsfoot) 與蒲公英 (Dandelion) 做為原料；岩玫瑰夏季琴酒 (Rock Rose Summer Edition Gin) 則添加繡線菊 (Meadowsweet)、接骨木花 (Elderflower)、檸檬香蜂草 (Lemon Balm)、苜蓿 (Clover)、鳳梨鼠尾草 (Pineapple Sage)、檸檬百里香 (Lemon Thyme)，不使用柑橘素材來表現另類檸檬清涼感。

岩玫瑰秋季琴酒 (Rock Rose Autumn Edition Gin) 加入黑莓、覆盆莓及藍莓，部分香料感來自越南香菜 (Vietnamese Coriander) 及旱金蓮蓮 (Nasturtium Flowers)；岩玫瑰冬季琴酒 (Rock Rose Winter Edition Gin) 以作為聖誕樹的雲杉 (Spruce) 枝幹末稍表現主風味，適合溫熱飲用。每年的季節限定版本雖然配方相同，但是因為隨著每年氣候變化不同而造成原料有些許差異。我們常說威士忌的熟成是時間的塵封淬煉，那麼岩玫瑰琴酒系列，則是以味道繪製四季風情了。

2017 年 2 月推出限量七百五十瓶豐富柑橘調性的岩玫瑰藝術家琴酒 (Rock Rose The Artists Edition Gin)，透過設計比賽決定瓶標。此外，除了用粉紅葡萄柚皮，在蒸餾完成後會添加少量非洲黑糖 (Muscovado Sugar) 做成帶點甜度的老湯姆琴酒風格；後來這個產品在 2019 年重新以岩玫瑰粉紅葡萄柚老湯姆琴酒 (Rock Rose Pink Grapefruit Old Tom Gin) 複刻上架。

岩玫瑰琴酒四季系列。

岩玫瑰琴酒
Rock Rose Gin 41.5% ABV

🌀 風味　**Juniper** | **Citrus** | **Herbal** | Spice | **Floral** | Fruit

💧 原料　杜松子 - 保加利亞 / 義大利、紅景天（岩玫瑰）、羅恩漿果（歐州山梨果）、
　　　　山楂果、水薄荷、沙棘、荳蔻、芫荽籽、馬鞭草、山桑子、秘密

🍸 推薦調酒　Gin Tonic - 迷迭香或薄荷、Negroni

🥃 品飲心得　玫瑰花香與荳蔻香氣，一點柑橘調性。明亮的花果口感，溫暖的杜松子柔
　　　　順，一點桉樹清新香氣，柑橘餘韻持續。

Sacred

2008 年，擔任過華爾街操盤手與獵人頭公司工作的伊恩・哈特 (Ian Hart)，因為雷曼兄弟事件引發金融風暴，和妻子希拉蕊・惠特尼 (Hilary Whitney) 回到英國倫敦，在母親所留下位於海格區 (Highgate) 的房子後院進行琴酒蒸餾，並於隔年創立薩科里德微型琴酒廠 (Sacred Micro Distillery)。由於哈特在劍橋大學主攻自然科學，有別於其他蒸餾酒廠，他不斷實驗與改良，使用真空玻璃儀器低溫生產琴酒，儼然把整座化學實驗室搬進自己家。

薩科里德琴酒 (Sacred Gin) 的配方靈感來自《印度馬拉巴爾植物誌 (Hortus Indicus Malabaricus)》，這套植物百科由出生於阿姆斯特丹、身兼軍人及荷屬東印度公司管理者的哈德里克・范雷德爾 (Hendrik van Rheede) 所撰寫，主要記錄當時印度南方馬拉巴爾地區的各類植物及香料。薩科里德品牌便是從乳香樹 (Boswellia Sacra Tree) 引義取名，可想而知，乳香就成為薩科里德琴酒配方裡重要的元素。

一共用了十二種香料，分別浸漬於尊榮蒸餾師公司 (The Worshipful Company of Distillers) 經過三次蒸餾的英格蘭穀類中性烈酒 (大部分是英國小麥)，使用 2 公升及 6 公升的真空旋轉蒸餾儀 (Rotavapor)，先以攝氏零度的冰水降溫蒸餾，中間用攝氏 –89 度的二氧化碳乾冰達到低溫，最後倒入攝氏 –196 度的液態氮 (Liquid Nitrogen) 達到最低溫完成蒸餾，低溫蒸餾保持香料的新鮮氣味。以第二十三號配方比例將 65% 的杜松子原酒 (Sacred Juniper) 再加上其他個別蒸餾完成的原酒混合裝瓶，酒精濃度為 40% ABV，於 2009 年 5 月正式發行。

一開始僅產出兩千五百瓶，提供給附近的力士酒吧 (The Wrestlers) 調酒販售，但酒吧店主建議伊恩應該讓更多人品嘗，經過推廣，現在在許多國家的酒類專賣店都可以買到；而個別蒸餾原酒製成的單方琴酒也能另外購得，例如有加重杜松子、綠荳蔻、芫荽、甘草、鳶尾、粉紅葡萄柚等版本。

伊恩也使用來自英國西南格洛斯特郡 (Gloucestershire) 三重唱葡萄園 (Three Choirs Vineyard) 的葡萄酒製作三款苦艾酒 (Vermouth)，是倫敦聖詹姆斯街上的公爵酒吧 (Duke Bar) 首席調酒師帕拉佐伊 (Alessandro Palazzi) 偏好品項。另外還有伏特加、玫瑰果調飲 (Rosehip Cup)、桶陳內格羅尼 (Bottle–Aged Negroni)。

新的品牌標誌於 2011 年 11 月由克里斯・米切爾 (Chris Mitchell) 構思，以皇冠造型與薩科里德 (Sacred) 字型柵欄象徵保護著海格林地 (Highgate Wood) 的大片神聖森林；並加上一把懸吊的鑰匙、實驗用玻璃瓶及鳥禽的寓意元素。皇冠上的愛心 (Heart) 是創辦人伊恩・哈特名字諧音，柵欄上的鋼筆筆尖代表擔任新聞寫手的妻子希拉蕊。

2012 年底，推出季節限定的薩科里德聖誕布丁琴酒 (Sacred Christmas Pudding Gin)。伊恩的奈莉姨婆 (Great Aunt Nellie) 參照從 1920 年代就流傳下來的家族食譜製作聖誕布丁蛋糕，必須經過八小時才能蒸製完成。伊恩把蛋糕浸泡於薩科里德杜松子琴酒近兩至三個月，接著再進行蒸餾。裝瓶濃度 40% ABV 的聖誕布丁琴酒帶著果乾與奶油蛋糕甜味，入喉滑順，調製馬丁尼或琴湯尼，甚至直接凍飲都是很不錯的選擇。一開始用了 8 公斤聖誕布丁來製作小批次，2015 年則是用了 48 公斤聖誕布丁產出三千瓶聖誕布丁琴酒。

為了因應到訪參觀的客人、琴酒課程、調飲學習而需要更多的招待空間，2018 年夫妻兩人決定將酒廠遷至同在海格區的星空 (The Star) 酒吧樓上，提供線上預約給有興趣的來客。他幾乎每天早上五點就起床與亞洲代理經銷聯絡，兒子及外甥會加入幫忙蒸餾流程，妻子希拉蕊則負責訂單、發票與公關。

從自家的小宅院完成如此饒富趣味的琴酒，再變成自己與家人的共同事業，就如同薩科里德琴酒的滋味那般和樂溫馨。可以說，雖然是從家庭式微型酒廠出發，伊恩的想法與計劃卻是遼遠無邊。

（左起）薩科里德老湯姆琴酒、聖誕布丁琴酒、荳蔻琴酒。

薩科里德琴酒
Sacred Gin 40% ABV

風味　**Juniper** | **Citrus** | Herbal | **Spice** | **Floral** | Fruit

原料　杜松子 - 托斯卡尼亞與保加利亞、芫荽籽、歐白芷根、鳶尾根、綠荳蔻 - 瓜地馬拉、檸檬皮 - 義大利、橙皮 - 義大利、乳香、肉豆蔻、甘草、八角、桂皮、粉紅葡萄柚

推薦調酒　Gin Tonic - 檸檬片、Martini

品飲心得　荳蔻、溫暖的柑橘及鮮明的杜松子氣味。苦檸檬皮、烘烤過的辛香料溫潤口感，尾韻帶有些微紫羅蘭及薰衣草花香。

*S*ilent Pool

寂靜之湖

寂靜之湖酒業
Silent Pool Distillers

位於倫敦西南方蘇瑞山區 (Surrey Hills) 的奧爾伯里伊士泰德 (Albury Estate)，酒廠就在淒美神秘的清澈湖泊 —— 寂靜之湖 (Silent Pool) 旁邊，由諾森伯蘭公爵 (Duke of Northumberland) 的宅屋改建而成。相傳十三世紀時，伐木工的美麗女兒在湖中洗澡，一位騎士 (有人推測是約翰王子，另有一說是查理王) 正好經過，為她的姿色傾倒，想請美人上岸相識，但女孩因為太害羞而躲往湖心深處，卻因不諳水性溺斃，傳說午夜還能聽見她的尖叫……

2013 年，英國影音串流平台 ITV 前總監伊恩‧麥克庫洛赫 (Ian McCulloch) 與調飲品牌專家詹姆士‧薛爾本 (James Shelbourne)，在吉爾福德克蘭登公園旁一間酒吧開聊，決定結合兩人所長，自蘇格蘭威士忌與琴酒工藝中取得靈感，使用家鄉特產來製作琴酒。從愛丁堡赫瑞瓦特大學 (Heriot-Watt University) 找來蒸餾師梅森 (Cory Mason)，與當時還在研究釀造蒸餾的學徒蒸餾師哈欽斯 (Tom Hutchings)，進行為時一年多的試驗，採集鄰近吉爾福德北唐區 (North Downs) 的接骨木、洋甘菊、梨子、蜂蜜，加上部分來自寂靜之湖旁葡萄園的材料調和風味，於 2014 年開始銷售寂靜之湖琴酒 (Silent Pool Gin)。

瓶身為英國西莫鮑威爾 (Seymourpowell) 設計公司與插畫家蘿拉‧芭瑞特 (Laura Barrett) 共同操刀，以林木繁茂的蘇瑞山區為概念、提煉多樣元素，將二十四種原料及寂靜之湖的傳說畫成金色剪影，底色是映照天空與樹林的藍綠色湖泊。

首先將耐浸材料：歐白芷、香檬檸、苦橙、荳蔻、肉桂、芫荽籽、尾胡椒、天堂椒、蜂蜜、波士尼亞杜松子、甘草、鳶尾根等浸泡於基底烈酒內二十四小時後，將之移至 250 公升德國阿諾德荷斯坦銅製蒸餾器 (Arnold Holstein Still) 內靜置；細緻材料如：洋甘菊、接骨木花、埃塞克斯青檸葉、西洋椴樹 (洋菩提) 花、玫瑰花等則分別以較高濃度的中性烈酒浸泡，過濾後再與耐浸材料的酒液混合置於鍋爐內。

接著將歐白芷根、苦橙、芫荽籽、天堂椒、馬其頓杜松子、薰衣草、新鮮萊姆皮、新鮮橙皮、新鮮及乾燥梨子放置於蒸餾器內的原料籃，以木柴燃燒透過蒸氣加熱蒸餾，讓蒸氣通過時萃取其香氣，必須每二十分鐘確認一次木柴燃燒

溫度狀況。經過十呎長的蒸餾柱後酒精濃度為 90% ABV，取中段酒心後剩餘 135 公升的酒液，再靜置於 2000 公升不鏽鋼恆溫桶內，加入過濾後的寂靜之湖水稀釋至 43% ABV 裝瓶。

後來成為首席蒸餾師的湯姆以蘇瑞山區自然物產發想出「寂靜之湖蒸餾師小批次 (Silent Pool Distillers Small Batch) 系列」，包括海軍強度琴酒、英式玫瑰琴酒、青李 (Greengage) 琴酒、香料紅醋栗琴酒、伏特加與其他利口酒。

寂靜之湖琴酒
Silent Pool Gin 43% ABV

🌿 風味　**Juniper** | **Citrus** | Herbal | Spice | **Floral** | **Fruit**

Ⓜ 原料　杜松子 - 馬其頓與波士尼亞、芫荽籽、茴香、歐白芷根、香檸檬、苦橙、荳蔻、桂皮、尾胡椒、甘草、蜂蜜、天堂椒、薰衣草、萊姆、柳橙、梨子、洋甘菊、接骨木花、青檸葉 - 英國埃塞克斯、椴樹花、玫瑰花瓣、鳶尾根

🍸 推薦調酒　Gin Tonic - 梨子與柳橙片、Vesper

✪ 品飲心得　討喜柔和的杜松子之後是鮮明的檸檬、萊姆與黑胡椒，一點芫荽與果露氣味。柑橘調性口感緊接著茴香，洋甘菊的甘甜與薰衣草花香，絲毫的玫瑰，蜂蜜與一點薄荷作結。

Sipsmith

　　史密斯蒸餾廠 2009 年設置於西倫敦漢默史密斯 (Hammersmith)，該處曾經是威士忌及啤酒評論家、人稱「啤酒獵人 (Beer Hunter)」的麥可‧傑克森 (Michael Jackson) 的寓所以及小型蒸餾廠。自 1863 年英人牌琴酒廠取得執照、能在倫敦市內進行蒸餾琴酒，時隔百年後，倫敦市區才又有蒸餾廠取得執照。

　　創立史密斯酒廠的三位關鍵人物都大有來頭：首席蒸餾師杰爾德‧布朗 (Jared Brown) 在瑞典、挪威、越南、美國各地從事生產烈酒長達十二年，賽門‧高爾斯華綏 (Sam Galsworthy) 曾任職於英國富樂啤酒 (Fuller's)，費爾法克斯‧霍爾 (Fairfax Hall) 之前在帝亞吉歐酒業集團，擁有豐富酒類經驗的三個人共同研發出史密斯各項產品的絕佳口感。2002 年某日，賽門與霍爾在美國費城的小酒館喝著美國舊金山琴酒 ── 胡尼佩羅琴酒 (Junípero Gin) 調製的琴湯尼，一邊聊起蒸餾話題，後來為了實現夢想，乾脆賣房子以籌措資金。

　　杰爾德從一本英國蒸餾專家安波羅修‧庫伯 (Ambrose Cooper) 在 1757 年的著作《完全蒸餾 (The Complete Distiller)》開始，搜羅十九世紀各項紀錄配方，用以做為史密斯琴酒構想。史密斯的命名則來自從事銀匠 (Silversmith) 的父親建議：每位講究精緻手工的專業人士都該加上個「–smith」以示尊敬。

　　使用來自德國的蒸餾設備製造公司克里斯汀‧卡爾 (Christian Carl) 所設計的蒸餾器「審慎 (Prudence)」，在 2009 年 3 月 14 日運作，是近兩個世紀以來在倫敦的全新銅製壺式蒸餾器，造型優美的天鵝頸是其特色；同時擁有卡特頭蒸餾 (Carter Head Still) 和連續蒸餾 (Column Still)，能打造出不同的酒款。

　　審慎的蒸餾槽為 300 公升，採用大麥為基底的中性烈酒稀釋至 60% ABV，再加熱到攝氏 60 ～ 65 度十五分鐘後進行十二小時原料浸泡，接著進行蒸餾只取中段酒心，得到約 84% ABV 基酒；稀釋的水採用泰晤士河上游的利德威爾泉水 (Lydwell Spring)，以一次製成作法，蒸餾後不再添加中性烈酒，最後裝瓶酒精濃度為 41.6% ABV。每批次至多只能生產三百瓶，批次生產的序號都會記錄在瓶身上，還能到官網上查詢該瓶史密斯是何時製造。2009 年 5 月 14 日，第一批蒸餾發行的產品大麥伏特加 (Barley Vodka) 跟倫敦琴酒 (London Dry Gin) 問世。

　　如今，遷至倫敦西邊近郊奇斯威克 (Chiswick) 的史密斯新酒廠共有三座蒸餾器：負責再次蒸餾中性烈酒以生產史密斯伏特加的「審慎」；1500 公升，負責生產史密斯倫敦琴酒的「堅貞 (Constance)」；最後「耐性 (Patience)」則負責生產高酒精強度及強調杜松子風味的產品 —— 酒精濃度為 57.7% ABV 的史密斯 VJOP 琴酒 (Sipsmith VJOP Gin，Very Juniper Over Proof)。更換蒸餾器生產史密斯倫敦琴酒時，蒸餾師杰爾德重新調整配方比例，並測試十五次，才得以保持產品一致性。

　　2015 年 10 月為萊佛士酒店集團 (Raffles Hotels & Resorts) 製作史密斯萊佛士 1915 琴酒 (Sipsmith Raffles 1915 Gin)，同時紀念來自萊佛士酒店長吧 (Long Bar) 的經典調酒「新加坡司令」現世一百週年；加上當初創建新加坡海港城市的史丹福‧萊佛士爵士 (Sir Stamford Raffles) 也是賽門的遠親，因而酒廠製作這款琴酒可說別具意義。以馬來半島物產為靈感，除了原先傳統琴酒素材外，額外使用茉莉花、柚子皮、檸檬香茅、青檸葉、肉豆蔻及荳蔻，裝瓶濃度為 43% ABV。

(左起) 柳橙可可琴酒、檸檬糖霜琴酒。

　　2016 年底，史密斯蒸餾廠由日本金賓三得利集團 (Beam Suntory) 併購，成為該集團旗下的倫敦琴酒品牌。以 1930 年代曾經風行過的水果風味琴酒為發想，2016 年發售的史密斯檸檬糖霜琴酒 (Sipsmith Lemon Drizzle Gin) 添加更多乾燥檸檬皮、甘草、芫荽籽以及檸檬馬鞭草，並在蒸餾籃內放置新鮮檸檬皮，裝瓶濃度為 40.4% ABV。2019 年 3 月上市的史密斯柳橙可可琴酒 (Sipsmith Orange &

Cacao Gin) 額外使用咖啡、黑荳蔻、香草、橙花、可可豆浸泡蒸餾，最後再調和使用可可豆與新鮮柳橙皮製成的糖漿。這兩款琴酒都先試作分享於史密斯啜飲會社 (Sipsmith Sipping Society)，獲得會員們的喜愛後才進行量產。

　　史密斯琴酒系列整體概念以英倫氣派優雅為底蘊，卻又帶著一點幽默輕鬆，相當懂得琴酒愛好者的心理，實在讓人難以抗拒，更砸下重金拍攝影片，將自豪的天鵝頸蒸餾器擬人化成紳士裝扮的「天鵝先生 (Mr. Swan)」，用詼諧的黏土動畫告訴觀眾：「我們不為迎合而製作琴酒 (We Make Gin, Not Compromises)」。

史密斯倫敦琴酒
Sipsmith London Dry Gin 41.6% ABV

😊 風味　**Juniper** | **Citrus** | Herbal | **Spice** | Floral | Fruit

🍵 原料　杜松子 - 馬其頓、芫荽籽 - 保加利亞、歐白芷根 - 法國、甘草 - 西班牙、鳶尾根 - 義大利、橙皮 - 西班牙塞維亞、檸檬皮 - 西班牙、桂皮 - 中國、杏仁 - 西班牙、肉桂 - 馬達加斯加

🍸 推薦調酒　Gin Tonic - 檸檬片、Martini

😋 品飲心得　柔順均衡的杜松子香料氣味，些微的柑橘清新。口感俐落有力道，尾韻帶有胡椒香辛料，一點點檸檬香氣。

Tanqueray

　　坦奎利 (Tanqueray) 身為世界最大酒業集團底下的琴酒品牌，能夠運用的資源自然能完勝小廠工藝琴酒，但身為帶動此波新式琴酒潮流的先驅之一，能夠長久穩立不敗地位，除了龐大行銷預算，當然還有經典雋永的琴酒風味。

　　1810 年出生的查爾斯‧坦奎利 (Charles Tanqueray)，來自法國新教徒家庭，家族在十七世紀末期便移居英國，在琴酒熱潮的潛移默化下，1830 年時值二十歲的查爾斯，在倫敦布魯姆斯伯里 (Bloomsbury) 區的葡萄藤街 (Vine Street，現已更名為 Grape Street) 三號開始蒸餾琴酒，1838 年與兄長愛德華 (Edward Tanqueray) 和兩位弟弟成立愛德華與查爾斯‧坦奎利公司 (Edward & Charles Tanqueray)，發售自有品牌琴酒。

　　查爾斯將其嘗試的琴酒配方皆詳盡記錄於手札，並取了有趣的名字：「擦亮你的靴 (Polish for Boots)」、「白丁香 (White Clove)」、「給馬兒們的胃藥 (Stomach Pills for Horses)」；據說，現今的坦奎利倫敦琴酒 (Tanqueray London Dry Gin) 就是當初 1830 年的版本，配方從未變更過。

　　1847 年，坦奎利琴酒不僅供應本地，還外銷至英國各殖民地；查爾斯在 1868 年過世，十九歲便繼承家業的兒子查爾斯沃 (Charles Waugh Tanqueray) 於 1869 年透過伯叔幫助持續擴展外銷市場，1898 年與高登琴酒 (Gordon Gin) 合併為坦奎利高登公司 (Tanqueray Gordon Co.)，將酒廠遷至高登酒廠所在地戈斯韋爾路 (Goswell Road)。

　　1937 年短暫推出坦奎利柳橙琴酒 (Tanqueray Orange Gin) 與坦奎利檸檬琴酒 (Tanqueray Lemon Gin)，可惜僅到 1950 年末期便告終。1938 年，坦奎利將家徽繪於瓶標上；家徽上的兩把交叉斧頭象徵於坦奎利家族參與第三次十字軍東征，鳳梨則代表熱情好客。二次大戰時，倫敦遭遇的空襲造成許多損傷，1941 年，坦奎利高登酒廠的蒸餾器只剩下一組老湯姆 (Old Tom) 躲過劫難。1948 年戰後，瓶身改為沿用至今、辨識度甚高的傳統搖酒器 (Shaker) 造型。

　　坦奎利高登公司於 1984 年將酒廠遷離倫敦改到埃塞克斯郡的萊恩登 (Laindon)；五年後，查爾斯的曾孫約翰 (John Tanqueray) 退休，歷經四代的家族事業暫時劃下句點。1998 年，坦奎利高登公司將萊恩登的酒廠關閉後，再度搬

至蘇格蘭愛丁堡北方的卡梅隆橋 (Cameron Bridge)，於 1999 年復廠生產。如今卡梅隆橋酒廠共有三座生產琴酒的大型壺式蒸餾器，其中包含用以生產坦奎利系列琴酒的四號蒸餾器「老湯姆」，以及生產高登琴酒的另外兩座蒸餾器，還有專門製作坦奎利十號琴酒的「小十 (Tiny Ten)」500 公升天鵝頸銅製蒸餾器。

坦奎利麻六甲琴酒 (Tanqueray Malacca Gin) 的誕生，靈感來自創辦人查爾斯於 1839 年旅經麻六甲海峽的荷屬香料群島，在經典的坦奎利倫敦琴酒四種植物香料之外，又添加數種秘密配方，成就出坦奎利麻六甲琴酒溫潤富有柑橘基調 (偏向葡萄柚) 的香氣口感。這款琴酒整體來說較接近老湯姆琴酒風格，杜松子氣味並不特別突出，1997 年時開始販售，卻因為當時市場流行辛口琴酒，且在 2000 年開始強力行銷坦奎利十號琴酒 (Tanqueray No.10 Gin)，生產線不足等考量下，2001 年便停止生產。

在多位調酒師請託下，於 2013 年 2 月再度重新生產發售；雖然坦奎利麻六甲琴酒的配方並沒有公開，有心人士以當初查爾斯‧坦奎利遺留原始文獻推論出所使用的秘密香料應為：中國肉桂 (桂皮)、肉豆蔻、香草、丁香。

隨著大眾在 1960 年代開始在白色烈酒的選擇上偏好伏特加，傳統以杜松子風味為訴求的琴酒市場式微，帝亞吉歐酒業集團便思索如何讓琴酒重回人們懷抱，1997 年推出的坦奎利麻六甲琴酒並沒能一鳴驚人，幾番推敲後決定保留杜松子勁道，額外加強花香與新鮮柑橘調性，拉長的瓶身也有異於坦奎利琴酒的設計造型，反而參照一般伏特加的高長瓶身，於是這款於 2000 年推出的坦奎利十號琴酒，成功帶動頂級琴酒市場。

浸泡對半切開的新鮮柳橙、萊姆與葡萄柚於中性烈酒裡，透過「小十」蒸餾器完成首次蒸餾，再移入四號蒸餾器「老湯姆」內，添加中性烈酒、去掉礦物質的軟水、杜松子、芫荽籽、歐白芷根、甘草、新鮮洋甘菊與更多萊姆浸泡後進行五個小時半的蒸餾過程，僅取其中 60% 保留豐富柑橘調性的成品，從 86% ABV 稀釋至 47.3% ABV 裝瓶。

2006 年在美國市場推出的坦奎利黎檬琴酒 (Tanqueray Rangpur Gin)，2009 年才正式在歐洲販售；在坦奎利倫敦琴酒傳統四款原料外另外添加薑、月桂葉，以及來自印度擁有豐富柑橘香氣的黎檬。

首席蒸餾師尼科爾 (Tom Nichol) 依據查爾斯 1835 年的手札，沿用 1921 年已停售的坦奎利老湯姆琴酒瓶標設計，在 2014 年讓坦奎利老湯姆琴酒 (Tanqueray Old Tom Gin) 這項產品重新問世。一樣使用四種坦奎利倫敦琴酒原料而調整比例，於名符其實的「老湯姆」四號蒸餾器蒸餾後，再以中性小麥烈酒與甜菜根糖、

水稀釋裝瓶。

坦奎利布魯姆斯伯里琴酒 (Tanqueray Bloomsbury Gin) 以第二代繼承人查爾斯沃於 1880 年的酒譜配方為基礎,當時酒廠仍在倫敦布魯姆斯伯里區。查爾斯沃與其父查爾斯一樣都是二十歲左右就經營酒廠,且擴展海外市場有成;一方面是紀念查爾斯沃,另一方面是向過去坦奎利起源地致敬。

隨著水果調味琴酒愈受年輕世代喜愛,坦奎利再推出發想自查爾斯在 1860 年代參觀西班牙塞維亞橙樹林歸來後所寫下的配方,於 2018 年上市的坦奎利塞維亞之花琴酒 (Tanqueray Flor de Sevilla),在原有經典坦奎利倫敦琴酒裡再調和塞維亞苦橙皮及橙花風味。

另外也有根據查爾斯 1832 年琴酒配方啟發,帶有草本與芹菜等鮮美香氣的坦奎利歐當歸琴酒 (Tanqueray Lovage Gin),加入當時英式花園常見草本植物歐當歸 (Lovage),在知名英國調酒師克勞利 (Jason Crawley) 協助下研發完成。

坦奎利倫敦琴酒
Tanqueray London Dry Gin 47.3% ABV

風味　**Juniper** | **Citrus** | Herbal | Spice | Floral | Fruit

原料　杜松子、芫荽籽、歐白芷根、甘草

推薦調酒　Gin Tonic - 檸檬皮、Martini

坦奎利麻六甲琴酒
Tanqueray Malacca Gin 41.3% ABV

風味　**Juniper** | **Citrus** | Herbal | **Spice** | Floral | Fruit

原料　杜松子、芫荽籽、歐白芷根、甘草、秘密

推薦調酒　Martinez、Tom Collins

品飲心得　杜松子伴隨葡萄柚皮的香氣和緩地流洩,清爽的檸檬皮油。甘甜滑順的草本口感。尾韻是肉桂、柑橘皮的餘味。

坦奎利十號琴酒
Tanqueray No.10 Gin 47.3% ABV

| 風味 | **Juniper** \| **Citrus** \| Herbal \| Spice \| **Floral** \| **Fruit** |

| 原料 | 杜松子、芫荽籽、歐白芷根、甘草、柳橙、萊姆、葡萄柚、洋甘菊 |

| 推薦調酒 | Vesper、Gimlet |

坦奎利黎檬琴酒
Tanqueray Rangpur Gin 41.3% ABV

| 風味 | **Juniper** \| **Citrus** \| Herbal \| Spice \| Floral \| Fruit |

| 原料 | 杜松子、芫荽籽、歐白芷根、甘草、薑、月桂葉、黎檬 - 印度 |

| 推薦調酒 | Gin Fizz、White Lady |

坦奎利老湯姆琴酒
Tanqueray Old Tom Gin 47.3% ABV

| 風味 | **Juniper** \| **Citrus** \| **Herbal** \| **Spice** \| Floral \| Fruit |

| 原料 | 杜松子 - 義大利托斯卡尼、芫荽籽、歐白芷根、甘草 |

| 推薦調酒 | Martinez、Tom Collins |

坦奎利布魯姆斯伯里琴酒
Tanqueray Bloomsbury Gin 47.3% ABV

風味　**Juniper** | **Citrus** | Herbal | **Spice** | **Floral** | Fruit

原料　杜松子 - 義大利托斯卡尼、芫荽籽、歐白芷根、甘草、冬日香薄荷

推薦調酒　Gin Tonic - 檸檬片、Martini

坦奎利塞維亞之花琴酒
Tanqueray Flor de Sevilla Gin 41.3% ABV

風味　Juniper | **Citrus** | Herbal | Spice | **Floral** | Fruit

原料　杜松子 - 義大利托斯卡尼、芫荽籽、歐白芷根、甘草、苦橙 - 西班牙塞維亞、橙花

推薦調酒　Gin Tonic - 柳橙片、Gin Fizz

坦奎利歐當歸琴酒
Tanqueray Lovage Gin 47.3% ABV

風味　**Juniper** | **Citrus** | **Herbal** | **Spice** | Floral | Fruit

原料　杜松子－義大利托斯卡尼、芫荽籽、歐白芷根、甘草、歐當歸

推薦調酒　Gin Tonic - 香菜葉、Martini

*T*arquin

　　西南酒廠 (Southwestern Distillery) 位在英格蘭西南方的康瓦爾 (Cornwall) 海岸附近，創辦人塔克文·列比特 (Tarquin Leadbetter) 在 2012 年創立酒廠時才二十三歲。他十八歲起在法國藍帶廚藝學校學習料理，熱中於研究料理與酒的風味，自英國布里斯托大學經濟政治系畢業後，厭倦當一個白領族，他的夢想是晚上製作琴酒、白天到海邊衝浪，因而決定創業。酒廠創立初期，母親喬安娜 (Joanna) 與妹妹雅典娜 (Athene) 都跟著幫忙，他自己以網購買來的 15 公升小型蒸餾器試作百餘款琴酒配方。直到 2013 年夏天添購第一座 250 公升的傳統葡萄牙銅製蒸餾器，並以流經康瓦爾的塔瑪河 (Tamar River) 命名為塔瑪拉 (Tamara)，此後才算正式量產。

　　塔克文康瓦爾琴酒 (Tarquin Cornish Gin) 使用新鮮柑橘類果皮加上傳統琴酒原料，浸泡於小麥中性基酒十二小時，翌日才加進紫羅蘭葉透過以直火加熱的蒸餾器進行蒸餾，經過八小時蒸餾過程只取中段酒心約 76% ABV。之後靜置於不鏽鋼桶內七天，再使用流經兩千哩遠才匯入大西洋的博斯卡斯爾 (Boscastle) 天然水稀釋至 42% ABV 裝瓶，每批次約生產兩百至三百瓶不等。列比特認為塔克文琴酒最與眾不同之處，便是使用自家花園栽植的紫蘿蘭葉，將清新的綠葉味道帶入琴酒中。

　　瓶身設計是透過與設計公司王國與雀 (Kingdom & Sparrow) 研發生產，香檳瓶身上覆以藍色蠟封；商標設計是黑底銀字，上方印製有康瓦爾沿岸棲息的海鸚 (Puffin，又稱海鸚鵡) 叼著杜松子展翅飛翔，兩側花紋代表康瓦爾沿岸的魚類、銅製蒸餾器及使用的原料們。

　　2014 年陸續添購塞雷娜 (Senara) 及泰瑞莎 (Tressa) 兩座相同容量的蒸餾器，以應付海外市場需求；2015 年另外限量發行海軍強度 57% ABV 版本，以紅色蠟封區別，並命名為塔克文海狗琴酒 (Tarquin Seadog Gin)，同年又與英國琴酒基金會 (Gin Foundry) 網站試推出多添加迷迭香、忍冬 (Honeysuckle)、蘋果、玫瑰果、薊花、歐白芷、黑莓、山楂果、黑刺李與亞歷山大草籽 (Alexander Seed) 為原料、僅兩百五十瓶的塔克文樹籬琴酒 (Tarquin Hedgerow Gin) 限量版。除了琴酒，西南酒廠也生產茴香酒 (Pastis)。

2016 年 10 月，限量推出與同在康瓦爾郡的夏普啤酒廠 (Sharp's Brewery) 合作，加入水晶 (Crystal)、瀑布 (Cascade)、飛行員 (Pilot) 三種不同啤酒花為原料、數量不到三百瓶的塔克文酒花琴酒 (Tarquin The Hopster Gin)。2017 年，設置購自義大利安德烈馬珂綠動能公司 (Andrea Macchia Green Engineering)、容量 500 公升的銅製蒸餾器「費拉拉 (Ferarra)」。

2018 年 11 月全面更換新瓶身，由英國設計公司好友創意 (Buddy Creative) 操刀，保留蠟封瓶頸，將原先透明玻璃改為磨砂瓶身，海鸚商標改為浮雕呈現，並在瓶身標籤下方繪有海浪，整體造型更為流線繽紛；瓶底印著「Yeghes Da」是蓋爾語中「乾杯 (Cheers)」之意。西南酒廠也曾與康瓦爾郡另一間聖奧斯特爾啤酒廠 (St Austell Brewery) 共同推出添加接骨木花與粉紅葡萄柚的塔克文乾杯琴酒 (Tarquin Yeghes Da Gin)。在水果風味琴酒潮流下，亦有使用黑莓與蜂蜜的塔克文英式黑莓琴酒 (Tarquin's British Blackberry Gin) 等多款產品。

不願意安份坐在辦公桌前的年輕人大有人在，然而列比特彷彿有杜松子之神眷顧，以自身的努力、天份，以及家人的幫助，闖出名堂後仍舊致力於嘗試製酒素材的多樣可能性，他與不同廠商的合作，為琴酒世界增添許多色彩。

塔克文康瓦爾琴酒
Tarquin Cornish Gin 42% ABV

🌀 風味　**Juniper** ｜ **Citrus** ｜ **Herbal** ｜ Spice ｜ **Floral** ｜ Fruit

Ⓜ 原料　杜松子 - 義大利與科索沃、芫荽籽 - 保加利亞、苦杏仁 - 摩洛哥、鳶尾根 - 摩洛哥、肉桂 - 馬達加斯加、綠荳蔻 - 瓜地馬拉、甘草 - 烏茲別克、紫蘿蘭葉 - 英國德文郡自家花園、歐白芷根 - 波蘭、甜橙、檸檬、新鮮葡萄柚

🍸 推薦調酒　Gin Tonic - 葡萄柚片與百里香、Martini

🌀 品飲心得　經典平衡的杜松子加上檸檬清香，像夏天的針葉林又有溫暖橙花香氣，漸次為根性地質調與柑橘。入喉是一點黑胡椒、柑橘皮油，肉桂與滑潤杏仁味包覆於杜松子刺激感之中，尾韻不長但溫和帶著一點舒服的花香。

Tarsier

兩位創辦人之一的宣威·艾斯布切 (Sherwin Acebuche) 出生於全世界飲用琴酒量最大的國家 —— 菲律賓，之後在英國就學，2004 年進入飲品產業，先後經歷摩紳庫爾斯啤酒 (Molson Coors Brewing)、帝亞吉歐酒業 (Diageo) 和富金調飲公司 (Funkin Ltd) 的工作，宣威累積了豐富的產品設計和調酒經驗，擅長為客戶提供酒單建議。

宣威在 2015 年帶著隨身行李與一顆躍躍欲試的心，和在英國出生的提姆·德里弗 (Tim Driver) 一同旅行，經過菲律賓、泰國、越南、柬埔寨，這趟妙不可言的旅程讓他們對嶄新的風俗文化、景色，乃至於聲音與氣味都大大增長見識，啟發兩人成立製酒事業的念頭。於是乎，成立於 2018 年 4 月的塔西爾烈酒 (Tarsier Spirit)，不僅努力讓產品展現東南亞的魅力及風味，更以保育瀕臨絕種的眼鏡猴（僅有一個掌心大的小猴子）為精神宗旨。

充滿異國柑橘調性的塔西爾琴酒 (Tarsier Gin)，最早從英國曼徹斯特一間廚房裡的 1 公升小鍋爐蒸餾器開始試作，實驗過四十九種配方，最後底定為七種傳統琴酒原料：杜松子、菱芫籽、桂皮、鳶尾根、甘草、苦杏仁、歐白芷根，再加上四款東南亞異國元素：四季柑、泰國甜羅勒、高良薑、紅與黑貢布胡椒。

宣威專職行銷與出口內容，提姆負責蒸餾工作；酒廠設置兩座 60 公升以宣威菲裔祖父母命名的傳統銅製蒸餾器：佛羅倫西亞與格拉西亞諾 (Florencia & Graciano)。將材料浸泡於稀釋至 37.5% ABV 的中性小麥烈酒十八個小時，經過五個小時緩慢蒸餾得到 77 ～ 80% ABV 的琴酒，採用一次製成，僅以水稀釋至 45% ABV，靜置兩至三週後裝瓶。

瓶標上的眼鏡猴圖案，由菲律賓巴科羅的年輕藝術家喬夫·莫迭諾 (Juvel Modayno) 以鉛筆素描。每瓶琴酒利潤的一成將捐贈給菲律賓眼鏡猴基金會。

2019 年將舊款 500 毫升方扁瓶身，改為 700 毫升圓柱瓶，並推出塔西爾東方粉紅琴酒 (Tarsier Oriental Pink Gin)，以印尼熱帶雨林到湄公河三角洲果園，從泰國水上市集到馬來西亞水果攤的穿越概念，以七種傳統琴酒原料與火龍果、覆盆莓、高良薑、四季柑進行蒸餾，蒸餾後再浸泡荔枝與覆盆莓，帶來甘甜滋味與淡雅粉紅。

製作琴酒對宣威而言或許是一種思鄉的具體實現，因為親身經歷過精采的旅途，才能掌握風味的展現。

塔西爾琴酒
Tarsier Gin 45% ABV

🌰 風味　**Juniper** | **Citrus** | **Herbal** | **Spice** | Floral | Fruit

🌿 原料　杜松子、芫荽籽、歐白芷根、甘草、鳶尾根、桂皮、苦杏仁、四季柑、泰國甜羅勒、高良薑、貢布胡椒

🍸 推薦調酒　Gin Tonic - 檸檬片、Gimlet

🍷 品飲心得　充滿東南料香料及柑橘氣味，舒服的杜松子香氣；口感是清爽草本與一點辛香料，胡椒與柑橘尾韻鮮明。

塔西爾東方粉紅琴酒
Tarsier Oriental Pink Gin 40% ABV

🌰 風味　**Juniper** | **Citrus** | Herbal | **Spice** | Floral | **Fruit**

🌿 原料　杜松子、芫荽籽、歐白芷根、甘草、鳶尾根、桂皮、苦杏仁、四季柑、火龍果、高良薑、覆盆莓、荔枝

🍸 推薦調酒　Gin Tonic - 葡萄柚及蔓越莓、Clover Club

Thomas Dakin

G & J 格林諾酒廠 (G & J Greenall Distillery) 首席蒸餾師喬安娜為了向酒廠創辦人湯瑪士．戴金致敬，決定推出以辣根橙酒 (Horseraddish Flavored–Orange Cordial) 為靈感發想的琴酒，經過將近一年的研發，使用去礦質水稍加稀釋穀物中性烈酒，浸泡杜松子、芫荽籽、辣根、尾胡椒、歐白芷、甘草、甜橙皮、葡萄柚皮等十一種材料於圓型銅製蒸餾器 (Baby Copper Pot Still) 中數小時，蒸餾僅取用酒心部分，最後裝瓶濃度為 42% ABV；這款湯瑪士戴金琴酒 (Thomas Dakin Gin) 在 2015 年正式上市。

瓶身設計是委託倫敦「這裡設計公司 (Here Design)」所構思，概念來自十八世紀藥劑產品的標籤與圖案，黑色瓶蓋象徵工業革命時黑煙瀰漫的曼徹斯特，上頭刻印 TD 字樣 LOGO，紅色瓶標代表城市建物紅磚牆，白色文字標註琴酒的配方資訊。

品牌總監大衛．休默 (David Hume) 對這款琴酒的定位是「很曼徹斯特」，並於 2019 年春季另外於曼徹斯特勞埃德街 (Lloyd Street) 著手建造小型酒廠與琴酒體驗中心，打算重現過去湯瑪士．戴金酒廠的榮景。

湯瑪士戴金琴酒
Thomas Dakin Gin 42% ABV

🌀 風味　**Juniper** | **Citrus** | Herbal | **Spice** | Floral | Fruit

🍸 原料　杜松子、英國芫荽籽、歐白芷根、尾胡椒、辣根、甘草、甜橙皮、葡萄柚皮、秘密

🍶 推薦調酒　Gin Tonic - 橙皮、Red Snapper

🌀 品飲心得　顯著杜松子、甜橙等柑橘香氣，一點胡椒、辛香料。銳利口感之中是柑橘調性顯著，溫暖的胡椒尾韻。

　　祖先是 1762 年以啤酒事業起家的湯瑪士・格林諾 (Thomas Greenall) 自己也是知名烈酒與啤酒品牌格林諾・惠特利 (Greenall Whitley) 第四代當家，強尼・尼爾 (Johnny Neill) 血液中承襲了家族精采的製酒經驗。因為妻子是南非裔，他使用了兩款來自妻子家鄉的植物元素：最多能在樹幹裡儲存 12 萬公升水量的猴麵包樹果 (Baobab Fruit)，以及富有苦甜滋味多汁的海角鵝莓 (Cape Gooseberries)，加上七種傳統琴酒材料，與伯明罕的蘭利酒廠在 2005 年合作推出惠特利尼爾琴酒 (Whitley Neill Gin)。

　　先使用中性穀物烈酒浸泡除了鵝莓之外的八種原料一整夜 (最多十二小時)，再以 3000 公升的銅製壺式蒸餾器康斯坦絲 (Constance) 進行蒸餾 (鵝莓則分開蒸餾)；緩慢蒸餾調和所得成品再用純淨水源從 81% ABV 稀釋至 43% ABV 裝瓶。酒標設計是被譽為永生樹的非洲猴麵包樹，舊款瓶身為透明瓶身，2013 年 6 月時更換瓶身為不透明黑色，永生樹酒標則從金色改為紅色。

　　每售出一瓶惠特利尼爾琴酒，就捐贈五便士 (大概台幣兩塊錢) 給非洲樹木互助組織 (Tree Aid)，就像另一款同樣也添加猴麵包樹果為原料的大象琴酒 (Elephant Gin) 也會捐出 15% 盈利分別給肯亞與南非大象保育機構。

　　2016 年 11 月，強尼愛好旅行的祖父弗雷德里克・尼爾 (Frederick Neill)，在一次前往伊朗旅行後的聖誕節，帶回榲桲果凍及果醬給家人品嚐，令他留下深刻印象。於是以波斯主題為靈感，使用土耳其榲桲 (Quince) 汁，帶有蘋果與梨子風味，做成第一款使用榲桲為材料的甘甜琴酒 —— 惠特利尼爾榲桲琴酒 (Whitley Neill Quince Gin)，裝瓶濃度為 43% ABV；之後還推出惠特利尼爾大黃與薑琴酒 (Whitley Neill Rhubarb & Ginger Gin) 與其他多款調味琴酒。

　　擁有「利物浦琴酒 (Liverpool Gin)」品牌的豪爾伍德國際 (Halewood International) 在 2009 年 9 月開始與強尼合作，協力推出以強尼的曾祖父約翰詹姆斯・惠特利 (John James Whitley) 為名的 J.J. 惠特利 (J.J. Whitley) 系列琴酒與伏特加，包括 J.J. 惠特利倫敦琴酒 (J.J. Whitley London Dry Gin)、J.J. 惠特利接骨木花琴酒 (J.J. Whitley Elderflower Gin)、J.J. 惠特利蕁麻琴酒 (J.J. Whitley Nettle Gin)。

　　2017 年，強尼以兒時居住過十年的馬里波恩 (Marylebone) 為名，此處十八世

紀時曾是種滿花草的「悅園 (Pleasure Gardens)」，他使用包括杜松子、檸檬香蜂草、萊姆花、洋甘菊、葡萄柚皮、甘草、丁香、鳶尾根、檸檬皮、甜橙皮、歐白芷根、芫荽籽、桂皮等十三種原料，並以花香為主調，推出以湯瑪士‧格林諾女兒伊莎貝拉 (Isabella) 命名的 50 公升銅製壺式蒸餾器生產、50.2% ABV 的馬里波恩琴酒 (Marylebone Gin)，提供給馬里波恩旅館 (創辦人即為湯瑪士‧格林諾) 及鄰近餐酒吧，並將工作室取名為「悅園蒸餾公司 (Pleasure Gardens Distilling Company)」。旅館內製作的馬里波恩琴酒採一次製成，每批次僅有一〇八瓶，同時也交由泰晤士酒廠以多倍製成方式製作。

　　另外還推出添加八種原料，46.2 % ABV 的馬里波恩橙香天竺葵琴酒 (Marylebone Orange & Geranium Gin)，以及熟成於巴貝多四次方酒廠 (Foursquare Distillery) 蘭姆酒桶六個月的馬里波恩桶陳琴酒 (Marylebone Cask Aged Gin)。

惠特利尼爾琴酒
Whitley Neill Gin 43% ABV

🌼 風味　**Juniper** | **Citrus** | Herbal | Spice | **Floral** | **Fruit**

🫒 原料　杜松子 - 馬其頓、歐白芷根 - 法國、芫荽籽 - 俄羅斯、甜檸檬皮 - 西班牙安達魯西亞、甜橙皮 - 西班牙安達魯西亞、桂皮 - 中國、鳶尾根 - 義大利、猴麵包樹果、海角鵝莓（燈籠果）

🍸 推薦調酒　Gin Tonic - 蘋果片、Martini

🌀 品飲心得　清新杜松子中帶有些熱帶水果與檸檬皮香氣，一點紫羅蘭花。入喉的松杜子之後是柑橘糖、可可與肉桂、黑胡椒等辛香，尾韻有芒果和花香。

馬里波恩桶陳琴酒
Marylebone Cask Aged Gin 51.3% ABV

🌼 風味　uniper | **Citrus** | **Herbal** | Spice | **Floral** | Fruit

🫒 原料　杜松子 - 義大利、檸檬香蜂草 - 匈牙利、萊姆花 - 保加利亞、洋甘菊 - 埃及、葡萄柚皮 - 土耳其、甘草 - 西班牙、丁香 - 印尼、鳶尾根 - 義大利、檸檬皮 - 土耳其、甜橙皮 - 土耳其、歐白芷根 - 波蘭、芫荽籽 - 羅馬尼亞、桂皮 - 印尼

🍸 推薦調酒　Gin Tonic - 檸檬皮、Gimlet

Europe

歐洲 15 國

UK

Europe

N.America

S.America

Asia

Africa

Oceania

琴酒的基本材料杜松子,最主要的生產地就在歐洲,其餘像是歐白芷、鳶尾根等在歐洲也取得方便;另外同在歐盟體系,原料交易、技術交流、產品進出等都是讓歐洲產出琴酒更多元更精采的關鍵。

賦予琴湯尼新面貌的西班牙,是琴酒成功打入年輕族群的先驅;允許農家自用蒸餾烈酒的德國與奧地利將風土特色呈現在琴酒之中;擁有互久白蘭地蒸餾傳統的法國是另一處重現琴酒風華的濫觴。製作杜松子酒歷史源遠流長的荷蘭及比利時,製作起琴酒可說駕輕就熟;北歐諸國在禁酒令結束後,紛紛建起自己的酒廠,百家爭鳴;義大利與瑞士將對藥草酒的熱愛,轉換成帶著草本滋味的琴酒。

Black Tomato

黑番茄
▬▬▬
黑番茄烈酒
Black Tomato Spirit

里昂‧梅爾斯 (Leon Meijers) 的興趣是種植番茄,而阿佛烈德‧桑迪 (Alfred Sandee) 的喜好則是品飲琴酒,兩個好朋友在 2014 年結合各自所愛,合作研發琴酒。他們將生產線委託給建於 2004 年、以傳統地板發麥製造伏特加與威士忌的康姆潘酒廠 (Kampen Destillateurs)。這家酒廠位於盛產海鮮貝類的澤蘭省 (Zeeland) 布勒伊尼瑟 (Bruinisse) 小鎮,首席蒸餾師康姆潘 (Meinderd Kampen) 作風嚴謹,堅持從穀物到杯中物都要小批次層層把關,終於在 2016 年 8 月,黑番茄琴酒 (Black Tomato Gin) 正式上市。

這也是第一款號稱以番茄為關鍵元素的琴酒,採用帶有豐富花青素的黑番茄、杜松子與一款秘密配方分開浸泡蒸餾,黑番茄壓碎後會浸泡四週後再蒸餾;調和後再加進少許來自酒廠對面、占地 3700 公頃的荷蘭最大河口生態保護區── 奧斯特什蒂國家公園 (Oosterschelde) 的純淨過濾鹽水,靜置數週後才進行裝瓶;酒精濃度為 42.3% ABV。

瓶身為磨砂黑瓶,容量為 500 毫升。布勒伊尼瑟也是歐洲淡菜主要產地,這種貝類經濟價值之大甚至被稱為黑色黃金。以黑色為品牌概念,除了黑番茄,另一個關鍵就是淡菜了。但因為當地黑番茄產銷不敷使用,酒中使用的黑番茄多數來自義大利西西里島的有機種植 (該處地下水還比奧斯特什蒂國家公園的鹽水更鹹)。至於另一個神秘配方,和同好品嘗後,大夥從口感推測是乾燥金盞花或蜂蜜。

黑番茄琴酒
Black Tomato Gin 42.3% ABV

| 風味 | **Juniper** | Citrus | Herbal | **Spice** | Floral | **Fruit** |

原料　杜松子、黑番茄、秘密

推薦調酒　Gin Tonic - 羅勒、Dirty Martini

品飲心得　帶有顯著番茄味道,莓果與少許香料氣味。鹹甜口感之中透著微量杜松子口感與荳蔻。

Bobby

在家族與朋友間被暱稱為「巴比 (Bobby)」的雅各布斯‧阿方斯 (Jacobus Alfons)，於二次大戰時是荷蘭皇家東印度部隊 (KNIL) 士官長，在 1950 年代戰後從印尼安汶島 (Ambon) 納庫 (Naku) 被分派至荷蘭。一方面他很快就愛上荷蘭杜松子酒，一方面則因為懷念家鄉的味道，於是索性將來自印尼傳統料理「派納達瑞西 (Pineda Raci)」所添加的香料浸泡在杜松子酒裡增添風味，順便一解鄉愁。

2012 年，他的外孫賽巴斯蒂安‧范‧波克爾 (Sebastiaan van Bokkel) 在母親家中發現當初外祖父遺留的酒瓶，發想出製作新琴酒的念頭。賽巴斯蒂安原先在杜瓦啤酒 (Duvel Moortagt) 公司工作，負責凡迪特 (Vedett) 啤酒品牌，離職後與荷蘭斯希丹建廠於 1777 年的赫曼楊森酒廠 (Herman Jansen) 首席蒸餾師阿迪范德‧李 (Ad van der Lee)，以及第六代經營者迪克‧楊森 (Dick Jansen) 合作研發，並向家族中保留派納達瑞西料理食譜的阿姨請益，嘗試過六十三種配方，終於 2014 年開始販售。

巴比琴酒 (Bobby's Gin) 以西式元素：杜松子、芫荽籽、玫瑰果、茴香，混合東方丁香、肉桂、香茅、尾胡椒，使用分餾 (Fractional Distillation) 技術以 600 或 3000 公升銅製壺式蒸餾器取得各材料蒸餾酒液，調和後再稀釋至 42% ABV。酒瓶造型來自於杜松子酒傳統長瓶，以燻黑玻璃製作，紋飾為印尼傳統綁染 (Ikat) 花紋。

於 2018 年推出的巴比杜松子酒 (Bobby's Jenever) 添加 4% 麥酒 (Malt Wine)，使用杜松子、荳蔻、薑、香茅、尾胡椒五種素材，裝瓶濃度為 38% ABV。2019 年底為慶祝發行五週年，推出以 4：1 的比例調和巴比琴酒與赫曼楊森諾塔里斯杜松子酒 (Notaris Genever)、再進行六個月桶陳的五週年版琴酒 (Bobby's 5 Years Edition)。

UK

Europe

NAmerica

SAmerica

Asia

Africa

Oceania

巴比杜松子酒

Bobby's Jenever 38% ABV

風味　Juniper | **Citrus** | Herbal | **Spice** | Floral | Fruit

原料　杜松子、荳蔻、薑、尾胡椒、檸檬香茅

推薦
調酒　Gin Tonic - 葡萄柚片、Last Word

巴比琴酒

Bobby's Gin 42% ABV

風味　Juniper | **Citrus** | Herbal | **Spice** | **Floral** | Fruit

原料　杜松子、芫荽籽、茴香、肉桂、丁香、尾胡椒、檸檬香茅、玫瑰果

推薦
調酒　Gin Tonic - 檸檬片與香茅、Gimlet

品飲
心得　顯著的香茅氣味，些許玫瑰花香。口感是丁香、芫荽籽帶來的許些檸檬調
　　　性伴隨杜松子隱約出現，一點胡椒、香茅。

B_{ols}

UK

Europe

N.America

S.America

Asia

Africa

Oceania

　　雖然擁有多款舉世聞名的利口酒，在波士公司 (Bols) 最深具歷史地位的品項，其實是自家的杜松子酒 (Genever)。波爾士家族 (Bulsius) 於 1575 年來到阿姆斯特丹，更名「波士 (Bols)」建立品牌，他們在河岸旁、簡陋的棚子下就地放了蒸餾設備，利用河水進行冷卻；直到 1634 年才由皮耶特・雅各布斯・波士 (Pieter Jacobzoon Bols) 正式註冊「小棚子 ('t Lootsje)」酒廠，成為波士酒廠的雛型。嚴格來說，現在已無法確知古老的波士家族究竟從何時開始製造杜松子酒，只知第三代的盧卡斯・波士 (Lucas Bols) 在 1652 年成立盧卡斯波士酒廠，1664 年有他購買杜松子的文件紀錄。值得一提的是波士家族當年在荷蘭東印度公司的十七人董事會占有一席，很容易取得跟東方貿易往來的香料與草本原料。

　　1719 年盧卡斯去世，由兩個兒子接手，經營不善加上戰爭影響，1819 年由鹿特丹的蓋布瑞爾・特奧多魯斯 (Gabriël Theodorus van't Wout) 買下波士酒廠，他整理資料、請教酒廠員工，將配方集結成冊出版《小棚子老客人的蒸餾與利口酒製作隨身手記 (Distillateurs–en Liqueurbereiders Handboek door een oude patroon van 't Lootsje)》，迄今仍是波士酒廠內部的參考指南。在蓋布瑞爾努力下，波士杜松子酒出口到美國，成為當時調酒文化裡常見要素之一。

　　1868 年轉由莫爾澤 (Moltzer) 家族接管，積極變身為國際品牌，2000 年改由人頭馬君度公司 (Remy Cointreau) 持有；五年後因為財務考量，變賣蒸餾器給比利時菲利埃斯酒廠 (Filliers Graanstokerij NV)，許多酒廠員工為此傷心不已。

　　人頭馬君度公司決議將重心擺在高端產品，遂於 2005 年出售波士品牌；2006 年 3 月，轉售予荷蘭銀行資本投資基金與曾於人頭馬君度管理委員會任職的范多爾納 (Huub van Doorne)，籌備讓波士品牌重回阿姆斯特丹；2007 年在梵谷博物館斜對面成立波士之家 (House of Bols)，提供訪客瞭解品牌歷史與產品。

　　2014 年將蒸餾廠設於阿姆斯特丹水壩廣場附近，訂購德國蒸餾器品牌寇勒 (Kothe) 的三座銅製壺式蒸餾器，廠方有定時提供導覽。波士杜松子酒裡關鍵的麥酒 (Malt Wine) 為玉米、裸麥及小麥製成，緩慢發酵五日後，由菲利埃斯酒廠內購自波士酒廠的四座蒸餾器經過三次蒸餾所得，酒精濃度為 47% ABV 左右。波士杜松子酒由：麥酒、杜松子蒸餾酒、其他原料蒸餾酒與水調和，再

依據不同比例及是否經過木桶熟成變化出各款風味產品；而波士穀物杜松子酒 (Corenwyn) 系列，則是由中性烈酒、杜松子麥酒、其他原料麥酒與水調和。

2008 年發表的波士經典杜松子酒 (Bols Genever Original) 追溯至調酒文化興起的 1820 年配方，麥酒含量大於 50%，添加包含杜松子、八角、甘草、丁香、杏仁、歐白芷根、啤酒花、薑、芫荽籽、甜橙、葛縷子等二十二種原料，裝瓶濃度為 42% ABV，穀物麵包香氣之中帶有淡淡茉莉花茶與些微辛香料感。2010 年先後於美國與日本推出 42% ABV 的波士桶陳杜松子酒 (Bols Genever Barrel Aged)，將波士經典杜松子酒貯放於法國利穆森橡木桶 (Limousin Cask) 十八個月，入喉是隱約葡萄、莓類果香、香草與柔順的橡木桶和穀物氣味。

由蒸餾師萊皮特・基豪斯特 (Piet van Leijenhorst) 與餐飲大亨瑞恩德斯 (Casper Reinders) 合作，專攻年輕客群的波士 21 杜松子酒 (Bols Genever 21) 於 2013 年上市，使用低於一成的麥酒，裝瓶濃度為 38% ABV，口感是一點胡椒、堅果、麥味與淡淡花香，適合以杜松子酒一口烈酒杯 (Kopstootje) 飲用。瓶身設計則邀請荷蘭設計師范德沃爾 (Vincent van de Waal) 操刀，將他自己刺滿圖像的手繪製於瓶身。

2017 年 5 月推出一百瓶的波士 100% 麥香杜松子酒 (Bols Genever 100% Malt Spirit)，由蒸餾師皮特根據十七世紀波士杜松子酒配方製作，在玉米、裸麥及小麥緩慢發酵過程中加入杜松子，再蒸餾三次製成麥酒，直接以 47% ABV 裝瓶。2017 年 10 月正式發售，如今已成為常態品項商品。

波士經典杜松子酒
Bols Genever Original 42% ABV

🫧 風味　**Juniper** | **Citrus** | **Herbal** | Spice | **Floral** | Fruit

🍸 原料　杜松子、芫荽籽、歐白芷根、甜橙、薑、八角、杏仁、啤酒花、葛縷子、甘草、丁香、秘密

🍹 推薦 調酒　Gin Fizz、Martinze

🍷 品飲 心得　穀物氣味與輕柔杜松子，一點乾草味。口感有辛香料、甜美柑橘、麵包口感，類似茉莉花香尾韻。

B oompjes

　　「三株小樹」這個可愛的名字，就來自長在酒廠前的三棵小樹；1658 年由荷蘭的史代夫利爾 (Steffelear) 家族創設於萊登，第二代搬遷至斯希丹，其後四百年間數次易主，直到 2012 年由房產企業家尚保羅‧巴登堡 (Jean–Paul Batenburg) 收購，新酒廠比鄰迪凱堡家族酒廠 (De Kuyper Royal Distillers) 與諾利酒廠 (Nolet Distillery)，並委託斯希丹杜松子博物館的蒸餾師賈斯圖斯‧沃洛普 (Justus Waalop) 設計新杜松子酒款，成功讓搖搖欲墜的三株小樹起死回生。

重新整頓後的三株小樹酒廠。

　　多數的荷蘭酒廠都會向隔壁鄰居比利時購買麥酒 (Malt Wine)，不過三株小樹酒廠把目光放在當地的歷史特色 —— 選擇與磨麥坊合作，以低溫磨碾穀物，並使用大麥麥芽、裸麥和玉米在自家發酵，再以壺式蒸餾器蒸餾數次，取得麥酒來製作杜松子酒。

UK

Europe

N.America

S.America

Asia

Africa

Oceania

目前有四款杜松子酒：三株小樹杜松子酒 (Boompjes Genever) 以小麥中性基酒浸泡杜松子、芫荽籽、歐白芷根、香草、甘草、薰衣草蒸餾後添加 10% 蒸餾四次至 70% ABV 的麥酒，裝瓶濃度為 35% ABV；三株小樹老荷蘭杜松子酒 (Boompjes Old Dutch Genever) 浸泡杜松子、橙皮蒸餾後添加 20% 蒸餾三次且熟成於波本桶三年的麥酒，裝瓶濃度為 38% ABV；三株小樹穀類杜松子酒 (Boompjes Korenwijn Genever) 浸泡杜松子、芫荽籽、歐白芷根、香草、甘草、薰衣草蒸餾後添加 60% 蒸餾三次且熟成於波本桶四年的麥酒，裝瓶濃度為 42% ABV；三株小樹麥酒杜松子酒 (Boompjes Maltwine Genever) 使用 100% 蒸餾三次、且在波本桶熟成四到五年的麥酒，浸泡杜松子、橘皮，裝瓶濃度為 40% ABV。

十六世紀最早向政府註冊杜松子酒名稱的法蘭西斯・西爾威斯・德拉博依教授 (Franciscus Sylvius Dele Boe)，當時的實驗室便在三株小樹萊登酒廠附近，酒廠也以此淵源推出西爾威斯琴酒 (Sylvius Gin) 以茲紀念。蒸餾師賈斯圖斯以小麥中性烈酒為基底，浸泡杜松子、歐白芷根、芫荽籽、葛縷子、肉桂、薰衣草、新鮮檸檬、橙皮、甘草、八角等材料四天後進行蒸餾，添加小麥中性烈酒與水稀釋至 45% ABV 裝瓶。

2017 年由酒廠首席蒸餾師約翰・德朗格 (John de Lange) 與荷蘭米其林三星主廚強尼・波耳 (Jonnie Boer) 合作開發鬼廚琴酒 (Gastro Gin)，除了杜松子，使用四種帶有柑橘調性的原料：檸檬馬鞭草、葡萄柚、檸檬、柳橙，以及五種來自世界各地的胡椒，再加上傳統琴酒材料 (荳蔻、茴香籽及花、歐白芷、葛縷子、甘草) 以餐酒搭配為訴求。

與當地磨麥坊合作低溫磨碾穀物。

三株小樹杜松子酒系列。

西爾威斯琴酒
Sylvius Gin 45% ABV

🌐 風味　**Juniper** | **Citrus** | Herbal | **Spice** | **Floral** | Fruit

Ⓜ 原料　杜松子、芫荽籽、歐白芷根、肉桂、薰衣草、橙皮、檸檬、甘草、八角、葛縷子

🍸 推薦調酒　Gin Tonic - 檸檬片、Martini

鬼廚琴酒
Gastro Gin 45% ABV

🌐 風味　**Juniper** | **Citrus** | **Herbal** | **Spice** | Floral | Fruit

Ⓜ 原料　杜松子、荳蔻、歐白芷根、葛縷子、甘草、茴香籽及花、橙皮、檸檬、檸檬馬鞭草、葡萄柚、多香果 - 牙買加、花椒 - 中國 、野胡椒 - 馬達加斯加、長胡椒、砂拉越黑胡椒 - 馬來西亞

🍸 推薦調酒　Gin Tonic - 葡萄柚皮、Negroni

✳ 品飲心得　荳蔻與胡椒等辛香料的氣味之中是杜松子漸次成柑橘調性，入喉甘甜的草本與胡椒感覺交錯。

Damrak

前面提過的波爾士家族(Bulsius)，1575 年在阿姆斯特丹建立酒廠，不久後便因信奉新教與天主教衝突，舉家被迫輾轉搬遷至支持新教的科隆，直到荷蘭正式獨立，波士家族才再度搬回阿姆斯特丹。1652 年，第三代的盧卡斯·波士 (Lucas Bols) 成立盧卡斯波士酒廠並躋身國際品牌，1700 年就研發超過兩百餘種利口酒款。1719 年，盧卡斯去世，酒廠日漸沒落，加上拿破崙戰爭期間英國封鎖海港嚴重影響生意；1816 年最後一名波士家族成員去世，波士酒廠瀕臨倒閉。

1868 年轉手給莫爾澤家族接掌，改採強力行銷，成為真正活躍於國際間的品牌；1954 年最後一名莫爾澤家族成員離開波士，酒廠才改為國有。荷蘭皇家航空 (KLM) 與波士酒廠合作，將杜松子酒用臺夫特藍陶 (Delft Blue) 小屋造型的小酒瓶包裝成樣品酒，送給商務艙賓客，且每年的陶屋酒瓶都各有不同特色。

1969 年，波士酒廠因為成本考量遷到位於西荷蘭的祖特爾梅爾 (Zoetermeer)；接下來接連易主，包括海尼根 (Heineken)、韋薩尼食品集團 (Wessanen)、倫敦私募基金－CVC 源浩資本 (Capital Partners)，再於 2000 年改由人頭馬君度公司持有，2007 年波士品牌才輾轉重回阿姆斯特丹。

2014 年，經歷四十五年後再度將蒸餾廠遷回阿姆斯特丹水壩廣場附近，位在波士集團旗下另一間歷史悠久品牌 —— 威南德弗金克 (Wynand Fockink) 零售店旁。酒廠內配備有 100 公升、200 公升、500 公升的三座銅製壺式蒸餾器，並由在波士酒廠服務二十八年的蒸餾師皮特·萊基豪斯特 (Piet van Leijenhorst) 掌理。而祖特爾梅爾的波士酒廠依舊負責大部分產品調和製作、桶陳與裝瓶。

位於阿姆斯特丹中央車站和水壩廣場之間，達姆拉克大街 (Damrak) 的河岸邊昔日曾是港口的一部分，挾地利之便成為東印度公司轉運東方香料的樞紐，波士酒廠也曾設立於此。為了緬懷這段歷史，向來專心生產杜松子酒的波士酒廠於 2001 年推出達姆拉克琴酒 (Damrak Gin) 表示紀念。

以穀物中性烈酒浸泡杜松子等十七款水果、草本香料，雖是向過去致意，風味卻是帶著豐富柑橘調性，不強調杜松子力道。負責研發的蒸餾師皮特僅透露其中十一款原料，參照十八世紀早期酒廠裡的配方調整，將元素區分五大類個別蒸餾，最後再進行調和，裝瓶濃度為 41.8% ABV。瓶身設計仍舊是參照傳統杜

松子酒的長型陶罐造型，不過改以透明玻璃瓶呈現，波士酒廠的商標以浮雕刻印；從剛開始的掀蓋式改為橙色環保橡木塞，橙色是取其柑橘調性特色意象。

水壩廣場附近新酒廠設置的蒸餾器。

UK

Europe

N.America

S.America

Asia

Africa

Oceania

達姆拉克琴酒
Damrak Gin 41.8% ABV

 風味　**Juniper** | **Citrus** | Herbal | Spice | **Floral** | Fruit

 原料　杜松子、芫荽籽、歐白芷根、甜橙 - 西班牙瓦倫西亞、苦橙 - 庫拉索、檸檬、薰衣草、薑、八角、肉桂、金銀花、秘密

推薦
調酒　Gin Tonic - 柳橙片、Gimlet

品飲
心得　豐富柑橘調性與淡淡的杜松子氣味。橙皮香氣在口中轉為薰衣草，杜松子與溫暖的香料綿延。

Gospel

距離阿姆斯特丹史基浦機場約莫十五分鐘車程的霍夫多普 (Hoofddorp)，城鎮上有座建於 1855 至 1858 年間的荷式歸正教教堂 (Dutch Reformed Church)，1999 年被荷蘭政府頒設文化遺產紀念碑，此後成為居民集會歡慶場所。2013 年，由史帝芬‧波斯瑪 (Stephan Bosma) 取得產權並將之打造成餐酒館；透過波士酒廠 (Bols) 啟發，也一併成立霍夫多普教堂酒廠 (Hoofdvaartkerk Distillery)，派人至德國取經學習，隨後在餐廳內部架設兩座 250 公升以瓦斯加熱的德國銅製慕勒 (Muller) 蒸餾器製酒。

在霍夫多普附近的哈倫 (Haarlem)，十四世紀時曾是荷蘭的啤酒重鎮，百餘間釀酒廠把啤酒裝在稱為「喬潘 (Jopen)」的 112 公升木桶，再運往各處；之後拉格啤酒崛起取代艾爾啤酒，在 1916 年此地的最後一間釀酒廠也關門了。

1994 年 11 月 11 日，麥克‧歐德曼 (Michel Ordeman) 與友人成立以復興哈倫啤酒工藝為目標的喬潘啤酒 (Jopen Bier)，在哈倫建城七百五十週年當天發表酒花啤酒 (Hoppenbier)。2010 年 11 月，歐德曼將市中心的聖雅各教堂 (Jacob's Church) 改建成餐廳、咖啡館與啤酒廠，命名為「哈倫喬潘教堂 (Jopenkerk Harrlem)」，哈倫終於再次迎回釀製啤酒的驕傲。

因緣際會下，2015 年 11 月歐德曼取得霍夫多普教堂酒廠經營權，更名為霍夫多普喬潘教堂 (Jopenkerk Hoofddorp)，蒸餾酒廠品牌則取名「福音烈酒 (Gospel Spirits)」，標誌上的 1858 年是酒廠教堂興建日期，Veritatem Evangelii 則是取福音、好消息的拉丁文意。2016 年 11 月，由曾經在波士酒廠任職行銷的范德保胥 (Jordi van den Bosch) 擔任品牌大使與行銷業務開發。

2017 年 2 月，延攬蒸餾師弗萊迪 (Freddie Talbot-Ponsonby) 加入，他自小生長於澳洲酒莊葡萄園，長大後赴愛丁堡赫瑞瓦特大學 (Heriot-Watt University) 修習釀造與蒸餾課程，2015 年參與蘇格蘭皮克林琴酒 (Pickering's Gin) 生產，接著至格拉斯哥酒廠協助製作威士忌。對於「福音烈酒」這品牌，弗萊迪不僅打造出各類特色琴酒，更將目光放在之後的威士忌產品。教堂裡的兩座蒸餾器，弗萊迪將一座特定用來製作琴酒，另一座則是專門製作穀物烈酒。

將舊教堂改建成酒廠，結合酒吧及餐廳。

　　以自家穀物烈酒為基底，除了浸泡常見琴酒原料：杜松子、甘草、芫荽籽外，另外還放了整顆的新鮮柳橙與葡萄柚，以及帶著些微辛香料感覺的天堂椒、土味的歐防風、豐富層次的蜜多福啤酒花，製作出柑橘滋味飽滿、還有點酒花與穀物香氣的福音荷式琴酒 (Gospel Dutch Gin)，裝瓶濃度為 41% ABV。把福音荷式琴酒的原酒置於歐洲橡木桶熟成，兩個月後裝瓶濃度 43% ABV，就是福音桶陳琴酒 (Gospel Barrel Aged Gin)。另外還有以其祖父命名的皮特霍尼杜松子酒 (Piet Honingh Genever)，靈感來自於歐德曼祖父經常飲用的杜松子酒，使用自家啤酒廠生產的麥酒，添加杜松子、歐白芷、芫荽籽、葛縷子、桉樹葉、新鮮柳橙、接骨木花製作，他們建議搭配啤酒飲用。

　　2017 年 3 月，推出與冰島精釀啤酒廠寶格 (Borg Brugghús) 合作的福音北歐琴酒 (Gospel Nordic Dry Gin)，除了基礎素材：杜松子、歐白芷、芫荽籽、甘草、檸檬之外，還加入極地百里香 (Arctic Thyme) 與冰島石楠花 (Icelandic Heather)。針對萬聖節推出的福音香料南瓜琴酒 (Gospel Spiced PumpGin) 則是以每年的喬潘南瓜啤酒 (Jopen Mashing Pumpkins)，加上自家南瓜派利口酒一同蒸餾，添加杜松子、歐白芷、芫荽籽、肉桂、香草、丁香、薑、檸檬與肉豆蔻原料。

　　不過酒廠於 2019 年結束霍夫多普教堂的經營合約，蒸餾設備已經遷往他處。

福音烈酒系列產品。

福音荷式琴酒
Gospel Dutch Gin 41% ABV

🌸 風味　**Juniper** | **Citrus** | Herbal | **Spice** | Floral | **Fruit**

🧡 原料　杜松子、甘草、芫荽籽、歐防風（芹菜蘿蔔）、蜜多福啤酒花、天堂椒、柳橙、葡萄柚

🍸 推薦　Gin Tonic - 紅色甜椒、Martini
調酒

🥃 品飲　一點辛香料與柔和杜松子，柑橘與啤酒花氣味。溫潤的口感與舒服的柑橘
心得　調，輕微胡椒感和甘草。

olet

　　1691 年，強納森‧諾利 (Joannes Nolet) 在荷蘭斯希丹創建諾利酒廠 (Nolet Distillery) 生產杜松子酒；位於鹿特丹附近的斯希丹是重要港口，以穀類作物及香料轉運為大宗，間接造就此地出現許多杜松子酒廠，當時也引發一波波的杜松子酒價格戰。諾利第十代接班人卡羅魯斯‧諾利 (Carlolus H.J Nolet) 決定將四十款產品全部縮減，改推出的坎特一號新杜松子酒 (Ketel One Jonge Jenever)，希望在價格與品質中間取得最佳平衡。

　　坎特一號新杜松子酒含有 3% 購自比利時菲利埃斯酒廠以小麥、玉米、裸麥製成的麥酒，這些麥酒會先於烘烤過的法國 220 升橡木桶內熟成十二到十八個月；再與十四種原料配方以家族設置於 1854 年、酒廠內現存最久的銅製蒸餾器「坎特一號 (Distilleerketel #1)」或蒸餾器七號進行蒸餾，再調和中性小麥烈酒與水稀釋至 35% ABV。後來的坎特一號熟成杜松子酒 (Ketel One Matuur Jenever)，則是在稀釋時添加於美國橡木桶熟成八年的麥酒，裝瓶濃度為 38.4% ABV。

　　1983 年，卡羅魯斯用百分之百小麥，採單一鍋爐蒸餾器傳統小批次製作伏特加，並以蒸餾器命名為坎特一號伏特加 (Ketel One Vodka)，1991 年引進美國後立刻廣受市場好評，成為諾利酒廠最賺錢的產品線。

諾利酒廠的坎特一號蒸餾器。　　諾利風車內部一樓的導覽中心。

UK

Europe

N.America

S.America

Asia

Africa

Oceania

在酒廠河畔旁高 43 公尺的諾利風車 (Windmill De Nolet)，是目前現存最高的巨大風車，建於 2006 年，一開始是為了生產坎特一號伏特加，碾磨小麥用，雖然現在大部分已採用電能，風車改為倉儲及導覽中心，但諾利酒廠仍舊準備重新啟用風力綠能計劃。

2009 年，卡羅魯斯與兩個兒子共同研發新式琴酒。同樣以歐洲小麥製成 96.4% ABV 的中性烈酒浸泡杜松子、甘草、萊姆、鳶尾根等四種琴酒常見材料，再另外加上土耳其玫瑰提供淡雅花香，白桃提供新鮮果香及甜味，覆盆莓賦予莓果塔氣味。諾利純銀琴酒 (Nolet's Silver Gin) 使用的材料要先分開浸泡於攝氏 50 度、且稀釋至 50% ABV 的基底烈酒內二十四小時，再使用德國巴伐利亞客製設計、容量 300 公升的銅製五層柱狀蒸餾器進行蒸餾，得到超過 90% ABV 的琴酒原液後，添加玫瑰、白桃、覆盆莓萃取液調和稀釋至 47.6% ABV 裝瓶。

深綠色矩型瓶身上顯著的白色字體，標示諾利琴酒 (Nolet's Dry Gin)，瓶蓋印上代表卡羅魯斯與兩個兒子的「C.H.J Nolet」與產地斯希丹。另外諾利酒廠還推出了七百美金一瓶的諾利精選琴酒 (Nolet's Reserve Gin)，以諾利純銀琴酒為基底再添加番紅花與馬鞭草，番紅花讓酒液呈現淡色金黃，裝瓶濃度為 52.3% ABV，是目前世界上最高價的琴酒之一；每年僅限定生產數百瓶，並於卡羅魯斯 5 月 15 日生日時發售。

諾利純銀琴酒
Nolet's Silver Gin 47.6% ABV

| 🌀 風味 | Juniper | **Citrus** | Herbal | Spice | **Floral** | **Fruit** |

🍃 原料　杜松子、甘草、鳶尾根、萊姆、土耳其玫瑰、白桃、覆盆莓

🍸 推薦調酒　Gin Tonic - 蘋果、Martini

🟢 品飲心得　香水味般的玫瑰、茉莉花香，一點點淡淡的柑橘調。入喉的溫潤酒體，花果氣味及淡淡的杜松子。

Rutte

　　呂特家族 (Rutte Family) 的事業從 1749 年的鹿特丹小店舖開始，第四代西蒙‧呂特 (Simon Rutte) 於 1872 年遷至多德勒克 (Dordrecht)，一邊經營咖啡館與酒舖，一邊在店後方研製自家杜松子酒，後來隨著杜松子酒、琴酒與其他利口酒產品多樣化，銷售日增，逐漸成為具有相當規模的小酒廠。傳承至家族第七代約翰‧呂特 (John Rutte)，他在 2003 年離世前一個月，把事業交接給蒸餾師麥里安‧亨德里克斯 (Myriam Hendrickx)，2011 年被荷蘭另一間百年酒廠迪凱堡家族 (De Kuyper Royal Distillers) 併購，生產呂特品牌杜松子酒。

　　迪凱堡酒廠在 2012 年發售呂特琴酒 (Rutte Dry Gin) 與呂特芹菜琴酒 (Rutte Celery Gin)，2013 年添購第四座蒸餾器火山四號 (Vulkaan 4)，是來自德國的慕勒混合型銅製蒸餾器 (Muller Hybrid Copper Still)。部分杜松子酒和琴酒生產線移回多德勒克的酒廠，但大多數裝瓶工作仍舊運送到斯希丹交給迪凱堡酒廠完成。使用稀釋至 50% ABV 穀物中性烈酒浸泡杜松子等原料後經過蒸餾至 80% ABV，添加中性烈酒及水以多倍製成 (Multi Shot) 稀釋裝瓶；許多製酒配方發想自當時舊呂特酒廠的手記。

UK

Europe

N.America

S.America

Asia

Africa

Oceania

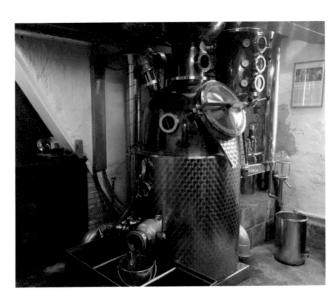

火山四號蒸餾器。

呂特琴酒
Rutte Dry Gin 43% ABV

😊 風味　**Juniper** | **Citrus** | Herbal | **Spice** | **Floral** | Fruit
　　　　　　　　　　　　　　　　　　　　　🍸 推薦調酒　Gin Tonic - 檸檬皮、Martini

🌿 原料　杜松子、芫荽籽、歐白芷根、鳶尾根、苦橙、甜橙、茴香、桂皮

呂特芹菜琴酒
Rutte Celery Gin 43% ABV

😊 風味　**Juniper** | **Citrus** | Herbal | **Spice** | Floral | Fruit

🌿 原料　杜松子、芫荽籽、歐白芷根、苦橙、荳蔻、甜橙、芹菜葉、芹菜籽

🍸 推薦調酒　Gin Tonic - 檸檬片、Gin Basil Smash

💭 品飲心得　芹菜與花香，明亮的杜松子氣味，入喉的薄荷、草本穿插著芹菜與茴香滋味。

呂特老西蒙杜松子酒
Rutte Old Simon Genever 35% ABV

😊 風味　**Juniper** | **Citrus** | Herbal | **Spice** | Floral | Fruit

🌿 原料　杜松子、芫荽籽、歐白芷根、新鮮莓果、肉豆蔻皮、甘草、角豆、芹菜、烤榛果、烤核桃、秘密

🍸 推薦調酒　Gin Soda - 蔓越莓、Holland House

V L92

早在 1883 年就開始經營酒吧、之後轉而生產杜松子酒與其他酒款的范圖爾酒廠 (Distilleerderij van Toor)，座落於鹿特丹西邊的弗拉爾丁恩 (Vlaardingen)，傳承四代後於 2000 年賣出，接手的新主人是對於製酒懷抱高度熱情的李歐・方泰納 (Leo Fontijne)，他堅持要保持傳統製程。VL92 XY 琴酒 (VL92 XY Gin) 是酒廠和來自小鎮聚特芬 (Zutphen) 的設計師謝特斯・卡爾克維克 (Sietze Kalkwijk) 合作，結合傳統杜松子酒與現代琴酒，使用 25% 製作杜松子酒用的麥酒，賦予其鮮明複雜的香料滋味，浸泡十四種材料後再次蒸餾。

VL92 XY 的名稱來自 1912 年 3 月首度下水的鯡魚漁船 ——VL92，過去大部分的鯡魚被用來交換製作杜松子酒的香料；VL92 已經退休，現今停靠於弗拉爾丁恩博物館前的河岸邊開放參訪，距離范圖爾酒廠只要步行五分鐘。瓶身設計源自傳統杜松子酒瓶，裝瓶酒精濃度為 41.7% ABV。而 VL92 YY 琴酒 (VL92 YY Gin) 則限量一千零五十瓶，添加 55% 的桶陳麥酒，酒精濃度為 45% ABV。

2012 年 5 月正式發售，從荷蘭弗拉爾丁恩將 VL92 琴酒成箱裝船耗費五天航行至倫敦，把首批到岸的一整箱琴酒交至朗廷旅館 (Langham Hotel)「自湧酒吧 (Artesian)」當時吧台經理艾力克斯・克雷提納 (Alex Kratena) 手上。

UK
Europe
N.America
S.America
Asia
Africa
Oceania

VL92 XY 琴酒
VL92 XY Gin 41.7% ABV

風味　**Juniper** | **Citrus** | **Herbal** | Spice | Floral | Fruit

原料　杜松子、苦橙皮、歐白芷根、香菜葉、杏仁、秘密

推薦　Gin Tonic - 檸檬皮、Martini
調酒

品飲　杜松子、薰衣草、肉桂、茴香氣味在麥香裡擴散。木質調性裡透
心得　著柑橘口感，柔順帶著香草餘韻。

Zuidam

贊丹

贊丹酒廠
Zuidam Distillery

1976 年，任職迪凱堡家族酒廠 (De Kuyper Royal Distillers) 的首席蒸餾師佛雷德・范・贊丹 (Fred van Zuidam) 決定到南方的巴勒納紹 (Baarle-Nassau) 創業，在 300 平方公尺大小的空間內安置一小座銅製蒸餾器，贊丹酒廠 (Zuidam Distillery) 就這麼成立了，以杜松子酒 (Jenever) 與利口酒為主。

贊丹也是目前世界上極少數使用風車碾磨穀物的酒廠之一，與機器碾磨相較，更能以低溫保存風味；贊丹也一直自豪從頭到尾都遵循傳統 —— 從碾磨穀物糖化、添加啤酒酵母發酵六天、再蒸餾三次製成中性烈酒，都在自家酒廠完成。而關鍵的麥酒是以等比例的裸麥、玉米及發芽大麥混合製作。

酒廠初創時由佛雷德與妻子海琳 (Helene) 共同經營，之後交棒給大兒子派翠克 (Patrick van Zuidam) 負責蒸餾，小兒子吉爾伯特 (Gilbert van Zuidam) 則主導銷售。派翠克大幅擴展產品線，推出贊丹琴酒 (Zuidam Dry Gin)，配方以自家中性烈酒分開浸泡杜松子、芫荽籽、整顆新鮮檸檬、苦橙皮、荳蔻莢、香草、甘草、歐白芷根等八種配方進行蒸餾後再調和；2012 年時，更名為「荷蘭的勇氣琴酒 (Dutch Courage Dry Gin)」，配方也多加了一項鳶尾根，苦橙皮換成新鮮甜橙皮。

把琴酒存放於美國橡木桶加強香草味與香料感，推出荷蘭的勇氣桶陳琴酒 88(Dutch Courage Aged Gin 88)。2014 年再以原配方多加入義大利接骨木花，短暫貯放於美國橡木桶，推出荷蘭的勇氣老湯姆琴酒 (Dutch Courage Old Tom Gin)，原本瓶標上的威廉三世則換成一隻留著鬍子戴紳士帽的貓。

荷蘭的勇氣琴酒
Dutch Courage Dry Gin 44.5% ABV

🌿 風味　**Juniper** | **Citrus** | Herbal | **Spice** | Floral | Fruit

🍶 原料　杜松子 - 義大利、芫荽籽 - 摩洛哥、荳蔻 - 馬達加斯加、歐白芷根 - 西班牙、檸檬 - 西班牙、甜橙皮 - 西班牙、鳶尾根 - 義大利、香草 - 馬達加斯加、甘草 - 印度

🍸 推薦調酒　Gin Tonic - 檸檬片、Martini

😋 品飲心得　新鮮柑橘調性與杜松子，香料與香草溫暖氣味。杜松子口感之後有薑、肉豆蔻與肉桂尾韻，些微胡椒感。

法國 🇫🇷

*C*itadelle

絲塔朵

皮耶費朗酒廠
Pierre Ferrand Distillery

UK

Europe

N.America

S.America

Asia

Africa

Oceania

　　位於法國北部的敦克爾克 (Dunkirk)，二次大戰時發生的「敦克爾克大撤退」後來被拍成電影，然而在尚未遭到戰火摧殘的十八世紀，這裡也是香料及香草進出口的貿易大港。絲塔朵琴酒 (Citadelle Gin) 的配方正是參考過去敦克爾克酒廠所遺留的酒譜。1775 年，香料大量進口歐洲，法王路易十六授權卡爾波 (Carpeau) 和史提沃 (Stival) 兩人，在敦克爾克的絲塔朵地區生產杜松子酒，這間由法國皇室獨家授權二十年的皇家蒸餾廠，擁有十二座傳統法式銅製蒸餾器。

　　1989 年開始，琴酒進入工業化量產，相對也失去了一些複雜及細緻度。從小在干邑區成長的亞歷山大・加百列 (Alexander Gabriel)，在二十三歲時就立志要以百年前的小型銅製蒸餾器技術，製造出精緻口感的頂級琴酒。他在法國北部的法蘭德斯 (Flanders) 耗費數年研究舊文獻，買下當時位於干邑區正要出售的皮耶費朗酒廠 (Pierre Ferrand Distillery)，與蒸餾師共同研製出以絲塔朵為名的法式風味琴酒。

　　加百列研究絲塔朵琴酒的配方後，原本在 1995 年已準備開始生產，但礙於當年法國政府規定：「干邑區不得使用干邑白蘭地鍋爐蒸餾器製作琴酒」，整個計劃於是隨之延宕。想當然爾，無論在哪個年代和官方打交道總是很耗時，加百列只能持續跟法國政府交涉，法國產地法規 (AOC) 限定干邑區的眾多蒸餾器只能在 11 月到隔年 3 月蒸餾干邑白蘭地，如此一來，其他時間豈不是浪費了這些造型美麗的蒸餾器？就這樣，花了將近五年的溝通，他終於得到許可，在 1998 年進行琴酒的產製銷售，而這也是在英國以外，新式琴酒的指標先驅。

　　以小麥製成並經過三次蒸餾的中性烈酒及天然泉水稀釋至 80 ～ 85% ABV，首先浸泡杜松子、橙皮、檸檬皮及荳蔻，隔日再稀釋至 70 ～ 75% ABV 浸泡尾胡椒、芫荽籽、肉豆蔻、花椒，十二小時後稀釋到 60 ～ 65% ABV 再加入鳶尾根、杏仁、歐白芷根、甘草、桂皮與肉桂，經過半日再稀釋到 50 ～ 55% ABV 添加紫羅蘭根、香薄荷、八角、孜然、茴香等材料浸泡一至兩天，整個浸泡時間約三到四天，最後稀釋到 30 ～ 35% ABV，開始使用小型夏朗特銅製鍋爐蒸餾器 (Charentais Pot Still) 直火慢速加熱蒸餾十二小時，低天鵝頸的設計更能汲取香氣精華，每次生產僅 25 公升的琴酒原酒。

　　加百列承襲 1775 年直火加熱的製作方式，認為火候是決定酒質的要素之一，而工業革命之後大多改用蒸氣加熱，相對於直火加熱要靠近火源，蒸氣式加熱較安全便宜。

　　絲塔朵琴酒跟大部分的高端琴酒相同，只取中段酒心，稀釋至 44% ABV 裝瓶，口感優雅柔順，香氣複雜，用另外十八種原料來襯托出杜松子香氣，並且堅持僅使用當年份採集的杜松子。

　　2008 年，加百列與首席蒸餾師吉爾伯特 (Frederic Gilbert) 開始著手實驗桶陳琴酒，存放使用過的橡木桶內六個月，取得強烈桶陳風格，先以少量測試市場反應；2009 年時，為了減少木質調性，改為陳放五個月，獲得不少迴響及評價；2010 年版本販售約一萬兩千瓶。而為了要放置於木桶，第三年也調整了比例，兩人決定要讓產品有更多的花香調及香料味，加重紫羅蘭、鳶尾花的香氣及天堂椒的辛香感，相信這些風味能提升平衡優雅的口感。熟成於使用近十二年之久的橡木桶內六個月，不刻意取得太重的木桶個性；原先柑橘及肉桂調性相較不那麼突顯，陳年後帶有些微香草甜味，杜松子的氣味也變得溫潤不刺激。加百列認為過桶後的絲塔朵特選琴酒 (Citadelle Reserve Gin) 所帶來的優雅，正是他們一直想追尋的口感。

酒廠內的夏朗特銅製鍋爐蒸餾器。

　　加百列 2016 年以十九世紀風行的老湯姆琴酒為概念，在琴酒中添加熟成蔗糖並在十九種原料之外再加上柚子、矢車菊、黑蓍草製作的琴酒內，調和後再進回橡木桶內貯放數個月後再裝瓶，這款命名為絲塔朵極限一號：無錯老湯姆琴酒 (Citadelle Extremes No. 1 : No Mistake Old Tom Gin)，裝瓶濃度為 46% ABV，使用的熟成蔗糖是以棕色蔗糖先熬煮成焦糖，最後倒進白蘭地桶內存放三至四個月。

酒廠內特有蛋型木桶與創辦人。

　　隔年的絲塔朵極限二號：野花琴酒 (Citadelle Extremes No. 2 : Wild Blossom Gin) 則是以蒸餾後的絲塔朵琴酒再浸泡野櫻花 (Wild Cherry Blossoms)，接著陳放於野櫻花木桶內五個月，裝瓶濃度為 42.6% ABV。

　　經過多年桶陳實驗，2018 年終於底定絲塔朵特選琴酒配方：固有素材之外添加柚子、矢車菊、蒿草 (Genepi)，分別熟成於金合歡 (Acacia)、桑椹、櫻桃、栗子、法國橡木這五種不同木桶內五個月，調和後再短暫貯放在 2.45 公尺高的木頭蛋型容器，使酒體穩定。

絲塔朵琴酒
Citadelle Gin 44% ABV

🌀 風味　**Juniper** | **Citrus** | Herbal | **Spice** | Floral | Fruit

🌿 原料　杜松子 - 法國、芫荽籽 - 摩洛哥、歐白芷根 - 德國薩克森、鳶尾根 - 義大利、杏仁 - 西班牙、甘草 - 中國、橙皮 - 墨西哥、檸檬皮 - 摩洛哥與西班牙、茴香 - 地中海、八角 - 法國、紫羅蘭根 - 法國、荳蔻 - 印度、尾胡椒 - 印尼爪哇、桂皮 - 中南半島與地中海、香薄荷 - 法國、肉豆蔻 - 印度、孜然 - 荷蘭、肉桂 - 斯里蘭卡、花椒 - 中國四川

🍸 推薦調酒　Gin Tonic - 橙片、Martini

💧 品飲心得　杜松子的香氣在橙香後突出，一點薰衣草及草本暗示。清新的荳蔻、杜松子香、柑橘入喉，尾韻有些為肉桂溫暖甘甜，些許胡椒感。

Fair

公平
公平酒業
Fair Spirits

所謂的「公平貿易」，強調對生產者提供得以永續經營的收購價格，降低價格波動傷害，更進一步讓當地農人能以友善生態方式耕作，保護的對象包括咖啡、蜂蜜、可可豆等。

曾在芝加哥負責干邑白蘭地銷售業務的亞歷山卓·科伊蘭斯基 (Alexandre Koiransky)，決定透過以「百分之百公平貿易作物製成的烈酒」作為宣傳點，推廣公平貿易概念。他先從伏特加市場著手，然而伏特加使用的原料，無論是馬鈴薯或小麥都不在公平貿易認證範疇，於是他改用藜麥這種產自南美的穀物製成伏特加。

2009 年 2 月，科伊蘭斯基回到法國成立「公平酒業 (Fair Spirits)」，走訪玻利維亞，收購自阿爾蒂普拉諾高原 (Altiplano) 小農種植的藜麥，最後延請在干邑區工作的蒸餾師雷利 (Philip Laclie) 研究，使用向法國貝格萊 (Bègles) 尚路易斯 (Jean–Louis) 公司訂購、200 公升的史都夫勒 (Stupfler) 銅製鍋爐蒸餾器。

使用自家藜麥伏特加為基底，浸泡烏茲別克杜松子、來自印度喀拉拉邦合作農民種植的辛香料等素材一週後才進行蒸餾，得到 65% ABV 酒液，再以干邑區去除礦物質的水稀釋，推出公平杜松子琴酒 (Fair Juniper Gin)。

科伊蘭斯基更親自擬定近兩百條規則，以求符合公平貿易規範，確保農民都能取得最合理的收購價格。後來他再推出桶陳過干邑白蘭地桶三個月的公平桶陳琴酒 (Fair Barrel Aged Gin)，還有添加公平貿易認證的馬拉威蔗糖增甜，並熟成於貝里斯 XO 蘭姆酒桶中三個月的公平老湯姆琴酒 (Fair Old Tom Gin)。

公平杜松子琴酒
Fair Juniper Gin 42% ABV

🌿 風味	**Juniper** | Citrus | **Herbal** | **Spice** | Floral | Fruit
🌱 原料	杜松子 - 烏茲別克、芫荽籽 - 印度喀拉拉邦、荳蔻、菖蒲根、歐白芷根、天堂椒
🍸 推薦調酒	Gin Tonic - 橙皮、Negroni
✨ 品飲心得	特殊的穀味氣味，撲鼻的杜松子之後帶著草本調性。入喉有杜松子、荳蔻與植物根部氣味，柔順而細緻。

Generous

UK

Europe

N.America

S.America

Asia

Africa

Oceania

慷慨

欧迪维創新酒業
Odevie Creative Spirits

公司位於巴黎的歐迪維創新酒業 (Odevie Creative Spirits)，以瑰秘法式蘭姆酒 (Arcane French Rum) 品牌起家，隨著銷售增加、製酒品質聲名遠播，再趁勝擘劃海邊小屋香料蘭姆酒 (Beach House Spiced Rum) 與慷慨琴酒 (Generous Gin) 兩款新產品，並委託離干邑區不遠、成立於 1830 年的葡萄酒與白蘭地公司 (Societe Des Vins Et Eaux de Vie) 酒廠生產。

慷慨琴酒 (Generous Gin) 在 2015 年 7 月上市，概念是將花園與森林的想像化為豐富的花果香，汲取風味達到完美平衡。杜松子浸泡在稀釋後的小麥中性烈酒數日，以小型銅製蒸餾器製作，柑橘類材料亦是以此方式個別蒸餾處理，花卉素材則是僅浸泡萃取香氣不再經過蒸餾；將以上三者風味酒液加上軟水調和稀釋至 44% ABV 裝瓶。瓶身以中國明朝的白色瓷瓶為概念，與它的優雅口感倒是頗為合襯。

另一款綠色花紋瓶身的慷慨有機琴酒 (Generous Organic Gin)，添加芫荽籽，以及在法屬留尼旺島稱為卡姆博瓦 (Combava) 的青檸，散發著新鮮檸檬香氣。

慷慨琴酒
Generous Gin 44% ABV

🌀 風味　**Juniper** | **Citrus** | Herbal | Spice | **Floral** | Fruit

Ⓜ 原料　杜松子、柑橘、橘子、接骨木花、茉莉花

🍸 推薦
調酒　Gin Tonic - 橙皮、Bee's Knees

😊 品飲
心得　香氣是柑橘、茉莉花香，些微杜松子。明亮的口感，溫暖輕盈。

G 'Vine

　　歐酒之門 (EuroWinegate，EWG) 於 2001 年在干邑區設立，創辦人是兩位經驗豐富的蒸餾師 —— 尚塞巴斯帝·羅比蓋 (Jean Sébastien Robicquet) 與布魯諾·德雷雅克 (Bruno de Reilhac)；知名酒商帝亞吉歐旗下首款以葡萄製成的伏特加「詩洛珂 (Ciroc)」便是出於該團隊之手。2016 年公司更名為維勒福特莊園 (Maison Villevert)，公司總部也改遷至尚塞巴斯帝買下的十六世紀農莊。

　　2006 年發表的紀凡琴酒 (G'Vine Gin)，命名源由為法文「藤蔓 (Vigne)」，並將字母 G 移至字首；實際上酒廠則設置於不遠處的梅爾潘，與軒尼詩白蘭地酒廠比鄰。紀凡琴酒以酸度偏高、最適合進行蒸餾的白玉霓 (Ugni Blanc，原生自義大利) 葡萄來製作基酒。在每年 9 月葡萄成熟時發酵釀造，連續蒸餾至 96.4% ABV；隔年 6 月中旬，又採集園內滿開的綠色葡萄花，浸泡在白玉霓基酒中數天。

　　紀凡花果香琴酒 (G'Vine Floraison Gin) 同時將另外九種植物香料分成三大類，分別浸泡在白玉霓基底烈酒裡數日，再以 25 公升小型銅製夏朗特蒸餾器分別蒸餾。杜松子提供琴酒最主要的風味，薑、荳蔻、甘草及萊姆是清爽口感的來源，桂皮、芫荽籽、尾胡椒和肉豆蔻則提供了較強勁的辛香氣味。

　　接下來把上述三款蒸餾酒液加上浸泡葡萄花的烈酒，依比例調和後，置入被暱稱為「百合花 (Lily Fleur)」的較大型銅製蒸餾器進行最後一次蒸餾。

　　2008 年以相同原料推出強調杜松子與辛香比例的紀凡杜松子琴酒 (G'Vine Nouaison Gin)，並提高裝瓶酒精濃度，「Nouaison」指的是結實、結果，主打偏好倫敦琴酒的消費市場；2017 年底，為了讓兩款琴酒調性區隔更顯著、更容易運用在經典調酒裡，在紀凡杜松子琴酒原先九種素材之外再加入檀木、香檸檬、李子、香根草，以及加入葡萄花剛結出果實尚未完全變成葡萄的葡萄果，重新設計瓶身，把果香收歛於辛香料與柑橘、杜松子香氣內。

紀凡花果香琴酒
G'Vine Floraison Gin 40% ABV

風味	Juniper | **Citrus** | Herbal | Spice | **Floral** | **Fruit**
原料	杜松子、芫荽籽、甘草、荳蔻、萊姆、桂皮、肉豆蔻、薑、尾胡椒、葡萄花
推薦調酒	Gin Tonic - 白葡萄、Gimlet
品飲心得	甘甜的花香，淡雅香料感。入喉是柔順的杜松子氣味、舒服的辛香料，尾韻清爽回甘。

紀凡杜松子琴酒
G'Vine Nouaison Gin 45% ABV

風味	**Juniper** | **Citrus** | Herbal | **Spice** | Floral | **Fruit**
原料	杜松子、芫荽籽、甘草、荳蔻、萊姆、桂皮、肉豆蔻、薑、尾胡椒、葡萄果、檀木、香檸檬、李子、香根草
推薦調酒	Gin Tonic - 橙皮、Negroni

UK

Europe

N.America

S.America

Asia

Africa

Oceania

Le Gin

　　卡爾瓦多斯蘋果白蘭地 (Calvados) 是法國北部卡爾瓦多斯省的特產；1960 年，克里斯汀‧德魯 (Christian Drouin) 在下諾曼第大區的戈納維爾 (Gonneville) 購置大片土地種植蘋果，打算生產這種以蘋果為原料的白蘭地。克里斯汀找上在奧日地區 (Pay's d'Auge) 素有「蒸餾界莫札特」稱號的皮埃爾‧皮夫特 (Pierre Pivet) 拜師學藝，足足耗費十二年去學習蒸餾自釀的蘋果西打酒 (Cider)，再將之存放於舊雪莉桶、波特桶或者是卡爾瓦多斯桶進行陳年。

　　1969 年，在巴黎念政治研究所的克里斯汀二世 (Christian Jr.) 畢業後加入父親的蒸餾事業，經過十年努力，克里斯汀二世讓酒廠更具規模，並成立德魯之家 (Maison Drouin) 公司；1991 年，酒廠遷至諾曼第龐特伊維克 (Pont l'Evêque) 附近的十七世紀古老傳統農莊，並改以「雄獅之心 (Domaine Cœur de Lion)」作為品牌象徵。

　　傳承至第三代，紀爾曼 (Guillaume Drouin) 在取得農學與葡萄酒專業後，累積多年釀酒與製作蘭姆酒經驗，2004 年 1 月與父親一同製作卡爾瓦多斯，2013 年正式接班。因為好奇心強、個性積極，紀爾曼十分熱中開發新興烈酒，他頗能掌握調酒的潮流和琴酒市場變化，又花了兩年時間研究琴酒品項。

　　紀爾曼使用自種的三十種蘋果，風味包括苦、甜、苦甜、酸，在每年 9 到 12 月時熟透後收成，經過冬天發酵五週至五個月不等，釀成蘋果西打酒，再以酒廠內三座容量 2500 公升的銅製夏朗德蒸餾器進行兩次蒸餾做為基底烈酒，並調和購自里昂的中性穀物烈酒；使用杜松子、薑、香草、荳蔻、檸檬、肉桂、杏仁、少量玫瑰花瓣等八種原料分開浸泡蒸餾，最後再調和稀釋成克里斯汀德魯琴酒 (Le Gin de Christian Drouin)，裝瓶酒精濃度為 42% ABV，每一批次製程可生產二千八百五十瓶琴酒。其中杜松子、薑、肉桂特別蒸餾兩次，杏仁則是稍加烤過才磨成粉狀浸泡蒸餾。

　　此外還推出存放於 225 公升的蘋果白蘭地桶中六個月以上、酒精濃度一樣為 42% ABV 的卡爾瓦多斯桶陳琴酒 (Le Gin Calvados Cask Finish)，滋味更加柔順豐富。而紅色蠟封瓶標的詩歌琴酒 (Le Gin Carmina)，除了杜松子，還添加覆盆莓、黑醋栗、接骨木花、香草、檸檬與柳橙，香氣四溢。

克里斯汀德魯琴酒
Le Gin de Christian Drouin 42% ABV

😋 風味　Juniper | Citrus | Herbal | **Spice** | **Floral** | **Fruit**

🌿 原料　杜松子、荳蔻、薑 - 巴西、波旁香草 - 馬達加斯加、肉桂 - 印尼、杏仁、檸檬、玫瑰

🍸 推薦調酒　Gin Tonic - 蘋果片、Martini

🍷 品飲心得　顯著蘋果香氣裡有杜松子感受，一點花香與溫暖氣息。入喉蘋果、杜松子等交雜著水果甘甜，柔順香料感，薑味尾韻。

卡爾瓦多斯桶陳琴酒
Le Gin Calvados Cask Finish 42% ABV

😋 風味　Juniper | Citrus | Herbal | **Spice** | **Floral** | **Fruit**

🌿 原料　杜松子、荳蔻、薑 - 巴西、波旁香草 - 馬達加斯加、肉桂 - 印尼、杏仁、檸檬、玫瑰

🍸 推薦調酒　Gin Tonic - 丁香、Honeymoon

克里斯汀德魯詩歌琴酒
Le Gin Carmina 42% ABV

😋 風味　Juniper | **Citrus** | Herbal | Spice | **Floral** | **Fruit**

🌿 原料　杜松子、覆盆莓、黑醋栗、接骨木花、波旁香草 - 馬達加斯加、檸檬、柳橙

🍸 推薦調酒　Gin Tonic - 檸檬片、Gin Fizz

UK｜Europe｜N.America｜S.America｜Asia｜Africa｜Oceania

瑪莉朵

康彼爾酒廠
Distillerie Combier

　　七年前站在巴黎鐵塔底下的時候，我不曉得設計者艾菲爾也曾經規劃過一間蒸餾室，不過那時候的我，也不知道後來會這麼喜歡琴酒。創建於十九世紀的康彼爾酒廠 (Distillerie Combier)，有一間高齡一百七十歲、目前仍在運作的蒸餾室，設計者正是一手打造出巴黎鐵塔迷人曲線、赫赫有名的建築師 ── 古斯塔夫‧艾菲爾 (Gustave Eiffel)。

　　沿河岸布滿了大小城堡的羅亞爾河區域，在索米爾 (Saumur) 這個地方，1834年時有一位頑固的糕餅師傅，二十五歲就和弟弟一起開甜點店的尚巴蒂斯特‧康彼爾 (Jean-Baptiste Combier)，堅持「自己的酒自己做」；他與妻子約瑟芬 (Josephine) 在店面後方裝設小鍋爐蒸餾器，使用來自海地的甜橙與苦橙皮製作利口酒，這也是最早的橙皮酒 (Triple Sec)，主要是用來替他的巧克力和甜點增添風味。

　　十四年後，這位糕餅職人決定以家族姓氏康彼爾 (Combier) 創立酒廠，他買了當下很流行、用來專產艾碧斯酒 (Absinthe) 的伊格羅特蒸餾器 (Egrot Still)，這種以蒸氣加熱底部的蒸餾器，可以避免直火高溫破壞藥草風味。除了康彼爾酒廠，目前還在使用伊格羅特蒸餾器的還有法國班尼狄克汀藥草酒 (Bénédictine)。

　　1850 年時，尚巴蒂斯特請託後來打造巴黎鐵塔的工程師艾菲爾，為酒廠配置一間蒸餾室。他的兒子詹姆士很爭氣，在 1879 年成為索米爾第一位民選市長，並南下到馬賽港成立公司據點，事業蒸蒸日上，酒廠生產三款橙皮酒、多款利口酒和艾碧斯酒。1966 年，伯蘭爵集團 (Group Bollinger) 取得康彼爾酒廠經營權，2001 年時再由法蘭克‧柯思尼 (Franck Choisne) 買下。法蘭克為了重現酒廠的艾碧斯酒，努力奔走推動解除法國自 1914 年起對艾碧斯酒的禁令，終在 2011 年讓艾碧斯酒重回法國市場。

　　法蘭克耗費近兩年時間研發，以羅亞爾河沿岸採集的接骨木花及玫瑰花瓣為素材，連同杜松子、尾胡椒、新鮮檸檬皮等共八種原料浸泡於中性烈酒內，使用歷史悠久的伊格羅特蒸餾器緩慢蒸餾，這款帶有柔美花香的瑪莉朵琴酒 (Meridor Gin) 於 2016 年 7 月上市販售。

「瑪莉朵」之名來自大仲馬的愛情小說《蒙索羅夫人 (La Dame de Monsoreau)》的女主角戴安娜・瑪莉朵 (Diane de Meridor)，這位十六世紀的法國名媛也是羅亞爾河「蒙索羅城堡」的女主人。

康彼爾酒廠另外也推出調和自家「純粹瘋狂利口酒 (Pure Folie Liqueur)」，充滿香甜莓果滋味的淡粉色調產品 —— 純粹瘋狂琴酒 (Pure Folie Gin)。

UK

Europe

N.America

S.America

Asia

Africa

Oceania

瑪莉朵琴酒
Meridor Gin 41.9% ABV

🌀 風味　**Juniper** | Citrus | **Herbal** | Spice | **Floral** | Fruit

🍸 原料　杜松子、芫荽籽、尾胡椒、檸檬皮、甘草、鳶尾根、接骨木花 - 法國羅亞爾河、玫瑰 - 羅亞爾河

🍹 推薦
調酒　Gin Tonic - 葡萄柚皮、Vesper

🍶 品飲
心得　顯著芫荽籽氣味，淡雅玫瑰、接骨木花香氣，輕柔杜松子。入喉是清新檸檬與玫瑰花香，尾韻些微胡椒及芫荽感。

Gin Mare

　　二十世紀中期，在巴塞隆納南邊黃金海岸 (Costa Dorada) 的小漁村裡，有座教堂變身為琴酒的蒸餾基地，這也是馬瑞琴酒的前身。吉洛‧李伯特 (Giró Ribot) 把銅製蒸餾器設在這座飾有美麗壁畫的修道院裡，而蒸餾器命名 Holy Spirit，正是「聖靈 (Holy Spirit)」和「聖酒 (Holy Spirit)」的雙關語。吉洛的家族自 1835 年起買賣雪莉酒及葡萄酒，1900 年開始蒸餾白蘭地與威士忌，後來成為琴酒製造商卻是一段無心插柳的機緣：1935 到 1939 年間西班牙發生內戰，曼努爾‧吉洛一世 (Manuel Giró Sr) 攜家帶眷避居到庇里牛斯山脈，在山中發現了野生的杜松子樹叢，啟發他製作琴酒的念頭，1940 年代舉家回到故居，成立了 MG 酒廠 (Destilerías MG，MG 為曼努爾‧吉洛縮寫)，開始蒸餾販售 MG 琴酒 (Gin MG)，至今在西班牙市場仍有一席之地，後文會再詳述。

MG 酒廠當初放置銅製蒸餾器的教堂。

馬瑞琴酒將材料分開浸泡。

1960 年代，曼努爾一世與兒子短暫分家，兒子另於巴斯克地區產製吉洛琴酒 (Gin Giró)，現已停止運作。隨後再推出口感近似倫敦琴酒、靛藍色瓶身的大師琴酒 (Master's Gin)。曼努爾一世的孫子馬克 (Mark) 及曼努爾二世 (Manuel Jr) 身為家族事業第四代，嘗試以地中海型氣候的風土物產為概念，創新研發出另類的琴酒。2007 年開始，他們與代理商全球極緻 (Global Premium Brands) 合作，這也是一家特別懂行銷、擅長鋪設經銷網的集團。

他們決定使用黃金海岸盛產的十一種作物來製作，經過幾番調整，最後以產量稀少的阿貝金納橄欖作為特色材料，每批次蒸餾會用到 15 公斤橄欖取得 100 公升橄欖蒸餾液，並添加柑橘、荳蔻、芫荽，還有乾燥百里香、乾燥羅勒、乾燥迷迭香與杜松子，剔除讓琴酒嚐起來像披薩的乾燥奧勒岡 (Oregano)。

配方裡的新鮮柑橘皮來自塞維亞苦橙、瓦倫西亞甜橙、列伊達檸檬，浸泡於酒精濃度約 50% ABV 中性大麥烈酒中長達三百天至一年。酒類專家迪佛德 (Simon Difford) 曾在著作《調酒師聖經：琴酒 (The Bartender's Bible: Gin)》提及，每年約有 200 公斤的橙皮與 80 公斤的檸檬皮用來製作琴酒，而 8 到 9 公斤的水果通常僅有 1 公斤的果皮。除了柑橘類，其餘材料皆分別浸泡 86% ABV 中性大麥烈酒二十四至三十六小時，再使用 250 公升佛羅倫汀蒸餾器 (Florentine still) 進行蒸餾。這種蒸餾器特殊的銅沸球 (Copper Boil Ball) 能增加酒精蒸氣迴流，所得到酒液口感較為銳利。耗費一個半小時加熱至攝氏 80 度，整個蒸餾過程約為四

個半小時，僅取用 105 公升酒心。

蒸餾出的酒液再進行調和，以 10(原酒)：1(中性大麥烈酒) 的比例混合後，稀釋至酒精濃度 42.7% ABV 裝瓶。調和與裝瓶都在小教堂蒸餾所旁邊、另一棟較大的 MG 廠房內完成。「馬瑞 (Mare)」是西班牙語海洋的意思，馬瑞琴酒 (Gin Mare) 在 2008 年上架，2012 年更換新瓶；透明天藍瓶身象徵地中海的蔚藍晴空與海面，略有弧線的底部是海洋波浪意象，白色剪影的橄欖葉則是馬瑞琴酒特色原料與地中海風土代表；瓶蓋部分則與法國紀凡琴酒 (G'Vine Gin) 一樣，可用來當量酒器。

馬瑞琴酒在短短數年間就創下銷售超過四十萬瓶的紀錄，全球極緻品牌於 2014 年又更名為「先鋒 (Vantguard)」。基本上，馬瑞琴酒在先鋒集團操作下，推出的周邊商品琳琅滿目，甚至還與浴鹽品牌合作販售邊泡澡邊享用馬瑞琴湯尼組合，並提倡「餐酒輕鬆搭」，宣揚琴酒與西班牙小食的搭配。

馬瑞琴酒
Gin Mare 42.7% ABV

😊 風味 　**Juniper** | **Citrus** | **Herbal** | Spice | Floral | Fruit

Ⓜ 原料 　杜松子、芫荽籽、綠荳蔻、阿貝金納橄欖、羅勒 - 義大利、百里香 - 希臘、迷迭香 - 土耳其、苦橙 - 塞維亞、甜橙 - 瓦倫西亞、檸檬 - 列伊達

Ⓨ 推薦調酒 　Gin Tonic - 橙片及百里香、Gin Basil Smash

⚙ 品飲心得 　草本香氣突出，一點荳蔻、青蘋果、乾燥迷迭香和百里香、橄欖油脂感及柑橘調性；入喉則是淡淡杜松子，柔順草本與柑橘尾韻清新宜人。

*J*odhpur

焦特布爾

貝弗蘭酒業
Beveland Distillers

印度的焦特布爾古城 (Jodhpur) 被長達十公里的藍色城牆所圍繞，居民用藍色的塗料漆牆，一方面維持清涼感，一方面也為了驅蟲，焦特布爾因而被暱稱為「藍城」。發表於 2011 年的焦特布爾琴酒 (Jodhpur London Dry Gin) 以古城為名，出品商是位於西班牙赫羅納 (Girona) 的貝弗蘭酒業 (Beveland Distillers)，另外委託給英國伯明罕的蘭利酒廠生產。不過，以印度藍城為名，這款琴酒使用的原料及風味並沒有太多連結，甚是可惜。

作法是使用蘭利酒廠的銅製蒸餾器經過三次蒸餾後的中性穀物烈酒，浸泡原料七天後再進行最後一次蒸餾；之後運回西班牙的貝弗蘭酒業稀釋裝瓶，裝瓶酒精度為 43% ABV。瓶身為圓柱狀，繪有藍色杜松子枝幹與果實。

2013 年又發表陳年於美國橡木白蘭地桶兩年的焦特布爾特選琴酒 (Jodhpur Reserve Gin)，單瓶容量僅有 500 毫升，裝瓶酒精度一樣為 43%，瓶身為綠褐色，每年限量三千至五千瓶；風味帶有香草與焦糖可可。2019 年全面更換瓶身，並推出添加辣椒、黑胡椒及白胡椒的焦特布爾辣味琴酒 (Jodhpur Spicy Gin)。

另一款與西班牙百年藥草酒品牌羅塔菲亞‧拉塞特 (Ratafia Russet) 合作的火山琴酒 (Gin Volcanic)，採個別浸泡蒸餾，第一批浸泡綠核桃超過一年；第二批浸泡檸檬馬鞭草、薄荷、鼠尾草、迷迭香、肉桂、孜然、洋甘菊、杜松子、聖約翰草、肉豆蔻、八角等；最後一批是傳統琴酒原料。各批次皆在蒸餾器內放置收集自庇里牛斯山的火山岩，進行嚴格的溫度監控，再調和稀釋裝瓶。

焦特布爾琴酒
Jodhpur London Dry Gin 43% ABV

風味　**Juniper** | **Citrus** | Herbal | **Spice** | Floral | Fruit

原料　杜松子、芫荽籽 - 摩洛哥 / 保加利亞、歐白芷根 - 德國薩克森 / 比利時、鳶尾根、桂皮、甘草、杏仁、橙皮、檸檬皮、葡萄柚皮、薑

推薦調酒　Gin Tonic - 檸檬皮、Martini

品飲心得　杜松子香味及柑橘調，溫暖新鮮的芫荽籽氣味。口感柔順帶著一絲苦韻，一點檸檬作結。

*L*e Tribute

　　曼努爾‧吉洛一世在 1940 年創立 MG 酒廠製造 MG 琴酒；前文提到，曼努爾一世的孫子馬克及曼努爾二世於 2007 年推出馬瑞琴酒 (Gin Mare) 創下極為成功的銷售紀錄，十年過去，兩人有感於琴酒浪潮依舊蓬勃、推陳出新，決定再次推出風味與設計截然不同的新款琴酒。

　　以小麥與大麥為中性基酒，將材料區分七類分別浸泡蒸餾 —— 第一道蒸餾為杜松子，第二道蒸餾為萊姆，第三道蒸餾為金桔，第四道蒸餾使用的新鮮果皮為檸檬、粉紅葡萄柚、黃葡萄柚與綠葡萄柚，第五道蒸餾為椪柑，第六道蒸餾為荳蔻、乾燥檸檬皮、乾燥苦橙皮與乾燥甜橙皮；以上六道蒸餾採用不同的浸泡時間與烈酒酒精濃度，第七道蒸餾是僅浸泡過水的新鮮檸檬香茅，這是為了更能擁有新鮮的香氣。最後再將上述蒸餾液調和稀釋裝瓶。

　　取名獻禮琴酒 (Le Tribute Gin)，是為了向蒸餾工藝表達敬崇；另外「Le」又意指「酒的閱歷 (Liquid Experience)」。綠色微錐狀方瓶搭配銅色瓶蓋，是為了向家族傳統藥局事業致意的仿藥劑罐造型；瓶標與瓶蓋內金色字樣是「LE TRIBUTE」品牌名稱，並在下方有個很俏皮的標語「是啊有夠不甜了啦 (Ya Dry Enough)」，表明雖然是款強調新鮮風味的琴酒，卻還保有琴酒的辛口調性。

　　MG 酒廠在成功推出馬瑞琴酒後，就下足功夫計畫用各類柑橘來表現另一種西班牙的熱情；人要衣裝，琴酒也要靠瓶身吸睛；這款獻禮琴酒的酒瓶不只能拿來當花瓶，實際入口也是舒服易飲，就是個內外兼俱的琴酒人生勝利組。

獻禮琴酒
Le Tribute Gin 43% ABV

🍸 風味　**Juniper** | **Citrus** | **Herbal** | Spice | Floral | Fruit

🍋 原料　杜松子、荳蔻、萊姆、金桔、粉紅葡萄柚、黃葡萄柚、綠葡萄柚、椪柑、
　　　　甜橙、苦橙、檸檬香茅

🍹 推薦調酒　Gin Tonic - 檸檬皮、Martini

🥃 品飲心得　滿滿甘甜的柑橘香氣與草地清新氣味的香茅、杜松子；柔順的口感中有荳
　　　　蔻與檸檬交疊，清新迷人，尾韻留存著舒服的淡淡香茅與檸檬氣味。

*L*ondon No. 1

UK

Europe

N.America

S.America

Asia

Africa

Oceania

由曼紐爾‧馬里亞‧岡薩雷斯‧安傑 (Manuel María González Ángel) 創建於 1835 年西班牙赫雷斯的堤歐佩佩 (Tío Pepe)，剛開始僅是間小型葡萄酒與雪莉酒商，直到 1855 年委託給羅伯特‧布萊克‧比亞斯 (Robert Blake Byass) 代理，才開始擴展事業版圖至英國，雙方共同成立岡薩雷斯比亞斯 (González Byass) 酒業公司，產品的多元性亦大幅擴充，包括：葡萄酒、白蘭地、利口酒、甚至橄欖油。即便 1998 年後比亞斯家族已撤資，岡薩雷斯比亞斯目前仍以原公司名稱繼續營運，並由第四及第五代岡薩雷斯家族經營。

為了與西班牙的酒商威廉斯與亨伯特 (Williams & Humbert) 競爭，倫敦一號琴酒 (London No. 1 Gin) 由岡薩雷斯比亞斯與英國倫敦泰晤士酒廠 (Thames Distillery) 合作生產。

2005 年 6 月於英國與西班牙販售，2014 年開始外銷至美國等其他國際市場。但是這款琴酒加入梔子花染色，並不符合某些國家的法規，因此在製程上改成添加螺旋藻萃取物，以賦予相同的淡藍色調；其實不管是哪一種，都是純天然原料調色，對風味也沒有影響。2015 年再與泰晤士酒廠合作，推出主打西班牙市場、添加紅色莓果的伊莉莎白女王 MOM 琴酒 (MOM Gin)，口感柔順帶有豐富果香，濃度 39.5% ABV；2019 年 6 月，推出粉紅色系濃度 37.5% ABV 伊莉莎白女王 MOM 愛琴酒 (MOM Love Gin)。

倫敦一號琴酒
London No. 1 Gin 47% ABV

風味 **Juniper** | **Citrus** | Herbal | **Spice** | Floral | Fruit

原料 杜松子 - 克羅埃西亞、芫荽籽 - 摩洛哥、歐白芷根 - 法國、鳶尾根 - 義大利、桂皮 - 中國、肉桂 - 錫蘭、杏仁 - 希臘、香薄荷 - 法國、甘草 - 土耳其、檸檬皮 - 義大利、橙皮 - 義大利、香檸檬 - 義大利

推薦調酒 Gin Tonic - 橙皮、White Lady

品飲心得 一點伯爵茶氣味、杜松子、柑橘調性。入喉有甘草、肉桂、一絲辛香料尾韻，柔順不失力道。

以「聖雅各朝聖古道 (Camino de Santiago)」舉世聞名的加利西亞 (Galicia)，也是很受歐洲人喜愛的度假勝地，源於此地的諾迪斯琴酒 (Nordés Gin) 與海鮮、火腿等鮮味食物十分合拍。

諾迪斯琴酒的研發者之一，米其林餐廳「Pepe Vieira」的經營者──裴安・托雷斯夏納 (Xoán Torres Cannas)，也是榮獲 2004 年西班牙葡萄酒「金鼻子 (Nariz de Oro)」殊榮的侍酒師；他與阿瓦爾殿得酒廠 (Aguardientes de Galicia) 的蒸餾師喬瑟夫・歐費拉 (José Ángel Albela)、葡萄酒釀造師胡安・路易斯曼德茲 (Juan Luis Méndez) 有天在餐廳一邊吃著章魚料理，一邊閒聊著美妙的夢想：「大西洋的海風經年吹拂著加利西亞，我們要如何運用這裡的風土物產來製作琴酒呢？」

就這樣，他們使用加利西亞地區特產的阿爾巴利諾 (Albariño) 葡萄蒸餾烈酒，依比例調和中性穀物烈酒，選出六種當地土生土長的素材：薄荷、檸檬馬鞭草、月桂葉、鼠尾草、鹽角草、桉樹，再加上五種進口原料：杜松子、荳蔻、錫蘭茶、木槿花、薑，將原料各自浸泡後再調和一起，透過銅製蒸餾器緩速蒸餾，製作出花香顯著的諾迪斯琴酒，在 2012 年正式發表。「諾迪斯 (Nordés)」正是加利西亞語的「西北」之意，代表這裡位處西班牙的西北角。這款琴酒就交由同樣位在加利西亞地區、成立於 1992 年的阿瓦爾殿得酒廠生產。

白色瓶身綴飾藍點發想來自加利西亞著名的薩迦蒂洛陶罐 (Sargadelos)，以藍點構成的世界地圖做為主圖案，再用醒目紅點標記出加利西亞的位置。有時候也會發售特殊版，像是藍點熱氣球、藍點扇貝、藍點愛心或藍點雪花結晶；扇貝是因為聖雅各朝聖古道的終點在加利西亞，而途中指引朝聖者方向的標誌，便是扇貝。

2015 年諾迪斯品牌被西班牙奧斯伯恩集團 (Osborne Group) 收購，該集團自 1772 年開始專營葡萄酒、烈酒和伊比利豬買賣。

整體而言，諾迪斯琴酒悅眾的氣味讓許多不敢喝琴酒的人也願意嘗試，雖然杜松子表現相對薄弱，但的確提供了踏進琴酒世界的另一種選擇。

UK

Europe

N.America

S.America

Asia

Africa

Oceania

諾迪斯琴酒
Nordés Gin 40% ABV

🌀 風味　Juniper | **Citrus** | **Herbal** | Spice | **Floral** | Fruit

Ⓜ 原料　杜松子、荳蔻、木槿花、錫蘭茶、薑、薄荷、月桂葉、鼠尾草、鹽角草（海蘆筍）、桉樹、檸檬馬鞭草

🍸 推薦調酒　Gin Tonic - 白葡萄及黃檸檬片、Gimlet

🌀 品飲心得　明顯的茉莉花香、紅色莓果軟糖，一點白胡椒暗示，柔順的杜松子氣味。口感有著毫不刺激的草本感覺與隱約的紅茶韻味，飽滿的花香作結。

Siderit

　　來自西班牙北部蓬特阿斯 (Puente Arce) 的大衛馬丁尼茲‧普瑞托 (David Martinez Prieto)，與盧本蒙泰羅‧雷瓦斯 (Rubén Montero Leivas) 在布哥斯大學 (Universidad de Burgos) 念書時結識。畢業後兩人都成為工程師，在西班牙很流行琴湯尼的風氣下，兩人 2012 年決定「不務正業」、開始著手研發以家鄉坎塔布里亞 (Cantabria) 物產為概念的琴酒。

　　酒廠和琴酒的名稱「Siderit」，來自於生長在歐羅巴山國家公園 (Picos de Europa Mountains) 的植物 —— 名字很有趣的「神香草葉毒馬草 (Sideritis Hyssopifolia)」，或許因為莖葉狀似劍形，相傳可治療劍傷，在西班牙語中還被用來比喻「鋼鐵般的男人」。它還有治療消化系統潰瘍的功效，花則因為抗氧化成份，多用於製作藥草酒。西德里特琴酒 (Siderit Gin) 以此為原料，另外再加上杜松子等一共十二種原料，使用略帶有辛香刺激感的裸麥為基底中性烈酒來浸泡。

　　結合傳統鍋爐蒸餾器概念與回流分餾 (Reflux Fractional distillation) 技術，以高耐熱玻璃 (Borosilicate Glass，可耐熱高達攝氏 450 度) 製成的 25 公升小型蒸餾器進行兩階段蒸餾，用玻璃當蒸餾器材質，避免多餘雜質、力求風味純淨。

　　蒸餾後以瓜達拉馬山脈 (Sierra de Guadarrama) 的奧爾蒂戈薩德爾蒙特 (Ortigosa del Monte) 礦泉水，去除礦物質後用來稀釋裝瓶。

　　不過瓶身上繪製的黑白色調花卉，並非是毒馬草花而是鳶尾花；大衛與盧本認為鳶尾根在琴酒的風味與作用上相當重要，因此將之繪於瓶標。苦橙皮平衡橘子與粉紅胡椒帶來的甜度，杏仁則增加酒體柔順感覺。

　　酒廠設立於托雷拉韋加 (Torrelavega)，隨著訂單量日增，產品種類變多，在 2017 年 4 月時遷回家鄉並擴廠經營。蒸餾器也從一開始名為「公主殿下 (Princess)」的一號蒸餾器，接連又添置二、三、四號蒸餾器，提供導覽讓訪客更瞭解西德里特酒廠。

　　隨後，推出加強木槿花氣味，粉紅色酒液的西德里特木槿琴酒 (Siderit Hibiscus Gin)；另外添加薑與萊姆苦甜口感，呈色淡綠的西德里特薑萊姆琴酒 (Siderit Gingerlime Gin)；以琉璃苣染成淡藍色的西德里特清涼飲琴酒 (Siderit Cool Tankard Gin)。上述三款琴酒皆以西德里特琴酒為基底，再各自浸泡加強風味，透過第三次蒸餾，浸泡天然材料染色。

西德里特琴酒
Siderit Gin 43% ABV

🌸 風味　**Juniper** | **Citrus** | **Herbal** | Spice | **Floral** | Fruit

🌿 原料　杜松子、芫荽籽、歐白芷根、鳶尾根 - 德國、苦橙皮、肉桂、荳蔻、神香草葉毒馬草（岩茶）、木槿花 - 牙買加、橘子、粉紅胡椒、馬科納杏仁

🍸 推薦調酒　Gin Tonic - 橙皮、Negroni

♨ 品飲心得　突出的花香、百里香與紮實經典的杜松子氣息，隱約堅果味。口感是柑橘甘甜與淡淡的胡椒，杜松子以及檸檬調性，一點淡淡苦味而後柔順辛香尾韻。

Tann's

康沛尼酒廠
Destilerías Campeny

什麼是「加泰隆尼亞」風格？或者從這款琴酒可以得到答案。

出生於聖阿德里安・德貝索斯 (Sant Adrià de Besòs) 的阿瑪迪奧・康沛尼 (Amadeo Campeny Pons)，1970 年時在巴塞隆納近郊開設康沛尼酒廠 (Destilerías Campeny)。1977 年他看準西班牙日漸盛行的琴酒市場，推出傳統強勁杜松子風味的塔恩琴酒 (Tann's Gin)；2010 年，因應西班牙新興琴酒消費者喜好而掀起的新式琴酒風潮，各式花果香調性層出不窮，不再侷限於杜松子銳利口感，於是康沛尼酒也決定重新調整塔恩琴酒的配方。

塔恩琴酒以 100%中性穀物烈酒浸泡原料三次，雖然也是使用小黃瓜與玫瑰花為材料，可是與亨利爵士琴酒 (Hendrick's Gin) 不同，塔恩琴酒是直接浸泡後蒸餾，後者則是蒸餾後再行添加萃取液；裝瓶濃度為 40% ABV。

繼塔恩琴酒之後，康沛尼酒廠再次以 100%中性穀物烈酒浸泡杜松子、茉莉花、香蜂草、木槿花、紫羅蘭、玫瑰花瓣、錦葵 (Mallow)、薰衣草、三色堇 (Pansies)、維羅妮卡花 (Veronica)、橙花，以花香為主要表現，推出「唯一琴酒 (Only Gin)」；裝瓶濃度為 43% ABV。2015 年夏天，康沛尼酒廠以日本素材為發想，添加火龍果、金桔、薑等材料，發行阿科里琴酒 (Akori Gin)，裝瓶濃度為 42% ABV。

塔恩琴酒
Tann's Gin 40% ABV

風味	**Juniper** | **Citrus** | Herbal | Spice | **Floral** | **Fruit**
原料	杜松子、芫荽籽、甘草、荳蔻、檸檬皮、橘子皮、小黃瓜、玫瑰花瓣、橙花、覆盆莓
推薦調酒	Gin Tonic - 檸檬皮、Aviation
品飲心得	杜松子及柑橘調性香氣。口感清新帶著微微苦味，略甜，尾韻有淡淡小黃瓜及胡椒。

Xoriguer

　　西班牙在地中海上的屬地梅諾卡島 (Menorca)，曾因戰略位置被英國及荷蘭海軍統治近兩百年，十八世紀時，為了讓駐紮的英、荷海軍與水手能夠在當地酒館喝到家鄉味，官方鼓勵港口小鎮製作琴酒，全盛時期曾有過五間蒸餾廠生產十數款琴酒品牌；二十世紀開始，當地琴酒業式微，最後一間琴酒廠在 1900 年代時慘遭焚毀。1910 年，蒸餾師米格爾‧彭斯‧古斯特 (Miguel Pons Justo) 決定在島上的馬翁 (Mahón) 地區蓋酒廠，以建立於 1784 年、堪稱家族傳家寶的「索里吉爾 (Xoriguer)」磨麥風車為名，並且蒐羅島上的舊琴酒配方重新生產，這也證明了島上曾有過琴酒產製的歷史。

　　他依循傳統，使用庇里牛斯山產的杜松子，經過兩年風乾，直到要製作琴酒時再浸泡於 52% ABV 烈酒數小時。使用的烈酒是以島上葡萄發酵蒸餾出來的，浸泡杜松子及地中海沿岸山地的植物，充分呈現了地中海風土，是少數歐盟認可地域限定的琴酒之一。

　　由四座超過兩百年的同款傳統銅製鍋爐負責蒸餾，都配有貼著西班牙紅磚的專屬石窯，燃燒柴木加熱，以溫度計及壓力表確認蒸餾環境穩定。將蒸餾完的琴酒添加中性葡萄烈酒與水調和後，短暫靜置於 2000 公升美國橡木桶再裝瓶，共有三款，瓶身仿製荷蘭杜松子酒陶罐。西班牙本土或巴利亞利 (Balearics) 群島當地人會加上檸檬水調成簡便清爽的調酒，稱之為波瑪達 (Pomada)。

索里吉爾馬翁琴酒
Xoriguer Mahon Gin 38% ABV

風味	**Juniper** | **Citrus** | Herbal | Spice | **Floral** | **Fruit**
原料	杜松子 - 西班牙庇里牛斯山、芫荽籽、歐白芷根、柑橘、祕密
推薦調酒	Gin Tonic - 檸檬片、Tom Collins
品飲心得	杜松子內有一點皮革味，花果調裡是淡淡柳橙及橙花香。入喉有淡淡杜松子以及熱帶水果氣味，一點胡椒，溫暖柔順的尾韻。

Sharish

安東尼奧・庫科 (António Cuco) 是教授觀光課程的老師，偶爾會在父母於蒙薩拉什 (Monsaraz) 經營的蟬園餐廳 (Parque de Cicade) 幫忙；2013 年，教職被解約、失業的安東尼奧與朋友在自家餐廳內午餐，雖然店內已有超過五十款的琴酒，朋友仍打趣調侃，倘若這些琴酒都無法讓人驚艷，倒不如安東尼奧自己來開發一款！

這個聽起來像玩笑般的建議，就在家人與朋友支持下開始實行，安東尼奧拿廚房壓力鍋實驗，2013 年 9 月發想，才經過一週就讓親友們試飲，調整增加杜松子比例，減少橙皮使用，這個配方很快就獲得肯定，於是就此推出每週限量約 15 公升的薩瑞斯琴酒 (Sharish Gin)。

初期安東尼奧以糖蜜中性烈酒去浸泡材料，後來經友人建議，改由 50% 糖蜜烈酒、15% 米製烈酒、35% 小麥烈酒混合，感受不同質地口感；其餘素材則選擇他從小就愛吃愛喝或來自當地的新鮮特產：甘甜芬芳、原產於葡萄牙的艾斯摩爾弗蘋果 (Bravo de Esmolfe Apple)、風味茶飲 —— 檸檬馬鞭草 (Lemon Verbena)、自家 16000 平方哩農地栽種的橙皮與檸檬皮，還有杜松子、芫荽籽、丁香、肉桂和波旁香草等進口乾燥香料。

2014 年 4 月 24 日，安東尼奧取得合格蒸餾師資格，找到人生新方向的他，正式投入製酒事業。

薩瑞斯琴酒的各種原料 (除了肉桂與波旁香草) 要先分開浸泡在稀釋至 60% ABV 中性烈酒中，時間各有不同，長則 9 個月，短則 30 天；例如蘋果浸泡 30 天，檸檬皮浸泡 6 個月。接著再分別透過兩座叫「小小兵 (Minions)」的 300 公升傳統葡萄牙銅製壺式蒸餾器進行蒸餾，製成 85 至 90% ABV 蒸餾液；依比例於 210 公升水槽進行調和，添加香草與肉桂約兩小時後取出，過濾稀釋到 40% ABV 裝瓶。

薩瑞斯琴酒瓶身與世界第三大玻璃製造商 —— 弗瑞利亞葡萄牙 (Verallia Portual) 合作，以圓扁 (Bocksbeutel) 造型的馬埃酒瓶 (Mahe Bottle) 為特色，標籤圖案為葡萄牙蒙薩拉什城鎮剪影。

保留歐洲中古世紀風情的蒙薩拉什位於阿連特如區 (Alentejo)，是著名葡萄酒產地雷根古什迪‧蒙薩拉什 (Reguengos de Monsaraz) 的其中一塊。八世紀時，阿拉伯帝國占領此處，因為山嶺遍地都是岩玫瑰而賦予「岩玫瑰之丘 (Mont Sharish)」之名，演變為「蒙薩拉什」之名，也就成為安東尼奧替琴酒命名的靈感。

剛開始，安東尼奧會在酒瓶留下姓名及電話用以推廣聯絡，結果口耳相傳之下，短短三個月就超過一年七千瓶的初步目標，一年後就賣出超過兩萬三千瓶。其中九成是國內市場，一成外銷；2016 年販售超過七萬瓶。

2015 年 4 月 28 日，安東尼奧推出以杜松子、芫荽籽、歐白芷根、甘草、薑、肉桂、荳蔻、檸檬皮、草莓、覆盆莓、蝶豆花為材料的薩瑞斯藍魔法琴酒 (Sharish Blue Magic Gin)；靈感來自蒙薩拉什的午夜景色和朋友推薦的蝶豆花。

另外還有以原生於葡萄牙的「羅恰梨 (Rocha Pear)」取代蘋果為素材推出的薩瑞斯羅恰梨琴酒 (Sharish Pera Rocha Gin)，有別於原先產品將材料分開蒸餾，薩瑞斯羅恰梨琴酒則是統一將材料浸泡於中性烈酒內進行蒸餾。還有自洛里尼揚合作酒業 (Adega Cooperativa da Lourinhã) 購入兩個 650 公升葡萄牙白蘭地木桶 (Aguardente Louriana XO，12 年)，加入羅恰梨與月桂葉等十款原料的基底琴酒，桶陳一年推出薩瑞斯月色琴酒 (Sharish Laurinius Gin)。

因為酒廠座落於被《國家地理雜誌》評選為全球七大觀星秘境的阿連特如地區，安東尼奧在 2016 年與「暗夜星空保護區」合作推出薩瑞斯夜空琴酒 (Sharish Dark Sky Gin)，所有材料必須分開浸泡至少一個月以上才進行蒸餾；部分營收就回饋給保護區內做生態保育。

安東尼奧本人負責管理薩瑞斯琴酒的產線，蒸餾調和、行銷社群網站等都親力親為，其他家人則協助裝瓶、貼標、裝箱，妻子派翠西亞 (Patricia) 則處理客戶和稅務等相關，儼然是另類的家族企業。2018 年擴建酒廠，從 120 平方公尺一口氣拓展到 1400 平方公尺，蒸餾器增至五座，總容量為 1750 公升，並設置完整導覽中心與零售商店。

2019 年春末推出薩瑞斯橙花琴酒 (Sharish Orange Blossom Gin)，以春天景致為概念，形塑出清新草本與果香氣息，其中包含自 2015 年就開始浸泡的百香果，蒸餾調和後再浸泡採集自酒廠方圓 50 公尺內的乾燥橙花，酒液呈現淡黃色。

薩瑞斯琴酒
Sharish Gin 40% ABV

🌀 **風味**　**Juniper** | **Citrus** | **Herbal** | Spice | Floral | **Fruit**

🌿 **原料**　杜松子、芫荽籽、丁香、肉桂、波旁香草 - 馬達加斯加、橙皮 - 葡萄牙蒙薩拉什、檸檬皮 - 葡萄牙蒙薩拉什、艾斯摩爾弗蘋果 - 葡萄牙、檸檬馬鞭草 - 葡萄牙

🍸 **推薦調酒**　Gin Tonic - 蘋果片、Vesper

✨ **品飲心得**　蘋果氣味之後是丁香、肉桂等香料感，杜松子木質調性與柑橘香味。入喉的香料感依舊有蘋果柔順隱約，甘甜草本尾韻。

薩瑞斯藍魔法琴酒
Sharish Blue Magic Gin 40% ABV

🌀 **風味**　Juniper | Citrus | Herbal | **Spice** | **Floral** | **Fruit**

🌿 **原料**　杜松子、芫荽籽、丁香、肉桂、歐白芷根、甘草、荳蔻、薑、檸檬皮 - 葡萄牙蒙薩拉什、草莓、覆盆莓、蝶豆花

🍸 **推薦調酒**　Gin Tonic - 草莓、Gin Fizz

薩瑞斯羅恰梨琴酒
Sharish Pera Rocha Gin 40% ABV

🌀 **風味**　Juniper | **Citrus** | **Herbal** | Spice | **Floral** | **Fruit**

🌿 **原料**　杜松子、芫荽籽、丁香、肉桂、歐白芷根、甘草、鳶尾根、橙皮 - 葡萄牙蒙薩拉什、檸檬皮 - 葡萄牙蒙薩拉什、羅恰梨 - 葡萄牙、檸檬百里香、橘葉、松針、薰衣草、接骨木花、月桂籽

🍸 **推薦調酒**　Gin Tonic - 月桂葉、Martini

薩瑞斯月色琴酒
Sharish Laurinius Gin 40% ABV

🌀 風味　Juniper | **Citrus** | **Herbal** | **Spice** | Floral | **Fruit**

🫙 原料　杜松子、芫荽籽、丁香、肉桂、波旁香草 - 馬達加斯加、橙皮 - 葡萄牙蒙薩拉什、檸檬皮 - 葡萄牙蒙薩拉什、艾斯摩爾弗爾蘋果 - 葡萄牙、檸檬馬鞭草 - 葡萄牙、羅恰梨 - 葡萄牙、月桂葉

🍸 推薦調酒　Gin Buck、Elder Fashioned

薩瑞斯夜空琴酒
Sharish Dark Sky Gin 40% ABV

🌀 風味　Juniper | **Citrus** | **Herbal** | **Spice** | Floral | **Fruit**

🫙 原料　杜松子、芫荽籽、丁香、肉桂、荳蔻、甘草、薑、歐白芷根、波旁香草 - 馬達加斯加、橙皮 - 葡萄牙蒙薩拉什、檸檬皮 - 葡萄牙蒙薩拉什、艾斯摩爾弗爾蘋果 - 葡萄牙、檸檬馬鞭草 - 葡萄牙、椪柑皮、橙皮 - 葡萄牙蒙薩拉什

🍸 推薦調酒　Gin Tonic - 橙皮、Martini

薩瑞斯橙花琴酒
Sharish Orange Blossom Gin 40% ABV

🌀 風味　Juniper | **Citrus** | **Herbal** | Spice | **Floral** | **Fruit**

🫙 原料　杜松子、芫荽籽、歐白芷根、甘草、檸檬皮 - 葡萄牙蒙薩拉什、橙皮 - 葡萄牙蒙薩拉什、檸檬馬鞭草 - 葡萄牙、橘皮、橙皮 - 葡萄牙蒙薩拉什、百香果 - 葡萄牙佩納馬科爾、檸檬馬鞭草 - 葡萄牙、薰衣草、檸檬香茅 - 葡萄牙、橙花

🍸 推薦調酒　Gin Tonic - 檸檬片、Gimlet

UK

Europe

N.America

S.America

Asia

Africa

Oceania

Blind Tiger

豪華酒廠 (Deluxe Distillery) 對於酒款的命名，向來個性十足。2014 年酒廠的創業作，是限量五百瓶的「邦妮和克萊德琴酒 (Bonnie and Clyde Gin)」套組，以美國 1930 年代的鴛鴦大盜邦妮和克萊德取名；這對備受爭議的亡命事蹟不但被翻拍成電影《我倆沒有明天 (Bonnie and Clyde)》，法語樂壇教父賽日・甘斯伯 (Serge Gainsbourg) 還以此為題創作出〈邦妮和克萊德 (Bonnie and Clyde)〉這首歌。

酒廠的創辦人、居住於比利時西部科特賴克 (Kortrijk) 的湯瑪斯・巴爾特 (Thomas Baert)，本業其實是平面設計師，與擔任助理的妻子蘇菲・吉西森 (Sophie Gheysens) 兩人都十分鍾愛琴酒。2014 年，兩人以自己的設計公司之名「豪華圖像 (Deluxe Graphique)」成立豪華酒廠 (Deluxe Distillery)，嘗試研發琴酒。

使用甜美與狂野方式來闡述老湯姆琴酒 (Old Tom Gin) 的邦妮琴酒，添加大量草本與柑橘元素，克萊德琴酒則是以風格較銳利的辛口琴酒 (Dry Gin) 為調性；兩款的容量都只有 500 毫升。因為取名很特殊，湯瑪斯設計的酒瓶及圖標也很酷，剛推出就銷售一空，也激發起這對夫妻要全心經營酒廠的想法。

他們想起美國禁酒令時期，當時的秘密酒吧 (Speakeasy) 都用盲虎 (Bling Tiger) 或瞎豬 (Bling Pig) 為噱頭，宣傳買票看動物 (但當然沒有真的動物) 就可以兌換一杯酒精飲料，用這種游走法律邊緣的方式賣酒賺錢；盲虎、瞎豬也就變成當時秘密酒吧的代稱。2015 年，湯瑪斯與蘇菲推出兩款琴酒就用盲虎來命名，分別是尾胡椒琴酒 (Piper Cubeba Gin)、帝國機密琴酒 (Imperial Secrets Gin)。尾胡椒琴酒有十五款原料，主要風味來自印尼的尾胡椒 (Piper Cubeba，又稱蓽澄茄)，嗆辣、苦，一點孜然風味而後帶有尤加利桉樹氣味的特色，經常用來為海鮮、羊肉或米飯增添清新；內含的大麥麥芽帶有股麥香柔順感，另外還加進橙花與薰衣草的花香，啤酒花的複雜韻味；裝瓶酒精濃度為 47% ABV。

帝國機密琴酒則將原料調整為十一種，只留下杜松子、芫荽籽、天堂椒、歐白芷根、鳶尾根、檸檬皮、苦杏仁、檸檬香茅，最後三個關鍵原料則是來自不同產地的茶葉，雲南普洱茶、印度哈爾木緹莊園 (Harmutty) 的阿薩姆紅茶、喜

瑪拉雅山的喀什米爾紅茶。充滿溫暖柔順的辛香料氣息，間雜著花香與柑橘調性，收尾則是淡淡茶香；適合純飲或加冰塊直接飲用。

2016 年，夫妻倆有感於琴酒太紅，市場上週週都有新酒上市，於是想另闢一條白色烈酒道路 —— 同年 3 月推出瑪莉懷特伏特加 (Mary White Vodka)，以簡約設計與柔順口感主打女性市場。有趣的是，這款伏特加的命名也跟禁酒令有關，以當時的私酒女王瑪莉・懷特 (Mary White) 為名；在那個年代，女性可是私酒販運的關鍵助力，她們會將酒藏在裙底的長靴內，也因此私酒販又別稱「長靴筒 (Bootleggers)」。

2016 年秋天推出尾胡椒琴酒桶陳於美國波本桶六個月、裝瓶濃度為 45% ABV 的液態黃金琴酒 (Liquid Gold Gin)；2017 年，再發售第二批，限量六百瓶，豐富的香料與桶陳後的香草、奶油風味相得益彰。而後每年都會固定販售限量的盲虎液態黃金琴酒。

同年也推出第二版的邦妮和克萊德琴酒套組。一樣採老湯姆琴酒調性的邦妮琴酒，這次以杜松子、蔓越莓、接骨木花、橙花、甘草為材料蒸餾，加入一點蜂蜜增甜，酒精濃度為 47% ABV；克萊德琴酒則是僅使用杜松子、日本山椒、薑黃三種原料製作的辛口琴酒，酒精濃度為 47% ABV。

2019 年 1 月豪華酒廠轉售給負責行銷與出口的合夥人古威廉・蘭布雷希特 (Guillaume Lambrecht)，也微調了部分盲虎琴酒的配方比例。

使用帝國機密琴酒調製的內格羅尼調酒。

桶陳於美國波本桶的盲虎液態黃金琴酒。

盲虎尾胡椒琴酒
Blind Tiger Piper Cubeba Gin 47% ABV

🌀 風味　**Juniper** | **Citrus** | Herbal | **Spice** | **Floral** | Fruit

🍸 原料　杜松子、芫荽籽、大麥麥芽、甘草、歐白芷根、鳶尾根、甜橙皮、苦橙皮、檸檬皮、橙花、薑、綠荳蔻、尾胡椒、薰衣草、啤酒花

🍹 推薦調酒　Gin Tonic - 檸檬皮、Martini

🌸 品飲心得　杜松子、一點孜然、胡椒與甘草，紫蘿蘭和柳橙香氣。口感是麥香與柑橘調性融合成舒服的層次，溫暖的尾韻是薑與荳蔻。

盲虎帝國機密琴酒
Blind Tiger Imperial Secrets Gin 45% ABV

🌀 風味　Juniper | **Citrus** | **Herbal** | **Spice** | **Floral** | Fruit

🍸 原料　杜松子、芫荽籽、歐白芷根、鳶尾根、苦杏仁、檸檬皮、檸檬香茅、天堂椒、普洱茶 - 雲南、阿薩姆紅茶 - 印度、喀什米爾紅茶 - 喜瑪拉雅山

🍹 推薦調酒　Gin Tonic - 橙皮、Vesper

Copperhead

UK

Europe

N.America

S.America

Asia

Africa

Oceania

「人不付出犧牲，就無法得到任何回報，如果想要得到什麼，就必須付出同等的代價，那就是煉金術中所說的等價交換原則。」——出自漫畫《鋼之錬金術師》。

比利時的藥劑師依凡·文德佛格 (Yvan Vindevogel)，在閱讀過倫敦琴酒相關文獻後，心想琴酒的源頭既然也是藥用飲料，何不善用自己的專業也來開發一款琴酒？於是，就在各廠牌琴酒講究誰的配方清單最長、誰的原料最特別的時候，依凡找上產品線豐富的菲利埃斯酒廠 (Filliers) 合作研發，但他們反其道而行，以簡約的五款元素，就組合出滋味明確飽滿的庫柏漢德琴酒 (Copperhead Gin)。

2013 年發表，裝瓶濃度為 40％ABV，瓶身以銅色藥罐呈現，這是一款屬於煉金術師的琴酒——以傳說中追求長生不老的煉金術師庫柏漢德 (Mr. Copperhead) 為名；而瓶標上兩尾纏繞的銅頭蝮 (Copperhead Snake)，則是這個英文字的另一層意思，外圍並標註拉丁文「意外發現的藥用飲料 (Consolans Potio Fortuna Inventa)」。

另外，還研發三款不同的調和香氣萃取液，用以搭配庫柏漢德琴酒，使氣味表現更活躍更多元。2015 年研發的庫柏漢德黑琴酒 (Copperhead Black Batch Gin)，以原本的五元素再加上紫黑色的接骨木果實 (Elderberries) 與錫蘭紅茶，裝瓶濃度為 42% ABV，瓶身是消光黑色，堪稱暗黑版的煉金術師；帶有一點接骨木果實、肉桂、荳蔻與杜松子香氣。

2017 年再推出限量一千八百瓶、熟成於佩德羅希梅斯 (Pédro Ximenez) 雪莉酒桶內三個月的庫柏漢德桶陳琴酒 (Copperhead Barrel Aged Gin)；帶著淡淡甘甜杏仁風味與一點香蕉、蜜李口感。

2018 年 2 月，庫柏漢德琴酒與倫敦吉普森酒吧 (The Gibson Bar) 創辦人貝克 (Marian Beke) 合作，以經典調酒吉普森雞尾酒 (Gibson Cocktail) 為靈感，製作庫柏漢德琴酒吉普森特製版 (Copperhead Gin Gibson Edition)，在五款原料外加入醃漬過的十四種香料，包括：肉豆蔻皮、胡椒、桂皮、月桂葉、薑、多香果、茴香、蒔蘿籽等，蒸餾後再調和桶陳十八年的杜松子酒增加些許甜度 (馬利安避

免直接使用砂糖變成老湯姆琴酒風格）；而瓶身色調則是仿效吉普森酒吧外牆鋪排的墨綠色磁磚。

庫柏漢德琴酒
Copperhead Gin 40% ABV

🌀 風味　**Juniper** | **Citrus** | Herbal | Spice | Floral | Fruit

🌿 原料　杜松子、芫荽籽、橙皮、歐白芷根、荳蔻

🍸 推薦
調酒　Gin Tonic - 柳橙皮、Martini

🍷 品飲
心得　甘甜的柑橘香與淡淡的杜松子。入喉是飽滿的柑橘調性，帶著荳蔻與杜松子，尾韻回甘。

庫柏漢德黑琴酒
Copperhead Black Batch Gin 42% ABV

🌀 風味　Juniper | **Citrus** | **Herbal** | **Spice** | **Floral** | Fruit

🌿 原料　杜松子、芫荽籽、橙皮、歐白芷根、荳蔻、接骨木果實、錫蘭茶

🍸 推薦
調酒　Gin Tonic - 檸檬片、Gimlet

庫柏漢德琴酒吉普森特製版
Copperhead Gin Gibson Edition 40% ABV

🌀 風味　**Juniper** | **Citrus** | Herbal | **Spice** | Floral | Fruit

🌿 原料　杜松子、芫荽籽、橙皮、歐白芷根、荳蔻、肉豆蔻皮、胡椒、桂皮、月桂葉、薑、多香果、茴香、蒔蘿籽、秘密

🍸 推薦
調酒　Gin Tonic - 羅勒葉、Gibson

Crazy Monday

UK

Europe

N.America

S.America

Asia

Africa

Oceania

居住於比利時皮特姆 (Pittem)、二十八歲的尤利·德梅耶 (Yuri Demeyer)，是一位專作屋頂工程的小公司老闆，有一天喝到了琴湯尼，從此喜歡上琴酒滋味；後來他在鄰鎮的星期天酒吧 (Le Dimanche) 又結識了琴酒知識豐富的洛朗·多波拉爾 (Lauren Dobbelaere)，為他開啟了琴酒世界的大門。從此，尤利心心念念要做一款屬於自己的琴酒，他發現愈來愈多品牌推出聯名琴酒，總有一天自己也可以。某日，他在加油站旁喝咖啡時，巧遇設計烈酒 (Spirits by Design) 公司蒸餾師與外銷經理文森·史特斯 (Vincent Schietse)，便大膽向前攀談；就這樣一拍即合，尤利決定跟設計烈酒合作，實現夢想。

經過八個月的測試，尤利找出自己理想中風味，最後以傳統素材加上庫拉索柑橘皮、萊姆皮、黑胡椒、藍莓，生產出「瘋狂週一琴酒 (Crazy Monday Gin)」。在皮特姆每年夏天都會舉辦「瘋狂星期一 (Zotte Maandag) 狂歡節」，不論老幼男女都把這天當成年度瘋狂玩樂的好日子；而既然要承襲狂歡的概念，尤利也選擇在提爾特斯音樂祭 (Tieltse Festivals) 正式對外發表琴酒。

瓶身設計最後採用類似替玩具模型上色的方式，將玻璃瓶塗裝為白色，印有戴著威尼斯面具的瘋狂星期一代表人物小丑。雖然不是官方唯一指定用酒，但現在也已然默默成為該活動的必備品項。2017 年 10 月又另外推出限量三百六十五瓶，桶陳於傑克丹尼爾威士忌桶九個月的瘋狂週一威士忌桶陳琴酒 (Crazy Monday Gin Whiskey Barrel Aged)。

瘋狂週一琴酒
Crazy Monday Gin 48% ABV

🌀 **風味**   **Juniper** | **Citrus** | Herbal | **Spice** | Floral | **Fruit**

Ⓜ **原料**   杜松子、芫荽籽、歐白芷根、黑胡椒、萊姆皮、荳蔻、藍莓、庫拉索柑橘皮、鳶尾根

🍸 **推薦調酒**   Gin Tonic - 柳橙皮、Martini

⚙ **品飲心得**   甘甜的柑橘香與淡淡的杜松子。入喉是飽滿的柑橘調性，帶著荳蔻與杜松子，一點莓果香，尾韻回甘。

Filliers

菲利埃斯

菲利埃斯酒廠
Filliers Distillery

菲利埃斯酒廠 (Filliers Distillery) 的創辦人卡雷爾‧洛德威克‧菲利埃斯 (Karel Lodewijk Filliers) 在 1792 年出生於比利時東佛蘭德省、位處利斯河畔的代因澤。他將蒸餾杜松子酒的技術帶進自家農場，將自產的大麥及穀物製成麥酒再生產杜松子酒，菲利埃斯家族就這樣開始了漫長的製酒歷史。

第二代卡密爾‧菲利埃斯 (Kamiel Filliers) 傳承事業並擴張版圖，1880 年募得資金後購置蒸氣機，加速杜松子酒的生產效能，也正式成立公司。第三代的費明‧菲利埃斯 (Firmin Filliers) 在 1928 年第一次世界大戰結束後，因應戰後新歐洲的景況轉而研製琴酒，創造出現在菲利埃斯 28 琴酒 (Filliers Dry Gin 28) 的配方。只是直到八〇年代仍未能成功的打入英國市場。

菲利埃斯酒廠持續發展，如今已是極富盛名、產品多元的酒廠。2012 年，菲利埃斯 28 琴酒在首席蒸餾師兩年的調整後重新發售；除了杜松子以外還添加新鮮橙皮、啤酒花、歐白芷根和多香果等二十八種香料，以容量 1000 公升、結合鍋爐與連續式的混合型蒸餾器 (Hybrid Still) 進行蒸餾。

近來也推出椪柑版，以菲利埃斯 28 琴酒為基底，加上瓦倫西亞每年冬季的椪柑，更添柑橘香氣，也有在容量 300 公升法國干邑白蘭地桶熟陳四個月的桶陳版，以及使用比利時北部高地歐洲赤松花 (Pine Blossom) 版、添加覆盆莓和枸杞的粉紅 (Pink) 版。總之，對於各種可能性，菲利埃斯酒廠都不遺餘力嘗試。

2017 年 7 月，第五代伯納德 (Bernard Filliers) 複刻 1928 年菲利埃斯 28 琴酒 —— 限量五千瓶的 1928 獻禮 (1928 Tribute)，重現過去的包裝與風味，加強麥芽、啤酒花、歐白芷根、薰衣草調性。

菲利埃斯 28 琴酒
Filliers Dry Gin 28 46% ABV

🌀 **風味**   **Juniper** | **Citrus** | Herbal | Spice | **Floral** | Fruit

🍸 **原料**   杜松子、芫荽籽、薑、啤酒花 - 比利時、歐白芷根、橙花、薰衣草、菖蒲、新鮮柑橘、荳蔻、龍膽、多香果、祕密

🍹 **推薦調酒**   Gin Tonic - 橙皮、Aviation

🥃 **品飲心得**   香甜氣味，一點花香，舒服的杜松子香氣。入喉是甘甜豐富的杜松子前味，有柑橘調的餘韻。

Meyer's

技術工程師出身的提姆・韋斯 (Tim Veys) 因為興趣使然，因緣際會下成為葡萄酒商迪梅爾 (Christophe Demeyer) 的侍酒師；提姆某日帶著自己蒸餾的琴酒讓迪梅爾嘗試，結果讓迪梅爾靈光一現，興起發展琴酒事業的念頭。

迪梅爾替提姆創立設計烈酒 (Spirits by Design) 公司，2013 年，適逢比利時奇異莓 (Kiwiberry) 豐收過剩逾 50 噸，提姆遂以杜松子、肉桂、甘草、歐白芷根、檸檬，加上奇異莓，蒸餾出帶著果香與少許辛香感的梅爾 M1 琴酒 (Meyer's Gin M1)。2014 年 4 月發表，沒多久，便與比利時魯瑟拉勒 (Rooselare) 的米其林一星法式餐廳「布里 (Boury，現已成為二星餐廳)」合作以酒入菜。

方型瓶身上的黑銀瓶標上繪有主角奇異莓，委託比利時著名的庫斯圖姆泰普 (Kustomtype) 公司設計包裝；選擇銀色乃是因為琴酒在倫敦崛起時，工人階級喜愛飲用琴酒來舒壓，對他們而言，琴酒便是他們珍貴的白銀。在 2016 年，更找上西班牙藝術家安立奎・馬蒂 (Enrique Marty) 推出限量的手繪特別版。

提姆觀察琴酒市場日趨飽和，但是使用在地化素材的特色琴酒仍舊不減魅力，這促成他將素有「比利時白金」之稱的白蘆筍 (White Asparagus) 加入琴酒之中。每年 4 月下旬至 6 月中是比利時的白蘆筍產季，布魯日、安特衛普兩港曾經是香料貿易重地，再加上比利時超過百年的杜松子酒歷史，這三大因素理所當然結合出梅爾 M2 琴酒 (Meyer's Gin M2)。2016 年 8 月推出，每 100 公升使用超過 30 公斤白蘆筍浸泡後過濾裝瓶，酒精濃度為 40% ABV。瓶標上繪有白蘆筍，並將黑銀色改成白蘆筍的淡淡黃色。

梅爾 M2 琴酒
Meyer's Gin M2 40% ABV

🌀 **風味** Juniper | Citrus | **Herbal** | **Spice** | **Floral** | **Fruit**

Ⓥ **原料** 杜松子、芫荽籽、荳蔻、薰衣草、鳶尾根、迷迭香、鼠尾草、白蘆筍 - 比利時梅赫倫

Ⓣ **推薦調酒** Gin Tonic - 粉紅胡椒、Dirty Martini

🥃 **品飲心得** 一點辛香料與花果、蔬菜氣味之中透著杜松子隱約的銳利。入喉鼠尾草與迷迭香的草本風味與蔬果甘甜感，舒服的茴香、荳蔻等香料與一點柑橘作結。

X Gin

X 琴酒 (X Gin) 是一款來自巧克力品牌和酒廠合作的聯名琴酒。三千年前，美洲的馬雅人喜歡將可可豆碾碎，加上些許辣椒和水就混合成飲料；類似的做法在印加、阿茲提克等古文明都曾出現過，稱之為「苦水 (Xocolatl)」；內含咖啡因能使人情緒亢奮、抗鬱與助性，被認為是最早的催情藥劑。由巧克力師彼得‧邁斯利 (Peter Messely) 創立的比利時巧克力「喬拉度 (Xolato)」，與斯托莫利‧德摩爾 (Stokerij De Moor) 酒廠合作推出的琴酒便是以此為發想。

創建於 1910 年的德摩爾酒廠座落於布魯塞爾西北方，當時由弗蘭斯‧德摩爾 (Frans De Moor) 與妻子製作販售杜松子酒、利口酒，第一次世界大戰時，弗蘭斯遇害，妻子與兒子繼續經營，如今傳承至第五代。

比利時向來以巧克力工藝聞名，使用可可豆當作琴酒的素材實在是再適合不過。嘗試二十餘種配方後，最後決定以十五種主原料、共四十四款細項材料製作，以荷斯坦銅製壺式蒸餾器生產，裝瓶濃度為 44% ABV，每批次約三千六百瓶；方型瓶身設計靈感來自馬雅文化的建築概念，瓶標金色圓圈上繪有充滿性愛暗示的人體圖示，並在 X 字樣商標下印有「催情劑 (Aphrodisiac)」字樣，每瓶會附上一小罐巧克力碎當作調酒的裝飾。

X，是巧克力品牌「喬拉度」縮寫；一開始僅有 50 瓶分贈親友，三個月後生產了三千五百瓶還供不應求；2016 年至今已銷售超過 3 萬瓶。可可豆、香草莢、杏仁、榛果、覆盆莓、香蕉等原料，都是常見於巧克力的風味組合。

X 琴酒
X Gin 44% ABV

🌿 風味	**Juniper** | Citrus | Herbal | **Spice** | Floral | **Fruit**
🍸 原料	杜松子 - 克羅埃西亞、榛果 - 義大利皮埃蒙特、可可豆 - 哥倫比亞圖馬科、香草莢 - 馬達加斯加、杏仁 - 義大利阿沃拉、辣椒 - 馬達加斯加、香蕉乾、乾燥胡椒、覆盆莓乾、檸檬、秘密
🍹 推薦調酒	Gin Tonic - 檸檬片、Gin Fizz
❖ 品飲心得	香氣是一點香料、可可與辣椒氣味，柔順杜松子與其它草本風味。口感有可可、香草，核果尾韻，溫暖的調性。

Berliner Brandstifter

在柏林出生的文森・漢諾 (Vincent Honrodt) 畢業於柏林藝術大學，在慶祝祖母七十大壽的家族聚會時，家人拿出文森曾祖父厄尼斯特・漢諾 (Ernst Honrodt) 以前自製的德國穀物烈酒 (Kronbrand) 一起分享；原來在 1920 年代，厄尼斯特經營過糖廠，他用甘蔗與柏林的穀物做出穀物烈酒，分贈親友。

這段家族史讓文森想跟隨先人腳步，打算重現這款屬於柏林記憶的烈酒。他先透過德國首座為創業家提供的募資平台「開始下一步 (Startnext)」，在一個月內便募得一萬三千歐元。文森為這間新創公司取名「柏林縱火人 (Berliner Brandstifter)」，期許自己的產品不僅要講究品質，更要為好酒燃燒熱情，激發想法。

與文森合作的「施金酒廠 (Schilkin Distillery)」其實是源自俄羅斯血統，在 1920 年代從俄羅斯遷居德國，帶進自家的薄荷利口酒配方，後來因為東柏林被共產黨占領，酒廠也被收為國有，直至 1990 年，東西德統一後才物歸原主。第四代老闆派翠克・米爾 (Patrick Mier) 接手後，致力開發小規模工藝製酒。

文森在第一款烈酒產銷趨於穩定後，再推出柏林縱火人琴酒 (Berliner Brandstifter Berlin Dry Gin)，以德國小麥烈酒分開浸泡杜松子，以及手工採集自鄰近的史畢斯古特 (Speisegut) 有機農場作物，浸泡時間約為一週，經過個別蒸餾再調和稀釋裝瓶。

柏林縱火人的產品皆交由「北柏林庇護工場 (Nordberliner Behindertenwerkstätten)」負責貼標、裝箱，讓殘疾人士以己力謀生；這也是文森希望能回饋社會的方式。

2018 年推出限量熟成於德國紅酒桶數個月，裝瓶酒精濃度為 50.3% ABV 的柏林縱火人陳年琴酒 (Berliner Brandstifter Aged Gin)。

UK

Europe

NAmerica

SAmerica

Asia

Africa

Oceania

　　柏林縱火人琴酒如同瓶標簡潔設計的明淨風味，帶著柏林這座城市的浪漫氣息；花香與草本滋味搭配小黃瓜的清新，入喉依舊毫不馬虎的杜松子強度，適合午後或黃昏的偷閒畫面。

柏林縱火人琴酒
Berliner Brandstifter Gin 43.3% ABV

風味　Juniper | Citrus | **Herbal** | Spice | **Floral** | **Fruit**

原料　杜松子、接骨木花、新鮮小黃瓜、錦葵花、香車葉草

推薦調酒　Gin Tonic - 檸檬片與迷迭香、Bee's Knees

品飲心得　明亮的甘甜果香，有著絲毫莓果甜味。入喉有花香與莓果果醬滋味，一點點辛香料刺激感後，以草本回甘尾韻作結。

Elephant

十九世紀的歐洲曾興起到非洲大陸探險的風潮,這款 2013 年開始販售的大象琴酒 (Elephant Gin),靈感正是來自於此。羅賓・格拉克 (Robin Gerlach)、泰莎・格拉克 (Tessa Gerlach) 夫妻倆和友人亨利・帕爾默 (Henry Palmer),在前往非洲遊歷後心中燃起熱血,他們思考如何為這片生態寶地付出心力;返回德國後,他們決定以琴酒為目標,委託給位在漢堡東邊、2003 年成立的舒韋華水果製酒廠 (Schwechower Obstbrennerei) 製作。

擁有十多年製酒經驗的蒸餾師班尼・科爾 (Benny Kohr) 經過一年半的反覆測試,最後以杜松子、桂皮、甜橙皮,另外加上薑、薰衣草、接骨木花、多香果、新鮮蘋果、松針,與五款來自非洲特產的南非鈎麻、非洲苦蒿、布枯葉、猴麵包樹果、獅耳花,浸泡裸麥中性烈酒於 400 公升的德國荷斯坦銅製蒸餾鍋爐內二十四小時,僅取少量酒心,加上當地天然泉水稀釋裝瓶,每批次約生產六百瓶,每瓶容量為 500 毫升。

琴酒銷售所得的 15% 分別捐贈給兩個機構:肯亞的大生命基金會 (Big Life,關注休魯山〔Chyulu Hills〕大象生態保育),以及南非大象生存空間機構 (Space for Elephants) 在夸祖魯納塔爾省 (KwaZulu-Natal) 的大象保育瑪薇拉專案 (Mavela Project)。

每一批次的大象琴酒,皆以基金會所照護的大象為名、標註於瓶標上,設計成郵票造型貼於右上角,而地圖上繪製的紅線則是大象們的返家路線。瓶身是仿照探險家身上隨身酒壺 (Flask) 的概念,瓶蓋原料則來自葡萄牙每七年即可採伐生產的環境友善軟木塞。

2016 年 11 月開始發售大象黑刺李琴酒 (Elephant Sloe Gin);隔年 3 月推出 57% ABV 的大象強度琴酒 (Elephant Strength Gin),以大象琴酒配方加倍原料的份量浸泡蒸餾,並挑選南非最大自然保育區「克魯格國家公園」內七頭被稱為絕地七騎士的強壯大象,把牠們的大名放在瓶標上。

UK
Europe
N.America
S.America
Asia
Africa
Oceania

　　2018年1月，使用裸麥中性基酒搭配大象琴酒十四種原料，分別貯放於三款不同橡木桶一年後進行調和，推出大象陳年琴酒 (Elephant Aged Gin)；2019年再推出四千瓶同樣是裸麥中性基酒製成，替換為熟成於蘭姆酒桶的大象陳年琴酒。

大象琴酒
Elephant Gin 45% ABV

風味	**Juniper** | Citrus | Herbal | **Spice** | **Floral** | **Fruit**
原料	杜松子、薑 - 中國、桂皮、橙皮 - 西班牙、接骨木花、多香果 - 墨西哥、薰衣草、鈎麻 - 南非、非洲苦蒿 - 南非、布枯葉 - 南非、猴麵包樹果 - 馬拉威、松針 - 奧地利薩爾茲堡、蘋果 - 德國、獅耳花 - 南非
推薦調酒	Gin Tonic - 蘋果片、Martini
品飲心得	柔順的杜松子之中有些花果氣味。口感兼俱溫潤與複雜，多樣豐富的果香與香料氣味。

Ferdinand

UK

Europe

N.America

S.America

Asia

Africa

Oceania

自 1824 年便開始在德國溫歇林根 (Wincheringen-Bilzingen) 釀製蒸餾水果酒的法倫達爾 (Vallendar) 家族，數代後傳到安地列斯・法倫達爾 (Andreas Vallendar) 手上，他想要以當地葡萄與植物生產琴酒，於是先去學習蒸餾技術，再到鄰近法國、盧森堡的薩爾堡 (Saarburg) 成立實驗室，成立了阿瓦德斯酒廠 (Avadis Distillery)。

另一方面，德國葡萄酒名家聯盟 (The Verband Deutscher Pradikatsweinguter，簡稱 VDP) 成員之一的席勒根酒莊 (VDP Forstmeister Geltz–Zilliken) 第十一代老闆桃樂絲・席勒根 (Dorothee Zilliken) 自 2007 年接手經營，安地列斯與他們合作，另外再找上丹尼斯・雷德哈特 (Denis Reinhardt) 負責銷售業務，產製這款以十九世紀普魯士地區林務官、也是葡萄酒名家聯盟發起人之一斐迪南・蓋爾茲 (Ferdinand Geltz) 為名的琴酒 —— 斐迪南薩爾琴酒 (Ferdinand's Saar Dry Gin)。

安地列斯自己製作穀物基酒，經過數道蒸餾取得 90 ～ 95% ABV 的烈酒稍加稀釋後，浸泡生長於康拉德托臣河谷 (Konzer Talchen Valley) 的檸檬百里香、杜松子、黑刺李、玫瑰果、歐白芷、啤酒花、杏仁、芫荽、薑等三十餘種香料於銅製蒸餾器內，同時也採用蒸氣萃取法來獲取香氣。蒸餾完成後，再加進帶有些微甜度、來自薩爾地區的紀頁岩麗絲玲葡萄酒 (Schiefer Riesling) 靜置四星期，裝瓶濃度為 44% ABV。

之後，還推出添加 2011 年羅氏晚摘葡萄酒 (Rausch Kabinett)，浸泡葡萄園內種植的榲桲 (Quinces，又稱木梨)，製作濃度為 30% ABV 的斐迪南榲桲琴酒 (Ferdinand's Quince Gin)—— 但嚴格來說，歐盟規定琴酒必須在 37.5% ABV 以上。

2015 年，發行添加自家獲得 2010 年「金頸獎 (Gold Cap)」的精選甜白酒 (Auslese)，限量生產斐迪南金頸琴酒 (Ferdinand's Gold Cap Gin)。2019 年適逢斐迪南創立五週年，又推出加入少量 1998 年麗絲玲冰酒增甜的斐迪南五週年典藏家琴酒 (Ferdinand 5 Year Anniversary Collector's Edition Gin)，並與日本的橫濱內馬尼亞酒吧 (Cocktail Bar Nemanja) 以及酒類專賣店信濃屋 (Shinanoya) 合作，另

外添加30%以麗絲玲葡萄製成的烈酒為基底（故稱為Eau de Vie Gin）的日本限定版琴酒，材料從原本三十二種縮減為二十三種，最後再添加甜白酒靜置。

斐迪南五週年典藏家琴酒（左）
及日本通路合作版琴酒（右）。

斐迪南薩爾琴酒
Ferdinand's Saar Dry Gin 44% ABV

😊 風味　**Juniper** | **Citrus** | **Herbal** | Spice | **Floral** | Fruit

❤ 原料　杜松子、芫荽籽、甘草、歐白芷根、檸檬、茴香、啤酒花、檸檬馬鞭草、百香果花（西番蓮）、肉豆蔻、香檬檸、薰衣草、接骨木花、杏仁、荳蔻、茉莉花、蘋果薄荷、薑、洋甘菊、肉桂、百里香、黑刺李、玫瑰果、酸橙、檀木、秘密

🍸 推薦調酒　Gin Tonic - 檸檬皮、Vesper

💠 品飲心得　自然芳香的氣息之中是薰衣草與檸檬香茅，伴隨柑橘調性與杜松子。入口是萊姆及百里香香氣，之後杜松子溫暖地浮現，一些薑味、胡椒作結。

GIN SUL

UK

Europe

N.America

S.America

Asia

Africa

Oceania

出生於漢堡的史提芬‧加爾貝 (Stephan Garbe) 是廣告公司的老闆，但 2009 年毅然賣掉公司，試圖為自己的人生找個新方向，雖然他中途曾又回到廣告業一年，最後仍舊感到志不在此，加上老婆的支持，三十八歲的他，出發到葡萄牙西南海岸邊的奧德賽克斯 (Odeceixe) 去思考未來。

當年的奧德賽克斯沒有太多的觀光客，是在地人才知道的衝浪勝地，史提芬相當喜歡這個僅千餘人口的濱海小鎮，他決定為家人購置一間度假小屋。他可說是徹底愛上葡萄牙，也學起葡萄牙語，四處旅行探索這片土地。史提芬在奧德賽克斯附近的維森蒂納海岸 (Vicentina Coast) 發現杜松權木，還有帶有稍許蜂蜜甜味、尤加利葉香氣、木質調與香料感的岩玫瑰 (Cistus，又稱 Rockrose) 葉，加上小屋庭園裡的檸檬樹，這些植物的組合讓他萌發起製作琴酒的念頭。

剛開始他想用當地廢棄小學的教室作為酒廠，但準備申請文件曠日費時不說，更因為行政效率不佳、波折不斷，使得史提芬不得不放棄在此地辦酒廠的念頭。後來回到德國，改向漢堡市政府遞交申請書，終於在半年後的第十九次申請，2013 年獲准成立漢堡第一間琴酒蒸餾廠 —— 阿通納烈酒製造 (Altonaer Spirituosen Manufaktur)。

酒廠採用 100 公升德製荷斯坦蒸餾器，從一開始三十五種配方調整至十四種配方，首批琴酒用的檸檬皮，就來自史提芬在葡萄牙小屋裡的黃檸檬樹。每週固定自五千公里遠的葡萄牙奧德賽克斯直送檸檬，並與當地農民簽約。部分材料要浸泡近三十六小時再進行蒸餾，部分新鮮檸檬皮、迷迭香與花朵素材則是平鋪於蒸餾器裡的網籃中，藉由蒸氣汲取香氣。蒸餾完的琴酒原液採非冷凝過濾，保留較多風味，最後加水稀釋裝瓶至 43% ABV，以葡萄牙文的「南方 (Sul)」命名為「琴索」。

瓶身為 500 毫升裝白色陶罐，仿效杜松子酒陶罐，防止日照直射及溫度造成變質。瓶標上的哈達格渡輪 (Hadag) 則為 1950 年代有名的漢堡渡輪，這艘船後來也被帶到葡萄牙，往來里斯本與卡西利亞斯 (Cacilhas) 之間。

在販售出第一批「琴索」後的 15 個月，公司規模成長為四人小酒廠；自 2014 年開始，每年會推出限量數千瓶的小批次琴酒做為紀念。

南方紅寶石 (Ruby Sul) 將原酒熟成於使用十三年之久的波特酒桶一個夏季，帶有丁香與香草氣味，裝瓶濃度為 46% ABV。2015 年秋季發表的南十字星 (Cruzeiro do Sul) 帶有蜂蜜及葡萄甜酒的甜味，裝瓶濃度為 46% ABV，限量兩千瓶。這款琴酒要先熟成於使用逾十年的葡萄牙蜜思嘉加烈甜酒 (Moscatel de Setubal) 桶中，將 58% ABV 琴酒分裝成四桶，搭德國赫伯羅特郵輪的「歐洲 2 號 (MS Europa 2)」，從漢堡出發航行整整十三天才到里斯本，再經由陸運返回漢堡裝瓶。此舉是向過去致敬 —— 葡萄牙往海外屬地 (如巴西) 輸送波特酒，再返回國境內，葡萄牙文稱為「自旅途中歸來 (Torna-Viagem)」，Cruzeiro 同時也是葡萄牙文的巡航之意。這款酒的瓶標設計很特別，德國的新銳紋身藝術家托比亞斯‧提特成 (Tobias Tietchen) 將杜松子與蜜思嘉葡萄繪於兩側，水手衣領上的 E2 則是歐洲 2 號郵輪縮寫。

2016 年發表的「向南之途 (Rota do Sul)」的誕生故事也很有趣，由酒廠兩位蒸餾師史提芬與保羅 (Paul) 一路沿著奧德賽克斯海岸展開摩托車公路旅行，他們隨身帶著 5 公升的小型銅製蒸餾器，在沿途所停之處做極小批次的蒸餾，採集薩格雷斯 (Sagres) 著名的柳橙、沿途的百里香花、奧勒岡葉、杏桃、檸檬為元素製作蒸餾液，裝瓶濃度為 50% ABV。

而 2017 年增量推出四千瓶的「小自由 (Kleine Freiheit)」，以十七世紀宗教改革為理念，加入孜然、茴香、小茴香、蒔蘿、檸檬，以及印度塔拉斯塞爾伊胡椒 (Tellicherry)、孟加拉長胡椒 (Bengal Long Pepper)、柬埔寨貢布胡椒 (Kampot Pepper)、非洲長胡椒 (African Long Pepper)、尼泊爾提姆特胡椒 (Timut Pepper) 等五種胡椒，並以 500 公升的舊阿夸維特酒桶 (Aquavit Oak Barrel) 桶陳。

2018 年限量版則是一次推出三款，分別是榛果、覆盆莓、杜松子三種風味加強琴酒。2019 年限量版「南境之火 (Fogo do Sul)」使用芒果及辣椒等元素，連結印度果阿邦風味。

南十字星琴酒。

南境之火琴酒。

UK

Europe

N.America

S.America

Asia

Africa

Oceania

琴索琴酒
GIN SUL 43% ABV

◉ 風味　Juniper | **Citrus** | **Herbal** | **Spice** | **Floral** | Fruit

◉ 原料　杜松子 - 葡萄牙奧德賽克斯、檸檬皮 - 葡萄牙奧德賽克斯、岩玫瑰 - 葡萄牙奧德賽克斯、迷迭香、薰衣草、荳蔻、肉桂、多香果、芫荽籽、薑、歐白芷根、橙皮、玫瑰花瓣、秘密

◉ 推薦調酒　Gin Tonic - 迷迭香與檸檬皮、Martin

◉ 品飲心得　甘甜檸檬香氣與薰衣草花香，一點草本迷迭香與胡椒、肉桂溫暖調性。柔順的杜松子入喉轉為胡椒，鼻息殘有紫羅蘭與薰衣草香氣，接著檸檬餘韻。

Granit

潘寧格老宅酒廠 (Alte Hausbrennerei Penninger)，是德國超過百年的領導品牌。1905 年，斯特凡‧潘寧格 (Stenfan Penninger) 買下位於巴伐利亞東部的產醋公司；1920 年代，曾經從軍、在法國洛林 (Lorraine) 駐紮過的斯特凡二世，返鄉後帶回洛林當地釀製水果酒的技術，開始蒸餾製酒。傳承至第五代，斯特凡三世與父親萊因哈德 (Reinhard Penninger) 決定生產琴酒，他們加上在巴伐利亞森林採集的花草為原料，於 2015 年推出巴伐利亞花崗岩琴酒 (Granit Bavarian Gin)。

不過這款琴酒並不是潘寧格家族第一次使用杜松子製酒，早在數十年前，他們就曾推出蒸餾過兩次的杜松子白蘭地酒。以有機小麥中性基酒為底，浸泡除了杜松子、芫荽籽、荳蔻、檸檬皮、甘草、歐白芷根，還有巴伐利亞產的檸檬香蜂草、新鮮的繖形花根、龍膽根等原料於銅製壺式蒸餾器一晚；翌日用柴燒加熱，蒸餾後以巴伐利亞泉水稀釋過的酒液儲放於陶罐內數個月，再以改良自 1960 年的「氧酯濾法 (Oxy Estertor，原本採用的氧酯濾法則是用小顆鵝卵石上鋪滿氧化銀過濾)」，特地搬來豪岑貝格的花崗岩石過濾酸性化合物，讓酒質更柔順，每批次可產出 3000 公升。

瓶標以採石工人 (Steinbrecher) 為形象，瓶頸處會附上一小顆豪岑貝格產的花崗石塊，可以冰鎮後充作冰塊使用。

巴伐利亞花崗岩琴酒
Granit Bavarian Gin 42% ABV

風味	**Juniper** | Citrus | **Herbal** | **Spice** | **Floral** | Fruit
原料	杜松子、芫荽籽、綠荳蔻、檸檬皮、歐白芷根、甘草、洋甘菊、覆盆莓、檸檬香蜂草、繖形花根、龍膽根、秘密（少量當地草本植物）
推薦調酒	Gin Tonic - 檸檬皮、Martini
品飲心得	柔順花香，杜松子木質調性與森林氣息，薄荷及香蜂草的清新感覺。一點肉桂與丁香的香料口感，草本滋味後是甘草與柑橘尾韻。

Monkey 47

德國黑森林向來以水果白蘭地及布穀鐘兩大特產名聞遐邇，但同時也擁有專業且歷史悠久的蒸餾技術、精細的銅製蒸餾器，加上品質優良的原料及來自森林的天然水源，天時地利人和皆完美配合，也難怪能夠生產出如此特別的猴子47 琴酒 (Monkey 47 Gin)。

不過這款琴酒最早是英國中校、外交官蒙哥馬利‧柯林斯 (Montgomery Collins) 所創。1909 年在印度清奈出生，1945 年二戰結束後他到德國任職，協助修復殘破的柏林，並以個人名義重建柏林動物園，還認養了一隻叫馬克斯 (Max) 的白鷺猴 (Egret Monkey)；1951 年柯林斯離開空軍，改在德國黑森林的北部開設招待所，取名「野猴子 (德文：Zum Wilden Affen)」。

數年後，接手這間招待所的人在裝修該房子時，發現一個木箱，裡頭有瓶手繪猴子圖案的酒瓶及手稿，瓶身上寫著「猴子馬克斯黑森林琴酒 (Max the Monkey , Schwarzwald Dry Gin)」。手稿上註有該酒配方，大多數原料都來自黑森林，還有部分源自印度的香料；配方清單長達四十七種，大概結合了柯林斯對黑森林的印象與印度的童年記憶 —— 猴子 47 琴酒的四十七，便由此而來。

亞歷山大‧史坦 (Alexander Stein) 知道這個故事後，研究配方並找上水果白蘭地蒸餾師凱勒 (Christoph Keller)，依據僅有文件、加上他人提供的線索來推敲出原始配方。最後，2010 年成立黑森林烈酒 (Black Forest Distillers)，開始生產琴酒。

這些異國風味的香料，包含六種不同的有機胡椒，都要浸泡在法國甘蔗糖蜜製成的烈酒中三十六個小時；一些需要保持新鮮的材料另外在每天早上加進烈酒中浸泡，部分素材則置於蒸氣籃中萃取風味。經過造型優美的荷斯坦蒸餾器 (Arnold Holstein Still) 進行七十五分鐘蒸餾後，不再過濾，靜置在傳統陶罐中三個月後裝瓶。

如果說英國的亨利爵士琴酒的瓶身設計來自藥劑罐，猴子 47 琴酒就像是從化學實驗室裡直接拿出來的瓶子。軟木塞上的金屬環上刻有拉丁文「EX PLURIBUS UNUM」，意味著「合眾為一」，在美金一元鈔票背面右邊的鳳凰也叼著相同字樣的紙條。瓶身背面皆記錄批次編號，正面標籤則是著名的猴子

商標。

2014 年開始，每年會推出四千瓶數量限定、添加特殊素材的猴子 47 蒸餾師精選琴酒 (Monkey 47 Distiller's Cut Gin)。2014 年版本以在慕尼黑謝恩餐廳 (Shane's) 享用花草餐點的經驗，加入紫酢漿草 (Purple Shamrock)；2015 年版本使用生長於沃爾法山區的纈形花籽 (Spignel Seed，又稱 Meum Athamanticum，德文：Bärwürz) 增添風味。

2016 年被保樂力加集團收購，酒廠遷至沙博霍夫 (Schaberhof)，設於改建過的百年老農場，四棟主建築裡包括蒸餾室、導覽中心、浸漬房、酒窖，有趣的是不僅養動物，另外還設了養蜂場。新酒廠邀請德國著名建築與家具設計師 —— 菲利浦・曼瑟 (Philipp Mainzer) 設計，將原來容量 150 公升的蒸餾器改為四座容量 100 公升的荷斯坦蒸餾器，各自取名了逗趣的名字：第一隻成功往返太空的松鼠猴「貝克小姐 (Miss Baker)」、迪士尼電影《與森林共舞》裡的紅毛猩猩「路易王 (King Louie)」、拍攝過 1930 年版《泰山》的黑猩猩「獵豹 (Cheetah)」、瑞典童書《長襪皮皮》裡的猴子「尼爾森先生 (Herr Nilsson)」。並調整蒸氣籃擺放位置，僅取 25 公升酒心。

2016 年版本加進自家養蜂場的蜂蜜一起蒸餾；2017 年添加採集自瑞士高山上珍貴的麝香蓍草 (Musk Yarrow)；2018 年與倫敦「地下茁長 (Growing Underground)」科技農業合作、採用紅芥水芹 (Red Mustard Cress) 作為原料；2019 年則邀請英國米其林廚師雷恩・克利夫特 (Ryan Clift) 共同構思加入肉豆蔻皮 (Mace)。

在桶陳琴酒市場日漸擴大影響，猴子 47 琴酒也將自家琴酒置於容量 110 公升的黑森林桑樹桶內熟成一百八十天，於 2018 年底發表猴子 47 桶陳精選琴酒 (Monkey 47 Barrel Cut Gin)。

2019 年開始，推出更多有趣的猴子 47 琴酒實驗試作品系列 (Monkey 47 Experimentum Series)，每一批次僅五百瓶，原料令人嘖嘖稱奇 —— 率先推出的是使用真空蒸餾萃取神戶牛肉與山椒風味的東京 (2y01：Tokyo) 版本，接著是添加藍淡菜、比利時艾爾啤酒、巧克力辣椒的布魯塞爾 (2y02：Brussels) 版本。因為量極少、限制要參與官網抽籤才能買到，筆者曾在日本喝過東京版本，果真有種牛肉鮮味鋪陳在草本香料間。

猴子 47 琴酒歷年來的限量版。

猴子 47 琴酒
Monkey 47 Gin 47% ABV

🌀 風味　**Juniper** | **Citrus** | Herbal | **Spice** | **Floral** | **Fruit**

Ⓜ 原料　杜松子、芫荽籽、刺槐、菖蒲、杏仁、歐白芷根、苦橙、黑莓、荳蔻、桂皮、洋甘菊、肉桂、檸檬馬鞭草、丁香、蔓越莓、尾胡椒、狗薔薇、接骨木花、薑、天堂椒、山楂果、香葵、木槿、金銀花（忍冬）、茉莉花、青檸、薰衣草、檸檬、檸檬香蜂草、檸檬香茅、甘草、越橘、大紅香蜂草（美國薄荷）、肉豆蔻、鳶尾根、多香果、柚子、玫瑰果、鼠尾草、黑刺李、雲杉、秘密

推薦
🍸 調酒　Gin Tonic - 檸檬片與藍莓、Negroni

品飲
🌀 心得　飽滿展現木質調、新鮮蔬果、花香、清爽柑橘調，甘甜香料氣味。口感帶著辛香、水果、草本，多種氣味組合成的複雜層次。

Gin del Professore

　　琴酒教授 (Gin del Professore) 系列，可說是向美國禁酒令時期浴缸琴酒致敬的產品，由義大利皮埃蒙特 (Piemonte) 的安堤卡·夸利亞酒廠 (Antica Distilleria Quaglia)，和羅馬近代首間秘密酒吧 —— 傑瑞湯瑪斯 (The Jerry Thomas Bar) 共同合作所開發。

　　以產自托斯卡尼 (Tuscany)、溫布利亞 (Umbria) 的杜松子，與其他材料先浸泡小麥中性烈酒二至六週後，擠乾浸泡材料後過濾，保留一部分浸泡酒液，其餘進行蒸餾，所得酒液調和小麥烈酒與先前保留浸泡酒液，靜置一週後稀釋裝瓶。

　　1906 年，朱塞佩·夸利亞 (Giuseppe Quaglia) 買下成立於 1890 年的安堤卡酒廠，建造鍋爐蒸餾器並使用當地優質水源以生產義式白蘭地 (Grappa) 與利口酒；1930 年交由兒子卡洛·夸利亞 (Carlo Quaglia) 經營且擴展至三十五名員工規模；到了第三代蒸餾師朱塞佩·夸利亞 (Giuseppe Quaglia)，在 1967 年開始製造單一葡萄品種義式白蘭地。

　　2009 年秋天在羅馬百花廣場 (Campo de' Fiori) 附近開業的傑瑞湯瑪斯酒吧，

安堤卡酒廠初成立時期的舊式蒸餾器。

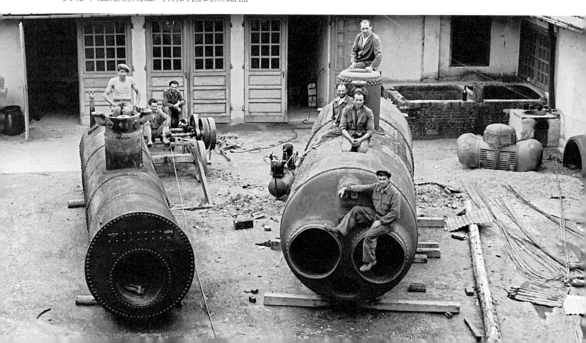

以美國十九世紀的調酒祖師爺傑瑞・湯瑪斯 (Jerry Thomas) 為名。酒吧原始創辦人有三位：曾擔任「哈瓦那俱樂部蘭姆酒大賞 (Havana Club Grand Prix)」調酒競賽評審的李奧納多・呂契 (Leonardo Leuci)、安東尼歐・帕拉皮亞諾 (Antonio Parlapiano)、草本植物專家羅貝托・阿爾圖西奧 (Roberto Artusio)，後來再加入亞力山卓・普羅科利 (Alessandro Procoli)，這四個人聯手帶起義式經典調酒風潮。

酒廠第四代蒸餾師卡洛・夸利亞 (Carlo Quaglia) 和傑瑞湯瑪斯酒吧聯手，再加上藥草專家費德里科・瑞卡托 (Federico Ricatto)，三方之前曾合作使用瑞卡托祖父的配方製作「苦艾酒教授 (Vermouth del Professore)」，他們再次攜手創造出口感優異的作品。

發表於 2014 年的男教授琴酒 (Gin del Professore Le Monsieur) 以傳統琴酒風味為概念，裝瓶濃度為 43.7% ABV；女教授琴酒 (Gin del Professore À La Madame) 則是建構出較柔美的調性，使用檸檬皮、艾菊、橙皮、莪朮、肉桂、苦木，裝瓶濃度為 42.9% ABV。每一批次的配方比例與酒精濃度都會有所微調，並且不超過三千瓶；瓶籤圖案上的 30，代表傑瑞湯瑪斯酒吧的門牌號碼 (Vicolo Cellini, 30, 00186 Roma)。

2018 年 1 月，推出鱷棍琴酒 (Gin del Professore Crocodile Gin)，以老湯姆琴酒風味做發想，裝瓶濃度為 45% ABV，使用杜松子、芫荽籽、接骨木花、多香果 (牙買加胡椒)、柑橘皮等，並調和部分添加焦糖 (Burnt Sugar)、香草、多香果的蜜思提拉 (Mistella) 葡萄加烈酒增甜。

酒標設計則邀請羅馬無智刺青俱樂部 (Wisdomless Tattoo Club) 的刺青師馬西米利亞諾・尼格斯 (Massimiliano Negus) 繪製。

UK

Europe

N.America

S.America

Asia

Africa

Oceania

男教授琴酒
Gin del Professore Le Monsieur 43.7% ABV

🌸 風味　**Juniper** | **Citrus** | Herbal | **Spice** | **Floral** | Fruit

🫖 原料　杜松子 - 義大利托斯卡尼、溫布利亞、洋甘菊、薰衣草、橙皮、莪朮、玫瑰、歐白芷根、秘密

🍸 推薦調酒　Gin Tonic - 橙皮、Negroni

😋 品飲心得　明顯的杜松子與荳蔻香料，洋甘菊與薰衣草花香。甘甜口感，溫暖的肉桂與香草尾韻，柑橘調性。

女教授琴酒
Gin del Professore À La Madame 42.9% ABV

🌸 風味　**Juniper** | Citrus | Herbal | **Spice** | Floral | Fruit

🫖 原料　杜松子 - 義大利托斯卡尼、溫布利亞、檸檬皮、艾菊、橙皮、莪朮、肉桂、苦木、秘密

🍸 推薦調酒　Gin Tonic - 葡萄柚片、Hanky Panky

鱷棍琴酒
Gin del Professore Crocodile Gin 45% ABV

🌸 風味　**Juniper** | **Citrus** | Herbal | Spice | Floral | **Fruit**

🫖 原料　杜松子 - 義大利托斯卡尼、溫布利亞、檸檬皮、橙皮、芫荽籽、接骨木花、多香果、秘密

🍸 推薦調酒　Gin Tonic - 檸檬片、Martinez

$\mathcal{M}$arconi 46

馬可尼 46 琴酒 (Marconi 46 Gin) 的名字來自兩層意涵：一是取自義大利的知名科學家、曾以無線電報技術獲得諾貝爾物理獎的古列爾莫‧馬可尼 (Guglielmo Marconi)；二是波利酒廠的地址正是「馬可尼街 46 號 (46 Marconi Street)」，也為此，乾脆將酒精濃度定為 46% ABV。

創建於 1898 年的波利酒廠 (Poli Distillerie) 由喬巴塔‧波利 (GioBatta Poli) 所創，座落於斯基亞翁 (Schiavon)，就在北義威尼托大區 (Veneto) 的心臟地帶。威尼托是義大利葡萄酒產量最豐的地方，以種植釀製義式白蘭地 (Grappa) 的葡萄藤而聞名；而巴薩諾正是相當著名的義式白蘭地產區。

喬巴塔以製作草帽為生，但他對義式白蘭地有著非凡熱情，他在推車上架設簡易型蒸餾器，挨家挨戶去蒐集葡萄渣來製酒；而兒子喬凡尼 (Giovanni) 也不遑多讓，乾脆用機車引擎改造出一座新蒸餾器！經過百年傳承，波利酒廠的義式白蘭地在當地已是金字招牌，也添置多部傳統蒸餾器。2010 年再啟用另一座「克里索貝 (Crysopea)」真空水浴加熱壺式銅製蒸餾器。

2015 年，賈科莫‧波利使用這座蒸餾器進行精製琴酒的小批次實驗，採用來自波利家族故鄉、北義艾斯亞格高原的素材，杜松子、松葉與薄荷浸泡於中性烈酒數日，麝香葡萄、荳蔻、芫荽籽則浸泡近一週，蒸餾後再加上水與穀類中性烈酒稀釋至 46% ABV 裝瓶。酒瓶設計採用十九世紀的流行風格，選擇紅色，係因酒廠以紅色磚瓦及地板為主色調，員工制服也是紅色，入口處也還有前任主人留下的紅色復古摩托車。

馬可尼 46 琴酒
Marconi 46 Gin 46% ABV

風味　Juniper | Citrus | **Herbal** | Spice | **Floral** | **Fruit**

原料　杜松子、芫荽籽、荳蔻、薄荷、瑞士石松、歐洲山松、麝香葡萄

推薦調酒　Gin Tonic - 白葡萄與柳橙片、Vesper

品飲心得　花果、麝香與薄荷，一些杜松子與檸檬皮。麝香甘甜與松葉帶來草本感覺的口感，薄荷與杜松子、柑橘調的餘韻。

R ivo

就在琴酒新浪潮席捲全世界時，馬可‧瑞沃塔 (Marco Rivolta) 成為琴酒粉絲；他不斷追尋古老配方，甚至遠至 1055 年以拉丁文編撰的醫藥論著《薩萊諾藥理概要 (Compendium Salernitanum)》，找到一款以通寧酒浸泡杜松子的配方紀錄。馬可期許自己要延續歷史，在義大利製造出屬於自己的琴酒。

2014 年起，他與熱愛種植草本植物的母親吉安娜 (Gianna) 一起製作琴酒，母子倆跟著野外採集專家在科莫湖 (Lake Como) 附近採集植物，以超過兩年的時間研究，最後底定十二種素材，以傳統原料為基礎，再添加檸檬香蜂草、小地榆（葉有堅果味及小黃瓜香味，可用來拌沙拉）、冬日香薄荷（微苦中帶有辛香氣味）、紅花百里香等關鍵香草，結合地中海與阿爾卑斯山區風土。

與百年歷史的安堤卡‧夸利亞酒廠合作，以義大利小麥基底烈酒分開浸泡材料，香料部分使用 70% ABV 小麥烈酒浸漬約十天，新鮮素材則以 50% ABV 小麥烈酒浸泡四十八小時。透過雙層底部銅製鍋爐蒸餾器分別蒸餾，素材各自設定不同蒸餾時間，從三十分鐘至十小時不等，最後再進行調和裝瓶。

瑞弗琴酒 (Rivo Gin) 於 2016 年推出，幾何線條代表連綿的阿爾卑斯群山和科莫湖面水波粼粼。圖案設計向義大利理性主義發源地科莫湖致敬；此外，「在歐洲中世紀採集植物的婦女」往往讓人聯想到女巫、術法，這些線條也象徵神秘感。瑞弗琴酒的原料採集一年僅三至四次，以不破壞生態為主要原則；另一款瑞弗黑刺李琴酒 (Rivo Sloe Gin) 則是義大利第一款黑刺李琴酒。

瑞弗琴酒
Rivo Gin 40% ABV

🌀 風味	**Juniper** | **Citrus** | **Herbal** | Spice | Floral | Fruit
Ⓜ 原料	杜松子、芫荽籽、歐白芷根、荳蔻、小地榆、冬日香薄荷、檸檬香蜂草、紅花百里香、鳶尾根、秘密
🍸 推薦調酒	Gin Tonic - 橙皮、Martini
😊 品飲心得	清爽香蜂草與杜松子氣味交疊，一點柑橘與蜂蜜，青綠色草本植物風味。入喉的香蜂草氣味之後是柑橘及杜松子，檸檬清新感覺持續，尾韻有蜂蜜甘甜。

Roby Marton

　　如果說三歲看老，羅伯托·馬頓 (Roberto Marton) 就是箇中代表 —— 在他三歲時，曾經從廚房偷拿一瓶白蘭地把玩、嗅聞酒香；成年後，他前往西班牙學習蒸餾相關知識，並且做烈酒銷售的工作。在西班牙時所感受的琴酒浪潮讓他反思，為什麼義大利沒有一款像樣有趣的琴酒？

　　2012 年底，羅伯托在義大利威尼托大區 (Veneto) 的特雷維索 (Treviso) 成立公司，交由自家 1957 年建於巴薩諾－格拉帕的酒廠，以義大利的穀物經過兩次蒸餾製成的中性烈酒，冷泡十一種包含杜松子、威尼托的辣根、肉桂、丁香、多香果、薑、柑橘皮等原料，經過十至十四天，將雜質過濾，保留稻桿色酒液，裝瓶濃度為 47% ABV，並以自己的小名取為「羅比馬頓琴酒 (Roby Marton Gin)」。羅伯托認為冷泡製造的琴酒，每一批的風味都會有微妙的不同，就有如手工藝品的呈現。

　　羅比馬頓琴酒的豐富香料與薑、柑橘調性，相當適合加上薑汁汽水，以類似莫斯科騾子調製成義大利騾子 (Italian Mule)；這也是羅伯托大力提倡的簡易喝法。

UK

Europe

N.America

S.America

Asia

Africa

Oceania

羅比馬頓琴酒
Roby Marton Gin 47% ABV

🌀 風味　**Juniper** | **Citrus** | Herbal | **Spice** | Floral | Fruit

🫙 原料　杜松子、肉桂、甘草、大茴香、粉紅胡椒、辣根 - 義大利威尼托、薑、丁香、橙皮、檸檬皮、多香果

🍸 推薦調酒　Gin Buck、Negroni

💠 品飲心得　丁香與肉桂氣味之中夾帶有杜松子木質調。甘草、薑的口感風味之中帶有豐富柑橘，溫暖的香料感。

來自義大利阿爾巴 (Alba) 的瓦倫汀娜‧巴羅奈 (Valentina Barone) 與喬凡尼‧亞歷山卓 (Giovanni Alessandria)，兩人在高中畢業後沒多久就結婚了，搬到蒙泰盧波‧阿爾貝塞 (Montelupo Albese) 這個小鎮，夫妻倆都從事餐飲相關工作，瓦倫汀娜是餐酒行銷顧問，擅長餐飲圖像設計與攝影，喜歡經營網站分享各式餐飲；喬凡尼曾是助理釀酒師，現在做葡萄酒外銷工作。

在許久前，義大利的野狼自中部亞平寧山脈北遷至阿爾卑斯山區的皮埃蒙特，棲息於蒙泰盧波附近，蒙泰盧波正是義大利文的「狼山」；後來即使狼跡漸漸消失，人們仍喜愛用各種方式記載這段過去。

瓦倫汀娜和喬凡尼聽聞這段野狼史後，2017 年 3 月開始研究，打算用琴酒裡的義大利風味來追尋野狼遷徙足跡。為了反映義大利風土與地中海氣候，兩人在生活周遭取材，最後與安堤卡‧夸利亞酒廠合作，打造出沉睡山狼琴酒 (Wolfrest Gin)。

將七款產自義大利的原料浸泡於中性穀類烈酒，分別進行蒸餾：第一批蒸餾使用烘烤過的榛果，第二批蒸餾加入不遠處利古里亞海岸旁生長的新鮮普南布哥 (Pernambucco) 甜橙皮，第三批蒸餾則是當地採集的新鮮接骨木花，最後一批蒸餾是混合來自溫布利亞的杜松子，以及自己庭院栽植的野生迷迭香、百里香、月桂葉，接著再進行調和稀釋。

選用接骨木花，是從喬凡尼小時用接骨木果實釣魚所得來的靈感。瓶標的野狼身影連接起這七款義大利原料，代表著牠們一路遷徙的足跡。2019 年初秋，推出限量版添加阿爾巴產白松露的沉睡山狼阿爾巴琴酒 (Wolfrest Alba Gin)。

沉睡山狼琴酒
Wolfrest Gin 43% ABV

🌀 風味　**Juniper** | **Citrus** | **Herbal** | Spice | **Floral** | Fruit

🍸 原料　杜松子 - 義大利溫布利亞、接骨木花 - 義大利朗格、榛果、月桂葉 - 義大利蒙泰盧波、百里香 - 義大利蒙泰盧波、野生迷迭香 - 義大利蒙泰盧波、甜橙

🍸 推薦調酒　Gin Tonic - 百里香與柳橙片、Martini

🥃 品飲心得　柔順杜松子氣味與草本調性。入喉舒服的草本交疊清新的橙皮風味與一點花香，尾韻有堅果甘甜滑順感覺。

愛爾蘭 ▌

Bertha Revenge

UK

Europe

NAmerica

SAmerica

Asia

Africa

Oceania

貝莎的復仇

巴里沃蘭尼鄉村民宿烈酒
Ballyvolane House Spirits

出生自愛爾蘭農家的賈斯丁‧格林 (Justin Green)，他的琴酒之路有點曲折——農莊之子、長大後原本是徹頭徹尾的「旅館人」，最後在琴酒的研發上找到連結家鄉的歸屬。

格林家族自 1728 年起，連四代定居於愛爾蘭科克 (Cork) 地區的費爾莫伊 (Fermoy)，以養雞鴨牛豬為生；1980 年起，賈斯丁的父親將農莊兼營民宿，賈斯丁自小便在農場中打滾。這間鄉村民宿「巴里沃蘭尼 (Ballyvolane House)」，在蓋爾語中，正是意謂著「春日的犢牛誕生地」。賈斯丁念旅館管理學系、第一份工作在香港文華東方酒店工作，連一起打拚事業的女朋友珍妮也是相識於文華東方。賈斯丁曾在亞洲的卓美亞海灘酒店 (Jumeirah Beach Hotel)、峇里島勒吉安旅館 (Legian Hotel) 工作，後來回到歐洲，到英國的巴丙頓之家 (Babington House) 參與經營。2004 年，賈斯丁的母親被診斷出癌症，父親希望賈斯丁回愛爾蘭處理家業、接手民宿的經營。

賈斯丁回鄉後，努力思考替自家農場尋找出路，先是在 2008 年以「農場到餐桌」的概念與鄰近地區利斯莫爾 (Lismore) 的餐廳合作產銷，但因為景氣不佳，餐廳於 2012 年結束營業。

後來賈斯丁參與了當地乳製品工廠卡布力 (Carbery) 的乳清製酒流程，他們使用特殊的酵母，讓甜乳清發酵生成酒精。卡布力公司自 1970 年代開始提供發酵乳清給貝禮詩 (Baileys) 等酒廠。在製作起士過程中所分離出的甜乳清，過去曾應用於石化或製藥產業，後來被拿來餵豬，或甚至丟棄不用，製成酒精，讓原本有如雞肋的乳清開闢出廣闊的新用途。乳清加上酵母後加熱生成酒醪 (Mash)，兩次蒸餾後可製作出 96% ABV 的中性烈酒。

2014 年夏天，賈斯丁與從事葡萄酒業務工作的兒時玩伴安東尼‧傑克森 (Antony Jackson) 喝酒，兩人聊著琴酒浪潮，起心動念想自製琴酒來宣揚在地精神。兩人去拜訪泰晤士酒廠的首席蒸餾師馬克斯韋爾 (Charles Maxwell)。馬克斯韋爾認為用乳清中性烈酒當基底的概念相當有趣，建議他們朝這個方向研發。

經由愛爾蘭的布萊克瓦特酒廠 (Blackwater Dislltery) 蒸餾師彼得・穆瑞安 (Peter Mulryan) 協助，他們從 2014 年 11 月開始實驗，期間用民宿的名稱成立了「巴里沃蘭尼鄉村民宿烈酒 (Ballyvolane House Spirits)」，經歷九個月共十九批次試作，到 2015 年 8 月終於發售第一批琴酒。

這款名字很有趣的「貝莎的復仇琴酒 (Bertha Revenge Gin)」，就以誕生於愛爾蘭國慶 —— 聖派翠克節的名牛「貝莎 (Big Bertha)」命名。這隻乳牛在愛爾蘭可是赫赫有名，曾以最長壽 (48 歲，1945 ～ 1993 年) 和最多產 (39 頭小牛) 這兩項紀錄打敗群牛、榮登金氏世界紀錄。賈斯丁取得授權，將貝莎頭像繪於瓶標，呈現這款奶製琴酒；瓶身上的綠色蠟印則是牛蹄造型。

除了必須要進口材料，賈斯丁大多選用愛爾蘭當地植物做為素材，包括 8 月底結籽至 10 月採收的亞歷山大草籽、5 月採收乾燥後的接骨木花、有杏仁與香草味的香車葉草。有別於大部分愛爾蘭琴酒使用法國與其他歐陸的中性穀物烈酒，他以與辛香料十分合拍的 96% ABV 乳清中性烈酒為基底，加入當地不含氟、氯的純淨水源 1：1 稀釋後，連同材料倒進 125 公升的銅製蒸餾器內進行蒸餾。而花香調素材則透過蒸氣萃取，避免長時間烹煮產生像茶葉泡過久的菜味。

初期每週約蒸餾 800 公升、三百五十瓶琴酒，2017 年另外添購另一台同款式蒸餾器增加產能；同年也推出 25% ABV 的「貝莎的復仇黑刺李琴酒 (Bertha Revenge Sloe Gin)」。

貝莎的復仇琴酒
Bertha Revenge Gin 42% ABV

🌀 風味　**Juniper** | **Citrus** | Herbal | **Spice** | **Floral** | Fruit

🍸 原料　杜松子、芫荽籽、苦橙、甜橙、葡萄柚、檸檬、萊姆、甘草、歐白芷根、鳶尾根、肉桂、丁香、孜然、杏仁、荳蔻、接骨木花、亞歷山大草籽、香車葉草

🍹 推薦調酒　Gin Tonic - 橙皮、Negroni

🍶 品飲心得　強烈杜松子氣味與孜然、荳蔻風味，一點花香隱約。柑橘口感與胡椒、孜然等柔順溫暖辛香料氣息，尾韻是淡雅花香與草本交疊。

　　十七世紀左右，愛爾蘭擁有近百間合法蒸餾廠，蒸餾工藝領先世界；二十世紀衰退逾半，尚存的酒廠屈指可數。2011 年，有五位好朋友，以凱文．基南 (Kevin Keenan) 為首，為了復興愛爾蘭的蒸餾傳統，他們以都柏林南邊威克洛郡 (Wicklow) 的格倫達洛 (Glendalough) 為名，創建了格倫達洛酒廠 (Glendalough Distillery)。

　　酒廠生產威士忌產品與波丁酒 (Poitin)，另外又以七世紀在格倫達洛山谷避世的隱士聖凱文 (St. Kevin) 為靈感，推出琴酒系列。酒廠找上威克洛野食 (Wicklow Wild Food) 的創辦人傑拉爾丁．卡瓦納 (Geraldine Kavanagh) 合作，委託她到被譽為「愛爾蘭花園」的格倫達洛山林採集植物材料，再交由首席蒸餾師羅迪．魯尼 (Rowdy Rooney) 處理。

　　除了琴酒核心的六種原料：杜松子、芫荽籽、橙皮、苦杏仁、鳶尾根，其餘大部分材料皆是當日或前天現採，浸泡於中性穀物烈酒二十四小時；部分植物則是採用蒸氣萃取。再透過 500 公升的德製荷斯坦蒸餾器「凱瑟琳 (Gathleen)」進行蒸餾，蒸餾後稀釋靜置兩週後再裝瓶。

　　從夏季開始依序推出的四季版本，都有各自想表達的大自然變化與風味。夏季版添加三十餘種原料，特別是接骨木花的香氣。秋季版主要是歐洲藍莓，另外有達瑞德麥芽、異株水薄荷、金錢薄荷、石楠花、玫瑰果、繡線菊、迷迭香、山楂、蓍草、黑莓、野生酸蘋果等。

　　冬日版本主要表現黑刺李，另外材料有：甘草根、錫蘭肉桂、多香果、茴香、花旗松、歐洲赤松等。春天版本則是荊豆花、香車葉草、酸模、山毛櫸葉、黑莓葉、蒲公英花、甜沒藥等。

　　每季的瓶標照片，皆描繪當時野生採集的景致；正面瓶標人像則是在愛爾蘭名望僅次於聖派翠克、被稱作「愛爾蘭聖方濟」的聖凱文。經過一年調整，再推出常態供應的格倫達洛野生植物琴酒 (Glendalough Wild Botanical Gin)，將四季變化滋味盡收於一瓶琴酒之中。

格倫達洛野生植物琴酒
Glendalough Wild Botanical Gin 41% ABV

🌀 風味　Juniper | **Citrus** | **Herbal** | Spice | **Floral** | **Fruit**

♡ 原料　杜松子、芫荽籽、歐白芷根、鳶尾根、甘草、有機檸檬、接骨木花、紅花苜蓿、蓍草、法蘭西菊、野生覆盆莓、黑莓葉、野玫瑰、水薄荷、香車葉草、檸檬香蜂草、甜沒藥、蓬子菜、歐石楠

🍸 推薦調酒　Gin Tonic - 迷迭香與葡萄柚片、Martini

💧 品飲心得　清新森林草本感覺，一點柑橘，花果香氣之中是杜松子調性。花香口感甘甜柔順，尾韻是一點甘草與青草滋味與果香。

格倫達洛野生春季植物琴酒
Glendalough Wild Spring Botanical Gin 41% ABV

🌀 風味　**Juniper** | **Citrus** | **Herbal** | Spice | Floral | Fruit

♡ 原料　杜松子、芫荽籽、歐白芷根、鳶尾根、甘草、有機檸檬、柳橙、肉桂、荊豆花、香車葉草、酸模、山毛櫸葉、水薄荷、黑莓葉、蒲公英花、甜沒藥、黑醋栗、樺樹葉、歐洲赤松

🍸 推薦調酒　Gin Tonic - 橙皮、Gimlet

格倫達洛野生夏季植物琴酒
Glendalough Wild Summer Botanical Gin 41% ABV

🌀 風味　Juniper | **Citrus** | **Herbal** | Spice | Floral | **Fruit**

♡ 原料　杜松子、芫荽籽、歐白芷根、鳶尾根、甘草、有機檸檬、柳橙、肉桂、薑、啤酒花、多香果、接骨木花、檸檬香蜂草、黑莓、橙花、野玫瑰、覆盆莓、繡線菊、松芽、山桑子（歐洲藍莓）

🍸 推薦調酒　Gin Tonic - 檸檬片、Gin Fizz

格倫達洛野生秋季植物琴酒
Glendalough Wild Autumn Botanical Gin 41% ABV

🌼 風味　Juniper | Citrus | **Herbal** | Spice | **Floral** | **Fruit**

🌿 原料　杜松子、芫荽籽、歐白芷根、鳶尾根、甘草、有機檸檬、柳橙、肉桂、山桑子（歐洲藍莓）、達瑞德麥芽、水薄荷、苜蓿花、金錢薄荷、石楠花、玫瑰果、繡線菊、迷迭香、山楂、薔草、黑莓、大馬士革黑刺李、接骨木果、野生酸蘋果

🍸 推薦調酒　Gin Tonic - 藍莓、Martini

格倫達洛野生冬季植物琴酒
Glendalough Wild Winter Botanical Gin 41% ABV

🌼 風味　**Juniper** | Citrus | Herbal | **Spice** | Floral | **Fruit**

🌿 原料　杜松子、芫荽籽、歐白芷根、鳶尾根、甘草、有機檸檬、柳橙、肉桂、多香果 、茴香、花旗松、歐洲赤松、接骨木果、歐州山梨果（羅恩漿果）、鼠尾草、亞歷山大草籽、玫瑰果、金錢薄荷、黑刺李

🍸 推薦調酒　Gin Tonic - 橙皮、Martinez

UK

Europe

N.America

S.America

Asia

Africa

Oceania

Gunpowder

　　派翠克・里格尼 (Patrick Rigney) 來自都柏林，在酒類產業待了超過三十年，2013 年 12 月，前往德拉姆尚博 (Drumshanbo) 這座景氣衰敗、風光卻依舊美麗的小鎮，參觀當地一間果醬工廠；這個契機讓他決定在蓋爾語代表「古愛爾蘭屋脊」的德拉姆尚博，成立這座席德酒廠 (Shed Distillery)。里格尼自德國訂製三座銅製壺式的荷斯坦蒸餾器，並從美國延請蒸餾師布萊恩・塔夫特 (Brian Taft)。

　　里格尼在等待威士忌熟成期間，決定研發一款有別於大眾熟知風味的琴酒。他有很豐富的飲食經驗 —— 曾經在摩洛哥社交場合飲用過摩洛哥薄荷茶，用來做薄荷茶基底的中國珠茶讓里格尼難以忘懷。珠茶屬於綠茶，摘採新鮮的一芽一葉經過殺青、揉捻、乾燥等工序，因為揉捻成圓球珠狀而得名，亦被譽為綠色珍珠或火藥茶 (Gunpowder Tea)。他也在印度品嘗過甜點麵包布丁 (Shashi Tukra)，喜歡其中的荳蔻甘甜又帶著一點果香。這些深刻印記在味覺記憶裡、行旅各地的飲食氣味，加總後便具體化成這款藍色藥罐瓶身的彈藥琴酒 (Gunpowder Gin)。

　　緩慢加熱過程中，在蒸餾器倒進乾燥後的琴酒傳統原料；新鮮檸檬皮、葡萄柚皮、青檸皮則與珠茶一併置於蒸餾籃中透過蒸氣萃取精華。

　　以傳說中長毛野兔與美國鈴羊孕育出的鹿角兔 (Jackalope) 為代表，象徵將兩種文化傳統匯集的靈感。後來又與德國好友馮哈登貝格 (Carl Graf von Hardenberg) 合作，以德國哥廷根 (Göttingen) 古老的植物園之一作為發想，加入德國嫩薑、檸檬馬鞭草、愛爾蘭歐白芷，推出馮哈勒斯琴酒 (Von Hallers Gin)。

彈藥琴酒
Gunpowder Gin 43% ABV

🌸 **風味**　Juniper | **Citrus** | **Herbal** | **Spice** | **Floral** | Fruit

🍸 **原料**　杜松子 - 馬其頓、芫荽籽 - 羅馬尼亞、荳蔻 - 印度、歐白芷根 - 德國、繡線菊 - 愛爾蘭德拉姆尚博、葛縷子 - 印度、八角 - 中國、鳶尾根 - 摩洛哥、珠茶 - 中國、中國檸檬 - 中國、東方葡萄柚 - 印尼、青檸 - 柬埔寨

🍸 **推薦調酒**　Gin Tonic - 葡萄柚皮、Martini

🥃 **品飲心得**　清新柑橘調與淡雅杜松子氣味，一點香料與茶香。口感是甘甜花香與些許蜂蜜感覺，餘韻是檸檬清爽。

1998 年起便任職於 LVMH 集團旗下酩悅軒尼詩 (Moët Hennessy) 的派翠克・雪萊 (Patrick Shelley)，先後待過法國、英國、德奧、東南亞與俄羅斯，累積豐富葡萄酒、威士忌等酒業經歷；最後回到故鄉愛爾蘭蒂珀雷里 (Tipperary)，2013 年 10 月成立愛爾蘭源酒公司 (Origin Spirits Ireland Ltd)。他認為現今大多數伏特加過度講究包裝而不注重內在本質，於是耗時兩年半，結合愛爾蘭向來自豪的蒸餾技藝，推出適合威士忌愛好者的單一純麥伏特加「卡拉克伏特加 (Kalak Vodka)」。

原料中的大麥，來自愛爾蘭東南部沃特福德 (Waterford)、韋克斯福德 (Wexford) 及科克 (Cork) 的農民契作，生產則是與位於西科克斯基伯林 (Skibbereer) 的西科克蒸餾者公司 (West Cork Distillers Ltd) 合作。雪萊的顧問團相當華麗，找了國際烈酒權威 —— 伊恩・維斯紐斯基 (Ian Wisniewski)、威士忌界愛因斯坦 —— 吉姆・史旺博士 (Dr. Jim Swan，已於 2017 年 2 月辭世)、米德勒頓 (Midleton) 酒廠前蒸餾師寇特 (Roy Court) 等人徵詢意見，從大麥磨碾、發酵、四次壺式蒸餾到裝瓶都在同一間酒廠完成。

既然已擁有質地如此優異的產品，也讓派翠克思考：當大家開始講究琴湯尼 (Gin Tonic) 裡占了 75% 的通寧水品質，為何不用同樣標準去看待製作琴酒時 95% ABV 的基底烈酒？

超過十二個月研發、三十六次蒸餾試作，自三十餘種不同原料取捨最後留下五種：杜松子、花旗松葉、新鮮檸檬皮、歐白芷根、檸檬馬鞭草；使用四次蒸餾的單一純麥基酒浸泡原料後，再經過第五次蒸餾，最後稀釋到 43% ABV 裝瓶。瓶身概念來自藥罐和香水瓶，瓶標印著包括大麥等六款維多利亞風格植物彩繪原料；構圖出於著名植物繪畫家琳恩・斯金格 (Lynn Stringer) 之手。琴酒商標上的「5+5」代表五種原料以及五次蒸餾，並烙刻於木製瓶蓋上；以蓋爾語中「Eorna Braiche(大麥麥芽)」發音—「Or — Na — Brak」替這款琴酒取名「歐納布拉克琴酒 (Ornabrak Gin)」。

UK

Europe

NAmerica

SAmerica

Asia

Africa

Oceania

歐納布拉克琴酒
Ornabrak Gin 43% ABV

風味 **Juniper** | **Citrus** | **Herbal** | **Spice** | Floral | Fruit

原料 杜松子、歐白芷根、檸檬皮、花旗松針、檸檬馬鞭草

推薦調酒 Gin Tonic - 青蘋果片、Vesper

品飲心得 柔順杜松子與些微柑橘感覺，一點奶油香味。口感滑順帶有一些香草、淡淡胡椒等辛香料，柑橘尾韻交疊著舒服草本滋味。

希臘 🇬🇷

Old Sport

《大亨小傳 (The Great Gatsby)》裡的主角蓋茲比，經常將英國上流社會對多年好友的稱呼「Old Sport」掛在嘴邊，卡里康尼斯酒廠 (Callicounis Distillery) 的老友琴酒 (Old Sport Gin)，正是以此典故命名。

在希臘麥西尼亞州 (Messinia) 首府卡拉馬塔 (Kalamata) 長大的喬治・卡里康尼斯 (George Callicounis)，前往義大利第里雅斯特 (Trieste) 取經，學習透過銅製蒸餾器和木桶熟成，以酒精汲取各類果乾、香料、草本植物等配方香氣。1850年，喬治在家鄉卡拉馬塔成立卡里康尼斯酒廠，和身為藥理學教授的堂弟一起開創製酒事業。

後來兒子尼古拉斯・卡里康尼斯 (Nicholas Callicounis) 接班，在叔父幫忙下經營酒廠，他也持續前往法國干邑區學習製作白蘭地，以不同款白蘭地調和出最佳風味。多樣化的產品讓卡里康尼斯酒廠很快就風靡希臘酒圈，並在雅典城的斯塔德街 (Stadium Street) 開設第一間零售店；如今的卡里康尼斯酒廠在希臘與地中海區域享譽盛名，事實上他們出品的白蘭地，品質也並不遜於其他大酒廠的干邑白蘭地。

老友琴酒以中性穀物烈酒為基底，將原料分三批次浸泡至少一週後才蒸餾，首批蒸餾先添加杜松子等五種原料打造底蘊，第二批蒸餾時再加入三種原料延伸出特色調性，最後一批蒸餾時加入乳香脂 (Mastiha，希臘文 Μαστίχα) 賦予趣味，帶有香料與柑橘調的風味；將這三批蒸餾酒液調和後加水稀釋裝瓶。瓶標設計饒富趣味，第一層突顯「老友」的形象，是一張大鬍子臉，鬍鬚上繪滿了金色線條，但第二層內部底圖則為創辦人的畫像。

配方裡的乳香脂來自希臘希俄斯島 (Chios Island) 的特殊乳香黃連木，雖然地中海地區處處都有乳香黃連木，但只有希俄斯島南部的乳香脂帶有芳香；西元前五世紀已有相關紀錄說明乳香脂對腸胃的療效，也被古希臘人用來當成口香糖。從樹幹切口流出的樹脂慢慢凝聚成滴，如淚水般點滴灑落，故被稱為「希俄斯的淚珠 (Chios Tears)」。

UK

Europe

N.America

S.America

Asia

Africa

Oceania

老友琴酒
Old Sport Gin 42% ABV

🌸 風味　**Juniper** | **Citrus** | Herbal | **Spice** | Floral | **Fruit**

🍸 原料　杜松子、芫荽籽、甘草、歐白芷根、鳶尾根、苦橙皮、檸檬皮、迷迭香、荳蔻、肉桂、肉豆蔻、乳香脂 - 希俄斯島

🍸 推薦
調酒　Gin Tonic - 橙皮、Negroni

🌀 品飲
心得　淡淡紫羅蘭花香，明亮新鮮的氣味挾帶一些杜松子與荳蔻等香料。口感柔順，帶有甘草味，尾韻是甘甜的果香與辛香料。

奧地利 ▇ ▇

Stin

史丁

━
史丁
Stin

在維也納讀大學的喬漢納斯・芬敏尼斯 (Johannes Firmenich) 與萊茵哈德・雅哥侯弗 (Reinhard Jagerhofer)，是志趣相投的好搭檔，都出身奧地利盛產葡萄酒的施蒂里亞地區 (Styria)，在畢業前，兩個大學生就萌生想用家鄉素材製作琴酒的念頭。

芬敏尼斯釀酒廠 (Weingut Firmenich) 位於奧地利和斯洛維尼亞的邊界，承襲了各自家族製酒天份的兩個好朋友，以此為據點，他們使用傳承幾代的 50 公升小型銅製鍋爐進行蒸餾，基底選用 96% ABV 玉米中性烈酒，添加來自芬敏尼斯家族果園裡六種酸甜各異的蘋果、來自雅哥侯弗家的接骨木花，以及檸檬、柳橙、迷迭香、杜松子、孜然、芫荽籽、葛縷子等共二十八種原料，浸泡數日後，透過緩慢蒸餾萃取最飽滿香氣。蒸餾後取得 80% ABV 的基底琴酒，只以施蒂里亞地區純淨泉水稀釋至 47% ABV，不添加任何糖份與香料。2017 年，結合施蒂里亞和琴酒 (STyrian gIN) 兩個字詞命名的史丁琴酒 (Stin Gin) 正式發售。

瓶身及酒標由喬漢納斯的女友設計，黑色方瓶搭配軟木瓶蓋的紅色蠟封與瓶頸繞的白色棉絲，讓史丁琴酒顯得出眾。這款琴酒剛開始的推廣並不輕鬆，直到他們找上名家 —— 帝亞吉歐世界調酒競賽 (Diageo World Class)2015 年奧地利冠軍、約瑟夫雞尾酒吧 (Josef Cocktail Bar) 的老闆厄尼斯特 (Philipp M. Ernst)，請他擔任史丁琴酒的品牌大使。史丁琴酒如今每年約有一萬五千瓶產量，儘管愈賣愈好，仍堅持只用家族酒廠那部 50 公升的小銅製鍋爐製作。

史丁琴酒與位在奧地利格拉茨的散步餐酒館 (Promenade Cafe) 舉辦聯名發表會，推出史丁琴酒散步限定版 (Stin Gin Promenade Edition)。此外還有海軍強度的史丁高強度琴酒 (Stin Overproof Gin) 與史丁黑刺李琴酒 (Stin Sloe Gin)。

史丁琴酒
Stin Gin 47% ABV

🌿 **風味** Juniper | **Citrus** | **Herbal** | **Spice** | **Floral** | **Fruit**

🍸 **原料** 杜松子、蘋果（六種不同蘋果）- 奧地利施蒂里亞南部、接骨木花（同時使用接骨木果實）- 奧地利施蒂里亞東部、葛縷子、芫荽籽、薑、綠荳蔻、迷迭香、檸檬、柳橙、孜然、秘密

🍹 **推薦調酒** Gin Tonic - 蘋果片、Martini

⚗️ **品飲心得** 清新檸檬與蘋果、梨子香氣，一點花香，柔順杜松子。入喉是舒服豐富的各式香料，柑橘穿插其中，尾韻回甘帶著果香。

三個好朋友湊一起打牌，花一千歐元上網購物，可以成就什麼夢想呢？ 2012 年，結識十餘年的湯瑪士‧提爾曼提加 (Thomas Tirmantinger)、阿希姆‧布洛克 (Achim Brock)、弗洛里安‧科勒 (Florian Koller) 三個人，都是琴酒愛好者，而且一致認為每間餐館酒吧應該至少都要有一兩瓶來自世界各處的琴酒，像柏林、慕尼黑、倫敦都有其代表品牌琴酒，但維也納也是個歷史悠久的都市，卻沒有專屬此地的琴酒？於是在某個週六，三人花一千歐元買個蒸餾器，就此實踐他們的琴酒夢。

　　三個人自稱「鍋爐三兄弟 (Drei Kesselbrüder)」，以鍋爐 (Kesselbrüder) 為品牌命名。他們發現接骨木飲料相當受維也納女性喜愛，於是把接骨木選為維也納琴酒 (Wien Dry Gin) 的關鍵原料之一，委託合作酒廠以中性小麥烈酒浸泡原料之後蒸餾；而裝瓶與貼籤則是在另一位葡萄酒釀製商朋友處進行。

　　另外，以奧地利名畫家古斯塔夫‧克林姆 (Gustav Klimt)1916 年的畫作、結合東方元素與西方繪畫技術，透露出情慾流動的《女朋友們 (Girl Friends)》做為發想，維也納琴酒克林姆版 (Wien Dry Gin Klimt Edition) 另外添加八種催情素材：代表浪漫的薰衣草、傳言能增加性慾的主教帽仙人掌 (Bishop's Cap)、促進下半身血液循環的蕁麻 (Nettle)、調經寧神的聖約翰草 (St John's Wort)、助於子宮收縮的斗篷草 (Lady's Mantle) 等，於 2017 年 12 月推出。

加入催情素材的維也納琴酒克林姆版。

UK

Europe

N.America

S.America

Asia

Africa

Oceania

維也納琴酒
Wien Dry Gin 43% ABV

🌸 風味　**Juniper** | **Citrus** | Herbal | **Spice** | **Floral** | Fruit

❤ 原料　杜松子、接骨木花、肉豆蔻、柳橙、檸檬、馬鞭草、麝香葡萄、秘密

🍸 推薦
調酒　Gin Tonic - 葡萄柚皮、Gin Fizz

😋 品飲
心得　挾帶一點花香的杜松子、柑橘，一點點木質調性。一點黑胡椒、柑橘皮油
的口感，些許肉桂，尾韻不長但溫和帶著一點舒服的花香。

Nginious!

　　奧利佛・烏爾里希 (Oliver Ullrich) 與洛夫・維立格 (Ralph Villiger)，兩個人在倫敦上葡萄酒與烈酒認證 (Wine and Spirit Education Trust，簡稱 WSET Diploma Level 4) 課程的時候認識，之後他們決定在蘇黎世開一家葡萄酒與琴酒酒吧「四獸 (4 Tiere)」。

　　一直想製作檸檬汽水與烈酒的奧利佛，自 2013 年參觀英國普利茅斯酒廠回國後，意識到歐洲琴酒潮流興起，於是與洛夫一同計劃打造出足以代表瑞士的琴酒。他們從一百種原料開始，用刪去法挑選，三個月後剩下三十種原料，最後再花六個月底定，區分成：果實、柑橘、根、草本四大類，依特性分開浸泡六至十小時不等，然後個別耗費三至四小時蒸餾出 100 到 120 公升酒液，接著與馬丁米勒琴酒 (Martin Miller Gin)、亨利爵士琴酒 (Hendrick's Gin) 一樣進行調和，稀釋至 45% ABV 裝瓶。果實部分為磨碎的杜松子、月桂漿果、伏牛花籽，柑橘為新鮮檸檬、甜橙、葡萄柚皮，根部則是荳蔻和從草本分類調整過來的甘草，最多的草本種類包括：苜蓿花、香蜂草、馬鞭草、牛膝草、洋甘菊、黑醋栗葉、高良薑、臍薊根、鳶尾花。

　　兩人在初期先找了以櫻桃蒸餾酒 (Kirsch) 著稱的漢斯・艾瑞斯曼 (Hans Erismann) 協同合作。艾瑞斯曼酒廠 (Brennerei Erismann) 有座行動蒸餾廠車，會駛往各地替農友們蒸餾水果與穀物。奧利佛負責處理配方及文書工作，漢斯負責蒸餾製程；其中比較大的行動蒸餾車負責蒸餾杜松子等果實類，而酒廠內另外三座較新且較小的蒸餾器則專門蒸餾柑橘、草本、根部等三類。

　　酒瓶靈感來自被稱為「馬格南 (Magnum)」的隨身酒壺 (Hip Flask)。2014 年 7 月 31 日，靈琴酒瑞士風 (Nginious! Swiss Gin) 正式發表，可算是開啟瑞士新式琴酒的篇章，可惜隔年洛夫就辭世，不能再參與「靈琴酒」的未來。

　　為了調製出絕佳口感的馬丁尼，奧利佛研發適合男性飲用，口感紮實柔順又帶著勁道的靈琴酒苦艾酒桶 (Nginious! Cocchi Vermouth Cask)，在義大利杜林使用容量約 225 公升的木桶熟成自家琴酒，木桶先後存放過巴羅洛 (Barolo) 葡萄酒與公雞苦艾酒桶 (Cocchi Vermouth Cask)。靈琴酒苦艾酒桶的第一次桶陳僅放一週，以汲取桶內適量苦艾酒氣味，第二次桶陳則加入較高濃度酒液存放七週，

再將兩者調和稀釋至 43% ABV 裝瓶。舒服的木質調性與荳蔻等淡雅辛香，即使純飲都相當適合。

　　奧利佛後來又想推出一款獻給女性，帶著花果香調、易飲輕柔的夏季款靈琴酒。以藍莓搭配杜松子的組合以外，還加進茉莉花、萊姆、水蜜桃、大黃根、大黃莖、白胡椒；2015 年 5 月上市的「靈琴酒夏日 (Nginious! Summer)」，裝瓶濃度為 42% ABV，入喉豐富的果味，尾韻是甘甜花香。

　　既然有夏季版本，便少不了冬日版，想按時完成冬季款琴酒則必須在夏天就開始構思。2015 年夏季瑞士出現難得的高溫，加上不想流於「只要是聖誕或冬天的琴酒都會加入肉桂等辛香料」俗套，奧利佛靈機一動聯想到瑞士人在冬天愛吃的烤栗子。這款代表冬季版的「靈琴酒煙燻鹽味 (Nginious! Smoked & Salted)」於 2015 年 10 月推出，除了杜松子，另外還添加苦橙、異國風情的榼桲、芫荽籽與生薑，以煙燻近 40 小時的栗子提供煙燻氣味，再加上瑞士著名品牌「阿爾卑斯山鹽 (Sel Des Alpes)」的煙燻岩鹽，提供一點鹹度。

　　靈琴酒的第三年，在瑞士文化之都巴塞爾 (Basel) 籌備興建專屬酒廠；奧利佛以群眾募資方式，提供贊助者認購新酒廠預定生產、首批限量 3000 瓶、1.5 公升的靈琴酒蒸餾師特選 (Nginious! Distiller's Cut)。這款蒸餾師特選偏向傳統倫敦琴酒風貌，採用杜松子、檸檬皮、葡萄柚、芫荽籽、薰衣草、百里香、胡椒、鳶尾根及甘草為原料，口感帶著柑橘與淡淡花香。

　　2017 年底，奧利佛創設酒魂酒廠 (Liquid Spirit Distillery)，設在一棟擁有多間新創中小型企業進駐的建築內，成為巴塞爾市區內的首座蒸餾酒廠；設置有德國製荷斯坦蒸餾器，並結合工作坊、酒吧等多樣功能，公司也從奧利佛與妻子的兩人公司成長為二十人團隊。

靈琴酒瑞士風
Nginious! Swiss Gin 45% ABV

🍸 風味　**Juniper** | **Citrus** | **Herbal** | Spice | **Floral** | Fruit

🫙 原料　杜松子、月桂漿果、伏牛花籽、檸檬皮、甜橙皮、葡萄柚皮、荳蔻、甘草、首蓿花 、香蜂草、馬鞭草、牛膝草、洋甘菊、黑醋栗葉、高良薑、臍薊根、鳶尾根

🍹 推薦調酒　Gin Tonic - 橙皮、Martini

🌀 品飲心得　清新草本感覺，柔順清爽，茴香、洋甘菊氣味。洋甘菊與杜松子口感，柑橘調性明亮，喉間是飽滿的草本清新。

靈琴酒夏日版
Nginious! Summer Gin 42% ABV

風味　Juniper | **Citrus** | **Herbal** | Spice | **Floral** | **Fruit**

原料　杜松子、藍莓、茉莉花、萊姆、水蜜桃、大黃、白胡椒

推薦
調酒　Gin Tonic - 藍莓、Gimlet

靈琴酒煙燻鹽味
Nginious! Smoked & Salted Gin 42% ABV

風味　Juniper | Citrus | **Herbal** | **Spice** | Floral | **Fruit**

原料　杜松子、芫荽籽、苦橙、椴桲、薑、煙燻栗子、煙燻岩鹽

推薦
調酒　Bee's Knees、Gin Fizz

挪威 🇳🇴

*B*areksten

　　提到北歐，常令人聯想到長日或永夜、茂密無邊的森林與石油開採。巴維斯登植物琴酒 (Bareksten Botanical Gin) 的研發者史提格・巴維斯登 (Stig Bareksten)，是一個著迷於研究事物黑暗面的人，他就有如多數挪威人，相信樹林裡充滿生靈、精怪，這也反映了挪威一年有長達六個月處於黑暗之中；巴維斯登系列的琴酒，正是以極黑色調的包裝，呈現出漆黑、野性、神秘的挪威森林風味。

　　1971 年出生於挪威第二大城卑爾根 (Bergen) 的史提格，在 1993 年當上酒吧調酒師，三年後前往倫敦的巴斯酒吧學校 (BASS Bar School) 學習，期間到好幾間酒吧工作累積經驗。1998 年回到奧斯陸，2004 年進入挪威寰盛酒業集團 (Maxxium) 任職麥卡倫與裸雀威士忌的品牌大使，他漸漸發覺自己對於烈酒的喜好與熱情，五年後乾脆自立門戶、規劃自己的蒸餾廠。

　　他與歐德・納維克 (Odd Nelvik) 合作，2014 年兩人買下位於奧斯陸南邊、在格里姆斯塔 (Grimstad) 的小酒廠彭特沃爾 (Puntervold)，2015 年正式以「挪威製酒所 (Det Norske Brenneri)」之名開始運作。彭特沃爾在 1952 年成立時以生產蘋果汁為主，第二代接班人奧拉・彭特沃爾 (Ole Puntervold) 正好碰上 2005 年政府取消國營壟斷製酒政策，改投蒸餾事業，成為挪威八十多年來第一間私人酒廠；產品涵蓋了挪威傳統的阿夸維特酒 (Aquavit)、各種水果烈酒，甚至威士忌。

　　史提格接手酒廠後，將挪威製酒所定位成專門生產可代表挪威風土的優質產品，除了多款阿夸維特酒、威士忌，也包括哈拉霍恩琴酒 (Harahorn Gin)。2011 年時，史提格又受邀加入位於卑爾根機場附近、規模比較大的歐斯精緻酒廠 (OSS Craft Distillery)，同時擔任總經理與首席蒸餾師，更有機會大展長才、實現個人風格，設計出多款魅力產品，諸如以自己家族姓氏命名的巴維斯登植物琴酒 (Bareksten Botanical Gin)、艾碧斯 (Absinthe)、阿夸維特酒、威士忌、蘭姆酒、藍莓利口酒。

　　他常利用夜闌人靜的時刻在自家廚房蒸餾試作，耗費整整四年時間，最後受到母親烹飪的啟發，在森林野地採集原料，終於得到滿意之作。巴維斯登植物琴酒使用馬鈴薯中性烈酒為基底，稀釋至 39% ABV，除了新鮮萊姆皮、橙皮、

UK

Europe

N.America

S.America

Asia

Africa

Oceania

大黃、薄荷直接置於蒸餾籃，其餘素材像是：杜松子、野生藍莓、洋甘菊、玫瑰、荳蔻、薰衣草、接骨木花、肉桂等都要共同浸泡二十四小時後才在晚上進行蒸餾。共計二十六種原料 (其中十九種來自挪威)，經過 600 公升荷斯坦銅製蒸餾器蒸餾約莫九至十個小時；蒸餾後僅添加當地水源稀釋 (一次製成) 到 46% ABV 裝瓶。身為挪威少數自製基底烈酒的酒廠，史提格選擇馬鈴薯製酒，一方面考量酒體能更為滑順，另一方面也是源由自挪威人的文化。

史提格也沒忘了調酒的工作，在奧斯陸投資布魯克餐館 (Broker Restaurant)，閒暇時會進吧台調酒，直接面對顧客的反應回饋。酒廠銷售量在 2018 年成長近五倍，史提格考量品質穩定，選擇添購多座 600 公升蒸餾器，而非直接更換成大型蒸餾器。除了巴維斯登植物琴酒，還推出巴維斯登老湯姆琴酒 (Bareksten Old Tom Gin) 及巴維斯登海軍強度琴酒 (Bareksten Navy Strength Gin)。

史提格希望能讓大家明白，北歐不是只有石油開採，還有更多吸引人的事物。追求自然、文化、區域、永續、不劃地自限，是他的製酒哲學；對於別人無法理解與相信自己時，學著前進和堅持。史提格的成功，除了他本身的能為之外，更有信任他的投資者與職人同事，讓巴維斯登系列產品持續在市場上備受青睞。

巴維斯登植物琴酒
Bareksten Botanical Gin 46% ABV

🌼 風味　Juniper | **Citrus** | **Herbal** | Spice | **Floral** | **Fruit**

🍶 原料　杜松子、芫荽籽、野生藍莓、天堂椒、茴香、萊姆皮、檸檬皮、橙皮、玫瑰花瓣、玫瑰根、玫瑰果、肉桂、葛縷子、荳蔻、歐白芷根、鳶尾根、大黃、大茴香、肉豆蔻、紅花與白花三葉草、薰衣草、洋甘菊、薄荷、金山車花、接骨木花、越橘

🍸 推薦調酒　Gin Tonic - 藍莓、Martini

🥃 品飲心得　針葉與舒服的辛香料襯托著藍莓果香和豐富花香。入喉甘甜柔順的杜松子與辛香，柑橘和淡雅胡椒尾韻。

Vidda

UK

Europe

N.America

S.America

Asia

Africa

Oceania

　　挪威與其他北歐國家一樣，也曾有過禁酒令時期，1917 年實行禁酒，不過 1926 年即被公投廢止；但就算沒有禁酒令，挪威政府對於酒精飲品的產銷依然嚴格，只有在特定商店和假日才能購買，長期以來在商店架上也只能買到國營酒廠的產品。

　　一直到 1996 年政府逐漸放寬限制，曾在芬蘭、瑞典「酒桶 (Cask)」公司任職的馬里烏斯・麥斯特內斯 (Marius Vestnes)，回到挪威成立「挪威酒桶 (Cask Norway)」，開始推廣在挪威的酒類銷售，讓挪威人有更多飲酒選擇。馬里烏斯 2013 年於瑞典斯德哥爾摩開設 CAP 啤酒廠 (CAP Brewery)，他看著北歐各國酒業興起，亦反思該如何讓傳統製酒工藝重返挪威。

　　2014 年 4 月，馬里烏斯邀請夥伴、一番公司 (Number One Drinks Company) 的馬辛・米勒 (Marcin Miller) 和法國葡萄酒生產商馬丁・克拉耶夫斯基 (Martin Krajewski)，三人結伴到山中小屋度假，面對如此美麗的風光，開始想像著要怎麼把這片自然景致「製成一瓶代表挪威的好酒」。就這樣，他們決定成立奧斯陸精製酒廠 (Oslo Håndverksdestilleri，簡稱 OHD)，選定奧斯陸布林區 (Bryn) 鄰近挪威最長河流 —— 阿爾納河 (Alna River) 旁的紅磚屋，在這個基地逐步實現計劃。

　　首先延攬來自加拿大、在蘇格蘭赫瑞瓦特大學 (Heriot-Watt University) 主修釀造與蒸餾科系、後來去埃吉爾啤酒 (Ægir Brewery) 擔任釀酒師的戴夫・加多尼歐 (Dave Gardonio)，他轉換跑道成為奧斯陸精製酒廠的首席蒸餾師。加多尼歐堅持從大自然獲取靈感， 2016 年 1 月推出以馬卡 (Marka) 森林保護區的六種植物製成的同名餐後酒「馬卡 (Marka)」。

　　等到從德國訂製 800 公升的卡爾 650 蒸餾器 (Carl 650) 設置完成，酒廠於 7 月底發表維達琴酒 (Vidda Tørr Gin)。以挪威常見的馬鈴薯烈酒為基底，浸泡挪威杜松子徹夜 12 小時後再進行蒸餾，將植物專家高特・范德區 (Gaute Vindegg) 野外辛苦採集所得，包含：接骨木花、石楠花、洋甘菊、山桑子、西洋蓍草、酸模、松芽、菖蒲根 (替代生薑、肉桂、肉豆蔻帶著溫暖辛香料感) 等，與農民種植的繡線菊、歐白芷根，平鋪置於蒸餾籃中，透過蒸氣汲取精華。每批次約可生

產 200 至 300 公升原酒，再稀釋為近千瓶 43% ABV，700 毫升裝的維達琴酒。

　　因為挪威不易種植柑橘類作物，也沒有能取代的芫荽籽，和一般常見琴酒不同，維達琴酒只能自杜松子本身與松芽提供近似的柑橘調性。「Vidda」挪威語為山上高原，「Tørr」代表辛口 (Dry)；葡萄酒瓶身的深藍色構想來自被稱為歐洲藍莓的山桑子顏色。設計師詹姆士・哈帝根 (James Hartigan) 把挪威峽灣與陸地、怪獸和動物，還有當初發想這款琴酒的山中小屋，一併都濃縮繪印於瓶身。

　　馬里烏斯期許這款原料皆來自挪威的維達琴酒，能讓人們感受挪威自然風土，找到挪威短暫難得的季節變化。奧斯陸精製酒廠還有另一款使用馬鈴薯烈酒浸泡葛縷子製成的北歐傳統阿夸維特酒 (Aquavit)，分桶陳版與未陳年版。馬里烏斯終究逐步達成他想將精製酒業帶回挪威的願景。

維達琴酒
Vidda Tørr Gin 43% ABV

🌀 風味　**Juniper** | Citrus | **Herbal** | **Spice** | **Floral** | Fruit

💧 原料　杜松子、接骨木花、石楠花、西洋蓍草、洋甘菊、山桑子、歐白芷根、繡線菊、酸模、菖蒲根、松芽

🍸 推薦調酒　Gin Tonic - 檸檬片與藍莓、Vesper

⚙ 品飲心得　顯著杜松子刺激感之後是接骨木花、洋甘菊、繡線菊等花香隱約。花香之後的口感是溫暖舒服的胡椒等辛香與草本針葉林感覺，尾韻清新乾淨帶點蜂蜜甘甜。

丹麥  米凱樂

米凱樂
Mikkeller

精釀啤酒界的潮牌 ── 米凱樂 (Mikkeller)，以創新材料和個性化的酒標建立鮮明形象，更受邀為多家米其林餐廳如：丹麥的諾瑪 (Noma)、西班牙的羅卡 (El Celler de Can Roca) 等打造專用酒款，有趣的是，這個品牌其實最早起源自一所丹麥的高中。物理老師米凱爾‧博格畢厄索 (Mikkel Borg Bjergsø) 利用學校的廚房，帶著學生們實驗釀製啤酒，後來他在 2006 年索性辭去教職、成立米凱樂品牌。因為沒有自己的釀酒廠，先與世界各地酒廠合作生產啤酒；2015 年才宣佈在美國聖地牙哥與艾爾史密斯釀酒 (AleSmith Brewing) 共同成立第一間實體酒廠。

2012 年米凱樂開始擴充品項，找上釀啤酒也蒸餾烈酒的布朗斯坦酒廠 (Braunstein Brewery & Distillery)，使用米凱樂產品：17.5% ABV「黑 (Black)」啤酒，透過銅鍋爐單次蒸餾出小批次烈酒。一般啤酒酵母無法產生過高的酒精，這款啤酒因而添加香檳酵母以獲取更多酒精釋出，還另外加入黑糖增加風味。此款烈酒也成為「米凱樂烈酒黑 (Mikkeller Spirits Black)」系列主要的靈魂骨幹，延伸出以歐羅洛梭雪莉酒桶、波本桶、蘭姆桶桶陳產品。另外更以黃金小麥 (Tall Blonde Wheat) 為原料，經過五次蒸餾，以茶包方式冷泡美國西姆科 (Simcoe) 啤酒花製成呈淡綠色的西姆科伏特加 (Dry Hop Simcoe Vodka)。

米凱樂植物琴酒 (Mikkeller Botanical Gin) 浸泡美國西姆科啤酒花與杜松子等配方材料，再經過蒸餾後稀釋至 44% ABV 裝瓶，沒有過量的杜松子氣味，柔順帶著柑橘調性，淡淡適切的辛香味。2012 年 11 月發表深獲好評，而後陸續取得各項國際烈酒賽事殊榮。2016 年更換新酒標，改承襲米凱樂一貫新潮風格；另有提高酒精濃度的 57% ABV 米凱樂植物琴酒海軍強度 (Mikkeller Botanical Gin Navy Strength)。

米凱樂植物琴酒
Mikkeller Botanical Gin 44% ABV

風味　Juniper | **Citrus** | **Herbal** | **Spice** | Floral | **Fruit**

原料　杜松子、西姆科啤酒花、荳蔻、歐白芷根、檸檬香茅、橙皮、檸檬皮、甘草、秘密

推薦調酒　Gin Tonic - 橙皮、Gimlet

品飲心得　平衡柔順的杜松子、檸檬香茅，淺薄花香裡透著青草味。入喉有些微辛香料、荳蔻，啤酒花帶來的熱帶水果調性，尾韻有著柑橘苦甜。

Old English

亨里克‧哈默 (Henrik Hammer) 從小在琴酒薰陶的環境下成長，他也是英國葡萄酒暨烈酒競賽 (IWSC) 的琴酒評審。亨里克的母親在哥本哈根開設西班牙小酒館，而化學家父親胡迪 (Hudi Hammer) 則是協助他研發琴酒的好幫手，兩人一起創作出 2009 年上市的天竺葵琴酒 (Geranium Gin)；同年，他們於大哥本哈根的腓特烈斯貝市成立哈默父子公司 (Hammer & Son Ltd.)。

亨里克在研究過程中發現，英國伯明罕蘭利酒廠收藏了一份 1783 年的琴酒配方，遂與蘭利酒廠一起重現那個年代的英式風味。

老英式琴酒 (Old English Gin) 含有十一款植物香料，除了荳蔻因為要嚴控蒸餾品質而由亨里克自行在丹麥進行蒸餾外，其餘十種材料則是用英國小麥中性烈酒浸泡蒸餾，再以蘭利酒廠 1000 公升的蒸餾器安琪拉 (Angela) 蒸餾。

蒸餾後，統一於蘭利酒廠進行調和，每公升的酒液會再添加四公克的糖，向老英式琴酒傳統致敬。裝瓶則是運送至倫敦泰晤士酒廠以回收的香檳瓶負責裝瓶蠟封。之所以使用香檳瓶，是因為亨里克考量當時英國進口大量的法國香檳，許多酒類商店會以空香檳瓶分裝琴酒來販售。

十八、十九世紀，去酒館喝琴酒常會被詢問要喝荷蘭琴酒 (Holland Gin) 還是英式琴酒 (English Gin)，但當時荷蘭琴酒意指杜松子酒，而英式琴酒則是現今普遍的琴酒，「老英式」刻意用了這個名字。酒標採用白色網版絹印，方便刮除回收再製。圖樣設計則巧妙將父親的名字「胡迪 (Hudi)」分散在四把錘子圖案上，胡迪的取名典故來自西元前的傳奇古英王 —— 魯德‧胡德‧胡迪布拉斯 (Rud Hud Hudibras)，四把錘子代表這位傳奇英王的四個兒子。

老英式琴酒
Old English Gin 44% ABV

風味	**Juniper** | **Citrus** | Herbal | **Spice** | **Floral** | Fruit
原料	杜松子、芫荽籽、桂皮、檸檬皮、橙皮、歐白芷根、肉桂、甘草、鳶尾根、肉豆蔻、荳蔻
推薦調酒	Gin Tonic - 橙片、Martinez
品飲心得	杜松子氣味帶著一點雨後樹葉、胡椒、甘草、木質調性，些許淡淡麝香。突出的杜松子口感，清甜檸檬、橙皮，入喉柔順。中段有溫暖的肉豆蔻、丁香及肉桂，一點花香作結，尾韻舒服。

Hernö

赫 尼

赫尼琴酒蒸餾廠
Hernö Gin Distillery

居住於瑞典海訥桑德 (Härnösand) 的瓊恩‧希爾格倫 (Jon Hillgren)，十九歲高中畢業後，與一群朋友到倫敦旅行，還在當地當了六個月調酒師。這段人生經歷讓瓊恩對琴酒產生莫大興趣，從此到處收集琴酒資訊。他返國後攻讀政治學學位，畢業後在政府部門參與貿易、外國事務工作，從未停止想要自己蒸餾琴酒的雄心壯志。後來他回到倫敦修習釀造與蒸餾研究協會 (Institute of Brewing and Distilling，簡稱 IBD) 課程，接著到沙烏地阿拉伯短暫工作，最後決定回家鄉實現夢想。

瓊恩於 2011 年在距離家鄉不算遠的達拉鎮 (Dala) 興建酒廠，隔年 5 月收到自德國訂製的 250 公升荷斯坦蒸餾器，取名為克莉絲汀 (Kierstin)；雖然腦中已經有原料的組合雛型，仍反覆經過三個半月實驗才確定配方。將杜松子與芫荽籽浸泡於小麥蒸餾烈酒中十八個小時，接著加入瓊恩相當喜愛的繡線菊、瑞典特色越橘、當日現刨新鮮檸檬皮，以及桂皮、黑胡椒、香草進行蒸餾，最後僅以水稀釋 (一次製成)。

2012 年 12 月 1 日正式發表裝瓶酒精濃度 40.5% ABV 的赫尼琴酒 (Hernö Gin)；表達熱情與專注的意象，使用有機與天然原料，柔順豐富的口感，很快就成為「瑞典代表傑作 (Swedish Excellence)」；接著又推出相同配方比例，唯酒精強度提高為 57% ABV 的赫尼海軍強度琴酒 (Hernö Navy Strength Gin)。

瓊恩更突發奇想，自美國訂購杜松木板運回歐洲，製成容量只有 39.25 公升的杜松桶 (Juniper Cask)，將 75% ABV 的赫尼琴酒桶陳三十天，最後成為 47% ABV 的赫尼杜松桶陳琴酒 (Hernö Juniper Cask Gin)。不選擇歐洲杜松是因樹幹太小、不易製成桶子，且木材孔隙過大；美國杜松更紮實的木質調性與些許辛香料氣息，讓這款杜松桶陳琴酒話題、噱頭與本質都十足有趣。

2013 年夏日，推出五百八十八瓶 28 % ABV 的赫尼黑醋栗琴酒 (Hernö Blackcurrant Gin)。2014 年坦奎利老湯姆琴酒 (Tanqueray Old Tom Gin) 上市，9 月時，加重繡線菊比例並添加蜂蜜增甜，裝瓶酒精濃度 43% ABV 的赫尼老湯姆琴酒 (Hernö Old Tom Gin) 也吸引酒迷目光。同樣使用瑞典北部產的有機蜂蜜作為甜味劑、浸泡波蘭黑刺李三個月的赫尼黑刺李琴酒 (Hernö Sloe Gin)，也是赫

尼的常備產品之一。

從 2012 年建廠迄今，身為瑞典第一間琴酒酒廠，已獲頒無數殊榮的瓊恩仍然不斷致力研製限量產品，甚至還舉辦向大自然取材的調酒師競賽。酒廠位於世界遺產高海岸 (High Coast) 保護區內，他認為尊重與保護這片土地是非常重要的事，他們也附設有導覽與品飲室可供遊客預約。

酒廠商標以銅製蒸餾器造型為發想，瓶標設計以各式鮮明顏色代表各款不同琴酒，再加上一些圖像變化做為區別。

隨著規模愈來愈大，瓊恩再向德國再訂製容量 1000 公升的瑪莉特 (Marit) 蒸餾器，一週進行五至七次蒸餾，每次蒸餾耗費將近二十四小時。酒廠工作量日益繁複，便請託妹妹艾琳 (Elin) 負責行銷、父母也偶爾幫忙裝瓶貼標等雜務。

瓊恩也與鄰近的瑞典「盒子威士忌 (Box Whisky)」酒廠合作，選用帶有泥煤風味桶的盒子威士忌 152 號桶 (Box Whisky Cask 152) 進行二十一天熟成，2016 年推出 48.1% ABV 的赫尼純飲琴酒 #1.0(Hernö Sipping Gin#1.0)。接下來每年都有一款桶陳琴酒：2017 年熟成於盒子威士忌雪莉桶的赫尼純飲琴酒 #1.1(Hernö Sipping Gin#1.1)、2018 年熟成於拉弗格 (Laphroaig) 威士忌桶的赫尼純飲琴酒 #1.2(Hernö Sipping Gin#1.2)、2019 年熟成於阿貝 (Ardbeg) 威士忌桶的赫尼純飲琴酒 #1.3(Hernö Sipping Gin#1.3)，讓大眾也能體驗琴酒與威士忌桶交會的純飲美味。

2019 年 3 月 21 日，赫尼酒廠發表將自家琴酒貯放於蘭姆酒桶內二十一天、裝瓶濃度為 45.2% ABV 的赫尼豔紅旗琴酒 (Hernö Jolie Rouge Gin)，做為「釋義系列 (Interpretations series)」第一款琴酒，瓶標則邀請當地藝術家漢斯·福塞爾 (Hans Forsell) 繪製，限量八百四十九瓶；釋義系列第二款 41.1% ABV 的赫尼 1891 琴酒 (Hernö 1891 Gin)，選擇曾熟成過十八年安德森阿夸維特酒 (Anderson Akvavit) 的酒桶存放六十天，而 1891 年是安德森阿夸維特酒發表的年份，限量三千五百瓶。

（左起）赫尼純飲琴酒 #1.3、赫尼艷紅旗琴酒、赫尼 1891 琴酒。

赫尼琴酒
Hernö Gin 40.5 % ABV

🌀 風味　Juniper | Citrus | Herbal | **Spice** | **Floral** | **Fruit**

🍸 原料　杜松子 - 匈牙利、芫荽籽 - 保加利亞、繡線菊 - 英國、越橘 - 瑞典、黑胡椒 - 印度、桂皮 - 印尼、香草 - 馬達加斯加、檸檬皮

🍸 推薦調酒　Gin Tonic - 檸檬皮、Martini

赫尼老湯姆琴酒
Hernö Old Tom Gin 43% ABV

🌀 風味　Juniper | Citrus | Herbal | **Spice** | **Floral** | **Fruit**

🍸 原料　杜松子 - 匈牙利、芫荽籽 - 保加利亞、繡線菊 - 英國、越橘 - 瑞典、黑胡椒 - 印度、桂皮 - 印尼、香草 - 馬達加斯加、檸檬皮、蜂蜜 - 瑞典

🍸 推薦調酒　Gin Tonic - 薄荷、Vesper

✨ 品飲心得　香甜帶著一點森林氣息，溫暖的香氣與一些淡淡柑橘清新交互。口感是杜松子與蜂蜜甜味，些許黑胡椒與肉桂，尾韻是柔順香草。

UK

Europe

N.America

S.America

Asia

Africa

Oceania

芬蘭 **十** 赫爾辛基

Helsinki

赫爾辛基蒸餾公司
Helsinki Distilling Company

　　1917 年俄國「十月革命」後不久，芬蘭宣布獨立，脫俄後的第一道法案便是 1919 年的禁酒令，但與美國情況類似，反倒造成私酒猖獗、暴力犯罪攀升，遂於 1932 年全民公投決議下廢止。近百年來，首都赫爾辛基始終沒有任何一間酒廠運作。2005 年，凱‧基爾皮寧 (Kai Kilpinen) 眼看瑞典的威士忌酒廠愈來愈火紅，認為芬蘭應該也能發展出絕佳裸麥威士忌，遂與在德國與英國製作烈酒的米可‧麥坎南 (Mikko Mykkänen)、愛爾蘭實業家謝默斯‧霍洛豪 (Séamus Holohan) 商量，但畢竟三人分處不同國家，加上沒有相關法條可依循，遲遲沒有付諸實行。2012 年，三個人將念頭動到赫爾辛基市政府打算翻建的舊屠宰場，試圖挑戰製酒法規，這裡被改為新興文創、美食中心，名字就叫「屠宰場 (Teurastamo，芬蘭語)」。三人團隊就在這個文創中心成立赫爾辛基蒸餾公司 (Helsinki Distilling Company)，還巧妙的一物二用，將蒸餾器同時用來加熱隔壁的桑拿 (芬蘭式三溫暖)。2014 年終於拿到許可在市區內開始製酒。

　　赫爾辛基琴酒 (Helsinki Dry Gin) 浸泡七種材料於芬蘭自產中性穀物 (大部分為大麥) 烈酒中二十四小時，再使用容量為 300 公升與 1500 公升的克里斯汀‧卡爾 (Christian Carl) 蒸餾器進行蒸餾，新鮮檸檬皮與乾燥玫瑰花使用蒸氣萃取獲得香氣，採非冷凝過濾保留更多風味。

　　「每座文明城市都需要圖書館、劇院和蒸餾酒廠 (Every civilized city needs a library, a theatre and a distillery.)。」這是赫爾辛基蒸餾公司為自己下的註記。赫爾辛基蒸餾公司的標誌是仿東方象形文字概念，將代表赫爾辛基市的波浪狀字母 H 做為商標。

赫爾辛基琴酒
Helsinki Dry Gin 47% ABV

🌀 風味	Juniper | **Citrus** | **Herbal** | **Spice** | **Floral** | Fruit
🍃 原料	杜松子 - 巴爾幹半島、芫荽籽、歐白芷根、檸檬皮 - 西班牙塞維亞、橙皮 - 西班牙塞維亞、越橘 - 芬蘭、茴香、鳶尾根、玫瑰花瓣
🍸 推薦調酒	Gin Tonic - 葡萄柚皮、Martini

K yrö

　　2012 年，五個男子坐在三溫暖裡閒聊，討論起為什麼芬蘭有一堆裸麥製成的東西，卻沒有真正一款像樣的裸麥威士忌？不如就由自己來生產吧！米卡‧利彼埃能 (Miika Lipiäinen)、米可‧海尼拉 (Miko Heinilä)、米柯‧科斯基能 (Mikko Koskinen)、卡爾‧瓦爾柯能 (Kalle Valkonen) 和優尼‧里托拉 (Jouni Ritola) 這五個朋友想讓玩笑話成真，卻沒有人有任何酒類背景，於是開始走訪歐洲許多微型蒸餾廠汲取經驗；後來成為酒廠首席蒸餾師的卡爾更在閒暇時攻讀生質燃料與啤酒製作，他的化學知識成為幫大家熟悉蒸餾製程的一大助力。

科洛酒廠的五位創辦人。

　　經過兩年的籌備，這個團隊在 2014 年接手歐德曼尼 (Oltermanni) 起士工廠的廠房，座落於赫爾辛基北部的伊索屈勒 (Isokyrö)，這家舊工廠建於 1908 年。他們決定以當地科洛河命名為科洛酒廠 (Kyrö Distillery)，發售裸麥白色烈酒 (New Make)，同時也生產娜普威琴酒 (Napue Gin)，和其他威士忌酒廠作法類似 ── 等待威士忌熟成的期間，推出琴酒來販售。

UK

Europe

N.America

S.America

Asia

Africa

Oceania

座落於伊索屈勒的科洛酒廠，風景優美。　　　科洛酒廠蒸餾器。

　　伊索屈勒生產的裸麥，有三成都被拿去做成伏特加，為什麼都沒有人要拿來做成威士忌？這樣的念頭讓他們開始著手進行裸麥威士忌的生產，並且同樣使用裸麥為基酒製成琴酒，以豐富自家酒廠的多元性。他們認為：「琴酒是烈酒界裡的精釀啤酒，不再只能以舊世界觀念去侷限。所以用裸麥為基底在市場上是很有發展空間的」。

　　娜普威琴酒以自家 95% ABV 裸麥中性烈酒為基底，使用 1200 公升德國蒸餾器「寇勒 (Kothe)」，經過數個月試驗品飲，最後把十種原料浸泡十六個小時後以銅製鍋爐蒸餾，並加入木槿花與接骨木花以蒸氣萃取香氣，作為同系列的基底，再與四種分別蒸餾的新鮮材料：白樺葉、蔓越莓、帶有柑橘調性和甘甜味的沙棘、繡線菊的蒸餾烈酒進行調和，最後以科洛河水稀釋，裝瓶濃度為 46.3% ABV。

　　十五世紀佃農反抗瑞典官方的「棍棒戰爭 (Cudgel War)」起源地、也是 1716 年大北方戰役的戰場就在娜普威 (Napue)，琴酒以此地命名。這款琴酒於 2015 年擊敗九十多間蒸餾廠共超過百餘款琴酒，拿下國際葡萄酒暨烈酒競賽 (IWSC) 首度「最適合做成琴湯尼 (Gin Tonic) 琴酒項目」的首獎。一個月原本四百瓶的銷售瞬間激增到四千瓶，後來機緣巧合認識一對來自北海道的情侶，首批海外輸出國家就設定為日本，果然也成功打進日本酒吧市場，廣受好評。

　　另一款柯斯奎琴酒 (Koskue Gin)，將科洛琴酒基底放入用來熟成自家裸麥威士忌的美國海悅威士忌 (Heaven Hill Whiskey) 白橡木桶，陳放三個月，再調和以

橙皮、黑胡椒、白樺葉、蔓越莓、繡線菊蒸餾過的基酒，稀釋至 42.6% ABV 裝瓶；於 2015 年 7 月發售，取名來自伊索屈勒附近小鎮。

2016 年 8 月，才 24 歲就身兼酒商品牌大使與餐飲顧問公司調酒師，並且擁有酒吧事業的傑爾・維赫瓦拉 (Jere Vihervaara)，協同科洛酒廠研製，和創辦人之一的米柯與酒廠品牌大使莫利斯奧・阿連德 (Mauricio Allende) 激盪想法，開發出帶有些許香料感且表現芬蘭風土的赫爾辛琴酒 (Helsin Gin)，向 1930 年代禁酒令時期致敬。一樣是以科洛琴酒基底作為骨幹，添加包含歐亞多足蕨、同花母菊、酢漿草、粉紅葡萄柚、萊姆、繡線菊、黑醋栗、蔓越莓等八種原料蒸餾液調和稀釋至 46.3% ABV 裝瓶。香氣是飽滿的杜松子與舒服茴香、芫荽氣味，口感是柑橘、鳳梨等果味層疊著胡椒、香料尾韻。黑底的瓶標設計委託赫爾辛基設計公司麥克威爾創意 (MacWell Creative) 負責，字體十分考究，仿照當初芬蘭 1917 年頒下禁酒令法案的文獻字型。

2019 年 5 月 24 日是芬蘭與日本建交一百周年，科洛酒廠與日本京都蒸餾所 (Kyoto Distillery) 也在 11 月合作推出科洛與季之美琴酒 (Kyrö x Ki No Bi Gin)，以科洛琴酒基底為主軸，添加橙皮、茉莉花與代表日本的柚子、紅紫蘇、檜木、竹葉以及代表芬蘭的黑醋栗葉、覆盆莓、柳蘭 (Fireweed) 調和而成，裝瓶濃度為 43.7% ABV，限量一千四百瓶，分別在芬蘭與日本販售。

2019 年 10 月科洛酒廠在柏林舉辦的吧台聖院 (Bar Convent Berlin) 活動，將自家琴酒做了改款，除了有更多樣容量瓶裝，亦將娜普威琴酒更名為科洛琴酒 (Kyrö Gin)，柯斯奎琴酒改為科洛深色琴酒 (Kyrö Dark Gin)。

科洛琴湯尼經典組合：迷迭香加蔓越莓。

UK

Europe

N.America

S.America

Asia

Africa

Oceania

表現芬蘭風土，並向禁酒令時期
致敬的赫爾辛琴酒。

紀念芬蘭與日本建交一百周年的
科洛與季之美琴酒。

科洛琴酒
Kyrö Gin 46.3% ABV

🌀 風味　**Juniper** | **Citrus** | Herbal | **Spice** | **Floral** | Fruit

🟤 原料　杜松子、芫荽籽、鳶尾根、肉桂、檸檬皮、荳蔻、蒔蘿、歐白芷根、甘草、
葛縷子、木槿花、接骨木花、蔓越莓、白樺葉、沙棘、繡線菊

🍸 推薦
調酒　Gin Tonic - 迷迭香與蔓越莓、Gimlet

科洛深色琴酒
Kyrö Dark Gin 42.6% ABV

🌀 風味　**Juniper** | **Citrus** | Herbal | **Spice** | **Floral** | Fruit

🟤 原料　杜松子、芫荽籽、鳶尾根、肉桂、檸檬皮、荳蔻、蒔蘿、歐白芷根、甘草、
葛縷子、木槿花、接骨木花、蔓越莓、白樺葉、沙棘、繡線菊、橙皮、黑
胡椒

🍸 推薦
調酒　Gin Soda - 橙皮、Martinez

冰島

VOR

春泉
恩維克酒廠
Eimverk Distillery

　　2008 年，冰島國內的三大銀行相繼破產，金融危機的狂潮衝擊著這個人口僅三十多萬的極地島國。這段時間，在科帕沃于爾 (Kópavogur) 務農的索科爾森 (Thorkelsson) 一家，在廚房嘗試拿自種的有機大麥與冰島水源釀酒，再把倉庫改成臨時實驗室，就這樣經過一年的土法煉鋼、累積知識，開始訂立目標製造百分之百屬於冰島的烈酒、開創冰島自有的威士忌。2011 年底定第 164 號配方作為自家威士忌原型 —— 當時，整個冰島僅有三間蒸餾酒廠，更遑論有任何微型酒廠先例可供參考。

　　索科爾森兄弟們在首都雷克雅維克附近成立恩維克酒廠 (Eimverk Distillery)，2012 年開始進行生產，隔年正式推出自家烈酒。哈利 (Halli Thorkelsson) 和埃基爾 (Egil Thorkelsson) 兄弟倆靠著自學，將家中兩台牛奶冷卻罐改裝成加熱蒸餾器，各自命名為瑪麗亞 (Maria) 和珍妮 (Jani)。

　　冰島因為氣候嚴寒，儘管有豐富礦物質的火山灰土，也無法像蘇格蘭那樣適於耕作大麥，種出的大麥澱粉含量亦僅有一半，釀製過程光是原料就必須耗費更多原物料。卻也因為這份嚴寒，蟲害機率降低而毋須使用農藥，對環境相對友善。發麥後經過發酵生成酒精，蒸餾兩次後為恩維克酒廠新酒 (New Make Spirits)，酒精濃度約為 67 至 80% ABV；再經過一次蒸餾後進行桶陳，就產出了向首位替冰島命名的維京探險家赫拉弗納・佛洛基 (Hrafna Floki) 致敬的佛洛基威士忌 (Floki Whisky)。

　　在開發冰島威士忌同時，索科爾森兄弟也將琴酒納入研發項目之一。選定產自冰島的北歐杜松子、歐白芷、大黃、岩高蘭果實、樺樹葉、紅花百里香（鋪地香）、冰島地衣、闊葉巨藻、羽衣甘藍（海甘藍）等做作呈現冰島風土元素，以自家酒廠基底烈酒浸泡這些材料近一週後，再透過 300 公升的德製荷斯坦蒸餾器伊莉莎白 (Elisabeth) 進行蒸餾，不經過冷凝過濾，稀釋後裝瓶濃度為 47% ABV，每批次產量約 500 瓶。

　　反覆嘗試六十餘次，終於在 2014 年 5 月完成這款能和諧展現風土且凝聚風味的冰島春泉琴酒 (VOR Gin)；保留更多大麥基底烈酒的特色，顯著的穀物氣味帶著青草調性，讓冰島春泉琴酒別俱一格。「VOR」為冰島語中春天之意，而冰

島的春日不但短暫還可能飄著小雪，卻已經是晴朗日子最多的時期，如此難得、珍惜物產，這個概念便成了該款琴酒的靈感。雖然未必每樣原料都通過有機認證（尤其是野外採集的植物），然而冰島春泉琴酒使用的素材，都是在最無害於環境下生長。

2015 年，索科爾森兄弟將冰島春泉琴酒放置於新橡木桶中六週熟成，推出 47% ABV 的冰島春泉桶陳琴酒 (VOR Barrel Aged Gin)。之後還有再以桶陳琴酒為基底，浸泡山桑子、藍莓、岩高蘭果實，添加糖份增甜，稀釋至 21% ABV 的冰島春泉黑刺李風格琴酒 (VOR Sloe Style Gin)。2016 年底，另外新增 57% ABV 的冰島春泉海軍強度琴酒 (VOR Gin Navy Strength)。

隨著產量漸大，大麥來源不再只有自家農田，也收購鄰近農家的大麥；北歐杜松子與歐白芷根也不再僅限冰島自產，有些會從斯堪地那維亞地區輸入，但即使不再是純粹由冰島原產，以家鄉風土為出發點的意念始終沒有改變。僅於冰島極圈附近生長的植物，如冰島地衣與岩高蘭果實，仍展現了風土特色。

冰島春泉琴酒
VOR Gin 47% ABV

🌀 風味　**Juniper** | Citrus | **Herbal** | Spice | Floral | **Fruit**

💧 原料　北歐杜松子、大黃、岩高蘭果實、樺樹葉、紅花百里香（鋪地香）、冰島地衣、闊葉巨藻、羽衣甘藍（海甘藍）

🍸 推薦
調酒　Gin Tonic - 橙皮、Negroni

👃 品飲
心得　顯著的穀類風味之間是甘甜花香，挾帶豐富的草本氣息。入喉是溫潤的穀物滋味，杜松子、酸甜莓果、百里香、薄荷相間，尾韻是舒服的木質調性。

註：一樣使用岩高蘭果實的還有加拿大的烏伽瓦琴酒（Ungava Gin），而使用闊葉巨藻為原料的有來自艾雷島的哈利斯琴酒（Isle of Harris Gin）。

North America

北美洲

UK

Europe

N.America

S.America

Asia

Africa

Oceania

調酒文化興盛的美國讓琴酒成為調酒最常用基酒之一；禁酒令過後，重新崛起的酒廠在製作威士忌之前紛紛投入生產琴酒與伏特加以增加收入。美國琴酒多講究基底烈酒的製作，風味大開大闊；加拿大的微型小酒廠近年來也相當風行。值得一提的是引領新式微型酒廠風潮的科沃酒廠（Koval），他們不藏私的協助各業者建廠，迄今美國境內已有超過一千五百間酒廠。

美國

Aviation

這款與經典調酒同名的飛行琴酒 (Aviation Gin) 由蒸餾師與調酒師共同研發，歷經三十輪的試作，在 2006 年 6 月發售；兩種專業的激盪，發掘出最適合展現調酒風味的烈酒特質，為美國新式琴酒開展出無限可能。

在 2005 年夏天一場熱帶主題的派對上，調酒師雷恩・馬加里安 (Ryan Magarian) 首次品嘗到豪斯烈酒 (House Spirits Distillery) 的酒款而念念不忘；碰巧又接觸到 1916 年德籍調酒師雨果・安司林 (Hugo Ensslin) 編撰的《調飲酒譜 (Recipes for Mixed Drinks)》，其中的 「飛行」酒譜，讓一向只拿琴酒來調製馬丁尼跟琴湯尼的他，重新燃起對琴酒調酒的熱情。

他和豪斯酒廠合作，使用穀類烈酒浸泡包括：杜松子、白荳蔻、薰衣草、印度菝葜、芫荽籽、茴香籽、乾燥甜橙皮等七種香料，四十八小時後再蒸餾，以 1500 公升的不鏽鋼蒸餾器加熱至攝氏 78 度，取中段酒心稀釋到 42% ABV 裝瓶。酒廠將飛行琴酒再熟陳於自家西向威士忌(Westward Whiskey) 橡木桶內一年，推出飛行老湯姆琴酒 (Aviation Old Tom Gin)。

好萊塢明星流行投資烈酒產業，2013 年喬治・克隆尼 (George Clooney) 與友人合創卡薩米戈斯龍舌蘭 (Casamigos Tequila) 品牌，2018 年演出「死侍」的萊恩・雷諾斯 (Ryan Reynolds) 也買下飛行琴酒的經營權，成為自家琴酒最佳代言人。

飛行琴酒
Aviation Gin 42% ABV

| 風味 | **Juniper** \| Citrus \| **Herbal** \| **Spice** \| **Floral** \| Fruit |

| 原料 | 杜松子、芫荽籽、茴香籽、薰衣草、荳蔻、印度菝葜、甜橙皮 |

| 推薦調酒 | Gin Tonic - 檸檬皮、Aviation |

| 品飲心得 | 擁有豐富的花香及辛香氣味，一點點薄荷。溫潤草本的口感，木質調及杜松子的刺激感。 |

*B*arr Hill

UK

Europe

N.America

S.America

Asia

Africa

Oceania

　　美國佛蒙特州的東北地區自 1950 年代便以農業聞名，當中的喀里多尼亞郡 (Caledonia County) 有許多蘇格蘭移民，而「喀里多尼亞」便是拉丁文中「蘇格蘭」的意思。十八世紀的佛蒙特州曾經有許多酒廠，直到 1852 年州政府頒布禁酒令，讓這片榮景歸於虛無；即便 1933 年取消禁令，佛蒙特州的製酒產業仍舊無法回到當初。

　　陶德‧哈迪 (Todd D. Hardie) 出生於馬里蘭州農家，從十二歲開始就迷上養蜂，取得康乃爾大學農業科學學位後，到喀里多尼亞郡農產集散中心哈德維克 (Hardwick)，持續著三十多年的蜂業與農夫生涯。陶德的曾曾祖父湯瑪斯在 1817 年離開愛丁堡、遠渡至新大陸的馬里蘭展開新生活，留下一句至今備受推崇的箴言：「田裡最好的肥料便是農人們的足跡。」說明了農作都來自於農民們的血淚辛勤。而湯瑪斯離開蘇格蘭後，留在蘇格蘭的胞弟與兩名姪子約翰與威廉，在 1857 年成立 J.W. 哈迪公司 (J.W. Hardie Ltd) 生產蘇格蘭威士忌，目前仍在蘇格蘭印威內斯 (Inverness) 持續經營，哈迪家族不僅流著農人的血液，也有著卓越的製酒天賦。

　　陶德剛創業時毫無經驗，後來自己實驗開發蜂蜜各種用途與釀製蜂蜜酒，並思索製作其他烈酒的可能性，終於在 2008 年，他在拉莫伊爾河 (Lamoille River) 河岸創設喀里多尼亞酒廠 (Caledonia Spirits & Winery)，但當時僅有一座 50 公升直火蒸餾器。這裡也屬於美國自然保育協會 (Nature Conservancy) 管理的巴爾山保留區 (Barr Hill Preserve)，因而烈酒就以此命名 (而陶德本人也是保留區的志工)。

　　2010 年陶德決定將蜂蜜當成蒸餾烈酒素材；隔年 11 月，首席蒸餾師萊恩‧克里斯蒂安森 (Ryan Christiansen) 加入酒廠，正式推出巴爾山琴酒 (Barr Hill Gin)，與以蜂蜜製成的巴爾山伏特加 (Barr Hill Vodka)。2013 年添購 1000 公升客製化蒸餾器製作琴酒。使用 95% ABV 中性玉米烈酒，透過蒸氣萃取杜松子香氣精華；為了不希望蜂蜜特有的香氣因為受熱而被破壞，於裝瓶前才加入水與蜂蜜調和，裝瓶濃度為 45% ABV。而不同批的蜂蜜會因季節性花香調性而異，每一批次都像是一種機運或是一份驚喜，也因此影響酒色，秋天的蜂蜜會較夏季來

得深，配方始終不變，蜂蜜是唯一變數。

瓶身呈短圓柱狀，瓶頸是淡黃色蜂蠟蠟封，同樣是淡黃色的瓶標用綠色字體標記著產品名稱，木製瓶蓋上還烙上蜂蜜圖案；由於在生產後另外添加了蜂蜜增甜，常被視為老湯姆琴酒 (Old Tom Gin) 分類。

2014 年推出巴爾山湯姆貓桶陳琴酒 (Barr Hill Tom Cat Reserve Gin)，於全新美國白橡木桶內陳放四至六個月，較原先琴酒多了一些辛香料感，裝瓶濃度為 43% ABV。

陶德於 2015 年將酒廠轉售予萊恩與其他股東，另外買下格林斯伯勒 (Greensboro) 成立棘丘農場 (Thornhill Farm)，提供喀里多尼亞酒廠在地作物生產其他酒款。2016 年將湯姆貓桶陳琴酒使用的白橡木桶改為佛蒙特產的白橡木，並購置另一座 2000 公升蒸餾器用以製作伏特加與威士忌。

2019 年酒廠遷至蒙特佩利爾 (Montpelier) 擴大經營並生產威士忌，酒廠牆壁寫著一句來自 1811 年地方報紙的記述，描述佛蒙特皮查姆鎮 (Peacham) 的琴酒酒廠大火後，貴重物品全都付之一炬，僅剩下蒸餾器還能運作 ──「**如果沒有牛奶與蜂蜜，至少這裡還有琴酒與威士忌**」，萊恩在多年前讀到這段文字，迄今仍深刻烙印在他心底，也成為他與喀里多尼亞酒廠的註腳。

巴爾山琴酒
Barr Hill Gin 45% ABV

🌀 風味　**Juniper** | Citrus | **Herbal** | Spice | **Floral** | **Fruit**

🍯 原料　杜松子、蜂蜜

🍸 推薦調酒　Gin Tonic - 橙皮、Martinez

🥃 品飲心得　柔順甘甜的蜂蜜與花香裡透著杜松子氣味，兼有淡淡檸檬、蘋果、青草味。口感是甜美的蜂蜜持續，淡淡杜松子和草本，一些胡椒尾韻。

Big Gin

「新式琴酒忙著追求風味的多元化，但是最根本的杜松子調性反而出現斷層？」身為蒸餾師第三代的班・卡普狄維爾 (Ben Capdevielle)，始終對這點耿耿於懷，於是從 2008 年開始與未婚妻 (現在是妻子) 荷莉・羅伯森 (Holly Robertson) 攜手，以簡單純粹的杜松子為訴求研製琴酒，他大量研究蒸餾技術，並且向各酒廠請益，2010 年在西雅圖的巴拉德 (Ballard) 成立俘虜烈酒酒廠 (Captive Spirits Distilling)。

班的祖父泰德 (Ted) 在禁酒令時期於愛荷華州鄧普頓 (Templeton) 的裸麥威士忌工作，班的父親則是大半輩子在威斯康辛州製作威士忌新酒。從小耳濡目染的班選擇在自己當過幾年酒保的西雅圖為起點，而酒廠名稱其實是用家族名卡普狄維爾 (Capdevielle) 的縮寫變成「俘虜 (Captive)」。

研發階段又加入另一位夥伴陶德 (Todd Leabman)，最後決定以口感柔順的玉米中性烈酒為基底，混合來自九個不同國家的九種原料進行蒸餾，裝瓶濃度為 47% ABV。容量 378 公升的不鏽鋼與銅製直火加熱蒸餾器，來自專門為波本威士忌設計製造蒸餾器的文德莫銅製工坊 (Vendome Copper & Brass Works)，並用班的祖母之名「珍 (Jean)」替蒸餾器取名；不久後便添購第二座同款蒸餾器，以

UK

Europe

N.America

S.America

Asia

Africa

Oceania

俘虜烈酒酒廠裡三座蒸餾器。

妻子荷莉的祖母菲妮絲 (Phyllis) 命名。

班想要的風格是純粹追求原料的品質與平衡，加入大量杜松子的大琴酒 (Big Gin) 在 2012 年 3 月發售；命名一來反映主打傳統琴酒顯著的杜松子風味，二來是因為父親綽號「大吉姆 (Big Jim)」的諧音。2014 年再推出在海悅 (Heaven Hill) 波本威士忌酒桶中陳放六個月、47% ABV 的大琴酒波本桶陳 (Big Gin Barrel Aged)，帶有些許巧克力與肉桂風味。2016 年推出兩款：於美國麥芽威士忌酒廠 —— 威仕蘭 (Westland Distillery) 的泥煤單一麥芽酒桶熟成四個月，裝瓶濃度為 47%ABV 的大琴酒泥煤桶陳 (Big Gin Peat Barreled)；不只泥煤味還保留本身琴酒調性：杜松子、芫荽、柑橘皮。於海悅波本威士忌酒桶中陳放三年、51.75% ABV 的大琴酒桶陳精選 (Big Gin Barrel Reserve)，帶著香草與淡淡果香。

大琴酒在四年後獲得波特蘭的胡德里弗酒業 (Hood River Distillers Inc) 青睞，提供資助讓酒廠擴大經營。2017 年，俘虜烈酒跨過薩蒙灣 (Salmon Bay) 正式遷移到對岸，再訂製同款蒸餾器波比 (Bobbe)。隨著公司業務擴大，蒸餾工序也交由另一位曾經任職酒吧經理的蒸餾師邁爾斯 (Alex Myers) 負責。

大琴酒
Big Gin 47% ABV

🌀 風味　**Juniper** | **Citrus** | Herbal | **Spice** | Floral | Fruit

Ⓜ 原料　杜松子、芫荽籽、歐白芷根、荳蔻、鳶尾根、苦橙皮、天堂椒、桂皮、塔斯馬尼亞胡椒

🍸 推薦調酒　Gin Tonic - 橙皮、Martini

Ⓖ 品飲心得　鮮明的杜松子與胡椒，溫暖的辛香料。口感有杜松子氣味與柑橘組合，胡椒尾韻。

Bluecoat

美國獨立戰爭時民兵都穿著藍色軍服,藍衫琴酒 (Bluecoat Gin) 以此歷史為名,2006 年 5 月開始發售,號稱是「率先定義美國琴酒 (American Dry Gin)」的首款琴酒。

一開始使用訂製自蘇格蘭第五代蒸餾器製造公司福賽斯父子 (Forsythe & Son)、1500 公升的銅製蒸餾器,注入中性穀物烈酒浸泡美國杜松子、歐白芷根、芫荽籽、柑橘類水果後進行慢速蒸餾,稀釋至 47% ABV 裝瓶;口感柔順富有柑橘類清香。

費城蒸餾公司 (Philadelphia Distilling) 設立於 2005 年 3 月,是賓州境內自禁酒令時期後第一間合法酒廠,由熱情活力的年輕團隊組成;2015 年 12 月遷移擴廠,添購 2500 公升銅製蒸餾器,並設置導覽、品飲室及零售店舖,直接面對大眾。

另外還有於美國橡木桶內熟成三個月的藍衫桶陳琴酒 (Bluecoat Barrel Finished Gin),這些橡木桶至多使用兩次。

UK

Europe

N.America

S.America

Asia

Africa

Oceania

藍衫琴酒
Bluecoat Gin 47% ABV

🌀 風味 **Juniper | Citrus** | Herbal | Spice | Floral | Fruit

🍸 原料 杜松子 - 美國、芫荽籽、歐白芷根、檸檬、柳橙、秘密

🍸 推薦調酒 Gin Tonic - 檸檬皮、Martini

🌀 品飲心得 明顯的杜松子香氣,柳橙、檸檬、萊姆的清香,有些丁香、茴香氣味;久置後有洋甘菊、胡椒味。入喉是舒服而明亮的各式柑橘與杜松子交疊,尾韻柔順。

B reuckelen Glorious

布魯克林輝煌

布魯克林酒廠
Breuckelen Distillery

布魯克林酒廠 (Breuckelen Distillery) 位在紐約布魯克林十九街七十七號，是禁酒令之後布魯克林區的第一間琴酒廠。堅持使用有機農產，大部分原料來自五指湖 (Finger Lakes)，號稱是「最紐約」的新式琴酒。布魯克林最早是荷蘭人聚落，有小荷蘭之稱；而荷蘭語「Breuckelen」就成了「Brooklyn」的由來。

2008 年時，布萊德·伊斯塔布魯克 (Brad Estabrooke) 不想再當債券交易員了，於是集結朋友，以網路自學和參加寇勒蒸餾 (Kothe Distilling) 的課程，經過一年半的籌備後訂製 400 公升的寇勒銅製蒸餾器，在 2010 年夏天生產自己的威士忌及琴酒，從穀物磨碾發酵到裝瓶貼籤都在布魯克林的工廠內完成；2011 年因為與另一家布魯克林琴酒 (Brooklyn Gin，生產地其實是在紐約沃里克) 撞名，改稱為布魯克林輝煌琴酒 (Breuckelen Glorious Gin)。

布魯克林輝煌琴酒以自家小麥中性基酒分別浸泡杜松子、新鮮檸檬皮、新鮮迷迭香、薑、新鮮葡萄柚皮再各自蒸餾；接著調和稀釋至 45% ABV 裝瓶，加強柑橘與草本、辛香，不特別展現杜松子氣味。酒標上的小狗是酒廠裡的波士頓㹴犬查理，瓶身由「我愛塵 (I Love Dust)」設計，以黑色網印印於玻璃上，瓶口為黑色蠟封，查理的毛色正是黑白兩色。輝煌琴酒存放於全新烘烤美國橡木桶內一年，2011 年再推出相同酒精濃度的輝煌橡木桶琴酒 (Glorious Gin Oaked)，帶著舒服的焦化奶油香草與椰子薑糖滋味。

布魯克林輝煌琴酒
Breuckelen Glorious Gin 45% ABV

🌀 風味　Juniper | **Citrus** | **Herbal** | **Spice** | Floral | Fruit

🍸 原料　杜松子、迷迭香、薑、檸檬皮、葡萄柚皮

🍹 推薦調酒　Gin Tonic - 檸檬皮、Gimlet

🥃 品飲心得　清新帶有些微杜松子香氣。入喉是明顯的草本香氣伴隨著不過於強勁的杜松子氣味及柑橘調性，尾韻有薑糖及辛香味。餘韻偏短，久置過後會散發明顯的檸檬清香。

*B*rooklyn

出生於紐澤西的喬·桑托斯 (Joe Santos)，在百加得集團 (Bacardi Group) 擔任行銷，後來定居在紐約布魯克林公園坡區 (Park Slope)。他對琴酒有濃厚興趣，但因考量自己的資金與技術不足，選擇與紐約州的沃里克谷酒廠 (Warwick Valley Winery & Distillery) 合作，為了向建於 1895 年、以糖蜜製造烈酒的布魯克林酒業公司 (Brooklyn Distilling Company) 致敬，而命名為布魯克林琴酒 (Brooklyn Gin)。

2009 年 4 月，桑托斯申請布魯克林琴酒的商標，隔年 6 月販售。此時，前述由另一家布魯克林酒廠 (Breuckelen Distillery) 生產的琴酒，因為商品同名遭桑托斯告上法院。桑托斯聲稱他是因為成本考量與沃里克谷酒廠合作，他本人就住在布魯克林，製瓶廠也位在布魯克林。不過兩家酒廠關於品牌的官司後來因布萊德更名而落幕。兩家琴酒風味上的差別，在於布魯克林琴酒以柑橘調為主，布魯克林輝煌琴酒則是草本和清新柑橘、辛香。

桑托斯堅持手搗杜松子、親自刨削柑橘皮，還自己送貨到酒吧銷售，可說是勤跑基層。十一種配方含五種柑橘，以百分之百美國玉米中性烈酒浸泡這些材料，使用德國卡爾 (Carl) 公司的銅製蒸餾器，成品稀釋至 40% ABV 後裝瓶。

布魯克林琴酒
Brooklyn Gin 40% ABV

🌀 風味　Juniper | **Citrus** | Herbal | Spice | **Floral** | Fruit

🍸 原料　杜松子、芫荽籽、鳶尾根、歐白芷根、薰衣草、可可豆碎、優利卡檸檬（四季檸檬）、波斯萊姆、墨西哥萊姆、臍橙（甜橙）、金桔

🍸 推薦調酒　Gin Tonic - 檸檬皮、Gimlet

🍸 品飲心得　柑橘調伴隨著淡淡杜松子隱於顯著的芫荽氣味之後。口感以柑橘為主要表現，隱晦的杜松子。

UK

Europe

N.America

S.America

Asia

Africa

Oceania

Bummer and Lazarus

拉夫酒廠
Raff Distillerie

　　2011 年初，擁有十五年蒸餾經驗和釀製葡萄酒超過二十五年的蒸餾師卡特‧拉夫 (Carter Raff)，於舊金山金銀島 (Treasure Island) 成立拉夫酒廠 (Raff Distillerie)。他將金銀島的舊海軍建築改建為酒廠，廠內大小蒸餾器幾乎都是由卡特自製，蒸餾器結合壺式蒸餾及連續式蒸餾，可依不同型態產品調整運用。

　　卡特熱愛這座城市的一切，第一款酒就以舊金山十九世紀的傳奇人物「美國皇帝」諾頓一世為名，取作「諾頓皇帝艾碧斯 (Emperor Norton Absinthe)」。約書亞‧諾頓 (Joshua Norton) 出生於英國，繼承鉅額家產後在 1849 年來到舊金山，在一次投資失利後破產；1859 年，失蹤九個月後回到舊金山，身穿破舊海軍元帥服，大搖大擺走進報社要求刊登自命為皇的詔書，結果見報後，舊金山人還配合演出 —— 種種荒唐情事，反讓諾頓在舊金山地位高升，連他養的小狗，布默 (Bummer) 和拉撒路 (Lazarus)，也受惠逃過流浪狗被撲殺的命運。1863 年，拉撒路被消防車輾斃，舉城哀悼；1865 年，布默病逝，文豪馬克吐溫還替它寫了墓誌銘：「得享天年、榮譽、疾病和跳蚤。」為了紀念兩隻名犬，牠們成為琴酒的品牌名稱：布默和拉撒路琴酒 (Bummer and Lazarus Dry Gin)。

　　艾碧斯酒和琴酒都用百分之百加州混釀葡萄中性烈酒，布默和拉撒路琴酒同時浸泡八款原料後進行蒸餾；瓶標則是布默和拉撒路圖像，註記兩隻狗相遇與去世時間 (1861 ～ 1865 年)。2019 年初，因應金銀島土地使用調整，拉夫酒廠遷到舊金山；卡特順勢重新規劃酒廠，除了擴大使用空間並增設品飲室。

布默和拉撒路琴酒
Bummer and Lazarus Dry Gin 46% ABV

🌀 風味　**Juniper** | **Citrus** | Herbal | **Spice** | **Floral** | Fruit

🍸 原料　杜松子、芫荽籽、歐白芷根、鳶尾根、苦橙皮、檸檬皮、肉桂、甘草

🍹 推薦調酒　Gin Tonic - 橙皮、Negroni

✨ 品飲心得　柑橘調與花香交疊，一些芫荽氣味。平衡柔順的口感，淡淡的杜松子，一些胡椒與肉桂等辛香料尾韻。

Death's Door

死門

跳舞山羊酒廠
Dancing Goat Distillery

　　威斯康辛州的華盛頓島 (Washington Island) 僅有 22 平方哩，1950 年代開始種植馬鈴薯，1970 年代因為政策，當地引以為傲的馬鈴薯種植業外移，居民只能轉行改做觀光業或選擇離開。2005 年，科嚴家 (Koyen) 的兩兄弟，湯姆 (Tom) 和肯 (Ken) 為了振興農業傳統，與麥克爾田野研究所 (Michael Fields Institute) 合作，選擇最適宜華盛頓島風土的哈佛 (Harvard) 與卡萊爾 (Carlisle) 兩種紅冬小麥，生產多用途的麵粉，廣獲好評。麵粉提供島上飯店使用，另一方面小麥也供給首都釀造啤酒廠 (Capital Brewery) 製造啤酒，以及死門酒廠 (Death's Door Spirits) 的所有品項；因為酒廠的支持，冬小麥的面積日漸擴大。

　　死門酒廠以華盛頓島上冬小麥及多爾郡的奇爾頓 (Chilton) 大麥為原料，發酵後再透過 300 公升銅製蒸餾器製成 96% ABV 烈酒，浸泡島上有機杜松子、威斯康辛州產的荽芫籽和茴香籽，以辛口琴酒風格為主，不額外添加花卉水果，僅就以上三種香料生產出死門琴酒 (Death's Door Gin)，裝瓶濃度為 47% ABV。死門之名來自多爾半島 (Door Peninsula) 和華盛頓島之間的水道，早年因為發生多起船難，法國移民稱之為「死門」；瓶標設計也繪有水道地圖。

　　2012 年，死門酒廠從華盛頓島遷至威斯康辛州，2013 年把琴酒改為蒸氣萃取，也微調三種原料比例，口感改變讓琴酒迷重新投以關愛眼光，可惜 2018 年 11 月申請破產，部分財產由跳舞山羊酒廠 (Dancing Goat Distillery) 收購。

死門琴酒
Death's Door Gin 47% ABV

🔵 風味　**Juniper** | **Citrus** | Herbal | **Spice** | **Floral** | Fruit

🔵 原料　杜松子、芫荽籽、茴香

🔵 推薦調酒　Gin Tonic - 橙皮、Negroni

🔵 品飲心得　明亮隱約有絲毫花香，柔順圓潤的酒體透著杜松子氣味。入喉的杜松子和茴香鮮明，一點刺激感之後是溫暖的柑橘尾韻。

Dry Fly

　　某個清晨，在食品公司當行銷總監近二十年、擅長銷售威士忌的唐‧波芬羅素 (Don Poffenroth)，與同樣在食品業經驗豐富的肯特‧弗萊希曼 (Kent Fleischmann)，兩個好朋友躺在加勒廷河 (Gallatin River) 的河邊閒聊，他們說能在這片美麗土地上生活、工作、釣魚實在太幸運了！他們想讓世人也認識他們的家鄉 —— 華盛頓州史坡堪 (Spokane) 的山林景致與豐饒農業。

　　唐和肯特遠赴德國，向百年老牌卡爾 (Christian Carl) 的總經理布萊克 (Alexander Plank) 與資深技術人員漢斯 (Nicholas Haase) 學習蒸餾技術，返國後以當地白冬小麥製作小麥威士忌、伏特加。購自卡爾公司的兩座 450 公升蒸餾器，以連續蒸餾柱搭配壺式蒸餾器，從基酒製作到裝瓶皆在自家酒廠完成。

　　飛蠅鉤酒廠 (Dry Fly Distilling) 在 2006 年成立，取名來自兩位創辦人熱愛的蠅釣 (Fly Fishing)，商標也用飛蠅鉤釣餌當圖案，標榜從農田到酒瓶 (Farm to Bottle) 的一路生產線，他們也是華盛頓州自禁酒令後的第一間新蒸餾酒廠。

　　因為華盛頓州的蘋果經常生產過剩，他們乾脆使用當地蘋果製成琴酒；2010 年推出的飛蠅鉤琴酒 (Dry Fly Gin) 使用白冬小麥基底烈酒添加奧勒岡州杜松子，混合當地草本香料及農產作物，包括薰衣草、薄荷、乾燥富士蘋果、芫荽籽、啤酒花，以蒸氣汲取香氣，裝瓶濃度為 40% ABV。

　　飛蠅鉤酒廠 2013 年推出熟成於自家小麥威士忌桶一年的飛蠅鉤桶陳琴酒 (Dry Fly Barrel Aged Gin)，多了些微辛香料與香草、甜餡餅滋味，一樣為 40% ABV。

飛蠅鉤琴酒
Dry Fly Gin 40% ABV

風味　Juniper | **Citrus** | **Herbal** | Spice | **Floral** | **Fruit**

原料　杜松子 - 美國奧勒岡、薰衣草、薄荷、富士蘋果、芫荽籽、啤酒花

推薦調酒　Gin Tonic - 蘋果片與薄荷、Gimlet

品飲心得　蘋果及葡萄柚香氣，一點麥芽與杜松子氣味；薄荷清新感，果香，淡淡蘋果乳酸味。口感溫潤有薰衣草花香，一些啤酒花的微苦。

FEW

UK

Europe

N.America

S.America

Asia

Africa

Oceania

　　十九世紀末，美國基督教婦女禁酒聯合會成立，聯盟主席威勒德 (Frances Elizabeth Willard) 任職的十九年間 (1879 ～ 1898 年)，推動禁酒不遺餘力。她在十八歲時舉家從紐約搬到伊利諾州的埃文斯頓 (Evanston)，此地日後也就成為禁酒運動的重要據點。有多嚴格呢？即使禁酒令早在 1933 年已結束，在埃文斯頓卻直到 1990 年晚期才開放飲酒。

　　2011 年春天，蒸餾師保羅・赫雷特科 (Paul Hletko) 成立了珍稀酒業 (FEW Spirits)，正式替這個地方的禁酒傳統劃下句點。「珍稀」之名，一方面是強調酒廠量少質精的一貫堅持，另外還有一層反諷意味：禁酒推手法蘭西斯・伊麗莎白・威勒德的全名，各取字首就組成 FEW。

珍稀酒業外觀。　　　　　　　　酒廠內部一覽。

　　保羅的祖父曾在二戰時期於捷克經營啤酒廠，直到納粹入侵被迫關閉，戰後雖然想重振釀酒家業卻無果；熱愛創造一切事物的保羅，興趣一路從音樂、電子產品乃至於酒精，最後決定替祖父完成志業。

　　除了琴酒，珍稀烈酒系列還有波本及裸麥威士忌。他們的琴酒，使用自家尚未進行桶陳的威士忌新酒 (New Make；70% 玉米、20% 小麥、10% 二條大麥) 來

浸泡大溪地香草和自種的啤酒花等香料，再透過 150 公升銅製蒸餾器進行蒸餾。比起其他完全以中性烈酒為主軸製造的琴酒，珍稀琴酒系列則多了溫暖、烤麵包及穀類風味，在新型態的琴酒中，更接近杜松子酒風格。

首先推出的珍稀美國琴酒 (FEW American Gin) 裝瓶濃度為 40% ABV，另一款珍稀標準配備琴酒 (FEW Standard Issue Gin) 則為海軍強度 57% ABV，雖然濃度高卻意外柔順，尾韻有甘草甜味。酒瓶皆為方扁瓶身設計，瓶標上的圖案構想來自 1893 年的芝加哥世界博覽會 (Chicago's World Fair)。珍稀桶陳琴酒 (FEW Barrel Gin) 在容量 22 公升的新美國橡木桶中陳放四個月，草本及溫暖的柑橘調性相同顯著，酒精濃度為 46.5% ABV。

2016 年的珍稀美國早餐琴酒 (FEW Breakfast Gin) 來自保羅與產品經理卡普蘭 (Steven Kaplan) 腦力激盪，選擇結合卡普蘭最愛的伯爵茶與早午餐最愛的飲料——琴酒加上香檳調製的「法式 75」；為了簡單呈現早餐琴酒風味而將原料縮減，僅使用杜松子、檸檬皮、伯爵茶浸泡蒸餾，裝瓶濃度 42% ABV。

珍稀美國琴酒
FEW American Gin 40% ABV

風味	**Juniper** | **Citrus** | Herbal | **Spice** | Floral | Fruit
原料	杜松子、桂皮、香草 - 大溪地、瀑布啤酒花、苦橙皮、檸檬皮、天堂椒、秘密
推薦調酒	Gin Tonic - 橙片、Gimlet
品飲心得	強烈的柑橘、檸檬及杜松子風味混合著穀物香氣。口感是檸檬皮和香草味，杜松子餘韻，一點肉桂及甘草甜味。

珍稀美國早餐琴酒
FEW Breakfast Gin 42% ABV

風味	**Juniper** | **Citrus** | **Herbal** | Spice | Floral | Fruit
原料	杜松子、檸檬皮、伯爵茶
推薦調酒	Gin Tonic - 檸檬皮、French 75

F ield

UK

Europe

NAmerica

S.America

Asia

Africa

Oceania

菲爾德

密西根老手酒廠
Journeyman Distillery

1893 年芝加哥的哥倫比亞世界博覽會結束後,當地富商們集資買下部分收藏,保留生物和人類展區作為博物館;1905 年時,以主要贊助者馬歇爾・菲爾德 (Marshall Field) 命名,成為如今有千萬件典藏品的菲爾德自然歷史博物館。博物館自 2013 年開始便與當地精釀啤酒推出聯名啤酒,因緣際會下,博物館的事業經營經理梅根・威廉斯 (Megan Williams) 和館藏經理克莉絲汀・涅滋戈達 (Christine Niezgoda),結識密西根老手酒廠 (Journeyman Distillery) 創辦人比爾・沃特 (Bill Welter),梅根提議就菲爾德建館一百二十五週年機會,以超過二百五十萬個歷史植物與作物收藏的概念,推出聯名款烈酒。

老手酒廠創辦人比爾,在剛畢業時曾去蘇格蘭打工,認識一樣喜歡威士忌的澳洲朋友、家裡開酒廠的格雷・拉姆齊 (Greg Ramsay);2006 年,比爾前往澳洲參觀好友的酒廠,2010 年,再到塔斯馬尼亞島 (Tasmania) 的酒廠見習,回國後向芝加哥科沃酒廠 (Koval Distillery) 創辦人請益製作裸麥威士忌。

2010 年底,比爾與父親買下三棵橡木 (Tree Oaks) 區域的舊內衣工廠,創建了老手酒廠,用 1000 公升的銅製蒸餾器生產威士忌、琴酒、伏特加等多款酒品;酒廠也提供婚禮宴會場地,甚至被評選為 2017 年全美最佳婚禮熱點之一。

克莉絲汀為老手酒廠團隊進行植物館藏導覽,並詳列出上千種從各地蒐集的物產,最後底定二十七種原料,其中包含十四種曾展出於 1893 年世博的收藏,力圖完整展現芝加哥過去與現在的風情。2018 年 7 月,菲爾德琴酒 (Field Gin) 和使用伊利諾州產的血屠夫玉米 (Bloody Butcher Corn) 製作的菲爾德伏特加 (Field Vodka) 一同上市。

菲爾德琴酒
Field Gin 45% ABV

🌀 風味 **Juniper** | Citrus | Herbal | **Spice** | Floral | **Fruit**

🌿 原料 杜松子、芫荽籽、八角、木薯、肉桂、小茴香、薰衣草、鳳梨、美洲花椒、藍山咖啡豆、胭脂樹紅、椰子、芒果、木瓜、楊桃、香檸檬、亞麻籽、蜀葵根、紅玉米、芥末、小米、纈草根、山子、藜麥、棕櫚油、歐夏至草、薑

🍸 推薦調酒 Gin Tonic - 橙皮、Negroni

🥃 品飲心得 鳳梨、木瓜、椰子等顯著而豐富的水果氣味,一點奶油與辛香料。滑順圓潤的果香混著淡淡花香,溫暖而甜美的辛香料與木質調性在中段出現,餘韻有咖啡和胡椒感。

Ford's

　　由一群志同道合的酒商集團總監、品牌大使、調酒師在 2009 年共同創立，86 公司 (86 Co.) 的初心是要用簡單、純粹的好酒來抗衡他們看不慣的烈酒產業。主導開發福特琴酒 (Ford's Gin) 的西蒙・福特 (Simon Ford)，在保樂力加集團工作超過十年，曾獲美國調酒聖會 (Tales of Cocktail) 選為 2009 年最佳品牌大使；他與包括紐約知名員工限定酒吧 (Employees Only) 的創辦人一起實驗，委託泰晤士酒廠，由第八代首席蒸餾師馬克斯韋爾 (Charles Maxwell) 操刀，使用約翰多爾公司的兩座 500 公升蒸餾器生產。

　　九種香料來自倫敦知名進口商，以英國小麥中性烈酒浸泡十五小時，再經過五小時的蒸餾產出 200 公升原酒；之後送到位於加州的查爾倍酒業 (Charbay Distillery & Winery) 稀釋裝瓶。酒瓶委託曼徹斯特的聯合創作 (United Creatives) 設計，以調酒師的使用習慣調整設計，更方便倒酒。瓶身有等分刻度，只發售 1 公升版也是為了計量方便；瓶底印有 86 的數字代表公司產品。

　　西蒙將 60% ABV 的琴酒分別注入五種不同酒桶內存放一年，並與裝瓶酒廠查爾倍酒業的首席蒸餾師卡克切維奇 (Marko Karakasevic) 商討，2019 年 2 月，以海軍高強度琴酒為發想，推出熟成於阿蒙提拉多雪莉酒 (Amontillado Sherry) 桶三週，再與未經桶陳福特琴酒調和至 54.5% ABV 的福特琴酒軍官精選 (Ford's Gin Officers Reserve)，並以處女航系列 (Maiden Voyage) 為名。同年 6 月，福特琴酒由百富門公司 (Brown Forman) 併購，仍舊由西蒙擔任品牌總監。

福特琴酒
Ford's Gin 45% ABV

😊 風味　**Juniper** | **Citrus** | Herbal | Spice | **Floral** | Fruit

🫗 原料　杜松子 - 義大利、芫荽籽 - 羅馬尼亞、歐白芷根 - 波蘭、葡萄柚皮 - 土耳其、苦橙皮 - 海地與摩洛哥、檸檬皮 - 西班牙、桂皮 - 印尼、鳶尾根 - 義大利與摩洛哥、茉莉花 - 中國

🍸 推薦調酒　Gin Tonic - 葡萄柚皮、Martini

🥃 品飲心得　多層次的柑橘調包覆杜松子氣味，隱約的茉莉花香，一點香草氣味。入喉的柑橘和辛口感，餘韻有些許白胡椒辛香料。

史蒂芬・迪安基洛 (Steven DeAngelo) 是華爾街的白領精英，因為雷曼兄弟倒閉導致金融危機，他開始認真看待自己對琴酒的興趣，後來更一頭鑽進蒸餾琴酒的世界。在 2012 年春季，與兄弟菲利浦 (Philip DeAngelo) 在布魯克林綠點社區 (Greenpoint) 創立格林虎克琴匠酒廠 (Greenhook Ginsmiths)。史蒂芬克服了廠址、執照、翻修等問題，家族的親朋好友也在假日時熱心幫忙，加上他善用在銀行業多年累積的人脈，業務漸入佳境。

47% ABV 的格林虎克琴匠美國琴酒 (Greenhook Ginsmiths American Dry Gin) 要先浸泡材料於紐約州產的有機小麥中性烈酒，避免高溫破壞草本細膩風味，採用水銀真空設備搭配 300 公升荷斯坦蒸餾器，低壓低溫蒸餾，讓酒精萃取出更多細緻的植物香氣精華。選用有機接骨木花及洋甘菊，配合杜松子及肉桂前味來增添花香調，喝起來不會有過分顯著的酒精刺激感。蒸餾後的琴酒靜置於不鏽鋼桶內三個月，讓部分易揮發的化合物先蒸散，並使酒質穩定。

史蒂芬參照歐洲黑刺李琴酒 (Sloe Gin) 製作方式，採用當地長島李子 (Beach Plum) 浸漬於琴酒內七個月後加糖再濾除果渣。2014 年秋天，推出以玉米為中性基酒的琴酒，置於金賓 (Jim Beam) 波本威士忌桶內，再移至歐羅洛梭雪莉酒 (Oloroso) 桶共一年時間，利用桶陳與玉米基酒的甜度製成 50.05% ABV 的格林虎克琴匠老湯姆琴酒 (Greenhook Ginsmiths Old Tom Gin)。

UK

Europe

N.America

S.America

Asia

Africa

Oceania

格林虎克琴匠美國琴酒
Greenhook Ginsmiths American Dry Gin 47% ABV

🌀 風味　**Juniper** | **Citrus** | Herbal | **Spice** | **Floral** | Fruit

Ⓜ 原料　杜松子 - 義大利托斯卡尼、芫荽籽、接骨木花、接骨木果實、鳶尾根、洋甘菊、肉桂 - 斯里蘭卡、高良薑、柑橘

🍸 推薦調酒　Gin Tonic - 檸檬片、Vesper

品飲心得　肉桂甘甜溫暖裡透著淡淡洋甘菊花香，些微刺激的杜松子。柔順的杜松子口感，接骨木花香，一點生薑與芫荽。

Junípero

　　1871 年以啤酒起家的海錨啤酒 (Anchor Brewery)，在 1933 年遭逢大火酒廠幾近全毀，1965 年又因經營慘淡面臨關廠，命運波折，此時大學剛畢業的弗利茨・梅塔格 (Fritz Maytag)，卻毅然買下海錨啤酒的近半股權，接手後以改良啤酒釀造方法、手工釀造等策略，讓酒廠起死回生。弗利茨在啤酒產品穩定後開始投入製作烈酒，1993 年另外在舊金山的波特雷羅丘 (Potrero Hill) 成立海錨蒸餾公司 (Anchor Distilling Company)；他十分嚮往威士忌過去在美國的榮景，蒐集歷史資料研發威士忌，1994 年使用傳統壺式蒸餾新酒裝桶熟成威士忌，很快便推出裸麥威士忌，堪稱是美國烈酒復興重要指標之一。

　　1998 年胡尼佩羅琴酒 (Junípero Gin) 上市，使用銅製鍋爐蒸餾出強烈杜松子氣味、香料及柑橘風味的酒質。「Junípero」的原意是西班牙文的杜松子 (Juniper)，同時也是十八世紀胡尼佩羅・塞拉 (Junípero Serra) 這位從西班牙遠渡到加州宣揚天主教的傳教士之名。2014 年推出的海錨老湯姆琴酒 (Anchor Old Tom Gin) 另外添加八角、甘草及甜菊增甜，裝瓶酒精濃度為 45% ABV。

　　弗利茨於 2010 年退休，公司出售給夥伴弗立奧 (Tony Foglio) 及英國酒商貝瑞兄弟與路德 (Berry Bros & Rudd，BBR)；因為易主經營，連帶不再能使用海錨此商號，2018 年更名為霍塔林公司 (Hotalin & Co)，以舊金山十九世紀傳奇酒商安昇帕森斯・霍塔林 (Anson Parsons Hotaling) 命名 ── 1906 年舊金山大地震，他的儲酒倉庫及藏酒安然無恙，被視為奇蹟。美國詩人查爾斯・菲爾德 (Charles Field) 甚至寫下：「如果按照人們說的，是上帝責罰這座城市；因為太過氣憤而燒燬掉教堂，那麼又為什麼要留下霍塔林的酒庫？」。

胡尼佩羅琴酒
Junípero Gin 49.3% ABV

🌸 風味　Juniper | Citrus | Herbal | Spice | Floral | Fruit

🍶 原料　杜松子、芫荽籽、歐白芷根、荳蔻、桂皮、尾胡椒、天堂椒、檸檬、鳶尾根、甜橙、塞維亞苦橙、大茴香

🍸 推薦
調酒　Gin Tonic - 檸檬皮、Martini

🥃 品飲
心得　排山倒海的杜松子香氣集中，帶有些許橙皮。強烈的口感，杜松子與辛香料的刺激感最後轉而為溫潤的柑橘味。

Koval

在華盛頓特區擔任奧地利外交辦事處新聞部副秘書的羅伯特‧波內科特(Robert Birnecker)，與專攻歐洲猶太歷史的助理教授索娜塔‧波內科特(Sonat Birnecker)，這對夫妻每天要花費近兩小時通勤，有一日他們開始思考自己真正想要的生活是什麼？

某日，他們到索娜塔父母家裡度過假期，並帶上羅伯特祖父釀製的白蘭地品飲；身為奧地利蒸餾酒廠第四代的羅伯特，從小便從長輩處學習蒸餾概念，自然就解釋起製酒過程。索娜塔的姐姐打趣說，《時代雜誌》才刊登了美國新興酒廠的報導，既然別人可以，那麼羅伯特夫妻也一定能夠有所成就吧！於是，夫妻倆打算把羅伯特家族的蒸餾傳承，帶到芝加哥，這個索娜塔很喜愛的都市。

雖然籌措資金時碰到高額信貸的小麻煩，但解決後在尋找廠址時也幸得貴人相助，當時芝加哥市議員舒爾特(Gene Schulter)替他們牽線，於芝加哥市北部鴉林區域(Ravenswood)找到空間，於是在 2008 年，美國禁酒令後芝加哥第一間蒸餾酒廠科沃(Koval)就這麼成立了。

「科沃」來自東歐語系，意指鐵匠，又有黑羊的意思，而黑羊代表的是不凡、超乎預期。索娜塔的曾祖父綽號便是「科沃」，他在十七歲時就毅然離開維也納搬到芝加哥，先人勇於冒險的精神也成為夫妻倆創業的契機。而羅伯特的祖父名為羅伯特‧斯契米德(Robert Schmid)，在德語中，斯契米德也是鐵匠的意思；這些巧合，彷彿都註定了酒廠名就是要叫科沃。

當時還是新手媽咪的索娜塔，讓許多員工帶著孩子上班，設置了簡易遊樂區、滑梯、圖書室，一度還被周遭鄰居誤以為是托兒所。初期的索娜塔常常得一邊唸童書哄小孩一邊研究蒸餾，她回憶初期這段時光，再怎麼疲累還是很有趣。

科沃酒廠的產品使用現代化設備搭配傳統蒸餾技巧，堅持有機穀物，僅取用中段酒心製作，並使用經過天然炭淨化過濾的密西根湖水源。夫妻倆對於市面上的琴酒並沒有特別偏愛，但索娜塔卻喜歡杜松子氣味，於是乾脆挑戰製作出連自己都能接受的琴酒。以自家中性烈酒為底，添加杜松子、玫瑰果、芫荽籽、歐白芷根、天堂椒等，他們組合出自己最滿意的味道口感。

裝瓶酒精濃度為 47% ABV 的科沃琴酒 (Koval Dry Gin)，瓶標為幾何圖案，由索娜塔的姐姐與鄧鐸專案 (Damdo Project) 公司操刀；這家公司承接許多時尚雜誌和日舞影展的案子。一開始，科沃酒廠產品都由夫妻倆簡單用繪圖軟體設計，效果普通，後來委託給專替酒類包裝設計的行銷公司，花大錢又做得一塌糊塗，索娜塔的姐姐只好自己動手相助，設計出如今的科沃產品。

在酒廠創立初期，州法律尚未開放酒廠內設置品飲室、商店與酒廠導覽，索娜塔再度奔走請託市議員舒爾特幫忙，修法後讓酒廠能多元化經營。就這樣，在波內科特夫妻的努力下，科沃闖出名聲，也陸續有同好上門請益，羅伯特並不擔心同業競爭，幾無保留地協助有興趣的人建立微型酒廠。九年之間，美加等地已有超過一百五十間酒廠以及三千多人，透過羅伯特學習蒸餾或建酒廠；羅伯特 2008 年也與德國公司合作成立寇勒蒸餾 (Kothe Distilling) 顧問公司，提供專業諮詢。同樣位於伊利諾州的珍稀酒業 (FEW Spirits)、佛蒙特州的巴爾山 (Barr Hill)，都曾接受過羅伯特指導。

2016 年 4 月，推出於自家裸麥威士忌桶熟成六個月的科沃桶陳琴酒 (Koval Barreled Gin)，一樣為 47% ABV。 隨著酒廠銷量漸大，產品外銷至世界各地，原本十人左右的員工如今已成為四十人規模，經過三年半的尋找新址，終於找到更寬廣的地點，仍舊是在他們最喜歡的芝加哥。

科沃琴酒
Koval Dry Gin 47% ABV

風味 **Juniper** | **Citrus** | Herbal | Spice | **Floral** | **Fruit**

原料 杜松子、歐白芷根、天堂椒、玫瑰果、秘密

推薦調酒 Gin Tonic - 橙皮、Gimlet

品飲心得 杜松子味道裡瀰漫野花的香氣。青草氣味間雜著金色柑橘香味，花香之後是一點白胡椒餘韻。

*L*eopold

創辦里奧波德兄弟 (Leopold Bros.) 的兄弟兩人，都算是酒廠經營界的學霸。陶德 (Todd Leopold)1996 年取得芝加哥希柏技術學院 (Siebel Institute of Technology) 的麥芽釀造證書，再到德國慕尼黑的啤酒學校 (Doemens School) 學習，之後到肯塔基州萊辛頓的蒸餾學校進修；史考特 (Scott Leopold) 則擁有西北大學工業工程學士及史丹佛的環境工程博士，畢業後設計廢水處理系統。

1999 年，兄弟兩人在密西根州安娜堡 (Ann Arbor) 開啤酒吧，並創立里奧波德兄弟 (Leopold Bros.) 小啤酒廠，自釀啤酒大受好評，沒多久後更擴大到蒸餾領域，在 2001 年發售烈酒。2008 年搬回故鄉科羅拉多州丹佛 (Denver)，設有七座蒸餾器，可容納兩千個橡木桶，不再釀啤酒而專心蒸餾製酒。他們的產品線豐富，甚至還有紐約蘋果風味威士忌，兄弟倆對有機農作、歷史傳承、友善環境頗有見解也努力實踐，他們的生態釀酒技術、有機原料、有效率管理廢水系統都引領話題。

里奧波德兄弟酒廠使用蘇格蘭以外少見的地板發麥，甚至擁有目前全美最大地板發麥室；當地農作穀物在其中進行發麥、而後磨碾、糖化、發酵、蒸餾，接著桶陳、手工裝瓶貼標皆在自家酒廠完成。里奧波德琴酒 (Leopold's Gin) 使用杜松子、荳蔻、芫荽籽、佛羅里達瓦倫西亞橙皮、鳶尾根、加州柚子，以不同的中性基酒 (小麥、馬鈴薯、大麥麥芽) 混製成基底，再將之個別浸泡原料於 600 公升、且附有六層蒸餾柱的銅製壺式蒸餾器內蒸餾，裝瓶濃度為 40% ABV，2002年上市，每年僅推出五十箱。

2012 年發行雙倍杜松子份量，增加芫荽籽與荳蔻使用量，以香氣更為明顯的香檸檬 (Bergamot) 替代原本柚子，減少酒精稀釋，將濃度提高至 57% ABV 的里奧波德海軍強度琴酒 (Leopold's Navy Strength Gin)，酒體更為明亮顯著，隱約透著花香。

UK

Europe

N.America

S.America

Asia

Africa

Oceania

里奧波德琴酒
Leopold's Gin 40% ABV

風味	**Juniper**	**Citrus**	Herbal	**Spice**	**Floral**	Fruit

推薦調酒　Gin Tonic - 檸檬皮、Vesper

原料	杜松子、芫荽籽、瓦倫西亞柳橙 - 美國佛羅里達、荳蔻、鳶尾根、柚子 - 美國加州	品飲心得	花香、柑橘、杜松子、荳蔻等甘甜氣味。入喉是一點胡椒，和諧的辛香料尾韻，平衡的滋味。

出生於明尼蘇達州的寇比・卡拉斯路易斯 (Kirby Kallas-Lewis) 是一個理性與感性兼具的人，大學時修習藝術、化學及數學，畢業後曾從事過許多不同領域工作，直到有一回在巴黎一個朋友的生日派對上，品嘗到四十年卡爾瓦多斯 (Calvados) 蘋果白蘭地，啟發他想製酒的念頭。

寇比平時從事藝術品買賣，必須經常離開居住地西雅圖，為了改變長期奔波的生活而思索起職涯轉換，他發現微型酒廠逐漸盛行，便鑽研起蒸餾，參加製酒課程也訪問許多酒廠。不久後發現住家附近一間廠房正要出租，於是承租下來，規劃酒廠；2010 年 1 月正式成立烏拉酒廠 (Oola Distillery)，這也是西雅圖在美國禁酒令後首批新興的酒廠之一；命名就來自於他的德國牧羊犬烏拉。

位於西雅圖國會山莊街區 (Capitol Hill) 的烏拉酒廠，不僅生產伏特加、琴酒與威士忌，還在酒廠隔壁經營酒吧，主打自家品牌。

秉持從穀物到杯中 (Grain to Glass) 理念，選用東華盛頓州三代傳承農場的有機作物 (包括白冬小麥)，自磨碾、發酵、蒸餾、桶陳到最後裝瓶都在酒廠內完成，確保每個細節來源無虞。琴酒基底使用 76% 華盛頓白冬小麥與 24% 大麥製成的中性穀物烈酒稀釋，烏拉琴酒 (Oola Gin) 浸泡十三種原料：包括杜松子等進口香料，以及酒廠後院種植的迷迭香、檸檬百里香、檸檬馬鞭草等；蒸餾後僅簡單過濾，保留其風味，裝瓶濃度為 47% ABV。

此外，還推出熟成於自家 200 公升波本威士忌桶兩到四個月，45% ABV 的烏拉韋茨堡桶陳琴酒 (Oola Waitsburg Barrel-Finished Gin)，以及使用自家五年韋茨堡波本威士忌桶，直接以裝桶強度裝瓶，酒精濃度為每批次 58 ～ 60% ABV 不等的烏拉木桶強度琴酒 (Oola Cask Strength Gin)。

烏拉酒廠也與西雅圖酒吧合作，推出捨棄昂貴繁複的瓶身設計、改以大容量裝瓶，將酒廠名稱字母反向排序的阿魯 (Aloo) 系列，是專為餐飲通路開發的物美價廉產品線。

烏拉酒廠門口。

烏拉琴酒的原料展示。

UK

Europe

N.America

S.America

Asia

Africa

Oceania

烏拉琴酒
Oola Gin 47% ABV

🌿 風味 **Juniper** | **Citrus** | Herbal | **Spice** | **Floral** | **Fruit**

🫙 原料 杜松子 - 摩洛哥、芫荽籽、黑荳蔻、玫瑰、黑檸檬、迷迭香、檸檬百里香、檸檬馬鞭草、木槿花、天堂椒、茴香籽、秘密

🍸 推薦調酒 Gin Tonic - 檸檬皮與迷迭香、Martini

😋 品飲心得 一點穀物甘甜，些許香蕉與香草味，柑橘與玫瑰花香夾雜著杜松子柔和感。入口的淡淡草本之後是胡椒與柑橘，尾韻有香草和蜂蜜回甘。

Perry's Tot

培理陶德

紐約蒸餾公司
New York Distilling Co.

2000 年初，布魯克林啤酒 (Brookly Brewery) 創辦人之一的湯姆‧波特 (Tom Potter) 賣掉大部分經營權準備退休，但是在拜訪過西岸蓬勃發展的精緻小批次蒸餾酒廠後，轉念決定回到紐約開展其他事業。他與兒子比爾 (Bill Potter)、烈酒講師艾倫‧卡茨 (Allen Katz) 共組團隊，成立紐約蒸餾公司 (New York Distilling Co.)，並且交由艾倫擔任首席蒸餾師。

酒廠位於布魯克林威廉斯堡 (Williamsburg) 一座占地 5000 平方哩的倉庫，設置一座 1000 公升的卡爾蒸餾器。初始推出的桃樂絲帕克琴酒 (Dorothy Parker Gin)，以美國廿世紀初的才女 —— 身兼女詩人、短篇小說家、劇評及編劇的機智名嘴女醉漢桃樂絲‧帕克為名。

桃樂絲帕克琴酒在傳統琴酒的基礎上再添加花香調性，以杜松子、乾燥木槿花、接骨木果實、橙皮、檸檬皮、葡萄柚皮、肉桂為原料，捨棄常見的芫荽籽與歐白芷根，同時兼有花果香與杜松子紮實口感，甚至帶點蔓越莓果醬甜味，尾韻的柑橘與桂皮香料氣味相當協調；裝瓶濃度為 44% ABV。

在研發過程中，發現另一個也相當討喜的配方，團隊於是決定同時推出這款培理陶德海軍強度琴酒 (Perry Tot Navy Strength Gin)。馬修‧卡爾布萊斯‧培理 (Matthew Calbraith Perry) 是十九世紀赫赫有名的大人物 —— 曾擔任布魯克林海軍造船所長，晉升為司令後，帶領「黑船」敲開日本鎖國門戶，也來過臺灣基隆停留過十天，是美國海軍傳奇人物。這款裝瓶濃度 57% ABV 的琴酒就以培理命名；而陶德 (Tot) 其實指的是單位，海軍配給船員們酒精容量 1 陶德大約為七十毫升，與桃樂絲帕克琴酒一起於 2012 年上市，號稱是美國首款製作海軍強度的琴酒。同年發表的還有里奧波德海軍強度琴酒 (Leopold's Navy Strength Gin)。

設計由全球頂尖平面設計師米爾頓‧葛雷瑟 (Milton Glazer) 操刀，類似普利茅斯琴酒舊瓶，在瓶身內側繪有僧侶，紐約蒸餾公司也將這兩款琴酒內側分別繪上桃樂絲帕克與培理將軍的頭像。

參考美國調酒考古學家旺德里奇 (David Wondrich) 提及，在塞繆爾‧麥克亨利 (Samuel McHarry) 於 1809 年編著《實用蒸餾師 (The Practical Distiller)》一書中的配方，發想出以裸麥為基底製作荷蘭琴酒風格的高灣納斯頭目琴酒 (Chief

Gowanus Gin)，除了杜松子也添加啤酒花，並陳放於美國橡木桶內三個月，擁有裸麥辛香口感、啤酒與一些檸檬香氣，近似多香果的香料味。取名典故來自1626年，荷蘭西印度公司用六十荷蘭盾幣(約現今三萬多新台幣)向印第安原住民取得現在曼哈頓島土地，稱為「新阿姆斯特丹(New Amsterdam)」，裝瓶濃度為44% ABV。

酒廠附設陋室酒吧(Shanty Bar)，提供前來品飲的客人享受自家烈酒。2018年更換瓶身設計，並接連替培理陶德琴酒與桃樂絲帕克琴酒推出玫瑰風味琴酒。

培理陶德海軍強度琴酒
Perry's Tot Navy Strength Gin 57% ABV

🌸 風味　**Juniper** | **Citrus** | Herbal | **Spice** | Floral | Fruit

🌱 原料　杜松子、芫荽籽、肉桂、歐白芷根、荳蔻、八角、檸檬皮、橙皮、葡萄柚皮、野生花蜜 - 紐約上州

🍸 推薦調酒　Gin Tonic - 葡萄柚片、Gimlet

✳️ 品飲心得　香氣是強勁的杜松子，溫暖辛香料。入喉感覺厚實橙皮氣味，木質調性中有些紫羅蘭花香，葡萄柚皮尾韻。

桃樂絲帕克琴酒
Dorothy Parker Gin 44% ABV

🌸 風味　**Juniper** | **Citrus** | Herbal | Spice | **Floral** | **Fruit**

🌱 原料　杜松子、木槿花、接骨木果實、橙皮、檸檬皮、葡萄柚皮、肉桂、荳蔻

🍸 推薦調酒　Gin Tonic - 橙皮、Martini

雷　森
———
雷森酒業
Ransom Spirits

1997 年，泰德‧西斯特 (Tad Seestedt) 靠著省錢與貸款創建酒廠，他乾脆用「Ransom」(意謂贖金) 替自家酒廠命名為「雷森酒業 (Ransom Spirits)」，期許自己不要忘了借貸起家的艱辛。初期僅生產少量義式白蘭地 (Grappa)、水果白蘭地 (Eau de vie)、白蘭地 (Brandy)，1999 年著手小批次葡萄酒釀造；2007 年將琴酒、伏特加與威士忌等穀物製成的烈酒加進生產線；2010 年，結合自家葡萄酒與蒸餾烈酒，推出苦艾酒 (Dry Vermouth) 擴展產品版圖。

使用購自法國渤隆 (Prulho) 家族，純手工打造的銅製夏朗特壺式蒸餾器 (Copper Charentais Pot Still)，製程仰賴自己的嗅覺及味覺；每週磨碾、發酵自種的大麥和從當地收購的有機穀物，用傳統式蒸餾表現強調集結風土、歷史與工藝三元素的酒廠文化。

以大麥加上裸麥烈酒為基底，再加進浸泡當地產的馬里翁莓 (Marionberry)、啤酒花、杜松子、檬檸皮、橙皮、葛縷子、芫荽籽、歐白芷根、八角、荳蔻的玉米烈酒中一同蒸餾，44% ABV 的雷森琴酒 (Ransom Dry Gin) 口感帶有穀物甘甜。

2009 年，《飲！從艾碧斯調酒到威士忌斯瑪旭 (Imbibe! From Absinthe Cocktail to Whiskey Smash)》的作者旺德里奇 (David Wondrich) 加入團隊，結合十九世紀老湯姆琴酒元素，研發出口感獨特、很不一樣的老湯姆琴酒，以麥芽及桶陳來提供老湯姆琴酒所需要的甜度。

雷森使用銅製夏朗特蒸餾器保留最多的香氛、風味、酒體，只取酒心中的酒心；該蒸餾器製造於 1978 年的法國干邑區，容量為 1000 公升。雷森老湯姆琴酒 (Ransom Old Tom Gin) 的香料大部分都採自奧勒岡州有機生產，浸泡香料的中性烈酒原料為大麥 (包含 85% 大麥麥芽與 15% 大麥) 及玉米，蒸餾後在葡萄酒桶陳放三至六個月。

2019 年再推出熟成五年版本的雷森老傢伙湯姆琴酒 (Ransom Geezer Old Tom Gin)，更多的桶味與辛香料感，甜度略高，適合純飲以感受琴酒與威士忌模糊的交界滋味。

雷森老湯姆琴酒
Ransom Old Tom Gin 44% ABV

🌀 風味　**Juniper** | **Citrus** | Herbal | **Spice** | Floral | Fruit

🌿 原料　杜松子、芫荽籽、歐白芷根、荳蔻、檸檬皮、橙皮

🍸 推薦
調酒　Gin Tonic - 橙皮、Martinez

🍶 品飲
心得　木質油感基調，淡淡果香及杜松子風味，桶陳氣味裡有些許辛薑。口感是甘甜松杜子伴隨柑橘，尾韻有輕柔的丁香、歐白芷等溫暖香料感。

雷森琴酒
Ransom Dry Gin 44% ABV

🌀 風味　Juniper | **Citrus** | Herbal | Spice | **Floral** | **Fruit**

🌿 原料　杜松子、芫荽籽、歐白芷根、荳蔻、檸檬皮、橙皮、馬里翁莓 - 美國奧勒岡、啤酒花 - 美國奧勒岡、葛縷子、八角

🍸 推薦
調酒　Gin Tonic - 檸檬皮與藍莓、Gimlet

UK

Europe

N.America

S.America

Asia

Africa

Oceania

S pirit Works

　　來自英格蘭德文郡 (Devon) 海邊小鎮的提摩・瑪歇爾 (Timo Marshall)，與出生在美國西岸的艾仕貝 (Ashby)，兩人相遇於綠色和平組織的環保維護船「彩虹勇士號 (Rainbow Warrior)」；航途朝夕相處，停靠於舊金山灣區時兩人互許終身並定居於加州索諾瑪 (Sonoma)。

　　提摩與艾仕貝這對夫妻想在美國重現提摩家代代相傳的黑刺李琴酒；每年秋天，提摩會與家人四處採集黑刺李果實浸漬於琴酒。初始的構想是買塊地種植黑刺李，再與當地酒廠合作生產，然而美國對於外來植物限制嚴格且種植風險高，消費市場小眾，加上當時並沒有太多製作伏特加或琴酒的微型酒廠可供配合，於是兩人改變計劃，打算一口氣實踐從穀物到裝瓶的精緻工藝酒廠夢想。

　　兩人造訪各地酒廠學習，參與課程，2012 年終於在塞凡堡 (Sebastopol) 新興商業區域巴洛 (Barlow)，創建精神之作酒廠 (Spirit Works Distillery)。採購當地紅冬小麥，從磨碾、發酵、蒸餾都在同一處進行，製作出的烈酒柔順甘甜。以此基礎再添加舊金山香料公司 (SF Spice.Co) 進口的杜松子、芫荽籽、歐白芷根、綠荳蔻、鳶尾根、木槿花等，以及新鮮檸檬皮與橙皮，透過德國卡爾公司的銅製蒸餾

精神之作酒廠蒸餾器。

正在實驗音樂聲波是否影響熟成效果的橡木桶。

器同時進行浸泡與蒸氣萃取蒸餾；2013 年推出 43% ABV 的精神之作琴酒 (Spirit Works Gin)。

　　有了基礎琴酒，再浸漬保加利亞的黑刺李，在他們嘗試四十二種配方後，推出的精神之作黑刺李琴酒 (Spirit Works Sloe Gin) 成為唯一於美國本土生產的黑刺李琴酒。接著，再將黑刺李琴酒放進美國白橡木新桶內熟成，推出類似波特酒口感的精神之作桶陳黑刺李琴酒 (Spirit Works Barrel Reserve Sloe Gin)。

　　另外，琴酒桶陳於美國白橡木新桶數個月的精神之作桶陳琴酒 (Spirit Works Barrel Reserve Gin) 在 2014 年上市，為 45% ABV；2016 年 9 月，推出 57% ABV 的精神之作海軍強度琴酒 (Spirit Works Navy Strength Gin)。

　　艾仕貝在 2017 年將蒸餾工作交棒給 2014 年加入、那帕葡萄酒莊之女勞倫·帕特茲 (Lauren Patz)，自己則改任品牌推廣。整個酒廠除了老闆提摩，其餘皆是女性，也因此他們戲稱自己是整個索諾瑪地區最整潔的酒廠。其實提摩與艾仕貝並沒有刻意只錄用女性職員，只是正好符合他們需求能力的人都是女生罷了。不僅生產伏特加、琴酒、威士忌等，也為客戶提供客製琴酒的服務，例如以保育灰鯨為訴求的灰鯨琴酒 (Gray Whale Gin)。

UK

Europe

N.America

S.America

Asia

Africa

Oceania

精神之作琴酒
Spirit Works Gin 43% ABV

🌀 風味　**Juniper** | **Citrus** | Herbal | **Spice** | Floral | Fruit

Ⓜ 原料　杜松子、芫荽籽、歐白芷根、鳶尾根、綠荳蔻、木槿花、檸檬皮、橙皮

🍸 推薦調酒　Gin Tonic - 檸檬皮、Alexander

✦ 品飲心得　太妃糖香氣，一點花香與輕柔的麥味。甘甜柔順杜松子口感之間是木槿花與辛香料，尾韻則是清爽的柑橘調。

Uncle Val

維爾叔叔

三勳飲品公司
3 Badge Beverage Corporation

身為加州索諾瑪郡唯一超過百年歷史的葡萄酒莊，賽巴斯帝家族 (Sebastiani) 第四代奧古斯特 (August Sebastiani) 於 2009 年自立門戶開了「旁人葡萄酒公司 (The Other Guy)」，因為酒標設計突出、品質優異，很快衝到每年銷售十五萬箱葡萄酒。隨後奧古斯特轉戰烈酒，嘗試推出麥特森裸麥威士忌 (Masterson's Rye Whiskey)，出手接觸蘭姆酒市場，並且成立楓木街 35 酒業 (35 Maple Street Spirtits) 專門負責烈酒產品。

看好琴酒新浪潮，奧古斯特找上奧勒崗州的本德酒業 (Bend Spirits) 合作。奧古斯特有一位退休的醫師叔叔維爾里歐・切凱帝 (Valerio Cecchetti，1922～2013 年)，居住於義大利托斯卡尼的盧卡 (Lucca)，叔叔熱愛烹飪與園藝，常以花園裡的香草入菜，這些記憶中的風味便成為奧古斯特挑選琴酒配方的概念。

用本德酒業經五次蒸餾再以石材過濾的中性烈酒為基底，浸泡杜松子、鼠尾草、檸檬、小黃瓜、薰衣草後再蒸餾，裝瓶酒精濃度為 45% ABV，透過加州由馬艾斯德里 (Michael Maestri) 與席琳娜 (Celia) 夫妻檔經營的富蘭克林酒廠 (Frank-Lin Distillers) 裝瓶；為了紀念叔叔，就命名為維爾叔叔植物琴酒 (Uncle Val Botanical Gin)。

隨後，奧古斯特還推出以杜松子、芫荽籽、玫瑰花瓣、小黃瓜為素材，藍灰色瓶頸及酒標的維爾叔叔療復琴酒 (Uncle Val Restorative Gin)；以及使用杜松子、黑胡椒、帶有煙燻味的紅甜椒、西班牙辣椒 (Pimiento，又稱 Cherry Pepper)，紅色酒標的維爾叔叔椒香琴酒 (Uncle Val Peppered Gin)。每款琴酒都會繪上黑白素描原料作為瓶標襯底。

2015 年底，奧古斯特將旗下的葡萄酒與烈酒再整併為三勳飲品公司 (3 Badge Beverage Corporation)，由三勳調飲 (3 Badge Mixology) 部門負責原先楓木街 35 烈酒產品，三勳葡萄酒 (3 Badge Enology) 部門則負責葡萄酒。「三勳」是因為其家族曾因投入消防等社會公眾事務，獲頒三塊勳章，以此紀念。

再回到百年葡萄酒莊賽巴斯帝家族，當初第一代薩姆艾雷·賽巴斯帝 (Samuele Sebastiani) 在 1895 年離開托斯卡尼前往美國，當砌石工存錢買下土地；1906 年舊金山大地震，在採石場僥倖逃過一劫的薩姆艾雷轉業改投資罐頭工廠、巴士站，以及葡萄園。1950 年，兒子奧古斯特一世專注葡萄酒的產銷；接掌的第三代唐 (Don Sebastiani) 以唐氏父子葡萄酒 (Don Sebastiani & Sons) 公司成為美國葡萄酒市場的大品牌，如今傳承四代，不僅原有葡萄酒事業規模盛大，連烈酒也占有一席之地。

維爾叔叔植物琴酒
Uncle Val Botanical Gin 45% ABV

🌸 風味　Juniper | **Citrus** | **Herbal** | Spice | **Floral** | **Fruit**

🌿 原料　杜松子、小黃瓜、鼠尾草、檸檬、薰衣草

🍸 推薦調酒　Gin Tonic - 小黃瓜與檸檬皮、Aviation

🍹 品飲心得　檸檬、小黃瓜等清爽氣味，夾雜一點花香。入喉柔順的酒體之中是薰衣草與柑橘調性，中後段轉為杜松子與鼠尾草的草本尾韻。

維爾叔叔療復琴酒
Uncle Val Restorative Gin 45% ABV

🌀 風味　Juniper | Citrus | Herbal | Spice | **Floral** | **Fruit**

🍸 原料　杜松子、小黃瓜、芫荽籽、玫瑰花瓣

🍹 推薦調酒　Gin Tonic - 小黃瓜、Vesper

維爾叔叔椒香琴酒
Uncle Val Peppered Gin 45% ABV

🌀 風味　**Juniper** | Citrus | Herbal | **Spice** | Floral | Fruit

🍸 原料　杜松子、黑胡椒、紅甜椒、西班牙辣椒

🍹 推薦調酒　Gin Tonic - 甜椒、Red Snapper

UK

Europe

N.America

S.America

Asia

Africa

Oceania

維納斯酒業 (Venus Spirits) 創始人尚恩‧維納斯 (Sean Venus) 小時候在新罕布夏州 (New Hampshire) 念寄宿高中，啟蒙他研究釀酒的人是理化老師。老師在自己婚禮上提供自釀啤酒，讓他印象深刻，後來參觀老師寓所的釀造設備，更是讓他從此對釀製啤酒瘋狂著迷。高中畢業後，他存錢買下家用釀酒器材，跟哥哥瘋狂試作啤酒。從此，啤酒成為尚恩的最愛，他夢想開一間啤酒廠。

尚恩把握機會參觀精釀啤酒廠，二十歲時取得釀酒師助理開始實習。1999 年大學畢業，在聖荷西的 GB 鮮釀啤酒 (Gordon Biersch) 擔任產品管理共六年；2010 年與友人創立有機食品公司媽媽奇亞 (Mamma Chia)，販售有機飲食並提供諮詢。

2012 年，尚恩認為精釀啤酒市場趨近飽和，便開始注意起美國威士忌，萌生開設烈酒廠的念頭。隔年，因為妻子葛瑞絲 (Grace) 全力支持，在聖塔克魯斯 (Santa Cruze) 海邊不遠處開設他夢寐以求的酒廠。雖然曾面臨資金短缺、成本調漲、政府文件申請困難，尚恩仍持續堅持，終於在 2014 年 5 月開始酒廠內第一次蒸餾。

雖然最初以生產威士忌為目標，但是與大多數烈酒廠一樣，尚恩也考慮在等待熟成期間兼產琴酒以開拓產品線。因為他熟悉有機食材的供應鏈，可以取得優質材料製作琴酒，幸運的他，僅耗費一個週末就擬定滿意的配方。

以有機小麥製成的中性烈酒浸泡素材一至兩天，再放進兩座訂自西班牙豪加蒸餾 (HogaStill) 公司純手工打造的銅製鍋爐蒸餾器，開始八、九小時的蒸餾；最後得到的琴酒原酒稀釋至 46% ABV 裝瓶，每批次可產出一千到兩千瓶。這款首批於 2014 年 7 月上市的維納斯琴酒一號 (Venus Gin Blend No.01)，很快便受到廣大消費者的喜愛。

接著在同年 9 月推出添加葛縷子的維納斯阿夸維特酒 (Venus Aquavit)，隔年 1 月，威華爾德威士忌 (Wayward Whiskey) 系列加入販售；之後還生產以藍色龍舌蘭為原料的龍舌蘭烈酒 (Agave Spirit)「竊賊 (El Ladrón)」系列。

2014 年 12 月，尚恩以微調過的配方放入烘烤過的美國橡木桶熟成，發售維納斯琴酒二號 (Venus Gin Blend No.02)；使用杜松子、荳蔻、芫荽籽、新鮮橙皮、

帶有尤加利樹葉味道的新鮮月桂葉、新鮮鼠尾草、大茴香籽、胡椒等八種材料，入喉是柔順舒服的香草，間雜著絲毫杜松子和胡椒辛香味。酒標設計委託位於奧克蘭的陳氏設計 (Chen Design)，採用極簡優雅風格排版。

　　占地不大的維納斯酒廠除了幾座不鏽鋼發酵槽與銅製蒸餾器，還設置品飲吧台提供參觀的遊客試飲；酒廠還有隻名喚「杜松子 (Juniper)」的黃金獵犬。早期聯邦法律規定不得在酒廠直接出售整瓶烈酒給散客，直到 2016 年放寬條件，酒廠如設置品飲室可提供每人購買三瓶酒。這使得像維納斯酒業這類小廠，拉近與顧客的距離，更能增加收入。

維納斯琴酒一號
Venus Gin Blend No.01 46% ABV

😊 風味　Juniper | **Citrus** | Herbal | **Spice** | **Floral** | Fruit

🍷 原料　杜松子、芫荽籽、荳蔻、歐白芷根、薰衣草、柳橙、檸檬、橘子、薑、甘草

🍸 推薦調酒　Gin Tonic - 萊姆片、Martini

😋 品飲心得　麥芽氣味之後是柑橘薰衣草，接著一點薑的辛香。入喉是輕柔爽口的薑、荳蔻與檸檬香，伴隨甜美的柑橘與薰衣草，餘韻滑順舒服。

維納斯琴酒二號
Venus Gin Blend No.02 46% ABV

😊 風味　**Juniper** | **Citrus** | Herbal | **Spice** | Floral | Fruit

🍷 原料　杜松子、芫荽籽、荳蔻、月桂葉、鼠尾草、橙皮、胡椒、茴香籽

🍸 推薦調酒　Gin Buck、Martinez

Voyager

　　在華盛頓波音航太公司任職的馬可‧伯恩哈德 (Marc Bernhard)，熱中研究艾碧斯酒 (Absinthe)，甚至在自己家後院和朋友的花園裡種植苦艾草、牛膝草等香草植物。他喝過太多難喝不合口味的艾碧斯酒，因此決定跟朋友參考 1855 年法國艾碧斯酒配方，測試蒸餾出自己最滿意的作法，2007 年 2 月取得蒸餾執照，成立太平洋酒廠 (Pacific Distillery)。

　　馬可跟太太瑪裘瑞 (Marjorie) 在西雅圖旁的伍丁維爾 (Woodinville) 另外也依據一瓶百年前英國琴酒酒瓶上的配方，嘗試二十七種比例，2008 年 8 月推出航行者琴酒 (Voyager Gin)，以兩座各 500 公升的葡萄牙訂製手工銅製蒸餾器進行生產，使用穀類中性烈酒，浸泡杜松子、義大利佛羅倫斯的大茴香、芫荽籽、歐白芷根、鳶尾根、檸檬、柳橙、荳蔻、甘草、桂皮等再蒸餾；每批次約三十箱航行者琴酒。

UK

Europe

N.America

S.America

Asia

Africa

Oceania

酒廠零售及品飲櫃檯。

航行者琴酒
Voyager Gin 42% ABV

😊 風味　**Juniper** | **Citrus** | Herbal | **Spice** | Floral | Fruit

🌿 原料　杜松子、芫荽籽、歐白芷根、荳蔻、鳶尾根、甘草、檸檬、柳橙、大茴香、桂皮

🍸 推薦調酒　Gin Tonic - 檸檬皮、Martini

😋 品飲心得　豐富而輕柔的辛香料氣味，溫暖的杜松子與柑橘，些許紫蘭羅花香；入喉時的銳利口感很快帶出荳蔻、甘草及茴香等溫潤感覺，回甘尾韻是舒服的淡淡橙香。

Empress 1908

　　維多利亞酒廠 (Victoria Distillers) 是加拿大近代早期製作精緻工藝琴酒的酒廠之一。彼得・杭特 (Peter Hunt) 是分子生物學碩士，念維多利亞大學時就在酒吧打工，畢業後到醫療機構工作三年後轉換跑道，當攝影也學釀酒。2008年，父母買下位於加拿大英屬哥倫比亞沙尼治 (Saanich) 的咆犬葡萄園 (Barking Dog Vineyard)，成立維多利亞烈酒 (Victoria Spirits)，購置德製 217 公升的慕勒 (Muller) 蒸餾器，以柴燒加熱蒸餾 (七年後改為蒸氣加熱)，生產琴酒、伏特加與白蘭地。

　　首先推出的是維多利亞琴酒 (Victoria Gin)，添加十種傳統配方：杜松子、多香果、肉豆蔻、玫瑰、鳶尾根、荳蔻、蒲公英、橙皮、檸檬皮、肉桂、八角與秘密原料 —— 菝葜 (Sarsaparilla)，瓶標印製有維多利亞女王年輕時的肖像，選定於 2008 年加拿大的「女王日 (Victoria Day)」在費爾蒙皇后旅館發表。同時以自家琴酒放入 46 公升小型全新美國橡木桶，熟成時間約一年，推出維多利亞桶陳琴酒 (Victoria Oaken Gin)。

　　莫瑞夫妻在 2015 年退休，將品牌轉售給當地投顧公司馬克集團 (Marker Group)，仍舊由彼得擔任酒廠經營者兼首席蒸餾師；品牌更名為維多利亞酒廠 (Victoria Distillers)，擴遷至雪梨碼頭 (Seaport Place. Sidney) 兩倍大的新址；另外添購由加拿大特製機械 (Specific Mechanical) 公司的 900 公升蒸餾器增加產能，新酒廠於 2016 年啟用。

　　2018 年適逢費爾蒙皇后旅館創建一百一十週年，旅館酒吧與維多利亞酒廠合作設計新酒款。彼得以費爾蒙皇后旅館著名的下午茶為概念，使用玉米中性烈酒為基底，添加杜松子、芫荽籽、葡萄柚、玫瑰、肉桂、薑，旅館與大都會茶品公司 (Metropolitan Tea Company) 合作提供的 1907 奧蘭治頂級紅茶 (1907 Orange Pekoe，調和了印度、肯亞、坦尚尼亞、中國及斯里蘭卡等地紅茶)，並以另一款藍麂皮鞋茶 (Blue Suede Shoes) 用蝶豆花染色為靈感，讓皇后 1908 琴酒 (Empress 1908 Gin) 呈現瑰麗的藍紫色。

　　彼得以薑和肉桂作為代表印度的風味，象徵維多利亞女王過去不僅是英國女皇同時也是印度女皇 (Empress of India)；而 1908 年則是費爾蒙皇后旅館開幕年

份，瓶裝濃度為 42.5% ABV。建築屬法國文藝復興風格的費爾蒙皇后旅館，早期作為加拿大太平洋鐵路和太平洋航運重要樞紐，1920 年以後交通功能性不再，改以旅遊勝地著稱；精緻奢華的午茶則是該地招牌。

　　一樣選定在 2018 年的女王日發表，很快便成為加拿大英屬哥倫比亞地區銷售最佳的加拿大琴酒，為了增加產能，2019 年 6 月再訂購相同的蒸餾器。維多利亞酒廠也與許多綠能機構配合，將蒸餾時產生的酒頭 (Head) 再製成生質柴油，用以冷凝酒液而產生的熱水，則透過管線供應鄰近旅館作為地暖系統使用。

UK

Europe

N.America

S.America

Asia

Africa

Oceania

皇后 1908 琴酒
Empress 1908 Gin 42.5% ABV

風味　**Juniper** | **Citrus** | Herbal | **Spice** | **Floral** | Fruit

原料　杜松子、芫荽籽、葡萄柚、玫瑰、肉桂、薑、紅茶、蝶豆花

推薦調酒　Gin Tonic - 葡萄柚片、Aviation

品飲心得　顯著的杜松子調性裡有著柑橘與辛香。一點花香夾雜著葡萄柚的口感，舒服的茶韻伴隨肉桂溫暖感覺。

Ungava

以冰蘋果酒及楓糖醬著稱的品尼可酒莊 (Domaine Pinnacle) 創辦於 2000 年，擁有果園及釀酒廠，座落於加拿大魁北克省，離魁北克最美的村莊弗萊堡 (Frelighsburg) 僅相距五公里。2012 年生產以昂加瓦半島 (Ungava Peninsula) 原生植物為配方的特色琴酒。

厚實玻璃的方瓶設計，標籤上印有克里 (Cree) 字體，是極圈附近原住民紐因特人 (Inuit) 的傳統方言，意指：「朝向開放海域」。昂加瓦灣位處哈德森海峽的東邊，氣候寒冷，不太適合植物生長，而昂加瓦琴酒 (Ungava Gin) 所使用的六種原料，就取自於生長在這片嚴寒之中的耐寒植物。

有別於一般琴酒所使用的杜松子，昂加瓦琴酒所使用的為北歐杜松子 (Nordic Juniper)，只生長在岩區及寒冷的土壤，是一種柏科灌木，提供豐富的柑橘香氣及口感。產量稀少的雲莓 (Cloudberry) 在北美洲廣泛被使用，屬於薔薇科，生長在沼澤區，可製成烈酒或果醬，葉子可做藥用。昂加瓦琴酒特殊的黃色酒液便是來自雲莓。野玫瑰果為薔薇科灌木，果實富含維他命 C，多拿來製作果醬。

北極杜香及拉布拉多茶皆為杜鵑花科常綠蔓生植物，生長在沼澤區域，紐因特人用來泡茶；拉布拉多茶更提供昂加瓦琴酒若有似無的白花香氣。另一種同為杜鵑花科的原料岩高蘭，其紫色的果實多用來製成果醬或甜點。

昂加瓦琴酒
Ungava Gin 47.6% ABV

🌀 風味   **Juniper** | **Citrus** | Herbal | **Spice** | Floral | **Fruit**

🍶 原料   北歐杜松子、雲莓、野玫瑰果、北極杜香、拉布拉多茶、岩高蘭果實

🍸 推薦調酒   Gin Tonic - 葡萄柚皮、Negroni

🔄 品飲心得   略為甘甜，微微的杜松子香氣，酒體適度，有檸檬及蔓越莓般的苦澀感，一點點花香、生薑、芫荽氣味。口感是豐富的檸檬皮、葡萄柚皮，一點柔順的果香與淡雅花香暗示。

Central & South America

中南美洲

UK

Europe

N.America

S.America

Asia

Africa

Oceania

中南美洲擁有幅員遼闊的亞馬遜雨林和安地斯山脈,各類珍稀物產近年來也被用來製作琴酒。以各國傳統烈酒為輔,如皮斯可白蘭地 (Pisco)、蘭姆酒、梅斯卡酒(Mezcal) 等,再結合杜松子以及當地素材,各酒廠推出的琴酒也充分代表了區域風土特色與傳統飲食文化。

墨西哥 🇲🇽

Mezcal

　　由亞歷山卓 (Alejandro Rossbanch) 與克里斯・羅斯巴赫 (Christian Rossbanch) 兩兄弟成立於 2013 年的瑪蓋烈酒 (Maguey Spirits)，主力銷售梅斯卡酒；而「瑪蓋」是西班牙文，意指某種龍舌蘭 (Agave)。

　　動畫電影《可可夜總會》中，為了慶祝兒子米高準備繼承製鞋手藝，米高爸爸叫嚷著要開瓶上好的梅斯卡酒來慶祝。可由多種龍舌蘭植物釀造蒸餾製作的梅斯卡，按照傳統需先讓龍舌蘭於土裡燜燒二至三天，再發酵蒸餾，帶有煙燻氣味。有些酒款會進行第二次蒸餾，拿原酒液去浸泡穀物或水果，在蒸餾器內懸吊一塊雞胸肉 (西班牙文：Pechuga)，讓再製的梅斯卡更柔順平衡，帶有一絲鹹味，就是「雞胸肉梅斯卡 (Pechuga Mezcal)」[1]。

　　瑪蓋烈酒以需要九至十三年才能收成的塞尼佐龍舌蘭 (Cenizo Agave) 製成梅斯卡酒，以此為基底，再用雞胸肉梅斯卡酒的作法發想，結合英式經典與墨西哥傳統，推出梅斯卡琴酒 (Mezcal Gin)。在常見琴酒原料之外，將雞胸肉改成墨西哥安丘辣椒、木槿花、檸檬香茅、酪梨葉等當地素材，以浸泡及蒸氣萃取蒸餾，並加入高山純淨泉水稀釋裝瓶。

　　座落在墨西哥杜蘭戈(Durango)的瑪蓋烈酒致力於環境共生保育，每售出一瓶產品就會種下兩株龍舌蘭，確保龍舌蘭的生長數量。

梅斯卡琴酒
Mezcal Gin 45% ABV

😀 風味	Juniper | Citrus | **Herbal** | **Spice** | **Floral** | **Fruit**
🥃 原料	杜松子、芫荽籽、歐白芷根、龍眼、天堂椒、橙皮、肉豆蔻、安丘辣椒 - 墨西哥、木槿花 - 墨西哥、檸檬香茅 - 墨西哥、酪梨葉－墨西哥
🍸 推薦調酒	Gin Tonic - 葡萄柚皮、Vesper
😋 品飲心得	梅斯卡酒的煙燻感顯著，一點草本與果香隱約，入喉刺激的杜松子及煙燻感轉瞬被柔順的熱帶水果與柑橘、些許梅子感覺替代，一點花香，尾韻甘甜。

註 1　2017 年英國的「波多貝羅路總監版琴酒 3 號」正是以墨西哥雞胸肉梅斯卡為靈感，請參閱前文。

阿根廷 🇦🇷

Apóstoles

出生於阿根廷的塔圖‧喬凡諾尼 (Tato) 曾遠赴美國學習電影製作，回到布宜諾艾利斯後人生轉彎當起調酒師，2012 年於中央車站附近創立大西洋花店 (Florería Atlántico)，雖名為花店，但其實是隱身於地下室的秘密酒吧，還一舉在 2017 年獲得「世界最佳五十大酒吧」第二十三名，2018 年晉升至第十四名。塔圖很快成為拉丁美洲調酒界的指標人物，不過他並不以此自滿，一心希望能製作出自己的品牌。他找上成立於阿根廷最大葡萄產區門多薩 (Mendoza)、專門生產義式白蘭地的索德拉斯‧安地斯酒廠 (Sol de Los Andes Distillery) 合作，首席蒸餾師希爾賓 (Rolando Hilbing) 結合塔圖提出的概念，於 2014 年共同製作出阿根廷的第一款工藝琴酒 —— 阿波斯托萊斯琴酒 (Apóstoles Gin)。

以小麥中性基酒為底蘊，分開浸泡新鮮瑪黛茶葉、粉紅葡萄柚皮、桉樹葉、杜松子及芫荽籽於不鏽鋼桶二十四小時，以及阿根廷特有，帶著百里香、薄荷、葛縷子香氣的派普瑞納薄荷 (Peperina)，需浸泡二小時，混合後再放入 200 公升的德製荷斯坦蒸餾器蒸餾，裝瓶濃度為 40% ABV。

塔圖期許這款琴酒要能呈現出阿根廷風土，以採集自東北部米西奧內斯省 (Misiones) 瓜拉尼部落 (Guarani) 的有機瑪黛茶為主要配方；並以瑪黛茶產銷中心阿波斯托萊斯 (Apostoles) 命名以茲紀念。接著推出通寧水、薑汁汽水、苦艾酒及啤酒，他還在 2016 年出版書籍《阿根廷雞尾酒 (Coctelería Argentina)》。

UK

Europe

N.America

S.America

Asia

Africa

Oceania

阿波斯托萊斯琴酒
Apóstoles Gin 40% ABV

🌀 風味 Juniper | **Citrus** | **Herbal** | **Spice** | Floral | Fruit

Ⓜ 原料 杜松子、芫荽籽、瑪黛茶、桉樹葉、派普瑞納薄荷、粉紅葡萄柚皮

🍸 推薦 調酒 Gin Tonic - 月桂葉、Martini

➕ 品飲 心得 葡萄柚皮、薄荷與芫荽籽，絲毫辛香料氣味。入口的柑橘調性顯著，杜松子、一點蔬菜感覺，桉樹及薄荷餘韻。

哥倫比亞 ▬ Dictador

卡塔赫納 (Cartagena) 位於哥倫比亞西北部加勒比海沿岸，是一個既熱愛蘭姆酒也迷戀琴酒的海港城市。1751 年，為了強化西班牙與拉丁美洲殖民地貿易關係，塞韋羅・艾朗高・費洛 (Severo Arango y Ferro) 來到卡塔赫納，強勢作風讓他有了獨裁者 (Dictador) 的稱號；一次品嘗到當地甜潤濃郁的蘭姆酒後，他便決定成為蘭姆酒重要的貿易與生產商。

1913 年，一百八十餘年後，他的後裔唐胡立歐・艾朗高・帕拉 (Don Julio Arango y Parra) 深入研究祖先的傳奇故事和蘭姆酒產製，並以獨裁者為名，成立加勒比海區域最負盛名的蘭姆酒廠。經歷幾代傳承，2009 年擴大經營，推出多款香醇的蘭姆酒。

獨裁者的前任總經理達瑞歐・帕拉 (Dario Parra) 經常到英國旅行而愛上琴酒，後來決定創造個人配方琴酒。獨裁者臻品陳年琴酒 (Dictador Treasure Colombian Aged Gin) 與旗下蘭姆酒，都是以甘蔗糖蜜發酵經過五次蒸餾製程至 96% ABV，採用哥倫比亞獨特品種橘檬 (Limon Mandarino) 為材料，賦予柑橘的甘甜和檸檬酸度之間平衡；添加草本植物、香料、柑橘皮個別浸泡蒸餾再進行調和，於自家蘭姆酒橡木桶內熟成三十五週，帶有淡淡琥珀色，43% ABV。桶陳後略為減少柑橘清新調性但保留薄荷與胡椒的口感，多了木桶的香草甜味。

另一款獨裁者正統陳年琴酒 (Dictador Ortodoxy Colombian Aged Gin)，剛開始只是達瑞歐・帕拉的私房配方，後來上市銷售，額外添加植物根部帶來的風味，接近傳統琴酒風格，酒精濃度為 43% ABV，一樣於蘭姆酒橡木桶內熟成三十五週。

獨裁者臻品陳年琴酒
Dictador Treasure Colombian Aged Gin 43% ABV

😎 風味	Juniper | **Citrus** | Herbal | Spice | **Floral** | **Fruit**
🍸 原料	杜松子、芫荽籽、歐白芷根、橘檬、甘草、荳蔻、胡椒、迷迭香、橙皮、檸檬皮
🍹 推薦調酒	Gin Tonic - 檸檬片、Gin Fizz
🍷 品飲心得	粉紅葡萄柚、萊姆、柳橙、鼠尾草及黑胡椒，香草、木質與莓果甜味，一點點紫羅蘭花香。口感是一點黑胡椒、萊姆、甜橙皮、溫潤的杜松子，有茉莉花茶的餘韻。

秘魯 🇵🇪

L ondon to Lima

　　家裡經營葡萄酒吧、俱樂部、葡萄酒廠的艾力克斯‧詹姆士 (Alex James)，曾與父親去法國學習釀製葡萄酒；2000 年畢業於英國愛丁堡大學機械系，第一份職業是擔任英國皇家近衛騎兵，被派駐到阿富汗負責跳傘偵察。2010 年他又攻讀倫敦商學院碩士，這段時間曾計劃將秘魯皮斯可白蘭地 (Pisco) 進口至英國。他考量到沒有親臨秘魯，很難讓英國人認識並愛上皮斯可白蘭地，他想那就結合兩地文化，使用皮斯可白蘭地加上杜松子，和秘魯當地採集物產做成琴酒。2012 年與在倫敦生活的秘魯籍妻子卡瑞娜‧德萊卡羅斯‧詹姆士 (Karena de Lecaros James)，帶著兩組 20 公升小型蒸餾器全家移居秘魯。

　　從繁榮的倫敦市區搬到與山林為伍的秘魯奇爾卡 (Chilca)，艾力克斯打算將自己的人生旅程用這款皮斯可白蘭地製成的琴酒呈現。秘魯皮斯可白蘭地僅能以規定的八種葡萄製作，在多次實驗後，「倫敦到利馬琴酒 (London to Lima Gin)」最後選擇以「酷班達葡萄 (Quebrante)」釀製的皮斯可白蘭地作為基底，這樣較不會掩蓋到琴酒風味。使用客製設計的 400 公升葡萄牙銅製蒸餾器「奮

UK

Europe

N.America

S.America

Asia

Africa

Oceania

取名為奮鬥的 400 公升葡萄牙製蒸餾器。

酒廠附近種植的粉紅胡椒。

鬥 (Endeavour)」，將皮斯可白蘭地蒸餾到 92 ～ 93% ABV 接近中性烈酒標準，再稀釋至 50% ABV 浸泡杜松子、歐白芷根、桂皮、鳶尾根、瓦倫西亞柳橙，以及產自秘魯的芫荽籽、墨西哥萊姆、酒廠附近採集的粉紅胡椒、燈籠果，經過十八個小時後開始進行蒸餾，最後稀釋至 42.7% ABV 裝瓶。

追求水質純淨也是艾力克斯重視的環節，受 1932 年德奧探險隊遠征布蘭卡山脈 (Cordillera Blanca) 發掘水源啟發，他委託山地嚮導找尋安地斯山天然泉水，從 4000 公尺高地接通管線讓山下酒廠與社區共同使用。為了紀念過去與現在這兩段溯源之路，便將當時布蘭卡遠征地圖印製於酒標內側。

特地尋訪利馬工匠設計的方扁酒瓶，參照隨身酒壺 (Flask) 的形式，並刻印「倫敦到利馬 (London to Lima)」字樣。瓶標選擇代表英國的柏靈頓熊 (Paddington Bear)。柏靈頓熊原型來自眼鏡熊，主要居住於秘魯安地斯山脈，擅長爬樹摘取蜂蜜、漿果食用，牠的背景與倫敦到利馬琴酒的採集概念相襯。

酒廠還推出浸漬樹莓 (Mulberry) 與古柯葉 (Coca Leaves) 的琴酒利口酒，添加野生蜂蜜增甜，裝瓶濃度為 36.8% ABV，並將瓶標的柏靈頓熊改成鱷魚。

倫敦到利馬琴酒
London to Lima Gin 42.7% ABV

風味 Juniper | **Citrus** | Herbal | **Spice** | **Floral** | **Fruit**

原料 杜松子 - 義大利、芫荽籽 - 秘魯、鳶尾根、歐白芷、桂皮、瓦倫西亞柳橙 - 巴西、粉紅胡椒 - 秘魯、墨西哥萊姆 - 秘魯、燈籠果 - 秘魯

推薦調酒 Gin Tonic - 萊姆片、Gimlet

品飲心得 花香之中有淡淡胡椒辛香，一點柑橘和杜松子調性。柔順的孜然與胡椒辛香口感，舒服的柑橘與果香。

Asia 亞洲

臺灣威士忌近年來於世界舞台嶄露頭角,噶瑪蘭威士忌、南投酒廠,甚至是新興的合力酒廠,都在臺灣琴酒市場日漸蓬勃的情況下進入這塊烈酒賽局。日本燒酎製酒歷史悠久,許多酒造或企業將產品線延伸到威士忌與琴酒;2016 年上市的季之美琴酒 (Ki No Bi Gin) 開啟日式琴酒序篇,從北海道到沖繩也接連出現工藝琴酒品牌,講究在地物產,將職人精神發揮於琴酒的製程。另外東南亞及印度,身為香料生產大國,不少移居至此的歐美人士動起在當地製作琴酒的念頭,帶動新興琴酒百花齊放。整體而言,亞洲的年輕人深受調飲文化影響,各國都以琴酒為媒介,樂於向世界展現他們的故鄉是如何與眾不同。

*H*oly

　　2016 年建於新北市鶯歌的合力酒廠 (Holy Distillery)，命名來自對信仰的追求與榮耀上帝；負責人及首席蒸餾師張佑任 (Alex Chang) 從美國遷居回臺灣後，與父親張襄玉以麻將為發想，成立「一同發財」品牌銷售高粱酒，推出麻將造型的陶瓷酒瓶，自家的貿易倉庫、酒廠就設在以陶瓷業著稱的鶯歌。2017 年再推出與台南藏富邑酒廠合作，使用嘉南平原官田米和臺灣凍頂烏龍茶作為原料的「八田烏龍茶燒酎」。

　　2016 年底的聖誕節，開始以不鏽鋼製蒸餾器嘗試製作威士忌，使用包含麥芽、稻米與美國玉米等穀物及不同酵母混合釀製各種新酒；2018 年底向德國荷斯坦公司購置容量 1000 公升的銅製蒸氣加熱混合型蒸餾器 (Hybrid Still)。除了各式威士忌，合力酒廠也使用臺灣甘蔗及蔗糖製作蘭姆酒與限定梅酒；在各方友人建議下，2019 年開始小批次實驗琴酒素材蒸餾，2020 年 4 月推出合力勇氣琴酒 (Holy Valor Gin)。

　　以個別處理原料方式，首先將杜松子浸泡於自家以米為基底的鹿谷凍頂烏龍茶酒中再蒸餾；除了芫荽籽之外，其餘橘子、柚子、桂花以及親友自宅庭院的肉桂葉都是臺灣在地，透過浸泡米製基酒再蒸餾，接著調和後以過濾純水稀釋。

位於鶯歌工業區的合力酒廠。

HOLY DISTILLERY

命名為勇氣 (Valor)，源於杜松子酒舊稱為「荷蘭的勇氣 (Dutch Courage)」；與酒廠內其餘酒款一樣，旨在呈現臺灣風味。瓶標底圖以客家花布為概念，綴以琴酒最重要的原料杜松子。

容量 1000 公升的德國阿諾德荷斯坦混合型蒸餾器。

合力勇氣琴酒
Holy Valor Gin 48% ABV

風味　Juniper | **Citrus** | **Herbal** | Spice | **Floral** | **Fruit**

原料　杜松子 - 阿爾巴尼亞、芫荽籽、肉桂葉、桂花、凍頂烏龍茶 - 南投鹿谷、橘子、柚子

推薦調酒　Gin Tonic - 檸檬皮、Vesper

品飲心得　明顯的果香與隨之而來的烏龍茶，夾雜著一絲桂花馨香。入喉是些微的溫暖杜松子調性，舒服的熱帶柑橘，烏龍茶韻分明，桂花自鼻息中隱約。

Kavalan

噶瑪蘭

噶瑪蘭酒廠
Kavalan Distillery

　　2005 年建廠於宜蘭的噶瑪蘭酒廠 (Kavalan Distillery) 為臺灣首座威士忌蒸餾廠，在首席顧問吉姆·史旺 (Jim Swan) 的帶領下，調整製程讓酒質適合地處亞熱帶的臺灣進行熟成，推出多款深獲肯定的威士忌。

　　2018 年 10 月，噶瑪蘭酒廠推出噶瑪蘭琴酒 (Kavalan Gin)；與噶瑪蘭威士忌使用相同品質的大麥，早期購置的四對德國銅製荷斯坦蒸餾器 (Holstein Still) 以三次蒸餾、兩次過濾取得基底烈酒，調和杜松子、芫荽籽、橙皮、檸檬皮等萃取液，再加上代表宜蘭物產的紅心芭樂、楊桃、金棗，取用雪山純淨水質稀釋裝瓶，濃度為 40% ABV。

酒廠早期購置的四對德國銅製荷斯坦蒸餾器。

噶瑪蘭琴酒
Kavalan Gin 40% ABV

😊 風味　**Juniper** | **Citrus** | Herbal | Spice | Floral | **Fruit**

💧 原料　杜松子、芫荽籽、檸檬皮、橙皮、紅心芭樂、楊桃、金棗、秘密

🍸 推薦
調酒　Gin Tonic - 檸檬片、Gin Fizz

➕ 品飲
心得　穀物氣味之中有明顯的熱帶水果感覺，入喉是甘甜的的柑橘水果滋味，一點杜松子及溫暖的辛香料。

Sidebar

創建於 2018 年 2 月的那吧 (Sidebar) 以臺灣最豐富琴酒收藏著稱，並致力於推廣琴酒知識及品飲。2020 年初與英國琴酒獨立裝瓶品牌——精品琴酒商行 (That Boutique-y Gin Company) 合作，推出兩週年紀念酒款，是第一款臺灣酒吧與琴酒品牌協力製作的琴酒。

那吧琴酒 (Sidebar Gin) 以中性小麥烈酒稀釋至 60% ABV，浸泡傳統琴酒原料以及代表臺灣風味的芒果、荔枝、百香果、柚子皮、茉莉花等二十四小時，經過三小時真空減壓蒸餾，最後加水稀釋至 46% ABV，靜置數日後裝瓶，容量為 500 毫升；漫畫瓶標為那吧全體團隊畫像，背景是店內琴酒收藏櫃。

那吧琴酒收藏豐富，全臺居冠。

UK

Europe

N.America

S.America

Asia

Africa

Oceania

那吧琴酒
Sidebar Gin 46% ABV

🌀 風味　**Juniper** | **Citrus** | Herbal | Spice | **Floral** | **Fruit**

🍸 原料　杜松子、芫荽籽、歐白芷根、檸檬皮、橙皮、甘草、桂皮、肉桂、尾胡椒、橙花、芒果、荔枝、百香果、茉莉花、柚子皮

🍸 推薦
調酒　Gin Tonic - 橙皮、Martini

➕ 品飲
心得　撲鼻的熱帶水果與白花香氣，淡雅的杜松子；入喉是舒服的果香與一點胡椒，飽滿的柑橘和花香，尾韻有些許荔枝甘甜。

9148

9148 是北海道第一款琴酒，生產者是北海道自由威士忌株式會社 (Hokkaido Liberty Whisky Inc.) 於 2018 年創設的紅櫻蒸餾所 (Benizakura Distillery)。蒸餾所位在札幌南區的紅櫻公園內，由倉庫改建，配置一座 400 公升義大利巴里森工業 (Barison Industry) 製作的銅製蒸餾器。

千葉縣出身的蒸餾師越川明征 (Akiyuki Koshikawa) 曾至英國學習，來到北海道被原始的自然風光與風味所感動，希望透過不同烈酒來展現北海道特色。取名 9148 琴酒 (9148 Gin)，是刻意將喬治・歐威爾 (George Orwell) 小說《1984》書名重新排列組合；瓶標則是北海道藝術家端聰 (Hata Satoshi) 所設計。

9148 琴酒系列大多以糖蜜中性烈酒為基底，取用札幌南區伏流水稀釋至 45% ABV(少數不是)，浸泡十五至二十種原料，每批次生產約五百五十瓶。根據北海道季節物產推出不同配方琴酒系列，每款琴酒都會加上編號識別。創廠時推出的 9148 編號 0100 琴酒 (9148 #0100 Craft Gin)，添加杜松子、芫荽籽、歐白芷根、肉桂、荳蔻、丁香、黑胡椒、白胡椒、檸檬皮、玫瑰、薰衣草、藍莓，以及北海道日高昆布、香菇乾、蘿蔔乾。以 0100 配方調整，去掉玫瑰並將白胡椒換成粉紅胡椒，就是 9148 編號 0101 琴酒 (9148 #0101 Craft Gin)，也呼應《1984》故事裡的 101 號房；9148 編號 0102 琴酒 (9148 #0102 Craft Gin) 則另外加入紅醋栗、蕎麥、山葵、薄荷、紅紫蘇等十種來自北海道原料。

9148 編號 0396 櫻花琴酒 (9148 #0396 Sakura Craft Gin)，額外添加櫻花及櫻花葉，第二年版本另外用櫻花萃取色素染成淡淡粉紅；以札幌建市年份 1922 年為編號的 9148 編號 1922 札幌琴酒 (9148 #1922 Sapporo Craft Gin)，除了取用紅櫻公園內採集到的植物，也蒐集鄰近地區的素材 (如番茄、黃瓜)，裝瓶濃度則依札幌所在的北緯 42.99 度調整成 42% ABV。

紅櫻蒸餾所持續不斷推出各式各樣琴酒與烈酒，並於紅櫻公園內採集少量杜松子，種植所需植物，的確成功以琴酒讓世人得見北海道的美麗與滋味。

紅櫻蒸餾所。

UK

Europe

N.America

S.America

Asia

Africa

Oceania

9148 編號 0100 琴酒
9148 #0100 Craft Gin 45% ABV

🌀 風味　**Juniper** | **Citrus** | Herbal | **Spice** | **Floral** | Fruit

🍶 原料　杜松子、芫荽籽、歐白芷根、肉桂、荳蔻、薰衣草、丁香、檸檬皮、黑胡椒、粉紅胡椒、藍莓、日高昆布、香菇乾、蘿蔔絲乾

🍸 推薦調酒　Gin Tonic - 檸檬片、Gin Fizz

🥃 品飲心得　果香之中帶著一點鮮味，柔順舒服的杜松子香氣，入喉溫暖的杜松子與些許胡椒感，鮮味持續隱約，尾韻出現淡淡的薰衣草感覺。

Ki No Bi

「只要得到嚴格挑嘴、且擁有千年手工技藝的京都人認同，必定能順利讓全世界也接受。」2014 年，懷抱著這樣的心情，一番公司 (Number One Drinks Company) 開始籌備日本琴酒計劃，希望將日式風味透過琴酒展現給全世界，取材就以京都為中心來發想。

大衛‧克羅爾 (David Croll)1990 年代便從英國移居至日本，後來成為蘇格蘭麥芽威士忌協會 (SMWS：The Scotch Malt Whisky Society) 日本會長，也是日本《威士忌雜誌 (Whisky Magazine)》與威士忌博覽會 (Whisky Live) 主辦人。他與另一位日本威士忌愛好者、英國《威士忌雜誌》前總輯編馬辛‧米勒 (Marcin Miller)，於 2005 年組成一番公司，致力推廣日本威士忌文化。旗下五款銷售品牌包含：一番單桶裝瓶 (NO.1 Single Cask Bottlings)、秩父酒廠 (Chichibu Whiskies)、羽生酒廠 (Hanyu Whiskies)、輕井澤威士忌 (Karuizawa Whiskies)、日本調和威士忌系列 (Ginkgo Blended Malt)。

京都蒸餾所 (Kyoto Distillery) 的兩組銅製蒸餾器來自德國卡爾公司客製化設計，一者為 140 公升內嵌有香料籃，一者為 450 公升天鵝頸側懸香料籃；兩種不同尺寸的混合蒸餾器能夠更彈性運用於蒸餾各式材料，汲取適切風味。

首席蒸餾師戴維斯 (Alex Davies) 曾至愛丁堡赫瑞瓦特大學修習釀造與蒸餾，先後在翠絲酒廠 (Chase Distillery) 與科茨沃爾德酒廠 (Cotswolds Distillery) 工作；他在京都不僅要負責蒸餾，更重要的是要熟悉與認識日本在地素材與文化。

京都蒸餾所一隅。

妥善個別保存蒸餾原料。　　酒廠入口處。

　　2016 年 10 月中發表的季之美 (季の美，Ki No Bi) 琴酒，以米作為中性烈酒的原料，口感較其他基底烈酒來得柔順甘甜。將材料區分為：基調 (礎：杜松子、鳶尾根、檜木片)、柑橘 (柑：柚子、檸檬)、茶 (茶：玉露綠茶)、草本 (凜：山椒及山椒芽葉)、辛香 (辛：薑)、花香 (芳─紅紫蘇、笹竹) 等六類個別蒸餾處理，之後再混合於容量 10000 公升的不鏽鋼桶內，每次僅取一半稀釋裝瓶，剩餘部分留待下批次調和使用，以確保產品風味一致。

　　稀釋用水也是不馬虎，每週前往距離酒廠十分鐘車程的增田德兵衛商店運回。增田德兵衛成立於 1675 年，最為人知的清酒品牌「月之桂」是使用伏見地區的軟水製作。伏見的水質優異，從室町時代開始，造就了當地釀製清酒事業；將水視為琴酒要素之一的季之美，便是使用相同水質稀釋琴酒。包裝則與有四百年歷史、始於 1624 年的日本唐紙品牌雲母唐長跨界合作，將設計圖紋以銅色融入黑色瓶身。

　　京都蒸餾所對於當地素材的取得與使用都相當講究，每年 11、12 月時，蒸餾所團隊會前往京都北邊的綾部市農園採收柚子，檸檬則來自 4、5 月的廣島尾道市；取下果皮後冷凍保存，餘下的果肉會榨汁分贈予鄰近餐廳旅館，果渣製成肥料提供給農民。玉露綠茶來自京都宇治市、創立於明治十二年 (1879 年) 的老店茶舖「崛井七茗園」，仔細拿捏浸泡時間、蒸餾強度和酒心截取；生薑一樣來自綾部市，收成後會貯放於洞窟熟成一小段時日讓氣味飽滿紮實。

　　2017 年開始，京都蒸餾所於每年 5 月的東京國際調酒展 (Tokyo Bar Show) 都會販售一款限定版季之美琴酒：2017 年是 54.5% ABV 的季之美海軍強度琴酒 (Ki No Bi Navy Strength)，2018 年是 45% ABV 添加沖繩與那國島黑糖的季之美老湯姆琴酒 (Ki No Bi Old Tom)，兩者分別是後來改版推出的季之美 勢 (Ki No Bi Sei)

以及季之 糖島 (Ki No Tou) 的前身。

2017 年 5 月，京都蒸餾所使用室町時代足利將軍所指定、後世宇治七茗園中仍現存「奧之山茶園」栽培的玉露，以及特殊碾茶技術的宇治茶，做為季之茶 (Ki No Tea) 琴酒的主要風味；提高玉露茶的比例，圓潤的表現茶香天然甘味、華麗和清爽感，兼有碾茶深度與芳香。

季之美也為東京銀座人稱「馬丁尼之神」的毛利隆雄先生七十歲生日及五十年調酒生涯，以最適合呈現馬丁尼的比例特製出季之美 毛利 (Ki No Bi Mori)。

2017 年 9 月，京都蒸餾所將季之美琴酒熟成於輕井澤威士忌桶，製成季能美 (Ki Noh Bi)，瓶標設計是向輕井澤的能劇面具系列致敬，並持續嘗試不同木桶熟成，包括與臺北國際調酒展聯名，調和輕井澤雪莉桶與全新水楢桶的季能美第十四版。2017 年 10 月底與信濃屋 (Shinanoya) 食品公司，以及三位調酒師研製適合調配琴湯尼的千之鈴 (Sen No Suzu)，額外添加芫荽籽與歐白芷根。

京都蒸餾所另外也選擇其他風味桶進行熟成，例如：使用艾雷島齊侯門 (Kilchoman) 泥煤威士忌桶推出季之美 K 版 (Ki No Bi Edition K) 琴酒，和少數會使用橡木桶進行首次發酵的亨利吉羅 (Henri Giraud) 香檳桶推出季之美 G 版 (Ki No Bi Edition G)。

2019 年 8 月，總量只有一百零八瓶，使用三十克要價三千日幣的崛井七茗園奧之山老茶樹，以強調季之美素材系列之一、五萬日幣的季之珠 (Ki No Jyu) 創下日本琴酒新天價，曾一度飆漲至新臺幣二萬四千元。同年 12 月的金之美 (Kin No Bi) 琴酒，則是添加 1711 年創立的京都堀金箔粉 (Horikin) 老店號的金箔。

2020 年春天，於京都開設季之美之家 (the House of Ki No Bi)，除了提供品飲，也讓來客更瞭解季之美琴酒製程。

季之美琴酒
Ki No Bi Gin 45.7% ABV

風味	**Juniper** | **Citrus** | **Herbal** | **Spice** | Floral | Fruit
原料	杜松子 - 馬其頓、鳶尾根、檜木、紅紫蘇、綠山椒、山椒芽葉、玉露綠茶 - 日本宇治、薑 - 日本綾部、笹竹葉、柚子 - 日本綾部、檸檬 - 日本廣島
推薦調酒	Gin Tonic - 紫蘇、Gimlet
品飲心得	柑橘調與淡淡的杜松子。口感平衡柔順，顯著的柚子氣味，絲毫胡椒與草本持續，一點綠茶香氣，餘韻綿長。

（左起）季之美－毛利、
金之美、千之鈴。

總量 108 瓶，售價 5 萬
日幣的季之珠。

（左起）季之糖島、季之茶、
季之美－勢。

（左起）季之美 - K 版、
季之美 - G 版。

（左起）季能美第 1 版、季能
美第 4 版、季能美第 6 版。

（左起）季能美第 10 版、季能
美第 14 版、季能美第 12 版。

季之茶琴酒
Ki No Tea Gin 45.1% ABV

風味	**Juniper** | Citrus | **Herbal** | Spice | Floral | Fruit	推薦調酒	Gin Soda、Elder Fashioned
原料	杜松子 - 馬其頓、鳶尾根、檜木、紅紫蘇、綠山椒、山椒芽葉、玉露綠茶 - 日本宇治、薑 - 日本綾部、笹竹葉、柚子 - 日本綾部、檸檬 - 日本廣島		

季之美 勢琴酒
Ki No Bi Sei Gin 54.5% ABV

風味	**Juniper** | **Citrus** | Herbal | **Spice** | Floral | Fruit	推薦調酒	Gimlet、Negroni
原料	杜松子 - 馬其頓、鳶尾根、檜木、紅紫蘇、綠山椒、山椒芽葉、玉露綠茶 - 日本宇治、薑 - 日本綾部、笹竹葉、柚子 - 日本綾部、檸檬 - 日本廣島		

季之糖島琴酒
Ki No Tou Gin 45% ABV

風味	**Juniper** | **Citrus** | **Herbal** | **Spice** | Floral | Fruit	推薦調酒	Tom Collins、Gin Soda
原料	杜松子 - 馬其頓、鳶尾根、檜木、紅紫蘇、綠山椒、山椒芽葉、玉露綠茶 - 日本宇治、薑 - 日本綾部、笹竹葉、柚子 - 日本綾部、檸檬 - 日本廣島、黑糖 - 日本沖繩		

Kikka

1719 年成立於奈良御所市的油長酒造 (Yucho Brewery)，迄今傳至第十三代，製作出口感不同、傳承家族風味的風之森 (Kaze No Mori) 清酒。2016 年，第十三代社長山本嘉彥 (Yoshihiko Yamamoto) 與同事板床直輝 (Naoki Itako) 前往奈良 The Sailing Bar 拜訪，酒吧老闆、2010 年世界調酒師 (World Class) 大賽排行第九名的渡邊匠 (Takumi Watanabe) 為他們介紹琴酒知識，並認為「既然要推出奈良琴酒，就該由奈良酒廠來製作」。

備受啟發的兩人在 2017 年底成立大和蒸餾所 (Yamato Distillery)，由板床直輝擔任酒廠首席蒸餾師；他在 2010 年即加入油長酒造，在紐西蘭主修運動管理時只會喝威士忌，回到日本才開始喝起日本酒。毫無蒸餾背景的板床直輝靠著自學，在錯誤中反覆摸索；同時前往中國尋找配合蒸餾器製作公司，溝通設計蒸餾器規模功能；2018 年 6 月，運來的 400 公升蒸餾器設置於酒造附近一棟傳統日式建築內，大和蒸餾所至此正式運作。

從寶酒造株式會社 (Takara Shuzo) 購入以米為原料的 95% ABV 中性烈酒，使用與油長酒造釀酒時一樣取自金剛山脈的地下水稀釋至 40% ABV，加入杜松子、大和橘 (Yamato Tachibana) 皮、大和當歸 (Yamato Touki) 葉浸泡二十四小時後進行加熱蒸餾，並在蒸餾籃中再放置大量大和橘皮萃取香氣，整個過程約六至七小時，蒸餾出 70% ABV 的原酒後放置兩週，讓酒質穩定才稀釋到 59% ABV 裝瓶；選擇高濃度酒精強度是為了讓調酒師更能發揮調製想法。

據傳是「日本最古老柑橘」的大和橘已有兩千多年歷史，曾經幾近滅絕的大和橘最終還是被保存下來；冬季結果、採收的大和橘會先冷凍保存以供蒸餾。而產於奈良宇陀的大和當歸則是全年可採收，是江戶時代被視為養身健體的藥材；僅選用葉子是因為日本法令規範當歸根的使用歸類在藥方管理。

2018 年 9 月橘花琴酒 (Kikka Gin) 推出一百三十五瓶 700 毫升玻璃瓶裝，2019 年 4 月再推出以 500 毫升不鏽鋼瓶盛裝的第二批次 850 瓶，2020 年，再更換成 700 毫升白色瓶身。

　　以日本十大家紋中的大和橘紋作為酒廠標誌，大和橘紋多作為文化勳章，據說是昭和天皇覺得大和橘葉不分季節常綠，表示文化和藝術萬古流芳。

酒廠設置於傳統日式房舍。

橘花琴酒商標上的大和橘紋。

UK

Europe

N.America

S.America

Asia

Africa

Oceania

橘花琴酒
Kikka Gin 59% ABV

🌸 風味　**Juniper** | **Citrus** | Herbal | **Spice** | Floral | Fruit

🍃 原料　杜松子、大和橘、大和當歸

🍸 推薦調酒　Gin Tonic - 柚子皮、Martini

🧭 品飲心得　撲鼻的橘皮香氣，隱約的杜松子淡淡木質調性。口感是強勁顯著的柑橘香甜帶著絲毫苦韻，當歸辛香餘韻。

日 果

日果酒業
Nikka

最早將洋酒輸入至日本的人是鳥井信治郎，他也是大阪「壽屋」洋酒店（也就是現今的三得利 Suntory）創辦人；1923 年他找來曾經留學蘇格蘭的竹鶴政孝合作，選定京都近郊建立山崎蒸餾所（Yamazaki Distillery）。

被譽為「日本威士忌之父」的竹鶴政孝出生於竹鶴酒造世家，遠赴蘇格蘭格拉斯哥大學攻讀應用化學，他積極的參訪各大酒廠，最後在朗摩酒廠（Longmore）得到實習機會，並將所有見習知識與心得抄錄於「竹鶴筆記」中。這段時間內他也結識另一半麗塔（Rita），卻在歸國後因為家族無法認同他的國際婚姻而決定出走，沒多久，他就被山崎蒸餾所聘任為所長，開啟他在壽屋的日本威士忌生產計畫。

1934 年，因製酒理念不同，竹鶴政孝離開壽屋，改到他屬意的北海道建造余市蒸餾所（Yoichi Distillery），成立日果品牌（Nikka）。起初並沒有陳年威士忌產品可供販售，只能先以賣蘋果汁維持營運，不過 1967 年就再前往東北地區的仙台市郊建立宮城峽蒸餾所（Miyagikyo Distillery）。1979 年 8 月，竹鶴政孝於東京病逝，與妻子合葬於余市，他的故事還被 NHK 改編成晨間劇《マッサン阿政與愛莉》。

1830 年，愛爾蘭稅務官埃尼斯·科菲（Aeneas Coffey）改良柱狀連續式蒸餾器，成為科菲蒸餾器（Coffey Still），朝日酒造的山本為三郎在 1963 年首次引進日本，六年後朝日酒造因營運問題，把科菲蒸餾器賣給竹鶴政孝。

1999 年，日果將兩座科菲蒸餾器移裝至宮城峽蒸餾所，用它們產出的烈酒後來也成為日果威士忌的一大特色。2014 年 7 月，日果威士忌成立八十週年紀念，開始籌備以科菲蒸餾器製作穀物白色烈酒品項，經三年研發才正式推出產品。2017 年 7 月，混合科菲蒸餾器製作出的玉米烈酒與大麥麥芽烈酒，再使用樺木炭過濾，藍色瓶標的日果科菲伏特加（Nikka Coffey Vodka）上市。

　　綠色瓶標的日果科菲琴酒 (Nikka Coffey Gin)，將素材區分三大類分開處理：杜松子、歐白芷、芫荽籽、橙皮、檸檬皮等琴酒常見元素以科菲蒸餾器製作的玉米中性烈酒浸泡後，再用壺式蒸餾器蒸餾；柚子、甘夏蜜柑、酸桔、酢橘等日本柑橘類元素，是與蘋果汁一同經過真空蒸餾方式取得蒸餾液；至於山椒則單獨浸泡於玉米中性烈酒再真空蒸餾。將蒸餾後的三者調和，再加入玉米中性烈酒與大麥麥芽中性烈酒稀釋裝瓶。

日果科菲琴酒
Nikka Coffey Gin 47% ABV

🌀 風味　**Juniper** | **Citrus** | **Herbal** | **Spice** | Floral | Fruit

🍇 原料　杜松子、芫荽籽、歐白芷、檸檬皮、橙皮、柚子、酢橘（酸橘）、甘夏蜜柑、酸桔、蘋果汁、山椒

🍸 推薦調酒　Gin Tonic - 檸檬皮、Gimlet

🍹 品飲心得　顯著的山椒，接著是杜松子木質調性浮現。入喉的滑順奶油香氣帶著些微熱帶水果，胡椒、茴香等銳利感作結。

Okayama

岡　山

宮下酒造
Miyashita Sake Brewery

成立於 1915 年的宮下酒造 (Miyashita Sake Brewery)，由宮下龜藏和宮下元三郎兩兄弟所創，他們在岡山縣玉野市進行清酒釀造，為了尋找更適合釀酒的水源，在 1967 年遷至岡山三大河 (吉井川、旭川、高梁川) 之一的旭川河畔，旭川伏流水加上日本著名四大酒米的岡山地區雄町米，以好米好水製作出風味獨特的岡山名酒。

1983 年投入燒酎製作，1994 年嘗試在地啤酒釀造，使用德國進口大麥加上岡山地產麥芽，混合調製出自家「獨步啤酒 (Doppo Beer)」的配方，2003 年以自家啤酒透過燒酎不鏽鋼蒸餾器試作蒸餾，2011 年正式獲得威士忌生產許可後，成立岡山蒸餾所 (Okayama Distillery)，2015 年 6 月裝設德國荷斯坦蒸餾器，同時用來製作威士忌、琴酒及伏特加。

2016 年推出的岡山精緻琴酒 (Craft Gin Okayama) 以米燒酎為基底，添加杜松子、芫荽籽、歐白芷根、薰衣草、檸檬皮、橙皮、啤酒花、肉桂、薑、多香果十種基礎原料，再加上岡山產的白桃、葡萄皮、麥芽、香菜一同浸泡蒸餾，經過六小時後得到約 100 公升原酒；將之貯放於燒酎桶內一至六個月不等，調和稀釋至 50% ABV 裝瓶，為日本首款桶陳琴酒。

岡山蒸餾所。

酒廠內的德國荷斯坦蒸餾器。

347 ｜ PART 2　風靡全球的夢幻酒款

　　2018 年 11 月上市的瀨戶內海琴酒 (The Inland Sea Gin)，經過東京澀谷的卡爾里拉酒吧 (Bar Caol Ila) 老闆小林先生牽線，由岡山蒸餾所負責製作，成立於 1930 年東京的知名酒商信濃屋專門銷售。名符其實的添加由瀨戶內海地區取得的原料，包括：廣島的生薑及山椒，岡山的葡萄、茶、黑文字 (Kuromoji，烏樟木)、香菜，德島的昆布和柚子，愛媛的檸檬和柚子。明治時期，歐美人士曾稱瀨戶內海為「內海 (The Inland Sea)」，因而以此為該款琴酒取名。

UK

Europe

N.America

S.America

Asia

Africa

Oceania

瀨戶內海琴酒。

岡山蒸餾所用來製作限定版琴酒「朱光」的櫻花桶。

岡山精緻琴酒
Craft Gin Okayama 50% ABV

🌀 風味　Juniper | **Citrus** | Herbal | **Spice** | Floral | **Fruit**

🍸 原料　杜松子、芫荽籽、歐白芷根 - 西班牙、肉桂、薑、多香果、薰衣草、橙皮、檸檬皮、啤酒花、白桃、葡萄皮、麥芽、香菜

🍹 推薦調酒　Gin Tonic - 橙皮、Negroni

🎯 品飲心得　香草與薑，帶著柑橘甜味，淡淡辛香料。口感是肉桂溫暖柔順，舒服的柳橙與花香，一點胡椒感和水果尾韻。

kinawa

大約十五世紀開始，沖繩人就懂得使用特有的黑麴菌釀造蒸餾成泡盛 (Awamori)，只是當時需要得到國王許可才得以生產。1883 年 (明治十六年)，琉球王國的料理長之子比嘉昌文 (Shobun Higa) 在首里城下町製作泡盛，1967 年 (昭和四十二年) 正式創立比嘉酒造，2015 年更名為昌廣酒造 (まさひろ酒造，Masahiro Distillery)。

昌廣酒造結合自家百年蒸餾技術與不斷更新的設備，2017 年 10 月率先發表沖繩第一款琴酒 —— 沖繩琴酒一號配方 (Okinawa Gin Recipe 01)。將杜松子與其他五款代表沖繩的原料乾燥處理後，浸泡自家 44% ABV 泡盛經過四十八小時，以小型蒸餾器進行蒸餾，每批次約可產出一千瓶沖繩琴酒。酸桔帶來清爽柑橘口感，芭樂葉提供果實甘味與淡淡花香，苦瓜的些許苦味凝聚味覺且將尾韻延長，洛神花有著近似玫瑰香氣與酸度，長胡椒的辛香感刺激味蕾。

2019 年與東京生活酒吧 (Bar Lievt) 調酒師靜谷和典 (Kazunori Shizuya)、阿爾及農交響曲酒吧 (Algernon Sinfonia) 調酒師小栗繪加里 (Erika Oguri) 合作推出限量五百瓶的沖繩琴酒 2019 年調酒師版 (Okinawa Gin Bartenders Batch 2019)；自沖繩熱帶果樹園小池家種植的熱帶水果中挑選百香果、芒果、水檸檬百香果 (ミズレモン)，搭配杜松子、月桃、薑、薄荷、檸檬香茅、芭樂葉，口感充滿熱帶果香。

昌廣酒造離那霸機場不遠。

　為 2019 年 12 月底沖繩威士忌及烈酒節 (Okinawa Whisky & Spirits Festival) 推出的限定版本，以原先沖繩琴酒一號的六款原料做為基礎，額外添加桶柑 (Tankan)、沖繩肉桂葉茶 (Karagi Tea)、月桃、綠茶、檸檬香茅，裝瓶濃度為 56% ABV。

使用不同的蒸餾器製作泡盛與琴酒。

UK

Europe

N.America

S.America

Asia

Africa

Oceania

沖繩琴酒一號配方
Okinawa Gin Recipe 01 47% ABV

🎛 風味　Juniper | **Citrus** | Herbal | **Spice** | **Floral** | **Fruit**

Ⓜ 原料　杜松子 - 馬其頓 / 波士尼亞 / 赫塞哥維納、芭樂葉、苦瓜、洛神花、酸桔、長胡椒（蓽拔）

🍸 推薦調酒　Gin Tonic - 金桔、Gimlet

⊕ 品飲心得　泡盛味道直接，淡淡花香和熱帶水果感覺，甚至有一點綠色蔬果。入喉柑橘與些微胡椒刺激感，熱帶果味持續，餘韻中長。

Sakurao

廣島廿日市 (Hatsukaichi) 的中國釀造 (Chugoku Jozo)，從 1918 年 10 月開始製作燒酎，1963 年之後加入清酒、梅酒等產品線；並且自蘇格蘭購買麥芽原酒調和加拿大穀物原酒，桶陳於自家清酒廠與 JR 鐵路隧道內，再行勾兌裝瓶推出「戶河內 (Togouchi)」系列威士忌。然而靠自己生產真正的日本威士忌，始終是第五代社長白井浩一郎堅持的目標。

2017 年底他成立櫻尾蒸餾廠 (Sakurao Distillery)，購置 1500 公升的德國荷斯坦蒸餾器，首席蒸餾師山本泰平甚至遠赴歐洲與美國各酒廠學習。慶祝建廠百年紀念，2018 年 3 月同時推出櫻尾基本款琴酒 (Sakurao Gin Original) 與櫻尾限量版琴酒 (Sakurao Gin Limited)；以糖蜜中性基酒為基底，稀釋至 65% ABV 後將部分素材浸泡一日到一週不等再進行蒸餾，同時也運用原料籃蒸氣萃取獲得香氣。

櫻尾基本款琴酒使用九種採集自廣島的原料，夏蜜柑（日向夏）、酸橙（日本苦橙）、檜木、柚子、檸檬、紅紫蘇、綠茶、臍橙、薑，以及進口自國外的杜松子、歐白芷、芫荽籽、鳶尾根、櫻花等五種原料一同蒸餾，蒸餾後約 80% ABV，加水稀釋至 47% ABV，靜置一至兩天後裝瓶。櫻尾限量版琴酒則在基本款琴酒九種採集自廣島的原料之外再添加櫻花、日本杜松子、烏樟、山椒芽、牡蠣殼、山葵、杜松子枝葉、綠紫蘇（大葉），裝瓶濃度為 47% ABV；花香、柑橘調性以外還帶著一絲鮮味。

7 月底至 9 月初，廣島附近的嚴島神社沿岸會開滿蔓荊（海埔姜）藍紫小花，它的葉子自平安時代就被拿來製作成香氛材料。2018 年 9 月，櫻尾蔓荊花琴酒 (Sakurao Hamagou Gin) 問世，採用六種廣島的原料：蔓荊花、迷迭香、不知火柑、薰衣草、綠茶、薄荷，加上杜松子、歐白芷根、甘草、芫荽籽、香草、葛縷子，裝瓶濃度一樣為 47% ABV，形塑出淡雅花香與和煦滋味。櫻尾限量版琴酒雖然全年都會製作，但每批次數量有限；而櫻尾蔓荊花琴酒僅在夏季花開時節生產。

　　櫻尾團隊在每年 12 月左右會進行當地杜松子採集，櫻尾蒸餾廠將部分所得捐贈予當地森林組合協會，提供保育日本杜松子林區經費。2018 年 10 月櫻尾蒸餾廠設置遊客中心，提供給到訪者完整導覽與品飲經驗。

櫻尾基本款琴酒
Sakurao Gin Original 47% ABV

🌀 風味　**Juniper** | **Citrus** | **Herbal** | Spice | Floral | Fruit

🥬 原料　杜松子、芫荽籽、歐白芷根、鳶尾根、櫻花、夏蜜柑、酸橙、檜木、柚子、檸檬、紅紫蘇、綠茶、臍橙、薑

🍸 推薦調酒　Gin Tonic - 檸檬皮、Gimlet

櫻尾限量版琴酒
Sakurao Gin Limited 47% ABV

🌀 風味　**Juniper** | **Citrus** | **Herbal** | **Spice** | Floral | Fruit

🥬 原料　杜松子、夏蜜柑、酸橙、檜木、柚子、檸檬、紅紫蘇、綠茶、臍橙、薑、櫻花、烏樟、山椒芽、牡蠣殼、山葵、杜松子枝葉、綠紫蘇

🍸 推薦調酒　Gin Tonic - 紫蘇、Gibson

✨ 品飲心得　柑橘與淡雅花香之間有著一點木質香氣和輕柔杜松子。口感是杜松子與一點辛香料、飽滿柑橘，鮮甜裡有隱約海味，櫻花、柚香餘韻。

櫻尾蔓荊花琴酒
Sakurao Hamagou Gin 47% ABV

🌀 風味　**Juniper** | **Citrus** | **Herbal** | Spice | **Floral** | Fruit

🥬 原料　杜松子、歐白芷根、甘草、芫荽籽、香草、葛縷子、蔓荊花、迷迭香、不知火柑、薰衣草、綠茶、薄荷

🍸 推薦調酒　Gin Tonic - 檸檬片、Aviation

Tom

湯 姆
—
東京精緻利口酒
Tokyo Craft Liqueur

　　日本最迷你的酒廠——東京精緻利口酒 (Tokyo Craft Liqueur) 座落於東京板橋區蓮根。畢業於東京農業大學的片野龍 (Ryuu Katano)，耗費兩年多終於在 2018 年 11 月取得利口酒製作許可。在極小的空間內設置兩座 30 公升水浴式傳統銅製蒸餾器，米製中性烈酒一買進就會立刻稀釋，以符合消防法規。

　　2003 年在蓮根經營救濟線酒吧 (Bar Breadline) 的片野先生，收藏一千五百多種酒款，包含年份久遠的琴酒、威士忌與利口酒；店名取自美國重金屬樂團麥加帝斯 (Megadeth) 的單曲歌名，也因為樂團標誌而擺飾許多骷髏頭物品。2019 年 5 月，推出甜度較高的湯姆琴酒編號 01(Tom Gin #01) 及日本柑橘利口酒 (Wacuracao)。日本政府規定，要申請蒸餾酒廠必須年產量在 6000 公升以上，申請利口酒製作則不在此限，唯每公升至少需要添加 3% 糖。

　　湯姆琴酒編號 01 添加十九種原料，除了杜松子等常見素材，以日本幽靜古老的森林為概念，加入了日本薄荷、百里香、柚子、綠紫蘇、茗荷、薑等來自日本關東地區的植物，蒸餾後僅簡單過濾再稀釋增甜，裝瓶濃度為 47% ABV。湯姆琴酒編號 02(Tom Gin #02) 以夏季為想法，強調柑橘調性；湯姆琴酒編號 03(Tom Gin #03) 為山椒風味；紀念酒吧十六週年推出的湯姆琴酒編號 04(Tom Gin #04) 強調草本滋味，裝瓶濃度略低為 40% ABV。

　　湯姆琴酒系列命名來自甜度較高的老湯姆琴酒，與日本小農配合，並在酒吧前種植香草植物，堅持實驗更多有趣的組合風味。

湯姆琴酒編號 01
Tom Gin #01 47% ABV

🌀 風味　**Juniper** | **Citrus** | **Herbal** | Spice | Floral | Fruit

💧 原料　杜松子 - 馬其頓、芫荽籽、歐白芷根、日本薄荷 - 日本東京、百里香 - 日本東京、柚子 - 日本栃木、綠紫蘇 - 日本栃木、茗荷 - 日本栃木、薑 - 日本栃木、秘密

🍸 推薦調酒　Gin Tonic - 百里香、Gimlet

🌿 品飲心得　舒服的草本氣息，淡雅的杜松子及柑橘氣味；入喉口感清新，一點柚子香氣與嫩薑甘甜，草本餘韻持續。

　　由本坊松左衛門於 1872 年 (明治五年) 成立的本坊會社，秉持著父親本坊鄉右衛門「振興地方產業、服務社會」的家訓，發展鹿兒島織造與製油產業；後來由長子本坊淺吉等七兄弟繼承家業，在 1909 年 (明治四十二年) 取得燒酎蒸餾執照，使用薩摩地區代表特產——地瓜 (薩摩芋) 製造燒酎。

　　同年，自大阪大學首屆釀造學系畢業的岩井喜一郎 (Kiichiro Iwai) 進入大阪的攝津酒造 (Settsu Shuzo) 工作；1918 年推薦一起工作的學弟竹鶴政孝前往蘇格蘭學習威士忌製作，竹鶴返國後交給岩井喜一郎的報告便是前文提到、代表著日本威士忌起源的「竹鶴筆記」。1937 年，第二次中日戰爭爆發，攝津酒造停止生產威士忌計劃，岩井喜一郎請辭離開。這段時間內，岩井喜一郎兼任大阪大學講師，後來創設本坊酒造的本坊藏吉跟著他學習，後來還成為岩井喜一郎的女婿。

　　1945 年二戰結束不久，本坊會社邀請岩井喜一郎擔任顧問，1947 年，被轟炸的酒廠重建後兩年，本坊會社取得威士忌製造許可，1955 年更名為本坊酒造。1960 年，取得葡萄酒釀造許可的本坊酒造派任岩井先生前往山梨工場製作威士忌，岩井先生根據「竹鶴筆記」規劃並設計壺式蒸餾器，1966 年岩井先生逝世，三年後山梨工場決定關閉。

　　1985 年，本坊酒造於駒之岳山腳下興建信州蒸餾廠；1989 年因為酒精分級與稅制調整，導致日本威士忌銷量大跌，1992 年信州蒸餾廠關閉。直至威士忌需求再起，2014 年信州蒸餾廠使用當初岩井喜一郎設計的壺式蒸餾器重新運作，如今已然為三得利與日果之外，第三大的日本威士忌品牌。2016 年底，在自家故鄉創建新的威士忌酒廠津貫 (Tsunuki)，並將一部分橡木桶移往屋久島 (Yakushima) 貯放。

　　2016 年，本坊酒造津貫工場開始著手製作琴酒，推出限定 900 瓶的光遠 IP － 01 琴酒 (KO － ON IP － 01 Gin)，以自家米燒酎蒸餾烈酒為基底，除了添加杜松子，也使用鹿兒島地產的柚子、生薑、綠茶、檸檬、辺塚橙、山椒、肉桂葉等七種材料；而隨後推出的光遠 IP － 02 琴酒 (KO － ON IP － 02 Gin) 材料相同，僅於比例上有所調整。前者柑橘調性較顯著，後者則是森林清新感覺與辛香。

UK

Europe

N.America

S.America

Asia

Africa

Oceania

酒廠內專門蒸餾琴酒的蒸餾器。

　　2017 年 4 月，一樣以米燒酎蒸餾烈酒為基底，先前浸泡的材料拿掉山椒，另外新增金桔 (金柑)、月桃葉與綠紫蘇 (大葉)，集本坊酒造與鹿兒島物產大成的和美人琴酒 (Wa Bi Gin) 正式上市。

　　基底烈酒是用自家米燒酎透過 400 公升新式銅製混合型蒸餾器產出的烈酒；這款混合型蒸餾器來自義大利蒸餾設備名廠巴里森工業。

　　將原料區分「杜松子、綠茶、生薑、紫蘇」、「金桔、辺塚橙、柚子、檸檬」、「月桃、肉桂葉」三大類分開浸泡於米燒酎烈酒中，前兩類使用新式混合型蒸餾器進行蒸餾，最後一類則是使用 1969 年至 1984 年間製作威士忌的小型 500 公升銅製壺式蒸餾器蒸餾。最後再調和稀釋至 45% ABV 裝瓶。

　　「和美人」前兩字意謂日本之美，而「人」的日文發音諧音近似琴酒 (Gin)；瓶標上象徵薩摩鈕扣 (薩摩ボタン，Satsuma Button) 的三處圓形圖案內，由薩摩鈕扣繪師室田志保小姐巧妙的將十款原料畫進其中。江戶時代，地處南邊的薩摩藩為了對抗幕府，以薩摩燒為基礎，製作精美彩繪陶製鈕扣出口海外以籌措資金。

　　2017 年 12 月，與成立於 1954 年 (昭和二十九年) 的酒類專門店武藏屋 (オリジナル) 聯名推出僅使用米燒酎烈酒與杜松子作為原料，裝瓶酒精濃度為 50% ABV 的和美人琴酒武藏 (Wa Bi Gin–Musahi–Juniper Strength)，限定於武藏屋販

售。同月在東京舉辦的「2017 日本琴酒論壇」，本坊酒造於現場販售津貫工場成立一週年紀念的和美人威士忌陳桶琴酒(Wa Bi Gin Whisky Barrel Finish)，使用和美人琴酒放入自家威士忌酒桶熟成三個月，僅有二百七十瓶，裝瓶酒精濃度為 58% ABV。

2018 年底，推出使用杜松子、綠茶、生薑、紫蘇，最後再添加大馬士革玫瑰水的限定款和美人大馬士革玫瑰琴酒(Wa Bi Gin Damask Rose)，容量為 495 毫升，裝瓶酒精濃度為 45% ABV。同時於津貫工場附設販售商店寶常，販賣二週年紀念的和美人威士忌陳桶琴酒第二版(Wa Bi Gin Whisky Barrel Finish No.2)」，於自家威士忌酒桶熟成一年，限量三t百六十瓶；而三週年紀念版則是熟成於干邑白蘭地桶的和美人干邑桶陳琴酒(Wa Bi Gin Cognac Cask Finish)。

正在熟成和美人琴酒的橡木桶。

和美人琴酒
Wa Bi Gin 45% ABV

風味 **Juniper** | **Citrus** | **Herbal** | **Spice** | Floral | Fruit

原料 杜松子、綠茶 - 日本知覽、薑 - 日本鹿屋、紫蘇 - 日本阿久根、金桔 - 日本津貫、辺塚橙 - 日本肝属、柚子 - 日本末吉、檸檬 - 日本津貫、月桃 - 日本德之島、肉桂葉 - 日本津貫

推薦調酒 Gin Tonic - 檸檬片、Gimlet

品飲心得 撲鼻的米燒酎，柑橘氣味之後有肉桂與杜松子香氣漸次展現。口感是柑橘、燒酎滋味，些許肉桂溫暖辛香，嫩薑與淡淡草本餘韻。

Peddlers

來自紐西蘭的萊恩・麥克利奧德 (Ryan McLeod) 在上海經營新派食品公司 (Tuck Shop Pies) 與進口啤酒，某日參加琴酒活動，喝到來自紐西蘭的「惡劣會社琴酒 (Rogue Society Gin)」，之後便開始思索結合東方素材與西方技法的可能性。他找上同樣到中國發展、也曾經在臺灣工作過的同鄉喬瑟夫・朱德 (Joseph Judd) 以及弗格斯・伍德沃德 (Fergus Woodward)，三個人談到琴酒，毫不耽擱馬上進行。

為了找出最能呈現中國風味的配方，三人團隊先從上海尋找靈感。喬瑟夫在上海「六道門川麵」吃到的重慶小麵，特殊花椒香氣讓他靈機一動，決定採用花椒作為琴酒的素材；甚至由弗格斯跑一趟成都挑選花椒，最後選了藏身群山之中的「茉莉之鄉」、四川犍為縣清溪鎮所出產的優質花椒。另外還集合了雲南佛手柑、天山山脈杏仁、桂皮、東亞薄荷、甘草等產自中國的原料。加上匈牙利杜松子、北印度芫荽籽、鳶尾根、歐白芷、印尼尾胡椒，浸泡於玉米中性烈酒，再透過銅製鍋爐蒸餾器分開蒸餾而後調和稀釋，裝瓶濃度為 45.7% ABV。

為了符合中國製酒規範，團隊反覆調整，和各酒廠討論配合，最後選定位於山東蓬萊市的煙臺海市酒廠協助批次生產。

這款琴酒依憑中國印象初時取名為小金酒販 (Peddlers Gin)，「金酒」為中國的琴酒譯名；後來更名巷販小酒 (Peddlers Gin)，一則反映中國巷弄間小販文化，二來也借指這款琴酒是小批次手工精製。

2018 年，推出熟成於納帕黑皮諾法國橡木桶三個月的巷販小酒桶陳琴酒 (Peddlers Barrel Aged Gin)；在花椒等辛香料之外更多層果香與胡椒感。

在取得進一步生產許可證後，巷販團隊未來更預計推出不同琴酒產品，讓更多人體驗東方物產與西方工藝的結合。

熟成於納帕黑皮諾橡木桶的巷販小酒桶陳琴酒。

UK

Europe

N.America

S.America

Asia

Africa

Oceania

巷販小酒
Peddlers Gin 45.7% ABV

🌸 風味 **Juniper** | **Citrus** | Herbal | **Spice** | Floral | Fruit

🍸 原料 杜松子 - 匈牙利、芫荽籽 - 北印度、歐白芷根、荷花、尾胡椒、花椒 - 中國四川清溪鎮、杏仁 - 中國天山山脈、東亞薄荷、甘草、桂皮 - 中國

🍸 推薦調酒 Gin Tonic - 鳳梨或柳橙片、Negroni

🍸 品飲心得 顯著的花椒氣味之中有甘甜柑橘與杜松子柔和感。入喉滿口花椒香氣，柔順的柑橘果香與清爽感覺在入喉後變成溫暖辛香。

Nip

無名氏

香港工藝蒸餾有限公司
Hong Kong Craft Distrlling Co.

律師尼克‧羅 (Nicholas Law) 與在網路社群新創公司工作的傑若米‧李 (Jeremy Li) 相識甚久，每次聚會喝酒首選都是琴酒；尼克自己甚至收藏有百來款琴酒。2017 年 4 月，兩人決定實行自製琴酒的夢想，當時香港還沒有一款真正屬於這塊土地上的烈酒，也沒有任何微型酒廠。就這樣，尼克和傑若米兩個門外漢跑到蘇格蘭斯特拉什恩酒廠 (Strathearn Distillery) 打工見習，還獲得澳洲四柱酒廠 (Four Pillars Distillery) 首席蒸餾師指導，尼克也拿到合格蒸餾師資格 (Institute of Brewing and Distilling)。

他們向德國卡爾公司訂購 220 公升水浴式電力加熱的蒸餾器，這座銅製蒸餾器歷時十六個月設計製造，取名為「四月 (April)」，以紀念酒廠冒險旅程的開始，在香港鰂魚涌的工商大樓內配置完成。2019 年底兩人正式取得蒸餾執照，成立香港工藝蒸餾有限公司 (Hong Kong Craft Distilling Co.)。這是香港自 1844 年立法禁止境內蒸餾製酒（少量藥用除外）以來，首批成立的酒廠之一。

無名氏珍稀琴酒 (Nip Rare Dry Gin) 從 10 公升小蒸餾器反覆試作配方，再移至大型蒸餾器調整製程；以澳洲穀物中性烈酒稀釋至 40% ABV，添加杜松子、中國當歸、芫荽籽、桂皮、甘草、洋甘菊、荳蔻、葡萄柚皮、雪梨、枸杞、八角、龍井茶、金棗等開始加熱，桂花與壽眉茶、新鮮檸檬、陳皮則放置蒸餾籃內以蒸氣萃取，一共使用二十一款原料。蒸餾過程約八小時，得到 83 ～ 87% ABV 琴酒原酒，僅加水稀釋 (One Shot) 至 43% ABV 裝瓶，每批次約生產兩百多瓶 500 毫升無名氏珍稀琴酒，於 2019 年 12 月正式販售。

公司商標圖案同時結合「山、水、H、K」等字樣，說明與這片土地的連結，取名無名氏 (Nip，Not Important Persons) 是向香港這座城市裡眾多默默無名卻又十分重要的人們致敬，同時期勉著品牌雖然由兩個無名小輩創立，也要奮力闖盪出一片天。瓶標「無名氏」書法字樣邀請香港電影御用書法家華戈揮毫；瓶底「勝」字浮雕構思自大排檔裡特有的戰鬥碗酒杯 —— 香港人像戰鬥般辛勤工作一天之後，來大排檔談天喝酒，一口飲盡、就能看見碗底的勝利。

無名氏酒廠除了蒸餾設備還附有吧台，並提供導覽與活動包場，希望能藉由風味讓訪客更瞭解琴酒甚至是香港文化。

香港工藝蒸餾有限公司門口商標。

酒廠內的貯物空間也用香港傳統鐵捲門圍起。

UK

Europe

N.America

S.America

Asia

Africa

Oceania

無名氏珍稀琴酒
Nip Rare Dry Gin 43% ABV

 風味   **Juniper** | **Citrus** | Herbal | **Spice** | **Floral** | **Fruit**

原料   杜松子、芫荽籽、中國當歸、桂皮、甘草、八角、荳蔻、檸檬皮、葡萄柚皮、陳皮、洋甘菊、雪梨、枸杞、金棗、壽眉茶、龍井茶、桂花、秘密

推薦
調酒   Gin Tonic - 檸檬片、Martini

品飲
心得   柔順的杜松子香氣，一點柑橘甜味，淡淡花香。口感是溫暖的柑橘調性，木質與辛香料層次，果香間雜著雅緻茶韻。

Perfume Trees

白蘭樹下

白蘭樹下琴酒
Perfume Trees Gin

　　在香港土生土長的張寅傑(Kit Cheung)，去英國留學時學習調酒並在多間酒吧工作，2011 年回到香港，為了推廣調酒開設課程，讓有興趣的同好一起認識調酒文化。他在課堂上結識資深護理人員、法律碩士張穎雋(Joseph Cheung)，兩人從師生變成酒友，再成為合作夥伴，當 2015 年琴酒風颳起，也想跟著為香港尋找一款記憶的風味。

　　花香調是兩個人首先聯想到的關鍵，從雞蛋花、洛神、菊花、玫瑰、桂花，最後選擇了讓眾多人驚豔的玉蘭花(白蘭)。七、八十年代的香港街頭總會有叫賣著玉蘭花的婆婆；每年 4 月到 10 月玉蘭花開時，路上飄散著濃郁清香，這個畫面與味道，讓兩人將之賦予為心目中香港琴酒的骨幹。他們找上大埔林村的花農雄哥，每日清晨四、五點，自樹齡逾五十年的玉蘭樹採集香氣最飽滿的花朵，以高於內地玉蘭花六倍的價格購買，再送到他們元朗八鄉老屋的實驗室蒸餾萃取成花水保存。每一瓶琴酒約要用上二十朵玉蘭花。

清晨採集的玉蘭花（白蘭）。

　　另外的原料則精挑供應商。龍井綠茶來自九龍城超過五十年歷史的傳統茶商—— 茗香茶莊(Ming Heung Tea House)，清香的上品獅峰龍井，為琴酒帶來另一

層底蘊；從西環創業於 1971 年的同昌海味 (Tung Cheong Ho)，選用十五年陳皮提供柔順柑橘香氣。另外，香港當年之所以稱「香港」，緣由為當初是香木的運轉港埠，香木又包括莞香、檀香、沉香等，因此上海街永利檀香莊 (Wing Lee Sandalwood) 的印度檀香，便順理成章也被拿來入酒。最後再加上替代傳統原料歐白芷的中國當歸，以及另外八種常見素材，就成為芳香四溢的白蘭樹下琴酒 (Perfume Trees Gin)。

因為在香港申請蒸餾酒牌費用過高，且手續繁複與時間冗長，兩人先前往荷蘭武爾登 (Woerden) 釀造及蒸餾機構 iStill 學習蒸餾，研發半年終於將配方做法底定。將杜松子與芫荽籽加入基底烈酒，其他材料除了茶葉以外則置於布袋裡，一同浸泡於基底烈酒內十二小時；之後加水稀釋酒精並添加茶葉開始蒸餾；蒸餾過後再以玉蘭花水稀釋至 45% ABV，存放兩至三週後裝瓶。

方扁瓶身進口自法國，瓶標設計則是與香港藝術家「賣字」合作，把白蘭樹下琴酒所有配方用筆墨撰寫成玉蘭樹上的枝葉。2019 年 8 月，適逢陪伴著香港人成長的香港電車 115 周年，白蘭樹下琴酒與三個香港藝術品牌合作推出限量瓶身：麥東記、賣字、Story Teller，不僅保留香港滋味也印繪著香港景致。

UK

Europe

N.America

S.America

Asia

Africa

Oceania

白蘭樹下琴酒
Perfume Trees Gin 45% ABV

🌀 風味　**Juniper** | **Citrus** | Herbal | **Spice** | **Floral** | Fruit

🍸 原料　杜松子 - 波士尼亞與赫塞哥維納、芫荽籽 - 烏克蘭、鳶尾草根 - 摩洛哥、甘草 - 烏茲別克、荳蔻 - 瓜地馬拉、檸檬皮 - 土耳其、葡萄柚皮 - 土耳其、桂皮 - 印尼、玉蘭花 - 香港林村、檀香 - 印度、綠茶 - 中國獅峰龍井、陳皮、當歸

🍹 推薦調酒　Gin Tonic - 葡萄柚皮、Martini

➕ 品飲心得　濃郁飽滿的玉蘭花香味，一點柑橘與香料感。口感：當歸、桂皮等辛香料之後是柔順回甘的淡雅茶韻，結尾檀香悠長。

Two Moons

緻 月

緻月酒廠
Two Moons Distillery

飯店管理學系畢業的張曉明 (Ivan Chang，艾文) 與學習工商管理的阮澔 (Dimple Yuen，丁波) 是大學時期就認識的情侶檔；艾文於 2016 年自四季酒店餐飲部門離職，開始接辦餐酒活動，他偏好使用琴酒發揮創意調酒。2017 年，醞釀許久的念頭正式付諸行動，這對情侶利用時間到英國參加各種蒸餾課程，從門外漢開始慢慢往專家之路邁進，甚至攻讀蒸餾釀造學分。他們帶回自製琴酒分享給親朋好友，品嘗過的人都反應與市售頂級琴酒相較毫不遜色。

2018 年向德國傳承至第四代的慕勒公司訂購 100 公升水浴式加熱銅製蒸餾器，因為頂部為圓形，命名為露娜 (Luna，意謂月亮)；這個特殊圓形銅製空間是為了讓酒精蒸氣接觸銅體表面積增加以消除酒中異味和雜質。

耗時一年半，多次遞交申請之後，2019 年 9 月終於取得執照，成為香港第一間正式本土烈酒酒廠。緻月酒廠 (Two Moons Distillery) 就位於香港柴灣的工業大廈內，設置有品飲交流空間並提供預約導覽。

使用荷蘭進口甘蔗中性烈酒為基底，稀釋至 45% ABV 注入蒸餾器，添加杜松子、芫荽籽、甘草、荳蔻、鳶尾根、陳皮、粉紅胡椒、零陵香豆、香草、杏仁，並將新鮮檸檬皮與玫瑰花瓣置於原料籃以蒸氣萃取細緻明亮風味；整個蒸餾過程約六小時，蒸餾所得琴酒原酒為 90% ABV，僅加水稀釋至 45% ABV 靜置三週後裝瓶，每批次產量為一百瓶，緻月琴酒 (Two Moons Signature Dry Gin) 於 2019

蒸餾器頂部像月亮的慕勒蒸餾器。

空間設計深具巧思的緻月酒廠。

年 12 月開始販售。

　　瓶標上的機械鸚鵡是請朋友以鳥嘴狀的蒸餾器冷凝出酒口為發想,象徵著酒廠靈魂 —— 蒸餾器;瓶身上寬下窄圓柱狀,方便握取以及展示;瓶肩印有緻月字體浮雕,紅銅色蠟封瓶蓋映襯著蒸餾器與機器鸚鵡銅翅。

　　緻月琴酒的原型其實來自當初艾文與丁波在英國尼爾森琴酒酒廠與學校 (Nelsons Gin Distillery & School) 試作的初琴 (Vir-Gin),兩個人實驗不同配方與組合,到底還是鍾情最初的選擇;為了想表現家鄉風味,有一半原料都選自亞洲。而兩人也很細心的,將蒸餾後原料殘渣處理轉化為肥料,提供給附近天臺農場,為生態盡一份心力。

緻月琴酒
Two Moons Signature Dry Gin 45% ABV

🌀 風味　**Juniper** | **Citrus** | Herbal | **Spice** | **Floral** | Fruit

🌿 原料　杜松子 - 義大利、芫荽籽、荳蔻、鳶尾根、甘草、杏仁、香草 - 馬達加斯加、零陵香豆 - 巴西、檸檬皮、陳皮、粉紅胡椒、玫瑰花瓣

🍸 推薦調酒　Gin Tonic - 檸檬皮、Martini

☯ 品飲心得　舒服溫暖的柑橘與隱約花香裡有杏仁糕香氣味,輕柔的杜松子香氣。入喉飽滿的油脂滑順感與柑橘清香,餘韻回甘帶著香草與堅果感覺。

Brass Lion

銅 獅

銅獅酒廠
Brass Lion Distillery

　　2010 年選擇在酒吧群聚的新加坡克拉碼頭開設邱彼托斯一口酒吧 (Chupitos Shots Bar)，當年才二十四歲的潔米・許 (Jamie Koh，許瑜倩) 對於餐飲事業擁有獨到創見與熱情，同時還經營美國南方料理餐酒館「野獸南方餐廳與波本酒吧 (Beast Southern Kitchen & Bourbon Bar)」。生意穩定後，她便思忖著新加坡應當也要有款屬於自己國家的烈酒，雖然「新加坡司令 (Singapore Sling)」調酒聞名遐邇，用的琴酒卻非當地品牌。潔米毅然決定前往美國華盛頓州報名蒸餾課程，之後更主動寫信給歐美大小蒸餾廠，希望可以不支薪實習。即使回覆的酒廠不足一成，潔米還是一路從美國波特蘭到南卡羅萊納州的查爾斯頓酒廠 (Charleston Distilling Company)，再從歐洲倫敦到德國黑森林裡的酒廠學習製程。而潔米人生中的第一版試做琴酒，正是在英國韋斯特 45 酒業 (45 West Distillers) 的琴酒學堂內完成。

　　她心目中的藍圖是結合酒廠與品飲空間、實驗室、導覽行程、草本花園，但多功能的場域並不易找，要符合政府法規更難如登天，毫無先例可循情況下，潔米只能有毅力的持續與相關部門協商。新加坡政府將製酒視為食品工業，必須將酒廠設置於食品工業區，然而食品工業區通常地處偏僻，與潔米心中理想的位址相去甚遠，因此又耗費三年籌劃，投資百萬美金，終於在 2018 年 10 月 12 日，選定新加坡西邊的亞歷山大階地 (Alexandre Terrace) 成立銅獅酒廠 (Brass Lion Distillery)。命名銅獅，一者來自酒廠命脈的銅製蒸餾器，二來則是新加坡別稱「獅城」之故。

　　雖然新加坡第一個本土琴酒廠是同年 6 月營運的東陵琴酒 (Tanglin Gin)，但是首間多功能複合式琴酒廠且創辦者為新加坡在地人的，仍舊是銅獅酒廠。

　　為了決定蒸餾器，潔米走訪德國三間老字號蒸餾器製造商，最後自荷斯坦公司訂製 150 公升混合型銅製蒸餾器，結合蒸氣籃與五層泡罩板 (Bubble Plate)，以因應各式酒款製造調整。

　　潔米選擇四十餘種琴酒原料，打包寄到德國黑森林，再飛往當地徵詢蒸餾師；本是農夫出身的首席蒸餾師與她一起花了整整四天蒸餾這些原料，逐一調和後討論方向，她希望成品是以杜松子為主調，兼以柑橘清新滋味，口感介於倫敦

辛口琴酒與新式琴酒之間。材料來自銅獅酒廠鄰近五公里內的中藥行、巴西班讓批發市場 (Pasir Panjang Wholesale Market) 與自家草本花園。

　　搗碾杜松子、浸泡於購自德國的中性小麥烈酒三十六小時，手刨柑橘果皮後日曬三天；蒸餾時將其餘原料置於香料蒸氣籃中萃取精華，整個蒸餾製程約五小時，僅取中段酒心，蒸餾所得約 80% ABV 烈酒後經過冷凝過濾。最後以新加坡多年前風行全球的再生水 (New Water) 稀釋，使酒體更柔順；靜置數天後裝瓶、貼標、封箱都在同一處完成。2018 年 10 月問世的銅獅新加坡琴酒 (Brass Lion Singapore Dry Gin) 首兩批各一百瓶，在短短三週內完售廣獲好評。淡黃色瓶標上繪有各式使用原料與新加坡市井生活圖樣。

　　隨後，潔米加入自家種植的蝶豆花，推出靛藍的銅獅蝶豆花琴酒 (Brass Lion Butterfly Pea Gin)，瓶標底色為福建移民家中常見的磁磚花樣；還有以曾流行於英屬馬來亞殖民地時期的飲品「琴帕希特 (Gin Pahit)」發想，研發添加自家苦精的銅獅帕希特粉紅琴酒 (Brass Lion Pahit Pink Gin)，嘗試復古潮流。參考新加坡萊佛士酒店的琴帕希特調酒配方為：1.5 盎司琴酒與 0.5 盎司安格仕苦精 (Angostura Aromatic Bitter)，較之於經典酒譜「粉紅琴 (Pink Gin)」的苦精用量多了一些；瓶標底圖則是舊時新加坡至英國地圖。

UK

Europe

N.America

S.America

Asia

Africa

Oceania

酒廠設置有琴酒教室。

銅獅新加坡琴酒
Brass Lion Singapore Dry Gin 40% ABV

- 風味　Juniper | **Citrus** | **Herbal** | Spice | **Floral** | Fruit

- 原料　杜松子 - 馬其頓、陳皮、菊花、薰衣草、當歸、青檸葉、檸檬香茅、高良薑、柚子皮、火炬薑花、羅望子、芫荽籽、綠荳蔻、薄荷、迷迭香、肉桂、橙皮、檸檬皮、萊姆皮、薑、尾胡椒、鳶尾根

- 推薦調酒　Gin Tonic - 薄荷、Martini

- 品飲心得　柑橘調與淡雅花香，舒服的草本氣味。柔順的杜松子口感底蘊合襯著檸檬柑橘，一點辛香料刺激，甘甜尾韻明亮。

Paper Lantern

　　來自美國波本威士忌的故鄉——肯塔基州的瑞克·埃姆斯 (Rick Ames)，在新加坡亞馬遜分公司工作，與從事金融業的妻子希敏 (Simin Kayhan Ames) 決定成立烈酒品牌，他們透過澳洲群眾募資平台「波希伯 (Pozible，澳洲四柱琴酒也是透過這個平台募資)」以集資預購方式分享他們的琴酒。

　　希敏來自土耳其，家鄉盛行飲用拉克茴香酒 (Raki)，夫妻倆常於家中自釀啤酒與製作蜂蜜酒，兩人到東南亞定居後，看到當地有趣又豐富的香料，興起將之入酒的念頭。他們結識了在泰北工作十餘年、來自奧地利的酒廠主人尼古拉斯 (Nikolaus Prachensky)。尼古拉斯的埃特爾布蘭德酒業 (Edelbrand Ltd) 以 150 公升的卡爾銅製壺式蒸餾器生產烈酒，全憑蒸餾師的嗅覺與經驗去除酒頭酒尾留下精華酒心。

　　希敏與瑞克以麻辣火鍋為發想，請在法國干邑區製作白蘭地的蒸餾師阿布阿夫 (Miko Abouaf) 加入，推出紙燈琴酒 (Paper Lantern Gin)——將四川花椒，與來自泰國北部的薑、高良薑、檸檬香茅、泰北辣椒 (Makhwaen) 加上杜松子，浸泡於尼古拉斯酒廠以泰國米製成的烈酒再蒸餾，過濾之後調和少量蜂蜜再稀釋裝瓶。

　　瓶標以中國剪紙與東方元素翻新，黑色枝葉綴飾紅色果實突顯關鍵原料花椒。夫妻倆有三個孩子，對希敏而言，琴酒就是第四個孩子，她乾脆辭去金融業工作全心經營公司。2018 年結束與尼古拉斯的生產合約，改為委託越南酒廠產製，基底烈酒一樣使用米為原料。

紙燈琴酒
Paper Lantern Gin 40% ABV

🌐 風味　Juniper | **Citrus** | Herbal | **Spice** | **Floral** | Fruit

🥃 原料　杜松子、花椒 - 中國四川、薑、高良薑、檸檬香茅、泰北辣椒、蜂蜜

🍸 推薦調酒　Gin Tonic - 萊姆片、Bee's Knees

🌿 品飲心得　杜松子、花椒、丁香等溫暖的香料氣味。口感有一點蜜李與薰衣草，薑味與檸檬香茅帶來清新柑橘調性的尾韻。

*T*anglin

新加坡的東陵區毗鄰烏節路 (Orchard Road) 附近的大東陵峰 (Tang Leng，Great East Hill Peaks)，十九世紀時種植著許多甘蜜 (Gambier)、肉豆蔻、胡椒等，當時甚至有不少野生老虎。1822 年，英國殖民地官員萊佛士爵士 (Stamford Raffles) 重新劃分新加坡行政區域，將此分配給華人與歐洲人居住，並取名為東陵 (Tanglin)。

東陵酒廠的四位創辦人其實都是在新加坡工作的外國人 —— 負責行銷與品牌設計、來自荷蘭的查理・范伊登 (Charlie Van Eeden)；專職財務的克里斯・巴克斯 (Chris Box)；管理流程與組織的布里登・安迪豪德森 (Briton Andy Hodgson)；主理蒸餾事務的澳洲自學蒸餾師提姆・懷特費爾德 (Tim Whitefield)。他們最後選定在新加坡動物園附近、擁有八十八個廠房單位的萬禮食品工廠區 (Mandai Foodlink) 設置東陵琴酒廠 (Tanglin Gin Distillery)，是新加坡第一間蒸餾酒廠。

提姆自澳洲曼尼爾德拉集團 (Manildra Group) 進口中性小麥烈酒做為基底，稀釋至 38% ABV 後倒進 250 公升不鏽鋼蒸餾器，同時浸泡杜松子、石斛、芒果粉、香草莢、新鮮柳橙等共十一種原料，數小時後再開始蒸餾，僅取用酒心以當地蒸餾水稀釋至 42% ABV，不另行冷凝過濾便裝瓶貼標。第一瓶新加坡原產琴酒 —— 東陵蘭花琴酒 (Tanglin Orchid Gin) 於 2018 年 7 月開始販售。黑色瓶標上的圖案是東陵琴酒的特色原料石斛。

UK

Europe

N.America

S.America

Asia

Africa

Oceania

空間小巧的東陵琴酒廠。

　　四個月後，提姆研發出添加貢布黑胡椒（Kampot Black Pepper）、青檸葉、橘皮、嫩薑、辣椒，以及東陵琴酒必備的石斛等九種原料的東陵橘辣琴酒（Tanglin Mandarin Chili Gin），充滿東南亞飲食情調。同年聖誕節，再與當地新科技零售實體店面「誠蜂棲地（Habitat by Honestbee）」合作推出相當應景、香料感十足的東陵蔓越莓琴酒（Tanglin Cranberry Gin）。

　　2019 年 1 月，從美國加里森兄弟（Garrison Brothers）購入波本桶，桶陳三個月後裝瓶，推出東陵波本桶陳琴酒（Tanglin Barrel Aged Gin）。年底，以過去中國方士於煉丹過程中意外發明的火藥命名的黑色粉末琴酒（Black Powder Gin）上市，酒精濃度為 58% ABV，用核心產品東陵蘭花琴酒配方為基礎，搗碎半數的杜松子強調琴酒風味，並添加新鮮檸檬皮，帶來更清新的柑橘調性。

東陵蘭花琴酒
Tanglin Orchid Gin 42% ABV

😊 風味　**Juniper** | **Citrus** | Herbal | **Spice** | Floral | Fruit

🍸 原料　杜松子、芫荽籽、歐白芷根、鳶尾根、桂皮、甘草、尾胡椒、石斛、香草莢、乾燥生芒果粉（青芒果）、柳橙 - 澳洲

🍸 推薦調酒　Gin Tonic - 橙皮、Martini

🍸 品飲心得　些許甘甜香料氣味，隱約的杜松子與柑橘。入喉有柔順杜松子與溫暖辛香料，尾韻回甘帶著甜橙滋味。

東陵橘辣琴酒
Tanglin Mandarin Chili Gin 42% ABV

😊 風味　**Juniper** | **Citrus** | Herbal | **Spice** | Floral | Fruit

🍸 原料　杜松子、芫荽籽、歐白芷根、鳶尾根、桂皮、甘草、尾胡椒、石斛、香草莢、乾燥生芒果粉（青芒果）、柳橙 - 澳洲、貢布黑胡椒、青檸葉、椪柑皮、薑、辣椒

🍸 推薦調酒　Gin Tonic - 青檸葉、Negroni

泰國 ≡

I ron Balls

UK

Europe

N.America

S.America

Asia

Africa

Oceania

鐵球

鐵球酒廠
Iron Balls Distillery

　　來自澳洲西部的艾胥黎・薩頓 (Ashley Sutton)，曾在海上以及鐵礦場工作，他工作閒暇時喜愛繪製關於妖精與奇獸的素描。後來他到中國大連工作，有朋友力勸艾胥黎將他的繪圖手稿集結成冊並協助他出版，這本畫冊從 2006 年發售至今，銷量達廿萬本並譯有四種語言。為了尋找鑄鐵素材，因緣際會下他輾轉到了曼谷，正式展開設計生涯；亞洲有不少酒吧的裝潢特色鮮明，都是出自他手，甚至為他帶來「瘋狂酒吧設計師」的稱號。

　　2013 年，艾胥黎在曼谷伊卡邁地區 (Ekkamai) 經營私人招待所與工作室，並且從德國訂購約 20 公升的卡爾銅製蒸餾器，一批次使用約五百顆鳳梨及一百粒椰子進行七至十天的自然發酵，取得約 13% ABV 的酒液，經蒸餾柱蒸餾取得基底烈酒；反覆約兩千次測試、調整六百款配方，以進口杜松子與東南亞 (大部分來自泰國) 當地草本香料、水果等十五種原料浸泡一小段時間，蒸餾約四小時，最後得到艾胥黎覺得最完美的比例，每一次製程需要費耗數週。

　　礙於泰國法規，鐵球琴酒 (Iron Balls Gin) 遲至 2015 年才取得執照生產，艾胥黎為此耗費許多心力提辦交涉。保留顯著熱帶水果風味，相當討喜，與東南亞料理非常合拍。

由艾胥黎一手包辦設計的酒廠。

鐵球琴酒
Iron Balls Gin 40% ABV

🌀 **風味**　Juniper | Citrus | **Herbal** | **Spice** | Floral | **Fruit**

💗 **原料**　杜松子 - 義大利與德國、薑 - 泰國清邁、芫荽籽 - 泰國、肉桂 - 印度、青檸 - 泰國、檸檬香茅、人參、肉豆蔻、肉豆蔻皮、八角、胡椒 — 柬埔寨、椰子、鳳梨 - 泰國是拉差、百香果、秘密

🍸 **推薦調酒**　Gin Tonic - 鳳梨片、Gin Basil Smash

🥃 **品飲心得**　清新裡透著一點花果氣味，溫潤的杜松子，柑橘調性飄散；隨擺放時間會漸次出生薑、百香果、甜橙、椰子等香氣。鳳梨、檸檬香茅的味道夾帶柔順的杜松子口感，一點花香韻味。

Seekers

　　來自英國的塔妮婭・安斯禾夫 (Tania Unsworth) 與出身西班牙巴塞隆納的馬可・胡利安艾吉特 (Marco Julià Eggert)，這對夫婦從事餐飲旅館業多年，2013 年因為馬可接任 FCC 餐飲旅館集團總監調派至柬埔寨，並在金邊的俄羅斯市場區 (Tuol Tompoung Market) 創設經典西班牙小點酒館 (Tipico Tapas)，他把馬德里與巴塞隆納都很流行的西班牙式琴湯尼 (Spanish Gin Tonic) 帶進金邊酒吧，引領潮流，並且浸泡當地素材自製風味琴酒。

　　某次夫妻倆前往澳洲的瑪格麗特河 (Margaret River) 旅行，拜訪當地微型琴酒酒廠「西風 (West Wind)」，讓他們也想效法不必耗費巨資建大酒廠也能產製琴酒。塔妮婭和馬可回到倫敦，結識在「倫敦城酒廠 (City of London Distillery)」參與蒸餾六年的阿飛・阿瑪尤 (Alfie Amayo)，便決定邀請他一起到金邊建立琴酒廠。

　　2017 年 10 月，他們替第一次造訪東南亞的阿飛準備四十八種在地素材接風洗塵，經過九個月反覆實驗二十八款組合，包含榴槤等難以想像的氣味，最後選了柬埔寨的十一種新鮮原料，加上進口的杜松子和歐白芷根，做為首款琴酒的配方。

　　塔妮婭十六歲時就舉家遷居至香港，雖然後來回英國完成學業及工作，但跟著雙親再從香港搬到曼谷生活近十五年，她與亞洲，尤其是東南亞，大半輩子早已結下不解之緣。她發現泰國申請蒸餾執照極為困難，新加坡要耗資甚鉅，柬埔寨會相對容易一些，同時因為西班牙和義大利相當多琴酒都取材自當地，尋味者酒廠 (Seekers Spirits) 當然也從柬埔寨特色物產著眼。

　　初期使用以手工打造銅製蒸餾器聞名的葡萄牙品牌艾爾恩倍科(Al- Ambiq)的20 公升小蒸餾器，取名為「驚奇 (Wonder)」；300 公升的大蒸餾器則以神話裡柬埔寨之母的名字取為「美拉 (Mera)」，皆以直火加熱。

　　使用 96% ABV 當地木薯 (Cassava) 中性烈酒為基底，添加柬埔寨貢布 (Kampot Mount) 山泉水稀釋到 55%ABV，浸泡所有材料二十四小時後再經過約十四小時的緩慢蒸餾，最後再以貢布山泉水稀釋到 41.3% ABV 靜置兩週左右裝瓶。命名為「尋味者琴酒 (Seekers Gin)」，乃是因為原料蒐羅自湄公河流域，他們渴望發

酒廠入口處。　　　　　　　　　　　　　　　　　　　　酒廠內試作用的小蒸餾器。

掘柬埔寨最美妙的風味。瓶標上的蒼綠色線條代表孕育柬埔寨的湄公河。

　　杜松子、歐白芷、芫荽籽作為琴酒底蘊，高良薑與桂皮帶來辛香感，茉莉花提供些許花香，白柚皮以及綠橙皮則是柑橘口感，檸檬香茅、青檸葉、柬埔寨羅勒、香蘭葉和蒸餾前一天才訂購最新鮮的棕櫚籽，有著多樣草本、柔順、堅果感覺。

　　2018 年 6 月尋味者琴酒上市，銷售優異。酒廠也不斷調整，以求成本與效益達到最佳品質；原先運送耗時、價格高昂的義大利製玻璃瓶也改自中國訂貨。嘗試不同產地的木桶，於 2020 年 1 月推出尋味者黃金琴酒 (Seekers Gold Gin)，以及瓶裝調酒，尋味者總是不斷尋找令人驚喜的味道。

尋味者琴酒
Seekers Gin 41.3% ABV

🌀 **風味**　Juniper | **Citrus** | **Herbal** | **Spice** | Floral | **Fruit**

Ⓜ **原料**　杜松子 - 馬其頓、歐白芷根 - 比利時、芫荽籽 - 柬埔寨、高良薑（南薑）- 柬埔寨、茉莉花 - 柬埔寨、柚子皮 - 柬埔寨、綠橙皮 - 柬埔寨馬德望、檸檬香茅 - 柬埔寨、柬埔寨羅勒 - 柬埔寨、香蘭葉 - 柬埔寨、青檸葉 - 柬埔寨、桂皮 - 柬埔寨、棕櫚籽 - 柬埔寨

🍸 **推薦 調酒**　Gin Tonic - 橙皮、Martini

✥ **品飲 心得**　些許甘甜香料氣味，隱約的杜松子與柑橘。入喉有柔順杜松子與溫暖辛香料，豐富的熱帶果香，尾韻回甘帶著甜橙滋味。

菲律賓 ▶

Archipelago

群 島

全環工藝蒸餾公司
Full Circle Craft Distillers Co.

　　1918 年，德國化學家彼得・韋斯特福爾 (Peter Westfall) 來到菲律賓馬尼拉，協助聖米高釀酒廠 (San Miguel Brewery) 研發飲料；1922 年萃取熱帶水果製成飲品，包括如今被譽為菲律賓芬達汽水的「皇家真橙 (Royal Tru Orange)」，四年後他獲頒菲律賓公民資格。數十年過去，彼得的孫子馬修 (Matthew Westfall) 因為美國和平工作團計劃前往馬尼拉，他愛上這個國家，拍攝紀錄片、投入多項環境與都市建設，還不斷思忖能夠做哪些事情讓世界也認識到菲律賓的美好，最後他決定結合菲律賓最熱銷的琴酒與在地植物兩大元素，打算創建首間菲律賓精緻製酒廠，既發揚家族蒸餾傳承，也期望對菲國農民的生產鏈有所助益。

　　根據國際葡萄酒與烈酒研究中心飲品市場分析 (IWSR Drinks Market Analysis)，2013 年全世界銷售兩千兩百萬箱琴酒，菲律賓就占 46%，然而絕大多數卻是廉價合成琴酒，因此全球三十億美元的琴酒產值，菲律賓竟僅有 3%！馬修希望改善琴酒在菲律賓的形象，開始拜訪德國大小酒廠與蒸餾器商，2014 年與歐洲蒸餾大師哈格曼博士 (Dr. Klaus Hagmann) 合作學習，他帶著菲律賓當地素材，透過 25 公升擁有四層回餾板的領航蒸餾器「馬格蘭 (Magnum)」嘗試三十五種配方，超過六十次蒸餾、耗費四年終於底定心目中最佳的琴酒。

馬修也自美國的塞古莫羅製桶公司（Seguin Moreau Cooperage）購入 225 公升全新美國橡木桶，推出群島桶陳琴酒（ARC Barrel Reserve Gin）。

之後馬修選定距離馬尼拉不遠的卡蘭巴 (Calamba) 新興工業區，與妻子蘿莉 (Laurie) 成立全環工藝蒸餾公司 (Full Circle Craft Distillers Co.)。2018 年 7 月向卡爾公司訂製 450 公升銅製蒸餾器。一百年前馬修的祖父與菲律賓結緣，一百年後馬修在此開展蒸餾事業，他認為這是一種美好的輪迴。

選擇法國香檳區以冬小麥製成的中性基酒，口感明澈乾淨，相較於菲律賓甘蔗酒更適合；浸泡包括芒果、柚子、柳橙、萊姆、野薑花、本格特松芽等二十二種在地材料，以及杜松子、歐白芷、肉桂、八角等六種進口原料，經過八小時蒸餾取得 125 公升的 93.5% ABV 原液，未經過濾保留最飽滿風味，添加馬基林山保護區水源的水稀釋至 45% ABV 裝瓶，命名「群島植物琴酒 (Archipelago Botanical Gin，簡稱 ARC Gin)」，反映了菲律賓的風土地理。

使用的玻璃瓶身被戲稱為「小相撲手 (Small Sumo)」，光空瓶就有 1 公斤重；木製瓶蓋烙刻著海錨，兩側標註酒廠縮寫字母交疊——FC 和 CD；產品設計委託馬尼拉知名設計公司「And A Half」操刀。除了琴酒，亦生產使用馬基林山熔岩過濾後的群島熔岩伏特加 (ARC Lava Rock Vodka)。

UK

Europe

N.America

S.America

Asia

Africa

Oceania

群島植物琴酒
Archipelago Botanical Gin 45% ABV

🌸 風味　Juniper | **Citrus** | **Herbal** | Spice | **Floral** | **Fruit**

Ⓜ 原料　杜松子 - 北義、柚子 - 菲律賓達沃、本格特松芽 - 薩加達、芒果 - 班詩蘭省達索爾、野薑花、星狀茉莉、伊蘭花、四季柑、菲律賓萊姆、甜橙 - 昆頌省、柳橙、薰衣草、歐白芷根、洋甘菊、檸檬香茅、綠荳蔻、黑胡椒、肉桂、八角、秘密

🍸 推薦調酒　Gin Tonic - 檸檬皮、Martini

⊕ 品飲心得　包含白柚、柳橙與檸檬等清新果香，一點肉桂與杜松子，最後是舒服的花香。甘甜的綜合柑橘口感，柔順杜松子、肉桂與花香加上一點胡椒感及芒果餘韻。

Sông Cái

出生於美國加州的丹尼爾·阮 (Daniel Nguyen Hoai Tien)，在 2008 年時回到越南探訪，明明是全然陌生的環境，他竟莫名感覺這片土地有著與自己密不可分的連結。他畢業後回到越南，2018 年與合作夥伴、在越南經營多年的麥可·羅森 (Michael Rosen) 於河內近郊成立頌凱酒廠 (Sông Cái Distillery)，希望呈現真正的越南高地風土。頌凱是流經河內的紅河 (Red River) 越南語，紅河三角洲是孕育河內千年文化的關鍵，他以此緣由為酒廠命名。

丹尼爾深入北越山區，向村落裡的採集者探問，尋找各種他從來不曾體驗過的滋味；將蒐集到的原料浸漬測試，挑選出適合的元素。頌凱琴酒 (Sông Cái Dry Gin) 使用米與糖蜜混合中性烈酒稀釋至 50% ABV 後，添加馬其頓杜松子、叢林胡椒、黑荳蔻、綠薑黃、原種柚子皮、當地肉桂葉、當地肉桂皮、歐白芷根、芫荽籽、當地樹木、白甘草根等共十七種材料，視溫度浸泡兩天至兩週不等；再透過購自葡萄牙容量 600 公升的銅製蒸餾器以瓦斯直火加熱，蒸餾後得到約 70% ABV 琴酒原酒再稀釋至 45% ABV，靜置半個月後裝瓶。

頌凱酒廠另外還推出使用高地原生花卉：柚子花、白玫瑰等原料的頌凱花香琴酒 (Sông Cái Floral Gin)，生產桶陳威士忌，並設置導覽中心。

頌凱琴酒
Sông Cái Dry Gin 45% ABV

⚙ 風味　**Juniper** | **Citrus** | Herbal | **Spice** | **Floral** | Fruit

🍸 原料　杜松子 - 馬其頓、芫荽籽、歐白芷根、白甘草、叢林胡椒、黑荳蔻、綠薑黃、原種柚子皮、當地肉桂葉、當地肉桂皮、當地樹木、秘密

🍸 推薦調酒　Gin Tonic - 萊姆片、Negroni

⚙ 品飲心得　杜松子及肉桂等辛香氣味，舒服的木質調及隱約的白花香氣。入口的甘草及溫暖辛香料，淡淡煙燻與胡椒、柑橘尾韻回甘。

印度 🇮🇳

Stranger & Sons

　　1947 年 8 月 15 日的晚上，一位穿著紗麗服飾的女士向酒保點了杯「印度琴湯尼」，她要求那杯琴湯尼「不要喝到殖民的味道」。那天是印度結束九十年獨立運動的日子，也是印度擺脫英國統治的獨立日。英國人統治印度的時候帶進了琴酒與通寧水（有些辛香原料還是從印度進口到英國）；如今，印度人要做出根源於這片土地的精緻工藝琴酒。2017 年印度酒商推出的勝過琴酒（Greater Than Gin）、梵語杜松琴酒（Hapusa Gin）、賈沙梅爾精緻琴酒（Jaisalmer Craft Gin），以及本文介紹的這款奇異父子琴酒（Stranger & Sons Gin），都是真正的印度味，可預期將在英國市場嶄露頭角。

　　出生於印度孟買，曾在巴塞隆納攻讀 MBA 的莎克希・賽加爾（Sakshi Saigal），在西班牙時愛上琴酒，遂與表弟維杜爾・古塔（Vidur Gupta）一起前往蘇格蘭、阿姆斯特丹等地酒廠參訪琴酒製程。再加上任職於孟買精釀啤酒第一品牌「閘口精釀（Gateway Brewing Company）」的丈夫拉胡爾・梅赫拉（Rahul Mehra），他們三人討論後，決定創立屬於印度的琴酒品牌。

　　透過親友幫忙集資，花一年時間籌備，三人選定曾被葡萄牙殖民五百餘年、西高止山脈南側的果阿邦（Goa），成立第三隻眼酒廠（Third Eye Distillery）。他們向位於果阿邦、2013 年創立的「富拉頓（Fullarton Distilleries）」酒廠租用空間與製酒執照，以省去申請許可的繁複手續，他們在荷蘭武爾登（Woerden）釀造及蒸餾機構 iStill 修習課程，並購置蒸餾器，終於在 2018 年 5 月準備就緒。

　　除了杜松子來自馬其頓，其餘材料皆源自印度當地。每款原料添加進中性基酒當中浸泡的先後順序也不同 —— 首先加入印度特有哥達荷拉杰檸檬（Gondhraj Lemon）、香檸檬、柳橙、萊姆等綜合柑橘果皮，接著添加杜松子、黑胡椒、芫荽籽、肉豆蔻、歐白芷根，最後是桂皮、甘草、肉豆蔻皮，蒸餾完成後僅添加水稀釋裝瓶。這款於 2018 年 7 月問世的琴酒被命名為「奇異父子琴酒」，期許家業永久傳承。

除了使用本土原料，酒廠也致力於回饋社會與環保，他們聘用當地婦女自救團體協助刨取柑橘皮，把剩餘果肉贈送給她們製成果醬或榨汁拿到市場販售；並設置回收水塔，大量減少蒸餾冷卻用水，屋頂裝設太陽能電板，包裝不使用塑料。

奇異父子琴酒
Stranger & Sons Gin 42.8% ABV

風味 **Juniper** | **Citrus** | Herbal | **Spice** | Floral | **Fruit**

原料 杜松子 - 馬其頓、肉豆蔻、肉豆蔻皮、哥達荷拉杰檸檬 - 印度加爾各答、柳橙 - 印度那格浦爾、甜萊姆 - 印度果阿、印度萊姆 - 印度果阿、印度香檸檬、黑胡椒、芫荽籽、甘草、歐白芷根、桂皮

推薦調酒 Gin Tonic - 葡萄柚皮、Martini

品飲心得 聞起來是清新檸檬與蘋果、梨子香氣，柔順杜松子和甘草、桂皮溫暖感覺；入喉則是舒服豐富的各式香料，柑橘穿插其中，尾韻回甘帶著麝香及果香。

斯里蘭卡 🎏

C olombo No.7

可倫坡七號

洛克蘭酒廠
Rockland Distillery

斯里蘭卡自十七世紀中開始為荷蘭統治，1815 年成為英國殖民地，被命名為「錫蘭 (Ceylon)」。1924 年，卡爾·德席瓦·維杰耶拉特納 (Carl de Silva Wijeyeratne) 在可倫坡成立當地第一間從事商業生產的蒸餾酒廠「洛克蘭酒廠 (Rockland Distillery)」，主要生產以椰子花作為原料的亞力酒 (Arrack)，用尚未開花的椰子花苞，取乳白汁液發酵蒸餾而成；也生產其他十餘款利口酒。當時英國政府規定僅能在英國境內生產琴酒，因為他們不信任其他地區生產的琴酒品質。

第二次世界大戰爆發後，海上貿易路線受阻，英國徵召洛克蘭酒廠從事戰爭用工業酒精製造；為了讓離鄉背景的英國人民也能嚐到家鄉滋味，遂立法允許錫蘭成為英國之外能夠製作琴酒等烈酒的地區，稱為「境外錫蘭製酒令 (Ceylon Made Foreign Liquor，CMFL)」；沒多久，印度也設立「境外印度製酒令 (India Made Foreign Liquor，IMFL)」。卡爾響應製酒令開始研製琴酒，以甘蔗烈酒為基底，拿他個人偏好的坦奎利琴酒 (Tanqueray Gin) 配方為原型，在杜松子、芫荽籽、歐白芷根、甘草外，再加入源於距離可倫坡約三公里處的「肉桂花園 (Cinnamon Gardens)」所種植之肉桂、薑、咖哩葉，製造出風味有別於傳統倫敦琴酒風格的新款琴酒。因為肉桂花園別稱「可倫坡七區 (Colombo 07)」，又是使用七款原料，因而命名為可倫坡七號琴酒 (Colombo No.7 Gin)。

戰後，卡爾因為大眾口味仍舊偏好銳利辛口，再另外推出風味近似傳統倫敦琴酒的洛克蘭琴酒 (Rockland Dry Gin)，至今仍在斯里蘭卡擁有極大銷售量。1948 年錫蘭獨立，1972 年更名為斯里蘭卡共和國 (Sri Lanka)。1983 年 7 月，斯里蘭卡爆發嚴重內戰；2004 年，南亞海嘯造成超過二十萬條人命的傷亡，島國斯里蘭卡正是其中重災區。2005 年，卡爾的孫子阿莫·德席瓦·維杰耶拉特納 (Amal de Silva Wijeyeratne) 加入洛克蘭酒廠協助重建。在重建過程中，他找出當初祖父製作可倫坡七號琴酒的配方，且也正值琴酒風潮復興，於是他力圖重現這款意義別具的琴酒。

阿莫曾經試圖添加檸檬香茅、薑黃、荳蔻等材料，卻適得其反、失去原有平衡；經過兩個月測試，最後依然保留祖父卡爾留下的原始配方，希望能讓這款

UK

Europe

NAmerica

S.America

Asia

Africa

Oceania

歷經七十餘年的可倫坡七號琴酒重現於世。2009 年雖然斯里蘭卡內戰結束，阿莫因為政局尚未穩定，特別是新政府在收歸私人酒廠後還打算停止國內酒精供應，他害怕家族心血盡化烏有，於是將可倫坡七號琴酒委託給英國伯明罕蘭利酒廠在斯里蘭卡境外生產。一開始，蘭利酒廠當時的總監彼得・麥克凱 (Peter Mackay，1964 ～ 2014 年) 個人不太喜歡咖哩葉風味，只是礙於客戶要求不得不遵照配方蒸餾，沒想到一試之後就喜歡上可倫坡七號琴酒最後成品。

2015 年 5 月，改以穀類中性烈酒為底的可倫坡七號琴酒正式上市銷售，裝瓶濃度為 43.1% ABV。綠色瓶標中間的圓形銅色區域，代表七種原料與可倫坡七區的「7」。上方握著藥草的「象獅 (梵語稱作 Gaja Singha)」形象來自於：大象代表智慧，表示可倫坡七號琴酒在印度洋區域率先推出的遠見；獅子代表勇敢，勇於創新出有別一般風味的新式琴酒，也有著斯里蘭卡舊稱獅子國意涵。背標則清楚標示可倫坡七號琴酒使用的七款原料。

2019 年底，推出加重咖哩葉風味的 57% ABV 可倫坡海軍強度琴酒 (Colombo Navy Strength Gin)，辛香料調性更加顯著。

可倫坡七號琴酒
Colombo No.7 Gin 43.1% ABV

🌀 風味　**Juniper** | **Citrus** | **Herbal** | **Spice** | Floral | Fruit

🍸 原料　杜松子、芫荽籽 - 斯里蘭卡、甘草、歐白芷根、肉桂 - 斯里蘭卡、薑 - 斯里蘭卡、咖哩葉 - 斯里蘭卡

🍸 推薦調酒　Gin Tonic - 檸檬皮、Martini

🌀 品飲心得　香甜柔美的杜松子氣味，淡淡熱帶森林感覺。一開始的杜松子口感，接下來甘草與肉桂溫暖的調性結合一點柑橘尾韻與堅果。

Africa 非洲

非洲琴酒的發展以歐洲移民最多的南非為中心,曼德拉當選總統、成為南非新憲法生效後第一位民選總統之後,製酒事業不再限為國有,過去以葡萄酒著稱的南非如今也催生出許多精緻琴酒。南非的琴酒多以當地特有植物做為特色原料,尤其是被稱作凡波斯(Fynbos)的灌木類;而非洲因為氣候炎熱,相當適合清爽的琴湯尼,餐廳酒館都會供應多款琴酒,亦有許多有趣的琴酒市集活動。

Cape Town

在保樂力加 (Pernod Ricard) 集團工作的雅科‧本宰埃爾 (Jaco Boonzaaaier)，發現自己對研發新產品更有興趣，於是與擁有行銷長才的克瑞格‧范德爾‧凡特 (Craig van der Venter) 和另一名投資人，在 2015 年成立開普敦琴酒公司 (Cape Town Gin Company)，以他熱愛的城市開普敦為名，藍色商標就選用開普敦附近的桌山 (Table Mountain) 為形象。

他們的琴酒充滿了南非特色，以杜松子、芫荽籽、橙皮、八角、鳶尾根、荳蔻和桂皮做為基礎原料，加上其他原料與南非植物凡波斯 (Fynbos)，酒精濃度皆為 43% ABV。除了有加上南非犀牛草的經典琴酒 (Classic Dry Gin)，還有呈現美麗琥珀紅的南非國寶茶紅琴酒 (Rooibos Red Gin)，使用科伊桑 (Khoisan Tea) 品牌的有機南非國寶茶，減少松杜子添加量，採小批次生產堅守品質。南非國寶茶必須種植在海拔 450 公尺以上高原，生長於開普敦北部西達堡 (Cedarberg) 及奧勒芬茲 (Olifants) 兩處山脈，荷蘭語「Rooibos」是「紅色灌木」的意思，1772 年便有植物學家記載療效，不含草酸、無咖啡因，可抗氧化，當地人視其為上天賜給南非的神奇萬靈丹。

開普敦市區有一棟建於 1890 年、擁有「粉紅佳人 (Pink Lady)」美稱的豪華旅館尼爾森酒店 (Nelson Hotel)，開普敦公司也在 2018 年為其推出添加杜松子、木槿花、玫瑰花瓣、玫瑰天竺葵的開普敦粉紅佳人琴酒 (Cape Town Pink Lady Gin)，色澤來自於木槿花。

開普敦經典琴酒
Cape Town Classic Dry Gin 43% ABV

風味	**Juniper** | **Citrus** | **Herbal** | **Spice** | Floral | Fruit	推薦調酒	Gin Tonic - 橙皮與小黃瓜、Last Word
原料	杜松子 - 希臘與義大利、橙皮、芫荽籽、八角、鳶尾根、荳蔻、桂皮、犀牛草		

開普敦南非國寶茶紅琴酒
Cape Town Rooibos Red Gin 43% ABV

風味	Juniper | **Citrus** | **Herbal** | Spice | Floral | Fruit	推薦調酒	Gin Tonic - 橙片、Negroni
原料	杜松子 - 希臘與義大利、橙皮、芫荽籽、八角、鳶尾根、荳蔻、桂皮、南非國寶茶、檸檬皮	品飲心得	相當淡雅的杜松子，蜂蠟與青草茶氣味。口感有淡淡的杜松子，青草味回甘，焦糖感覺，柑橘調性作結。

Cruxland

成立於 1918 年的南非葡萄種植者合作協會 (Koöperatieve Wijnbouwers Vereniging，KWV Winery)，相當於葡萄農與釀酒商的代言者，代理數千家小酒廠，維繫南非葡萄酒業的穩定發展。他們的葡萄園主要位於西開普敦，收成後再運送至帕爾 (Parrl) 的酒廠進行釀製。

十字寸地琴酒 (Cruxland Gin) 由協會首席蒸餾師彼得‧德‧布歐 (Pieter de Bod) 率領團隊研發三年，使用南非特殊物產來加強風味。混合可倫巴爾 (Colombard)、白桑儂 (Chenin Blanc)、白蘇維翁 (Sauvignon Blanc)、少量不去皮的紅葡萄為基底，以連續連蒸餾器經過兩次蒸餾，取得口感清爽的中性葡萄蒸餾烈酒，浸泡松露等原料後用壺式蒸餾器再次蒸餾。瓶頸處的皮革吊環象徵在沙漠行走方便隨身攜帶的水壺，瓶標上也列出所採用的九款植物原料。

2016 年 12 月，推出限量版熟成於夏多內桶 (Chardonnay Cask) 內的十字寸地限量版琴酒 (Cruxland Gin Limited Release)。

Crux 在拉丁文代表著「十字」；據傳久遠前，閃電把喀拉哈里 (Kalahari) 沙漠的地面擊出十字狀的裂縫，讓人們意外發現黑色珍寶「松露 (N'abbas)」，此後每年第一場雨過後，代代傳承的松露採集者們就在地縫隙中追尋松露。喀拉哈里松露在顏色與氣味上較淡，卻因為價格比歐洲松露便宜約一百倍而更廣泛使用。Crux 也是「南十字星」，指引著沙漠民族的方向；以「十字寸地 (Cruxland)」為名，代表被落雷擊出的十字和對松露的感激。

UK

Europe

N.America

S.America

Asia

Africa

Oceania

十字寸地琴酒
Cruxland Gin 43% ABV

風味　**Juniper** | **Citrus** | Herbal | **Spice** | **Floral** | Fruit

原料　杜松子、芫荽籽、大茴香、荳蔻、檸檬、蜜樹、南非國寶茶、杏仁、喀拉哈里松露

推薦調酒　Gin Tonic - 檸檬皮、Hanky Panky

品飲心得　顯著杜松子挾帶著檸檬與南非國寶茶味。口感簡單平衡，柔順的芫荽與荳蔻氣味作結。

露西‧畢爾德 (Lucy Beard) 和萊‧李斯克 (Leigh Lisk) 夫妻倆曾在倫敦居住約十四年，深深著迷於倫敦的精緻酒業；之後兩人前往摩洛哥與西班牙旅行，發現西班牙也盛行琴酒，有感而發決定回家鄉南非創業。露西於 2014 年取得蒸餾師資格後，選擇座落於西開普敦的鹽河 (Salt River) 建立霍普金斯展望酒廠 (Hope on Hopkins Distillery)。

2015 年首先推出霍普金斯展望倫敦琴酒 (Hope on Hopkins London Dry Gin) 大受好評，另一款霍普金斯展望鹽河琴酒 (Hope on Hopkins Salt River Gin) 再加上朋友種植的非洲迷迭香 (又名野地迷迭香、岬角雪灌木)，以及冬角山脈 (Winterhoek Mountains) 農場的布枯葉 (帶有黑醋栗風味)。

值得一提的是酒廠內兩座蒸餾器，米德芮 (Mildred) 與慕德 (Maude)，是開普敦第一批取得蒸餾執照的蒸餾器。以李斯克祖母為名的米德芮不鏽鋼蒸餾器，負責將發酵麥汁蒸餾成烈酒，同時也製作部分琴酒；以露西祖母為名的慕德蒸餾器，蒸餾柱裡有八組銅製平板 (其餘為不鏽鋼)，負責將米德芮初次製成的烈酒再進行兩次蒸餾，使酒體變得柔順。

使用南非自產的大麥蒸餾烈酒，經過數日發麥糖化、發酵後接著三道蒸餾成為霍普金斯展望酒廠發售的單一純麥伏特加。從米德芮蒸餾器第一次蒸餾，再移到慕德蒸餾兩次，接著稀釋至 50% ABV 烈酒，回到米德芮蒸餾器利用蒸氣汲取植物香氛精華，採用一次製成，蒸餾完成後僅加桌山水 (Table Mountain Water) 稀釋，不另外添進烈酒。

2015 年聖誕節前夕發表霍普金斯展望地中海琴酒 (Hope on Hopkins–Mediterranean Gin)，購入經過三次蒸餾，採用可倫巴爾 (Colombard) 與白桑儂 (Chenin Blanc) 混合的葡萄烈酒，再浸泡曼薩尼亞橄欖、調整大量使用橙皮，以酒精蒸氣汲取馬其頓杜松子、阿列伯略花園的迷迭香、百里香、羅勒等材料，散發顯著甘甜的柑橘調。曼薩尼亞橄欖原生於西班牙瓦倫西亞，露西使用的克里斯納橄欖 (Chrisna's Olives) 品牌收購自南非斯泰倫博斯農場，是手工採集的有機橄欖，再以南非卡魯生產的鹽醃漬。這種橄欖會帶有一點堅果杏仁氣味。

酒廠導覽附設吧台。

　　一開始每一批次僅生產三百瓶，每個月共生產約一千瓶，隨著品牌逐漸聞名，產量也日漸增加。不過露西本人堅持酒廠不會大幅擴張，依舊走小巧精緻路線。瓶標上的食指與中指交叉動作，意謂禱告、祈求好運，象徵抵擋惡運或邪靈。2017 年跨業結盟，與牛仔服飾品牌「真實簡單 (Real + Simple)」合作，推出真實希望琴酒 (Real Hope Gin)，添加杜松子、歐白芷根、芫荽籽、甘草，僅以簡單四種原料呈現豐富的海軍強度風味，裝瓶濃度為 56% ABV。

　　2018 年增加兩座蒸餾器，一座是不鏽鋼材質、以露西外祖母命名為莫瑪 (Mouma)，一座是銅製混合型蒸餾器「瘋狂瑪莉 (Mad Mary)」。2018 年底研製聖誕系列琴酒，用聖經中「東方三賢士」在耶穌誕生時獻上的三種禮物作為材料 —— 代表尊貴莊嚴的黃金、象徵神聖的乳香和預警未來苦難的沒藥。黃金琴酒 (Gold Gin) 加入杜松子、橙皮、肉桂、肉豆蔻、杏仁，並浸泡匈牙利橡木酒桶側版 (Staves) 二個半月後裝瓶；乳香琴酒 (Frankincense Gin) 加入杜松子、乳香、烘烤肉桂、孜然和香芹；沒藥琴酒 (Myrrh Gin) 則加入杜松子、沒藥、丁香、多香果、八角和肉豆蔻。

　　酒廠於 2019 年 8 月更名為展望酒廠 (Hope Distillery)，並且全面更新酒標設計；原先的鹽河琴酒則易名為展望非洲植物琴酒 (Hope African Botanical Gin)，另外還推出添加粉紅胡椒、荳蔻、葡萄柚皮與檸檬皮的展望露西粉紅胡椒琴酒 (Hope Lucy's Pink Peppercorn Gin)。

展望倫敦琴酒
Hope London Dry Gin 43% ABV

🌀 風味　**Juniper** | **Citrus** | Herbal | Spice | **Floral** | Fruit

🍃 原料　杜松子 - 馬其頓、歐白芷根 - 比利時、芫荽籽、橙皮、檸檬皮、迷迭香、檸檬天竺葵

🍸 推薦調酒　Gin Tonic - 檸檬皮與迷迭香、Martini

展望非洲植物琴酒
Hope African Botanical Gin 43% ABV

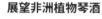

🌀 風味　**Juniper** | **Citrus** | **Herbal** | Spice | Floral | **Fruit**

🍃 原料　杜松子 - 馬其頓、歐白芷根 - 比利時、芫荽籽、橙皮、檸檬皮、布枯葉、非洲迷迭香、甘草

🍸 推薦調酒　Gin Tonic - 橙片與百里香、Negroni

展望地中海琴酒
Hope Mediterranean Gin 43% ABV

🌀 風味　**Juniper** | **Citrus** | **Herbal** | Spice | Floral | Fruit

🍃 原料　杜松子 - 馬其頓、歐白芷根 - 比利時、橙皮、檸檬皮、曼薩尼亞橄欖、迷迭香、百里香、檸檬百里香、羅勒、芫荽籽、荳蔻、月桂葉

🍸 推薦調酒　Gin Tonic - 橙皮與羅勒、Gin Basil Smash

🌀 品飲心得　溫暖的杏仁，甜薑氣味與淡淡的杜松子。入喉有一點荳蔻，漸次的清爽草本，尾韻有薑糖的感覺與柑橘甘甜。

1949 年時，英國普利茅斯的傳教士馬斯格雷夫 (Maurice Boon Musgrave) 來到南非，展開一段冒險旅程；後來，他的孫女席夢娜 (Simone Musgrave) 不僅熱愛旅行，更在一次次遊歷中發掘許多有趣的小型琴酒廠，於是她也想用琴酒說故事、傳達自己在各地的所見所聞。

席夢娜承襲祖父冒險犯難的膽識及熱情，試圖在幾乎是男性主導的琴酒版圖裡闖出一片天，成立馬斯格雷夫工藝酒業 (Musgrave Crafted Spirits)。她透過約根森酒廠 (Jorgensen's Distillery) 創辦人、也是南非蒸餾元老 —— 羅傑・約根森 (Roger Jorgenson) 介紹，認識了展望酒廠 (Hope Distillery) 的蒸餾師露西・畢爾德 (Lucy Beard) 和萊・李斯克 (Leigh Lisk) 夫妻。

露西與羅傑在展望酒廠內研發，底定配方後以合約方式替席夢娜產製馬斯格雷夫琴酒 (Musgrave Gin)。甘蔗製成的中性烈酒為基底，透過浸泡再蒸餾與蒸氣萃取兩種不同方式汲取香氣，蒸餾器是名為米德芮 (Mildred) 的不鏽鋼壺式蒸餾器。

2015 年 6 月，推出以十一款原料製成的馬斯格雷夫 11 琴酒 (Musgrave 11 Gin)，以及為了柔順口感而降低荳蔻、非洲薑、杜松子、天堂椒的比例，再添加玫瑰水、玫瑰漿果的馬斯格雷夫粉紅琴酒 (Musgrave Pink Gin)。

馬斯格雷夫琴酒委託展望酒廠製作。

UK

Europe

N.America

S.America

Asia

Africa

Oceania

馬斯格雷夫 11 琴酒
Musgrave 11 Gin 43% ABV

風味 **Juniper** | **Citrus** | Herbal | **Spice** | Floral | Fruit

原料 杜松子、芫荽籽、荳蔻、歐白芷根、檸檬皮、橙皮、月桂葉、萊姆葉、鳶尾根、天堂椒、非洲薑

推薦調酒 Gin Tonic - 檸檬皮與迷迭香、Martini

品飲心得 杜松子的刺激與荳蔻等辛香料。口感像是丁香的木質調性，一些肉桂與柔順的辛香感。

馬斯格雷夫粉紅琴酒
Musgrave Pink Gin 43% ABV

風味 **Juniper** | **Citrus** | Herbal | **Spice** | **Floral** | Fruit

原料 杜松子、芫荽籽、荳蔻、歐白芷根、檸檬皮、橙皮、月桂葉、萊姆葉、鳶尾根、天堂椒、非洲薑、玫瑰水、玫瑰果

推薦調酒 Gin Tonic - 葡萄柚皮與粉紅胡椒、Clover Club

New Harbour

　　大學主修化工課程的尼克‧亞尼佳 (Nic Janeke) 學過蒸餾，對製酒產生興趣，和女友安德里‧普萊西 (Andri Plessis) 在開普敦開一家微型酒廠。他們利用南非群眾募資平台「閃雷 (Thundafund)」籌備資金，耗費一年半才取得蒸餾執照；2016年正式在伍茲塔克 (Woodstock) 區創立「新港城酒廠 (New Harbour Distillery)」，廠址位於心臟地段的新興工商混合大樓內。

　　尼克擔任主要蒸餾師，購入中性穀物烈酒，用 400 公升不鏽鋼壺式蒸餾器再餾成伏特加。琴酒使用中性糖蜜基酒，再用杜松子與其他共六款原料以蒸氣萃取香氣精華；另一方面透過從斯泰倫博斯 (Stellenbosch) 訂製的真空蒸餾儀器，處理開普檸檬皮、馬齒莧樹葉這兩種較細緻風味的材料。最後結合兩樣蒸餾方式的成品，調和成新港城馬齒莧琴酒 (New Harbour Spekboom Gin)，裝瓶濃度為47% ABV，每一批次耗時十八小時，約可產出二百六十至四百瓶左右。

　　馬齒莧樹每年可轉化 4.2 噸二氧化碳，比起其他熱帶植物的碳中和率高出將近十倍，擁有豐富維他命 C，帶有清淡檸檬味，南非科薩語稱為「埃瓜尼提薩 (iGwanitsha)」，意思是大象的食物。為了貫徹友善環境的理念，新港城酒廠講求碳中和 (Carbon Netural) 製程，盡量不浪費原料與能源，也不製造過多廢棄物。

　　除了伏特加與馬齒莧琴酒後，另外還有以八種原料透過蒸氣萃取方式作成

UK

Europe

N.America

S.America

Asia

Africa

Oceania

新港城酒廠另外還提供琴酒實驗室讓有興趣的來客學習琴酒課程，介紹素材並進行琴酒調和；替微型琴酒廠開啟更多可能性。

琴酒基底，再浸泡南非國寶茶的新港城南非國寶茶琴酒 (New Harbour Rooibos Infused Gin)。

在 2、3 月結果的馬魯拉果實，是大象們趨之若鶩的美食，果實內含有超過柳橙八倍的維他命 C，以及酒精約 3% ABV，大象採食後往往會醉倒一旁，因此馬魯拉樹又被稱為大象樹。尼克將馬魯拉果實入酒，推出 43% ABV 的新港城馬魯拉果琴酒 (New Harbour Maroela Gin)。

新港城酒廠如今搬遷至馬卡薩 (Macassar) 擴大空間，並與品牌合作推出許多產品；如香港 HKG 琴酒 (HKG Gin) 等。

新港城馬齒莧琴酒
New Harbour Spekboom Gin 47% ABV

🌀 風味　**Juniper** | **Citrus** | **Herbal** | Spice | **Floral** | Fruit

🍸 原料　杜松子、芫荽籽、歐白芷根、甘草、桂皮、甜橙皮、鳶尾根、杏仁、馬齒莧葉、開普檸檬皮

🍹 推薦調酒　Gin Tonic - 檸檬片、Martini

🍶 品飲心得　杜松子之後是柑橘香氣與淡淡薰衣草香。入喉的杜松子與辛香料平衡展開，中段的柑橘調後轉化為花香餘韻。

新港城南非國寶茶琴酒
New Harbour Rooibos Infused Gin 43% ABV

🌀 風味　Juniper | Citrus | **Herbal** | **Spice** | Floral | Fruit

🍸 原料　杜松、芫荽籽、歐白芷根、甘草、桂皮、甜橙皮、鳶尾根、杏仁、南非國寶茶

🍹 推薦調酒　Gin Tonic - 橙皮、Gin Fizz

Triple Three Estate

三重三莊園

藍岩酒莊
Blaauwklippen

UK

Europe

NAmerica

SAmerica

Asia

Africa

Oceania

藍岩酒莊 (Blaauwklippen) 的葡萄園歷史悠久，始於 1682 年，是南非第三古老的葡萄莊園；名稱來自荷蘭文「藍色花崗岩 (Blaauw Klippen)」，座落於開普敦附近的斯泰倫博斯山 (Stellenbosch Mountain)，旁邊有藍岩河流經。荷蘭人在此種下葡萄，但直至 1680 ～ 1690 年大批法國胡格諾教徒逃亡到開普敦，才被用來製酒。如今藍岩酒莊製作葡萄酒，也有白蘭地與其他風味酒。

出生於德國的羅爾夫·柴特福格爾 (Rolf Zeitvogel) 畢業後前往南非釀製葡萄酒，在伯格德 (Bergkelder)、KWV、布登維沃斯汀 (Buitenverwachting) 這三間葡萄酒公司工作學習。回德國後雖然馬上獲邀在酒莊擔任釀酒師，卻始終難以忘懷非洲之美，於是在 2002 年回到南非製酒，更帶領團隊研發南非首款白色金粉黛葡萄酒 (White Zinfandel)。

2016 年初，羅爾夫在藍岩酒莊下組織三重三莊園 (Triple Three Estate) 蒸餾公司，又因金粉黛酒的字首 Zin 與 Gin 諧音，讓羅爾夫想那就乾脆來作琴酒吧！他選擇研發三款風格迥異的琴酒，作為藍岩酒莊超過三百三十三年的里程碑，因此命名為「三重三 (Triple Three)」。以德國蒸餾名家尤里奇·寇勒 (Ulrich Kothe) 打造的銅製連續蒸餾器製作，推出 100% 杜松子琴酒 (100% Juniper Berry Gin)、柑橘調琴酒 (Citrus Infusion Gin)、非洲植物琴酒 (African Botanicals Gin)；當中 100% 杜松子琴酒後來更名為「只有杜松子琴酒 (Just Juniper Berry Gin)」。

三重三莊園系列琴酒以甘蔗糖蜜為基底，透過自家德製七層連續蒸餾器製成中性烈酒，口感滑順，使其能充份展現琴酒內各項原料風味。只有杜松子琴酒，顧名思義單純使用杜松子為浸泡原料，而浸泡時間依每個季節的杜松子特色而定。柑橘調琴酒原料選擇東開普敦充足日照下生長的柳橙，以及斯泰倫博斯的有機檸檬賦予這款琴酒主要酒體。非洲植物琴酒則是以當地原料為主；使用新鮮與乾燥的布枯葉與南非國寶茶葉、丁香、雪松木、松葉、杏仁、甘草根、南薑 (高良薑)、芫荽、杜松子。

只有杜松子琴酒
Just Juniper Berry Gin 43% ABV

🌀 風味　**Juniper** | **Citrus** | Herbal | Spice | **Floral** | Fruit

🌀 原料　杜松子 - 義大利

🍸 推薦
調酒　Gin Tonic - 檸檬皮、Negroni

🍸 品飲
心得　雪松木、桉樹、丁香、萊姆、香草伴隨一點花香氣味。飽滿而柔順的杜松子口感，些許香料，檸檬薄荷，尾韻清新優雅。

柑橘調琴酒
Citrus Infusion Gin 43% ABV

🌀 風味　**Juniper** | **Citrus** | Herbal | Spice | Floral | Fruit

🌀 原料　杜松子 - 義大利、柳橙 - 南非東開普敦、檸檬 - 南非斯泰倫博斯

🍸 推薦
調酒　Gin Tonic - 葡萄柚片、Gin Fizz

非洲植物琴酒
African Botanicals Gin 43% ABV

🌀 風味　**Juniper** | **Citrus** | **Herbal** | Spice | Floral | **Fruit**

🌀 原料　杜松子 - 義大利、布枯葉、南非國寶茶、丁香、雪松木、南薑、芫荽籽、杏仁、甘草、松葉

🍸 推薦
調酒　Gin Tonic - 橙皮與薄荷、Hanky Panky

1994 年 4 月 27 日，曼德拉成為南非新憲法生效後第一位民選總統；同年，德國一位餐廳老闆赫爾穆特‧維爾德勒 (Helmut Wilderer) 在一場高爾夫球賽中贏得前往美國的旅行，卻因故改為南非之旅。雖然當時在南非製酒仍屬國營事業，赫爾穆特卻認為在逐漸民主化的南非，蒸餾將是機會無窮的產業，於是向南非政府提出申請，沒想到才幾週就獲審通過。半年後，五十五歲的赫爾穆特拎著兩個行李箱，帶著十四歲的兒子克里斯汀 (Christian Wilderer) 搬到南非。其實當時的赫爾穆特對蒸餾的專業幾乎一無所知，憑藉著在德國、奧地利上過課的經驗，以及反覆嘗試與失敗，就這樣，南非首間私人蒸餾酒廠慢慢站穩腳步了。

維爾德勒酒廠 (Wilderer Distillery) 設在開普敦近郊帕爾地區 (Paarl)，剛開始以義式白蘭地與藥草風味酒為主。前十四年，全靠著赫爾穆特獨自撐持，之後成年的克里斯汀加入協助打理附設餐廳，父子共同經營品牌。

2013 年，克里斯汀回到德國時有機會去了琴酒酒吧，因為感受到琴酒的熱潮，極力說服父親研發琴酒。赫爾穆特接受兒子建議，經過四十四次實驗，以生長於南非桌山的植物凡波斯為原料，將原料裝成袋，浸泡於中性烈酒內再蒸餾，蒸餾後的酒液再加上稀釋過的中性烈酒進行第二次蒸餾，讓蒸氣通過原料袋萃取精華，產出這款維爾德勒凡波斯琴酒 (Wilderer Fynbos Gin)。

UK

Europe

N.America

S.America

Asia

Africa

Oceania

維爾德勒凡波斯琴酒
Wilderer Fynbos Gin 45% ABV

🌀 風味 **Juniper** | Citrus | **Herbal** | Spice | Floral | Fruit

🍸 原料 杜松子、布枯葉、蜜樹、獅耳花、南非鈎麻（魔鬼爪）、松葉菊、秘密

🍸 推薦調酒 Gin Tonic - 檸檬皮、Martinez

🌀 品飲心得 青草氣息與細微花香裡挾帶杜松子氣味。茴香與甘草的一點甜味，溫潤口感裡有著植物根部味道，尾韻是淡淡尤加利葉。

伍茲塔克

伍茲塔克琴酒公司
Woodstock Gin Company

2014 年時，製作有機利口酒的西蒙·馮維特 (Simon Von Witt)，在朋友巴特禮 (Stuart Bartley) 邀約下，以西開普省的灌木植物凡波斯發想，著手進行琴酒蒸餾。兩人分工，巴特禮負責銷售，一起成立伍茲塔克琴酒公司 (Woodstock Gin Company)。

伍茲塔克起源葡萄基底琴酒 (Woodstock Inception Wine Base Gin)，以南非盛產的白桑儂 (Chenin Blanc) 葡萄酒蒸餾為中性烈酒，再次蒸餾用蒸氣萃取香氣精華；十六種原料內有十種都是西開普敦特有的植物。蒸餾後的琴酒以源自紐蘭德 (Newlands) 的奧碧虹泉水 (Albion Spring) 稀釋，裝瓶濃度為 43% ABV。

伍茲塔克起源啤酒基底琴酒 (Woodstock Inception Beer Base Gin) 把酒精濃度 7.5% ABV 的南非精釀愛爾淡啤酒蒸餾為中性烈酒，一樣是用蒸氣萃取，較之葡萄基底琴酒則口感較為強勁，帶有些微焦糖香氣。

伍茲塔克茶嗨琴酒 (Woodstock High Tea Gin) 是與開普敦黑桃 A 酒吧 (Ace n Spades) 調酒師古拉德·卡利斯 (Gerald Kallis) 合作的成品，以葡萄基底琴酒為底，再浸泡南非國寶茶與蜜樹茶 (Honeybush)，呈現茶色。伍茲塔克桶陳琴酒 (Woodstock Cask Aged Gin) 也是以葡萄基底琴酒為底，熟成於美國橡木桶內三至四個月，帶有香草與杏仁膏氣味。

伍茲塔克琴酒公司也自己生產通寧水與瓶裝琴湯尼，並提供遊客進行品飲與瞭解其產品製作。2019 年底改以葡萄作為基底烈酒，全用伍茲塔克區域周遭的街頭故事命名：傳說有個竊賊將鑽石埋藏在亞伯特路上，至今仍沒有人找到；維多利亞路以前總是站了一群修女熱情傳教；充滿大麻味的金皮街過去開設不少布行服飾店；希爾勒街曾發生讓人難忘的大火……這些傳言或歷史激發他們的靈感，將產品重新構思，推出亞伯特 399 琴酒 (399 on Albert Gin)、浸泡南非國寶茶的維多利亞 021 琴酒 (021 on Victoria Gin)、使用大麻的金皮 142 琴酒 (142 on Gympie Gin)、強調薑味的希爾勒 001 琴酒 (001 on Searle Gin)。

伍茲塔克亞伯特 399 琴酒
Woodstock 399 on Albert Gin 43% ABV

風味	Juniper	**Citrus**	**Herbal**	Spice	**Floral**	**Fruit**

推薦調酒　Gin Tonic - 葡萄柚片與迷迭香、Vesper

原料　杜松子、荳蔻、肉桂、黑胡椒、丁香、萊姆、蜜樹、布枯葉、南非國寶茶、野生迷迭香、玫瑰天竺葵、祕密

品飲心得　柔順豐富的酒體裡帶著一點茉莉花與香菜味。一點黑醋栗果香口感，南非國寶茶等草本氣息，柑橘調餘韻。

Oceania

大洋洲

UK

Europe

N.America

S.America

Asia

Africa

Oceania

澳洲是南半球的琴酒中心,近年來出現許多琴酒表現亮眼值得一試。紐澳深受歐美文化影響,雖然起步略晚,但是幅員遼闊且擁有多樣特色植物素材可供發揮。透過募資創立的四柱琴酒 (Four Pillars Gin),成功經驗讓其他小酒廠紛紛跟進,輔以 2018 年澳洲餐飲界使用原住民採集灌木叢食材風潮,讓作為後起之秀的澳洲琴酒,甚至能夠在世界琴酒的譜系中自成一類。

Broken Heart

飛行員喬格・亨肯哈弗 (Joerg Henkenhaf) 與工程師貝恩德・施納貝爾 (Bernd Schnabel) 都是琴酒狂熱份子,對蒸餾有高度熱情,兩人相約投入琴酒事業,但貝恩德卻在 2012 年罹癌去世。喬格與貝恩德的遺孀,原本幾乎快放棄琴酒夢,但他們帶著隨貝恩德逝去而殘缺的心,成立傷心烈酒酒業 (Broken Heart Spirits),推出了傷心琴酒 (Broken Heart Gin),繼續朝貝恩德的遺願前進。以紐西蘭的風光為構想,透過瓶身傳達訊息給世人:「生命短暫,請珍惜與所愛的人相處時刻」。

取用糖蜜 (Molasses) 製成的中性烈酒浸泡十一種原料,包含麥芽、薑與啤酒花、橙花,紐西蘭南部的野生薰衣草等。將材料浸泡三天,以 150 公升的銅製壺式卡爾蒸餾器 (Carl Still) 經過四小時蒸餾,再以皇后鎮純淨冰川水稀釋至 40% ABV 與海軍強度 57% ABV。

另外還有藍心的傷心伏特加以及黑色的傷心香料蘭姆酒 (Broken Heart Spiced Rum)、傷心榲桲琴酒 (Broken Heart Quince Gin)。2017 年推出調和一般傷心琴酒與海軍強度傷心琴酒 (比例 7:3),並熟成於法國夏多內葡萄酒桶六個月、裝瓶濃度為 40% ABV 的傷心桶陳琴酒 (Broken Heart Barrel Aged Gin)。2019 年 10 月,推出以傷心琴酒浸泡法國黑皮諾葡萄一段時間後再過濾的傷心黑皮諾琴酒 (Broken Hear Pinot Noir Gin)。

多年後,傷心酒業每年約銷售三萬瓶烈酒;如今傷心琴酒帶來的不再是悲傷情緒,而是歡樂的把握當下。

傷心琴酒
Broken Heart Gin 40% ABV

🌀 風味	**Juniper** | **Citrus** | Herbal | Spice | **Floral** | Fruit
Ⓜ 原料	杜松子 - 義大利、芫荽籽、橙花、歐白芷根、檸檬皮、薰衣草、啤酒花—紐西蘭尼爾森、肉桂、多香果、麥芽、薑
🍸 推薦調酒	Gin Tonic - 迷迭香、Aviation
➕ 品飲心得	甘甜的杜松子、芫荽、柑橘香氣接連出現,一些甘草味。入喉的迷迭香、薰衣草香氣,杜松子與一點麝香轉化成啤酒花與橙花餘韻。

Dancing Sands

出生於美國波士頓的班‧博諾瑪 (Ben Bonoma) 曾在紐約、倫敦、香港、新加坡等地工作，因為工作結識來自英國約克郡的莎拉 (Sarah)，兩人偶爾相約在紐約的酒吧，喝馬丁尼配藍紋乳酪橄欖徹夜閒談。2013 年，這對情侶決定結束遠距戀情，遷居至紐西蘭開始新生活 —— 一個他們認為是世界上最美的地方。

剛搬到紐西蘭黃金灣 (Golden Bay) 時，班希望經營啤酒廠，卻正巧看到塔卡卡 (Takaka) 有間蒸餾廠轉讓的訊息。當時精釀啤酒在紐西蘭已經發展一段時間，而烈酒正在起步。這對熱愛新挑戰的夫妻便接手酒廠設備，並收購剩下的陳年蘭姆酒，重新裝瓶貼標發售。十七世紀時荷蘭人占領毛利人灣區，黃金灣發生喋血衝突因而被命名為「殺戮灣 (Murderers Bay)」；另外也傳說有人魚一直保護著這片水域，以此緣由，他們的蘭姆酒就叫「殺戮灣」，瓶標繪有人魚圖樣。

兩人向當時紐西蘭唯二的女性蒸餾師蘇‧本澤曼 (Sue Bensemann) 請益，從門外漢開始逐步學習；創意無限的班負責發想配方，細心的莎拉專門蒸餾製程。

距離酒廠約十分鐘車程有一處美麗的蒂懷科魯普普泉 (Te Waikoropupu Springs)，意思是舞砂之地 (The Place of Dancing Sands)；水極清，能見度能達湖底六十至八十公尺。為了常提醒自己感念這些綺麗的自然景致，酒廠就此取名舞砂酒廠 (Dancing Sands Distillery)，半年內發表兩款蘭姆酒、伏特加，還有兩款讓這對夫妻結緣的琴酒。

因市面上已經充斥許多柑橘調性的高品質琴酒，班與莎拉決定著眼於香料風味的琴酒挑戰消費市場，以傳統琴酒原料：杜松子、甘草、歐白芷根加上帶來辛香氣息的荳蔻、芫荽籽、胡椒，使用杏仁增加口感滑順，最後則是有著紐西蘭茶樹別稱的麥蘆卡枝葉 (Manuka Leaves)。原料置於丹麥哥本哈根的雅各卡爾蒸餾器 (Jacob Carl Still) 的原料籃中，透過蒸氣萃取香氣。這座 150 公升、暱稱 JC 的蒸餾器每批次製程四至五小時，蒸餾出的原酒酒液約 82% ABV，可產出兩百瓶。裝瓶濃度為 44% ABV 的聖泉琴酒 (Sacred Spring Gin) 後來更名作「舞砂琴酒 (Dancing Sands Dry Gin)」，是酒廠基本款。將 65% ABV 的舞砂琴酒分別貯放於全新法國橡木桶與蘭姆酒桶內各三個月，之後調和成 48% ABV 的舞砂桶陳琴酒 (Dancing Sands Barrel Aged Gin)，舒服的桶陳風味與辛香料口感搭配得宜，

UK

Europe

N.America

S.America

Asia

Africa

Oceania

也是紐西蘭第一款桶陳琴酒。

2017 年再與當時擔任威靈頓 C.G.R. 貿易商社酒吧 (C.G.R. Merchant & Co.) 調酒師的萊利 (Ducan Raley) 共同製作舞砂巧克力琴酒 (Dancing Sands Chocolate Gin)，要浸泡多明尼加產的可可豆與南非國寶茶達六週。隨後的舞砂番紅花琴酒 (Dancing Sands Saffron Gin) 除了使用伊朗番紅花，也添加玫瑰花苞增加花香調。

紐西蘭的草莓產季在夏日 (約 12 月)，將陽光親吻過的草莓，連同大黃，加入琴酒暈染出淡雅粉色，37.5% ABV 的舞砂日吻琴酒 (Dancing Sands Sun Kissed Gin) 是款能夠輕鬆純飲的討喜琴酒。而唯一調整琴酒配方的舞砂山葵強度琴酒 (Dancing Sands Wasabi Strength Gin) 裝瓶濃度為 58% ABV，延續一貫辛香料主軸，保留杜松子、芫荽籽、杏仁、甘草、歐白芷根，額外使用當地山葵根、海帶、紐西蘭胡椒樹葉 (Horopito Leaves)、整顆柳橙切片，以突顯鮮美辛香感卻又不失溫和。

瓶身委託威靈頓的設計公司製作，瓶標鮮豔的光影來自蒂懷科魯普普泉的色彩靈感。對於博諾瑪夫妻而言，蒸餾就像烹飪，不見得需要完全遵循前人配方，靠著反覆實驗也能從失敗裡得到美味的結果。

舞砂琴酒
Dancing Sands Dry Gin 44% ABV

風味　**Juniper** | Citrus | Herbal | **Spice** | **Floral** | Fruit

原料　杜松子 - 義大利托斯卡尼、芫荽籽 - 摩洛哥、荳蔻 - 印度、歐白芷根 - 法國、甘草 - 印度、胡椒 - 越南、杏仁 - 美國加州、麥蘆卡枝葉 - 紐西蘭黃金灣

推薦調酒　Gin Tonic - 橙片、Martini

品飲心得　顯著的杜松子，飽滿溫暖的辛香料，一點點巧克力感覺；入喉胡椒與甘草、杜松子氣味相疊。

Scapegrace

創辦者兼行銷總監馬克‧尼爾 (Mark Neal)，與統籌管理的姐夫丹尼爾‧麥勞夫林 (Daniel Mclaughlin)，加上友人理察‧布爾科 (Richard Bourke)，三人想要創造出新式琴酒，在英國時便時常向琴酒專家請益，回到紐西蘭後，找了位處紐西蘭南島的南方穀類烈酒 (Southern Grain Spirits) 酒廠首席蒸餾師菲茨派翠克 (John Fitzpatrick)，於 2014 年 2 月合作推出惡劣會社琴酒 (Rogue Society Gin)。

惡劣會社琴酒使用美國 96.2% ABV 的小麥中性基酒，浸泡由英國香料公司嚴選的十二種原料二十四小時，以南方穀類烈酒酒廠裡容量 3000 公升的約翰多爾銅製壺式蒸餾器蒸餾出約 78.9% ABV 的原酒，再用流經南阿爾卑斯山腳坎特伯雷平原 (Canterbury Plains) 冰川河水進行稀釋，裝瓶濃度為 40% ABV。

2017 年，準備打進歐美市場的惡劣會社琴酒，因為與美國羅格啤酒 (Rogue) 名稱相同有版權問題，考量到容易被混淆而更名成「極惡琴酒 (Scapegrace Gin)」，依然是同樣的瓶身，同樣配方的琴酒，裝瓶濃度提高為 42.2% ABV。

極惡金琴酒 (Scapegrace Gold Gin) 額外添加椪柑皮，裝瓶濃度 57% ABV。2019 年 9 月推出 41.6% ABV 的極惡黑琴酒 (Scapegrace Black Gin)，將不同素材調和成的謎樣漆黑，包含野櫻莓 (Aronia Berry) 的紅色、鳳梨的黃色、蝶豆花的深藍、紫薯的紫色、番紅花的橙色；蒸餾後再浸泡蝶豆花取得深色酒液。

UK

Europe

N.America

S.America

Asia

Africa

Oceania

極惡琴酒
Scapegrace Gin 42.2% ABV

🌀 風味　**Juniper** | **Citrus** | Herbal | **Spice** | **Floral** | Fruit

🌿 原料　杜松子 - 義大利、芫荽籽 - 英格蘭、荳蔻 - 瓜地馬拉、肉豆蔻 - 格林納達、丁香 - 科摩羅、歐白芷根 - 波蘭、甘草 - 義大利、鳶尾根 - 瓜地馬拉、肉桂 - 斯里蘭卡、桂皮 - 中國、檸檬皮 - 西班牙、橙皮 - 西班牙

🍸 推薦調酒　Gin Tonic - 檸檬皮、Martini

✨ 品飲心得　經典的杜松子氣味，淡淡薰衣草與橙花香氣，一點肉桂辛香味。入喉能感受到由杜松子與柑橘調組合成清新調性，豐富的香料漸次浮現，溫暖且柔順舒服的餘韻。

Applewood

從事葡萄酒銷售工作的布蘭登・卡特 (Brendan Carter)，因為對釀酒產生興趣，前往阿得雷德大學攻讀葡萄釀造，也在此遇見了修習農業科學的另一半——勞拉 (Laura)。兩人一起成立「熱情獨到 (Unico Zelo)」葡萄酒品牌，之後在小鎮古梅拉查 (Gumeracha) 找到一棟 1920 年代貯放外銷蘋果的舊庫房，成立赭紅之國 (Ochre Nation) 公司。

隔年發生桑普森平原大火，讓夫妻倆思考要如何協助農民能有更穩定收入，他們收購賣相不佳的農產品，減少食物浪費；又因為製成烈酒是推廣澳洲物產最直接有效的方式，於是另外擴建蘋果木酒廠 (Applewood Distillery)，並先以琴酒作為首波產品。蘋果木琴酒 (Applewood Gin) 以葡萄烈酒為基底，除了杜松子，大部分素材皆選自澳洲，希望呈現鮮美柔順的柑橘草本氣味。

布蘭登每年都會研發不同風格的限量琴酒，例如 2018 年發表的七宗罪琴酒系列 (Seven Deadly Sins Gin)，其中的暴食琴酒 (Gin of Gluttony) 使用培根、楓糖、可可豆、龍膽根、肉桂為元素，貪婪琴酒 (Gin of Greed) 則添加烤過的金合歡籽、丁香、伯爵茶、綠荳蔻。

一開始只使用小型不鏽鋼蒸餾器馬利 (Marley)，2019 年再添購兩座銅製蒸餾器，並以澳洲著名電視劇《凱絲與金 (Kath & Kim)》的母女檔命名；2000 公升的「金」，用來製作低度酒，1000 公升的「凱絲」則專門用來製作威士忌與琴酒。

2019 年底推出 58% ABV 的蘋果木海軍琴酒 (Applewood Navy Gin)，是時隔五年後的第二款常態發售琴酒，加重沙漠萊姆與杜松子比例，多加了雅拉河谷的日本柚子，更強勁豐富的柑橘香氣十分迷人。

蘋果木琴酒
Applewood Gin 43% ABV

🌀 風味　Juniper | **Citrus** | **Herbal** | Spice | **Floral** | Fruit

🍸 原料　杜松子、沙漠萊姆、薄荷桉、金合歡籽、濱藜、薰衣草、血萊姆、檸檬香桃木、茴香香桃木、野生百里香、框東果實、秘密

🍸 推薦調酒　Gin Tonic - 檸檬片和百里香、Martini

😊 品飲心得　香氣是舒服的草本與甜美的柑橘，一點尤加利葉與薄荷，隱約的花香。入喉明亮清新的林間意象，轉而些微檸檬與杜松子木質調，薰衣草與胡椒辛香交疊。

Four Pillars

　　史都華・格雷戈爾 (Stuart Gregor) 與釀葡萄酒超過十五年的卡梅隆・麥肯錫 (Cameron Mackenzie) 自 2012 年開始動念想興建酒廠，在前往美西旅遊時，從波特蘭到舊金山參觀數間酒廠，更確認動手製酒的念頭。透過澳洲波希伯 (Pozible) 群眾募資平台，在短短幾天內，原本只訂下一萬澳幣的目標，竟衝破三萬澳幣（七十幾萬新臺幣），預購就賣出四百二十瓶琴酒，而在當時，都還只是用簡易玻璃儀器蒸餾實驗而已！

　　2013 年，負責品牌的麥特・瓊斯 (Matt Jones) 加入，他們在墨爾本附近創建四柱酒廠 (Four Pillars Distillery)，自德國卡爾公司訂購 450 公升的銅製與不鏽鋼混合蒸餾器，以卡梅隆的母親命名為「威瑪 (Wilma)」，裝設在僅 95 平方公尺的空間內，這也是澳洲前幾間使用新式卡爾蒸餾器的酒廠。

　　酒廠以四柱為名，意指「蒸餾器、雅拉河谷純淨水質、植物原料、製酒人們的熱情」四大支柱要素，並在酒瓶上方以四個突起小點代表此概念。

　　經過十八個月調整、嘗試八十餘種素材，最後使用中性小麥烈酒為底，浸泡杜松子做琴酒基礎，加上亞洲香料：芫荽籽、荳蔻莢、肉桂、八角，歐洲的歐白芷根及薰衣草，還有澳洲的乾燥檸檬香桃木樹葉、塔斯馬尼亞胡椒葉，靜置於烈酒一夜，隔日再加上對剖的整顆新鮮柳橙，蒸氣萃取香氣，通過七層回流

UK

Europe

N.America

S.America

Asia

Africa

Oceania

以蒸氣萃取出新鮮柳橙風味。

柱連續蒸餾提高酒精濃度，經過七小時後取得介於 93.3 至 93.5% ABV 的 150 公升未稀釋琴酒。

三次過濾後，混合來自鄰近的雅拉河谷的低鈉鹼性水，稀釋至 41.8% ABV，約莫生產四百六十瓶四柱珍稀琴酒 (Four Pillars Rare Dry Gin)。首席蒸餾師卡梅隆認為整顆澳洲柑橘更能突顯荳蔻與八角氣味，使用胡椒葉則是帶來溫暖調性而更勝於辛辣感，並直接捨棄酒尾部分，不像其他酒廠會重新蒐集再製。

2014 年投入英國市場，2015 年進入歐陸，如今四柱已然擴建成 700 平方公尺的酒廠，再添購 600 公升的卡爾蒸餾器，以史都華的母親「裘德 (Jude)」為名；另外還有一座實驗用 50 公升小蒸餾器則是以麥特母親「艾琳 (Eileen)」取名。

產品線以自家珍稀琴酒九種原料為基底，衍生出添加手指萊姆 (Finger Lime) 與薑的 58.8% ABV 海軍強度琴酒 (Navy Strength Gin)，以及調酒師系列 (Bartender Series)，加入血橙與薑的 43.8% ABV 辛香內格羅尼琴酒 (Spiced Negroni Gin)、摩登澳洲琴酒 (Modern Australian Gin)，浸泡雅拉河谷希哈葡萄於自家珍稀琴酒八週的 37.8% ABV 血腥希哈琴酒 (Bloody Shiraz Gin)。

使用四十多桶來自西班牙雪莉桶與澳洲加烈葡萄酒阿培拉 (Apera) 酒桶的雪莉桶琴酒 (Sherry Cask Gin)，仿效索雷拉 (Soleras) 系統調和而成，另外還有熟成於夏多內酒桶的夏多內桶陳琴酒 (Chardonnay Barrel Gin)。

卡梅隆的母親每年聖誕節都會參考 1968 年《澳大利亞婦女週刊 (Australian Women's Weekly)》的聖誕布丁食譜，製作這種歐洲傳統甜點；於是卡梅隆也將這款聖誕布丁置於蒸餾籃內，基底使用杜松子、肉桂、八角、芫荽籽與歐白芷根浸泡，蒸餾後再貯放於酒桶內。每年度的熟成酒桶和瓶標設計師皆不同，這款澳洲聖誕琴酒 (Australian Christmas Gin) 每次一上架就銷售一空！

四柱酒廠也嘗試多樣合作，例如與西班牙聖塔瑪莉亞酒廠 (Santamania Destileria) 聯名推出的 42.8% ABV 維拉表姐琴酒 (Cousin Vera's Gin)，以澳洲中性葡萄烈酒為基底，添加西班牙白胡椒、芫荽籽、杏仁和澳洲橄欖葉、檸檬香桃木、塔斯馬尼亞胡椒葉、芫荽籽、新鮮橙皮浸泡徹夜後經過五小時蒸餾；或與瑞典赫尼琴酒酒廠 (Hernö Gin Distillery) 聯名推出 42.8% ABV 小島琴酒 (Dry Island Gin)，使用杜松子、芫荽籽、澳洲薄荷、烘烤過的金合歡樹籽、草莓桉 (Strawberry Gum)、檸檬香桃木、新鮮檸檬，加上瑞典產的繡線菊，蒸餾出柑橘與花草調性風味；還和日本的京都蒸餾所 (Kyoto Distillery) 交流，以南北半球四季為概念的季節迭替琴酒 (Changing Seasons Gin)，使用日本的玉露綠茶、檜木、丹桂 (Kinmokusei)、笹竹葉、赤松，以及澳洲的框東果實 (Quandong)、沙漠萊

姆、檸檬香桃木、綠柚子作為原料，裝瓶濃度為 43.8% ABV。

　　與加州酒類通路 K&L 合作的斷層線琴酒 (Faultline Gin)，特別使用夏威夷豆、烤芝麻；與墨爾本聖基爾達海灣郊區最古老的濱海藝術酒店 (Esplanade Hotel，俗稱 The Espy) 合作的黏踢踢地毯琴酒 (Sticky Carpet Gin) 則額外添加司陶特啤酒 (Stout)、烘烤大麥、蜂蜜、綠胡椒、瀑布啤酒花 (Cascade Hops)；與墨爾本新潮日式餐廳吻夢 (Kisumé，キスユメ) 合作的純吻夢琴酒 (Pure Kisume Gin) 使用澳洲水梨、富士蘋果、柚子、山葵、芝麻、山椒、梅子、清酒製作出澳洲日式風情；與墨爾本雅拉河畔快閃浮橋酒吧 (Arbory Afloat) 合作的邁阿密粉紅琴酒 (Miami Pink Gin) 添加鳳梨鼠尾草、葡萄柚皮、梅子；每一款限量合作版本都風味獨俱。身為澳洲琴酒新驅者，四柱酒廠總是能保持新意帶來驚喜。

四柱酒廠的各款限定琴酒商品。

四柱珍稀琴酒
Four Pillars Rare Dry Gin 41.8% ABV

😊 風味　**Juniper** | **Citrus** | **Herbal** | Spice | **Floral** | Fruit

Ⓜ 原料　杜松子、芫荽籽、荳蔻、檸檬香桃木、塔斯馬尼亞胡椒葉、肉桂、歐白芷根、薰衣草、八角、柳橙

🍸 推薦調酒　Gin Tonic - 柳橙片、Negroni

✴ 品飲心得　些微的杜松子帶著甘甜，一點碎薄荷、新鮮柑橘與花香。溫暖的肉桂與白胡椒口感引領辛香氣息，果香與甘草作結。

Ink

　　澳洲的保羅・麥森爵 (Paul Messenger) 在 2009 年去一趟加勒比海島嶼後，便萌生想在澳洲用甘蔗汁製作農業蘭姆酒 (Agricole Rum) 的念頭。他請託在西班牙製造銅製蒸餾器超過 45 年經驗的阿明多 (Armindo)，手工打造能夠同時生產蘭姆酒與琴酒、1000 公升的銅製鍋爐與連續蒸餾柱複合蒸餾器，並額外配備蒸氣室。2012 年，在布里斯本南邊的坦布甘 (Tumbulgum) 創建赫斯克酒廠 (Husk Distillers)。

　　在第一批蘭姆酒進桶熟成時，保羅前往「植物王國 (Kingdom Botanica)」尋找製作琴酒的靈感。他發現泰國的蝶豆花富含大量花青素，會跟著酸鹼值變色很有趣，於是在試過二十五種植物組合、確保素材不會影響蝶豆花的顏色後，挑選十三種原料。在蒸餾鍋爐內以小麥中性烈酒為底，加上用岡瓦納雨林 (Gondwana) 北部河水 (Northern River) 逆滲透過濾處理的水稍加稀釋，除了蝶豆花，將仔細處理的其餘原料混合分裝進三個細布袋內浸泡於其中，隔夜後才開始進行約十一小時的緩慢蒸餾。

　　雖然可以使用蒸氣萃取設備，但是實驗後仍選擇直接浸泡取得原料精華，墨刻琴酒 (Ink Gin) 在低壓低溫下蒸餾，杜松子、芫荽籽、塔斯馬尼亞胡椒、新鮮甜橙刨皮後曬乾的甜橙皮、檸檬香桃木葉賦予新鮮松香、柑橘調與香料感，其餘素材則是讓最後成品平衡飽滿。蒸餾後的酒心酒液再浸泡自種的蝶豆花二十四小時，取得藍紫色澤，並使得口感更柔順，尾韻持久。

墨刻琴酒
Ink Gin 43% ABV

🌀 風味　**Juniper** | **Citrus** | Herbal | Spice | **Floral** | Fruit

🍸 原料　杜松子 - 匈牙利、甘草、歐白芷根、鳶尾根、荳蔻、肉桂、檸檬皮、檸檬香桃木葉 - 澳洲、塔斯馬尼亞胡椒 - 澳洲、芫荽籽 - 澳洲、甜橙皮 - 澳洲、接骨木花、蝶豆花

🍹 推薦調酒　Gin Tonic - 薄荷與橙皮、Martini

➕ 品飲心得　明亮而柔順的杜松子氣味與淡雅花香。清爽口感，柑橘調和花香餘韻持續。

Melbourne Gin Company

UK

Europe

N.America

S.America

Asia

Africa

Oceania

　　伊恩‧馬克斯 (Ian Marks) 與妻子珍 (June Marks) 在澳洲第二波葡萄種植潮時，來到雅拉河谷的簡布魯克山 (Gembrook Hill)，於 1983 年成立簡布魯克山葡萄園 (Gembrook Hill Vineyard)；當時那塊地僅種植著馬鈴薯與少量的葡萄，靠著夫婦倆努力耕耘釀酒，如今的簡布魯克山葡萄酒品質已備受肯定。父母的努力與心意傳承到兒子安德魯 (Andrew Marks) 身上，他從小就在葡萄園裡玩耍，釀酒師的工作順理成章成為他的使命。畢業後他繼續在羅斯洛思 (Roseworthy) 農學院深造釀酒，1998 年到澳洲葡萄酒大品牌奔富 (Penfolds) 工作，期間曾前往法國勃艮第、隆格多克、美國索諾瑪等地見習，並在 2000 年結識知名的女釀酒師愛斯佩 (Anna Espelt)，2003 年離開奔富酒廠，也短暫到愛斯佩在西班牙的酒窖工作。

　　在外流浪許久，終於返家的安德魯，開始在家裡酒莊與釀酒師提摩‧梅爾 (Timo Mayer) 共事見習，接著在 2005 年成立品牌「流浪者 (Wanderer)」，搜購葡萄來釀酒。他堅信：「優質葡萄酒都是從葡萄園就開始決定的！」

　　某天下午，安德魯在墨爾本市區格特魯德街 (Gertrude Street) 附近散步，想著除了釀製葡萄酒，還有什麼能表現出墨爾本這座城市特色的事物。當時因為拜讀澳洲作家法蘭克‧穆爾豪斯 (Frank Moorhouse) 的半自傳小說《回憶馬丁尼 (Martini: A Memoir)》，他與室友每週二都會上酒吧喝杯馬丁尼，就這樣興起了自己蒸餾琴酒的想法。

　　安德魯購置一座葡萄牙製、原本用來製作香水的 5 公升小型鍋爐蒸餾器，在租屋處一邊蒸餾一邊自學，經過一年研究、將約二十種素材分開蒸餾，逐樣瞭解材料的特性風味後再進行調和，終於得到自己滿意的成品。2012 年成立墨爾本琴酒公司 (Melbourne Gin Company，簡稱 MGC)，以簡潔瓶標搭配顯著的三個字母，2013 年 7 月開始販售自己的作品。

　　同時兼具倫敦辛口琴酒 (London Dry Gin) 傳統與新式琴酒的趣味，除了常見素材，另外使用安德魯父母花園裡的迷迭香、簡布魯克山葡萄園種植的新鮮葡萄柚皮、蜜檸檬香桃木、檀香、芫荽籽，再加上澳洲夏威夷豆、新鮮臍橙。每種配方都由安德魯親自測量，誤差不超過一克。一樣是用葡萄牙製香水蒸餾器，130 公升空間內只裝半滿，經過八小時蒸餾各項素材再調和，最後僅以水稀釋（一次

製成)至濃度 42% ABV 裝瓶。因為是非冷凝過濾,調酒稀釋後會變得稍微混濁 (乳化反應,Louching)。

　　在沒有完整商業操作計劃下,墨爾本琴酒公司琴酒 (MGC Gin) 還是獲得市場青睞;除了販售產品,墨爾本琴酒公司也參與贊助社區活動,期許回饋大眾。

墨爾本琴酒公司琴酒
MGC Gin 42% ABV

🌸 風味　**Juniper | Citrus | Herbal | Spice** | Floral | Fruit

🅜 原料　杜松子、歐白芷根、芫荽籽、鳶尾根、桂皮、蜜檸檬香桃木、葡萄柚皮、臍橙、迷迭香、夏威夷豆、檀香

🍸 推薦調酒　Gin Tonic - 橙片、Martini

❸ 品飲心得　芬芳氣味中帶著些許香料,柑橘調性裡柔順的杜松子浮現。入喉柔順甘甜,細緻的各式花果香。

Never Never

在澳洲擔任調酒師及品牌大使的尚恩・巴克斯特 (Sean Baxter)、從事金融業的喬治・喬吉亞迪斯 (George Georgiadis) 和提姆・博斯特 (Tim Boast)，三人在 2016 年 12 月合資，自墨爾本的史帕克釀造公司 (Spark Brew) 採購一座 300 公升的銅製水浴加熱混合型蒸餾器，裝設在南澳阿得雷德 (Adelaide) 的大棚屋釀酒廠 (Big Shed Brewing)，取名為溫蒂 (Wendy)。喬治到美國參觀不少酒廠，返回澳洲也前往各地酒廠見習。後來成為自家首席蒸餾師的提姆，其祖母的家族姓氏與英國老牌琴酒「吉爾貝 (Gilbey's Gin)」同源，他體認到自己的血液中流淌著對琴酒的熱情，後來用來實驗的小型蒸餾器便是以南茜 (Nancy) 祖母命名。

澳洲人都以「絕不絕不 (Never Never)」稱呼內陸那遼闊的無人荒地，這啟發三個人想從劣勢中開拓希望的意念，於是替酒廠定名為「絕不絕不酒業 (Never Never Distilling Co.)」，昭示團隊永不放棄的決心。

中性小麥烈酒為基底，浸泡杜松子二十四小時後過濾準備蒸餾前，再添加一次杜松子至蒸餾器鍋爐內，並將杜松子額外再置入蒸餾籃內以蒸氣萃取，加上澳洲芫荽籽、澳洲胡椒、歐白芷根、檸檬皮等八種原料，完成這款三倍杜松子琴酒 (Triple Juniper Gin)，裝瓶濃度為 43% ABV。

三倍杜松子琴酒第一次發表的正式場合，就在尚恩的婚禮，大批的澳洲調酒師好友齊聚，一方面讓他觀察試飲的反應，一方面也滿足這些挑嘴賓客。2017 年 8 月上市，瓶標委託怪奇家族公司 (Peculiar Familia) 設計，以佈滿杜松子的麥克拉倫山谷 (McLaren Vale) 及海岸線素描傳達琴酒風味，底色是地球配色，以求能在眾多酒瓶中博取注目。商標是兩個大寫的 N 相連，也代表著連綿起伏的山丘。

絕不絕不酒業的暗黑系列 (Dark Series) 為小批次試作品，其中一款額外添加當季的北馬其頓杜松子蒸餾液至三倍杜松子琴酒，因為大受好評變成每年限定的杜松子怪咖琴酒 (Juniper Freak Gin)，酒精濃度高達 58% ABV，仍舊柔順且層次豐富。另一款暗黑系列「腳踩杜松子琴酒 (Juniper Stomp Gin)」則是仿效以前人力踩踏葡萄製酒的做法，先用腳踏壓杜松子再拿去製成琴酒。

2018 年 6 月推出的南方強度琴酒 (Southern Strength Gin) 更接近傳統琴酒的銳

利感，以三倍杜松子琴酒為原型，加重歐白芷根、芫荽籽及檸檬比例，提高濃度至 52% ABV。

　　2019 年底，瓶標上的麥克拉倫山谷圖像彷彿預言般實現；座落於麥克拉倫山谷的白堊丘葡萄酒園 (Chalk Hill Wines) 提供場地給絡不絕不酒業擴廠，結合酒廠、導覽、餐飲，尤其還能俯瞰丘陵風光。隨著品牌在世界琴酒評比備受肯定，銷售大增，又再從德國添購一座卡爾蒸餾器。另外因為與大棚屋釀酒廠合作，能取得品質良好的麥芽用以製作威士忌，預計還會有許多不同產品問世。

三倍杜松子琴酒
Never Never Triple Juniper Gin 43% ABV

🌀 風味　**Juniper** | **Citrus** | **Herbal** | **Spice** | Floral | Fruit

🍸 原料　杜松子、芫荽籽、肉桂、鳶尾根、歐白芷根、甘草、檸檬皮、萊姆皮、澳洲胡椒

🍹 推薦調酒　Gin Tonic - 檸檬片、Martini

💠 品飲心得　清新的檸檬、松葉與迷迭香草本氣息，絲毫胡椒感覺。入喉口感明亮而油脂感溫潤包覆，杜松子淡雅的木質調轉化成輕柔的辛香作結。

part *O*3

經典調酒與
原創調酒

除了直接品飲琴酒，以調酒表現各款琴酒另類特色也是相當值得嘗試；簡易的琴湯尼（Gin Tonic）在琴酒與通寧水選用、比例會有顯著差異，其他各類調酒酒譜應該視各琴酒特色與酒精濃度、新鮮材料表現、個人口味等而允許稍加調整比例。

Classic
cocktail

經 典 調 酒

Martinez

馬丁尼茲

琴酒 Gin 45ml
甜苦艾酒 Sweet Vermouth 15ml
黑櫻桃蒸餾酒 Maraschino Liqueur 5ml
柑橘苦精 1 dash

作法

攪拌 Stir
雞尾酒杯 Cocktail Glass
擠壓橙皮

Martini

馬丁尼

琴酒 Gin 50ml
不甜苦艾酒 Dry Vermouth 10ml

作法

攪拌 Stir
雞尾酒杯 Cocktail Glass
擠壓檸檬皮或搭配橄欖

Aviation

飛行

琴酒 Gin 50ml
紫羅蘭利口酒 Violet Liqueur 7.5ml
黑櫻桃蒸餾酒 Maraschino Liqueur 12.5ml
檸檬汁 Lemon Juice 12.5ml

作法

搖盪 Shake
雞尾酒杯 Cocktail Glass
可搭配酒漬櫻桃

　　美國調酒考古學家大衛・旺德里奇（David Wondrich）曾在他的書中提及 1911 年左右，隨著人類的飛行技術日趨發達，象徵流行文化的酒吧也開始出現一款稱作「飛行」的調酒。然而飛行的酒譜，直到 1916 年紐約沃利克飯店（Hotel Wallick）的調酒師雨果・安司林（Hugo Ensslin）編撰《調飲酒譜（Recipes for Mixed Drinks）》，才算正式被記載下來：以 2/3 盎司琴酒、1/3 盎司檸檬汁、少量的紫羅蘭利口酒及黑櫻桃蒸餾酒冰鎮搖製，口感酸甜中帶有花香與少許草本滋味。

　　這一年，正逢英國飛機運輸與旅行公司（Aircraft Transport and Travel）成立，三年後，該公司首開倫敦往返巴黎的國際航線。就在安司林調酒手冊出版沒多久後，美國開始實施禁酒令（Prohibition，1920 ～ 1933 年），許多酒款取得不易，部分酒譜於是有所變動，像是飛行酒譜被省略了紫羅蘭利口酒的使用。倫敦薩伏伊酒店（Savoy Hotel）任職的哈利・克拉多克（Harry Craddock），在著作《薩伏伊雞尾酒手札（Savoy Cocktail Book）》的飛行酒譜，便是改為 2/3 盎司琴酒、1/3 盎司檸檬汁、少量黑櫻桃蒸餾酒冰鎮搖製。

　　三、四十年代的美國，身兼百老匯製作人與「紐約酒與食品協會」主席的克勞斯比・蓋基（Crosby Gaige）因為是各大餐廳與酒吧的常客，他將各種美妙的飲食經驗和知識整理成冊，其中一本著作提到，建議把飛行調酒的紫羅蘭利口酒換成任何可食用的藍色染劑，並且易名為「飛上天（Up in the Air）」。

　　再之後，美國調酒復興教父 ── 戴爾・達格洛夫（Dale DeGroff）與資深調酒師兼作家 ── 格瑞・雷根（Gary Regan）又將飛行酒譜比例稍加調整，重新引領經典。1960 年代的歐洲紫羅蘭利口酒酒廠相繼關閉，調酒師們不願屈就改用劣質紫羅蘭酒；直到 2007 年，美國進口商與奧地利羅特曼酒廠（Rothman & Winter）合作，以奧地利葡萄蒸餾酒浸泡兩款不同品種的紫羅蘭製酒，讓紫羅蘭利口酒重現於酒吧。

　　因此，2011 年的《PDT 雞尾酒書（The PDT Cocktail Book）》又將飛行酒譜改回：2 盎司英人牌琴酒（Beefeater Gin）、0.75 盎司檸檬汁、半盎司黑櫻桃蒸餾酒、0.25 盎司羅特曼紫羅蘭利口酒。

Saturn

土星

琴酒 Gin 60ml
法勒南利口酒 Velvet Falernum Liqueur 10ml
百香果泥 Passionfruit Purée 10ml
檸檬汁 Lemon Juice 15ml
杏仁糖漿 Orgeat Syrup 10ml

作法

搖盪 Shake
短杯 Short Glass

　　近代提基[1]熱帶風調酒大師傑夫・貝瑞（Jeff Berry）在 1990 年左右，於聖地牙哥的二手古董店裡發現一個印有酒譜的杯子，這份酒譜的名字是「土星」，酒譜出自 1967 年一位綽號「波波（Popo）」的菲律賓酒保杰・加斯利尼（J. Galsini）之手，以 45 毫升琴酒、各 15 毫升的檸檬汁與杏仁糖漿、各 7.5 毫升百香果泥與法勒南利口酒搖製冰鎮，倒入裝滿碎冰的杯中即可，酸甜熱帶水果風味中帶有淡淡香料，爽口舒暢。

　　我有一回參與泰國曼谷琴酒酒吧「Just A Drink, Maybe」的熱帶風調酒活動，將這款土星調酒稍作調整 —— 將杏仁糖漿改用杏仁與自製開心果糖漿混搭，百香果泥改以自製的百香果蛋黃醬（Passionfruit Curd，或稱百香果凝乳）[2] 呈現。這款改版土星喝起來帶著奶油香氣與熱帶風情，搭配一塊塗著百香果蛋黃醬的酥烤吐司，以這樣的組合迎接假期早晨也是十分得宜。

註 1 提基（Tiki）是指毛利人神話裡被創造的第一個男人，之後提基風格（Tiki Style）通常被衍伸為熱帶風格的調飲，會添加熱帶水果或香料。

註 2 百香果蛋黃醬製作使用 8 到 12 顆百香果肉、2 顆蛋黃、110 克無鹽奶油、150 ～ 200 克砂糖、少許玉米粉，以隔水加熱方式將材料融勻，裝瓶後放涼即可當作麵包或吐司抹醬使用，冷藏可保存 2 週。

Singapore Sling

新加坡司令

琴酒 Gin 50ml

希琳櫻桃酒 Cherry Heering 15ml

班尼狄克汀藥草酒 Bénédictine 7.5ml

君度橙酒 Cointreau 7.5ml

鳳梨汁 Pineapple Juice 60ml

萊姆汁 Lime Juice 15ml

紅石榴糖漿 Grenadine 10ml

安格仕苦精 Angostura Bitter 1 dash

作法

搖盪 Shake

可林杯 Collins Glass

搖畢後倒入杯內再加進適量蘇打水

1910 至 1915 年間，任職萊佛士酒店、原籍海南島的華裔調酒師嚴崇文（Ngiam Tong Boon）應客人要求，使用琴酒為基底調製出「海峽司令（ Straits Sling）」；然而這份酒譜並沒有被詳盡保留下來。在英、法都工作過的調酒師羅伯特・韋梅爾（Robert Vermeire）於 1922 年編撰出版《 雞尾酒：怎麼調（Cocktails : How to Mix Them）》，記載的「海峽司令」被認為最接近原始版本：60 毫升琴酒、各 15 毫升櫻桃白蘭地與班尼狄克汀藥草酒、22 毫升檸檬汁、少量的安格仕苦精與柑橘苦精，冰鎮搖製後倒入長型杯內，再加入適量蘇打水。

倫敦薩伏伊酒店調酒師哈利・克拉多克（Harry Craddock）在 1930 年發行的《薩伏伊雞尾酒手札（Savoy Cocktail Book）》酒譜則是同時記錄「海峽司令」與「新加坡司令」兩款調酒，當時的新加坡司令僅用琴酒、櫻桃白蘭地、檸檬汁搖製後再加入蘇打水。

由人稱「邋遢喬」的喬許・阿貝爾・歐特羅（Jose Abealy Otero）1932 年出版的《邋遢喬的調酒手冊（Sloppy Joe's Cocktails Manual）》將「海峽司令」更名為「新加坡司令」；他在 1934 年《我的新調酒書（My New Cocktail Book）》將再以紅石榴糖漿取代班尼狄克汀藥草酒。

現行流傳的版本，其實來自萊佛士酒店老一輩酒保的記憶：30 毫升琴酒、15 毫升希琳櫻桃酒、各 7.5 毫升君度橙酒與班尼狄克汀藥草酒、120 毫升鳳梨汁、15 毫升萊姆汁、10 毫升紅石榴糖漿、少量安格仕苦精加冰搖製後，最後再加入蘇打水。

Vesper

薇絲朋

琴酒 Gin 60ml
伏特加 Vodka 20ml
公雞美國佬藥草酒[1] Cocchi Americano 10ml

搖盪 Shake
雞尾酒杯 Cocktail Glass
擠壓檸檬皮為飾

　　誕生於 1950 年代的調酒 ——「薇絲朋」，出自於 007 系列小說《皇家夜總會（ Casino Royale)》書中；小說中最讓人印象深刻的就是那句經典台詞：

　　「三份的高登牌琴酒，一份伏特加，半份麗葉酒（three measures of Gordon's; one of vodka; half a measure of Kina Lillet）；搖勻，不要攪拌（Shaken, not stirred）」。

　　有人說這是作者伊恩・佛萊明影射當時冷戰的情勢，琴酒代表英國、伏特加代表蘇聯（之後小說提到俄羅斯或波蘭伏特加）、麗葉酒代表法國的國際關係；該款酒亦命名自小說裡的雙面女間諜薇絲朋・林德（Vesper Lynd）。

註1 此處選擇公雞美國佬藥草酒代替麗葉酒，可視個人喜好選用。

Negroni
內格羅尼

琴酒 Gin 45ml
甜苦艾酒 Sweet Vermouth 15ml
金巴利酒 Campari 15ml

作法

攪拌 Stir
短杯 Short Glass
擠壓橙皮

　　根據 2018 年來自三十八個國家一共一百二十七間酒吧的統計，「內格羅尼」是世界上最受歡迎的琴酒類調酒，以等量的琴酒、金巴利酒、甜苦艾酒加入冰塊攪拌即成。酒譜的發明人有兩種說法，第一種據說是 1919 年時，從美國回到義大利佛羅倫斯的卡米洛·內格羅尼伯爵（Count Camillo Negroni），有天要求酒保把將金巴利酒、甜苦艾酒與蘇打水組合成的「美國佬（Americano）」調酒，將蘇打水改用琴酒替代；另一說是 1860 年，另一位帕斯卡·內格羅尼伯爵（Count Pascal Negroni）派駐非洲塞內加爾時，自己研發獻給愛妻的開胃調酒禮物。

Holland House

荷蘭之家

琴酒 Gin 或杜松子酒 Genever 45ml
不甜苦艾酒 Dry Vermouth 20ml
檸檬汁 Lemon Juice 10ml
黑櫻桃蒸餾酒 Maraschino Liqueur 5ml

作法

搖盪 Shake
雞尾酒杯 Cocktail Glass

　　紐約荷蘭之家旅館（Holland House）吧台首席 —— 喬治・卡普勒（George J. Kappeler）在 1895 年出版的《當代美國飲品（Modern American Drinks）》，記錄以裸麥威士忌（Rye）與柑橘蒸餾酒（Eau de Vie Orange）調製的「荷蘭之家（Holland House）」調酒；到了 1930 年，倫敦薩伏伊酒店調酒師哈利・克拉多克（Harry Craddock）於《薩伏伊雞尾酒手札（Savoy Cocktail Book）》將「荷蘭之家」酒譜改為：40 毫升琴酒和 20 毫升法式苦艾酒（French Vermouth），少量檸檬汁及黑櫻桃蒸餾酒搖製。

　　波士酒廠（Bols）也推出「荷蘭之家」酒譜：50 毫升杜松子酒、22.5 毫升法式苦艾酒、 15 毫升檸檬汁與 7.5 毫升黑櫻桃蒸餾酒；將辛口琴酒改為原產於荷蘭的杜松子酒，讓這款「荷蘭之家」更荷蘭；多了穀物風味則是更添口感變化，是酸甜類調酒的另類選擇。

Gin
Rickey

琴瑞奇

琴酒 Gin 50 ml
萊姆汁 Lime Juice 10ml
蘇打水 Soda Water 適量

作法

直調 Build
高球杯 Highball Glass

　　「琴瑞奇」的由來可上溯自 1883 年，喬瑞奇（Joe Rickey）上校在華盛頓特區擁有一間修梅克酒吧 （Shoomaker's Bar）。該店的調酒師喬治‧威廉森（George Williamson）有回靈機一動，將萊姆汁加進老闆早晨必備飲料 —— 波本威士忌加蘇打水（Bourbon Soda）中；沒想到瑞奇上校一喝成癮，並乾脆將這款無心插柳的調酒冠上自己的名字「瑞奇（Rickey）」並廣為宣傳。

　　位於華盛頓特區、2017 年被評選為「美國最佳雞尾酒吧」的哥倫比亞室酒吧（Columbia Room），店內調酒師說，當初瑞奇將波本威士忌改為琴酒調製後更受歡迎，甚至在 1893 年的芝加哥世界博覽會上蔚為風潮 —— 更厲害的是，這款調酒同時也是《大亨小傳》作者費茲傑羅的最愛。

　　使用 60 毫升琴酒（或是波本威士忌）與 1/2 顆萊姆汁倒入盛有冰塊的長杯內，再注滿氣泡水稍加攪拌不破壞氣泡；琴酒的選擇，以當時背景推論，應是使用口感稍甜的老湯姆琴酒（Old Tom Gin）而非後來崛起的辛口琴酒（Dry Gin）。簡單的調製方式更能彰顯波本威士忌或琴酒品牌本身的品質，清爽口感在基酒的層次風味當中隨著氣泡刺激著味蕾。

Yokohama

橫濱

琴酒 Gin 45ml
伏特加 Vodka 10ml
柳橙汁 Orange Juice 45ml
紅石榴糖漿 Grenadine 7.5ml
艾碧斯酒 Absinthe 2 dash

作法

搖盪 Shake
雞尾酒杯 Cocktail Glass

　　關於「橫濱」的確切酒譜，目前最早記錄於 1919 年由哈利・麥克艾爾馮（Harry MacElhone）著作的《調酒 ABC（ABC of Mixing Cocktails）》中，以各 2/3 盎司辛口琴酒和柳橙汁、各 1/3 盎司伏特加和紅石榴糖漿、少量艾碧斯酒冰鎮搖製後濾冰倒入雞尾酒杯內。像是從橫濱港望向海平面的日出日落，帶著豐富果香與草本滋味的酒體，殷紅的色澤似乎也應呼著日本國旗上的旭日。

　　如果有機會前往橫濱，不妨造訪新格蘭飯店位於一樓的海之護衛者二號酒吧（Sea Guardian II），試試它的三大招牌：「竹子（Bamboo）」、「百萬富翁（Millionaire）」、「橫濱」，都是必點的經典。

Gin Basil
Smash

琴酒羅勒斯瑪旭

琴酒 Gin 50ml
檸檬汁 Lemon Juice 15ml
糖漿 Simple Syrup 12.5ml
新鮮羅勒葉 Fresh Basil 8 片

作法

搖盪 Shake
短杯 Short Glass

　　由德國調酒師約爾格·梅爾（Jorg Meyer）於 2008 年發想的「琴酒羅勒斯瑪旭（Gin Basil Smash）」，先取一把（約 8 至 12 片葉子，端看個人喜好）羅勒葉與 25 毫升檸檬汁置於搖盪杯內，輕輕搗壓後，添進 50 毫升琴酒與 15 毫升糖漿，加冰塊調製，再過濾倒入裝滿冰塊的短杯，最後飾以數片鮮綠色的羅勒葉。該杯調酒被同年舉辦的美國調酒聖會（Tales of Cocktail）評選為最佳新創調酒，如今已是常見的當代經典酒譜。

　　「琴酒羅勒斯瑪旭」概念來自美國調酒師祖師級人物 —— 傑瑞·湯瑪斯（Jerry Thomas）於 1862 年出版《調酒師指南（The Bartender's Guide）》之中的「琴酒斯瑪旭（Gin Smash）」。倒入適量砂糖、水與琴酒於小杯內，取數片新鮮薄荷輕搗，再裝進三分之二滿碎冰，飾以柳橙片與當季莓果；做法類似「薄荷茱莉普（Mint Julep）」，不過在容量杯上「斯瑪旭」較小杯。基酒的選擇就端看個人喜好，看是選「白蘭地斯瑪旭（Brandy Smash）」或「威士忌斯瑪旭（Whiskey Smash）」。當時調製「琴酒羅勒斯瑪旭」的約爾格，選用的是清新帶著玫瑰和小黃瓜氣味的亨利爵士琴酒（Hendrick's Gin）來襯托酸甜羅勒味道；喝起來略帶有芭樂汁感覺。英倫調酒雜誌《CLASS》創辦人西蒙·迪佛德（Simon Difford）則是建議不需要搗壓羅勒葉，更能表現出該款調酒的清新口感。

Twentieth Century

二十世紀

琴酒 Gin 45 ml
白麗葉開胃酒 Lillet Blanc 15 ml
白可可利口酒 Crème de Cacao Blanc 17.5 ml
檸檬汁 15 ml

作法

搖盪 Shake
雞尾酒杯 Cocktail Glass

　　紐約中央鐵路公司在 1902 年至 1967 年間，推出往返紐約與芝加哥的特快車「二十世紀（20th Century Limited）」，倫敦皮卡迪旅館（Piccadily Hotel）的酒吧調酒師（也是英國調酒協會會長）查爾斯‧塔克（Charles Tuck），在 1930 年左右創作了一款調酒，即以這列特快車來命名；不過酒譜最早記錄在 1937 年由威廉‧塔林（William J Tarling）出版的《咖啡館皇家雞尾酒（Cafe Royal Cocktail Book）》中。

　　使用 1 盎司辛口琴酒，各 1/2 盎司的白麗葉開胃酒、白可可利口酒和檸檬汁，搖製冰鎮後倒入雞尾酒杯中。淡淡巧克力氣味和麗葉酒的溫潤果香，在微有檸檬酸度轉換後，與琴酒清新草本滋味結合出一股曼妙姿態。這輛二十世紀特快車跨越兩地，透過調酒牽起情緣，1934 年以二十世紀特快車為背景，由約翰‧巴里摩與卡蘿‧倫芭合演的電影《二十世紀（Twentieth Century）》轟動上映，讓這輛列車聲名遠播，連帶促成這款調酒風行。

Corpse Reviver #2

亡者復甦二號

琴酒 45 ml
君度橙酒 15 ml
白麗葉開胃酒 Lillet Blanc 15 ml
檸檬汁 15 ml
艾碧斯酒 Absinthe 2 dash

作法

搖盪 Shake
雞尾酒杯 Cocktail Glass

十九世紀中期，有人開始將這類調酒歸成一類；1861 年 12 月，在一份英國諷刺週刊上首次提到：「喝完司令酒（Sling，酒加蘇打汽水），接著一杯史東沃（Stone Wall，威士忌加上蘋果西打酒），再來杯亡者復甦，然後在屋子裡翩然起舞，愉悅地哼著小調。」

但目前最早見於調酒手冊內的酒譜，是 1871 年由瑞奇特與湯瑪斯（E.Ricket and C.Thomas）合著的《紳仕們的餐桌指南（The Gentleman's Table Guide）》，書中註明「亡者復甦」是用各半的白蘭地和黑櫻桃蒸餾酒，再加上少量的布克苦精（Boker's Bitter）調製。發展到 1930 年，倫敦薩伏伊酒店（Savoy Hotel）的調酒師哈利・克拉多克（Harry Craddock）於著作編入兩款亡者復甦調酒。亡者復甦一號（Corpse Reviver #1）是以 1 盎司白蘭地再加上各 0.5 盎司蘋果白蘭地（Apple Brandy 或 Calvados）與義式苦艾酒（Italian Vermouth 或 Sweet Vermouth）搖製；亡者復甦二號則是現下最常見的版本：以等份量的琴酒、君度橙酒、白麗葉開胃酒、檸檬汁與少量艾碧斯酒混合 —— 但也標註了，這樣的組合就算能回魂（醒酒），喝太多杯又會很快醉倒啊！

Tom
Collins

湯姆‧克林斯

琴酒 Gin 50ml
檸檬汁 Lemon Juice 15ml
糖漿 Simple Syrup 15ml

作法

搖盪 Shake
可林杯 Collins Glass
搖畢後倒入杯內再加進適量蘇打水

關於「湯姆・克林斯」的由來眾說紛云，有人認為它取名自一位於愛爾蘭 1798 年起義中喪命的政治運動者 —— 約翰・克林斯（John Collins），也有一說是源自 1860 年代倫敦梅費爾（Mayfair）區的利莫旅館（Limmer's Old House），一位名叫約翰・克林斯的侍者所提供的暢銷調酒「琴酒潘趣（Gin Punch）」。紐約漢尼公司（Haney & Co.）於 1869 年出版的《餐飲經理與酒吧老闆指南（Steward & Barkeeper's Manual）》，記錄了「約翰・克林斯」的酒譜：1 茶匙的砂糖、1/2 顆檸檬汁、1 杯葡萄酒杯容量的老湯姆琴酒（Old Tom Gin）、1 瓶蘇打水。

到了 1874 年，這個酒譜被易名包裝成另一個惡作劇：紐約媒體將虛構的人物「湯姆・克林斯」訛傳成刻薄造謠者，這位假想公敵出現於各處酒吧，「你有看到湯姆・克林斯嗎？」莫名就為群眾的八卦話題。1876 年再版的《調酒師指南（The Bartender's Guide）》，首次將「湯姆・克林斯」編寫到書中，且有威士忌、白蘭地、琴酒三種不同基酒的作法：少量糖漿、檸檬汁、1 小杯琴酒，搖盪倒入杯內再注滿蘇打水，便是最早註明為「琴酒湯姆・克林斯」的酒譜。1878 年，美國酒譜作者 O.H. 拜倫（O.H.Byron）於《現代調酒師手冊（The Modern Bartenders' Guide）》描述：「它在任何地方都是調酒暢銷榜首！」

另一款容易與之混淆的調酒「琴費士（Gin Fizz）」，酒譜大同小異，唯使用杯型略有差異。由調酒狂熱者大衛・恩伯里（David Embury）編撰《調飲的完美藝術（The Fine Art of Mixing Drinks）》1958 年第三版，詳述兩者差別：「湯姆・克林斯」杯子容量約為 420 至 480 毫升，杯內會添加冰塊，注入瓶裝蘇打水（氣泡較持久），口感較甜（但也不一定有顯著甜味差異）；琴費士的杯子容量約為 240 毫升，使用預先冰鎮的玻璃杯而不加冰塊，注入的是蘇打槍蘇打水（氣泡較易消散），主要呈現琴酒風味。

Bee's
Knees

蜂之膝

琴酒 Gin 50ml
檸檬汁 Lemon Juice 12.5ml
蜂蜜糖漿 [1] Honey Syrup 15ml

作法

搖盪 Shake
雞尾酒杯 Cocktail Glass

1862 年出生於舊金山的威廉·湯姆士·布斯比（William Thomas Boothby）曾到紐約、芝加哥、紐奧良等地見習調酒；1895 年回到家鄉於皇宮旅館（Palace Hotel）等處任職，很快便成為該時期首屈一指的調酒巨匠；雖然他所整理的酒譜在 1906 年舊金山大地震與隨後的大火中付之一炬，經過兩年仍舊出版《世界飲品與調製（World's Drinks and How to Mix Them）》。該手冊至 1930 年再版時，收錄「蜂之膝」這杯以琴酒、蜂蜜與檸檬汁、柳橙汁調製的經典調酒。

禁酒令期間，許多人會販售廉價琴酒，拿蜂蜜替代糖水來掩蓋刺鼻味、增添風味，讓調酒變得好喝一點。當時，原意是「細微渺小」的「蜂之膝（Bee's Knees）」，也因為這杯調酒的命名，而衍伸了「傑出、優秀」的新語意。

蜂之膝的另一個版本，也是現今常見的酒譜，記錄於禁酒令甫實施時，從紐約到巴黎麗茲酒店工作的調酒師法蘭克·米爾（Frank Meier）於 1936 年編寫的《調飲的藝術面（The Artistry of Mixing Drinks）》，他的酒譜以 1/2 份量琴酒、1/4 份量檸檬汁加上適量蜂蜜搖製，少了柳橙汁而更突顯琴酒與蜂蜜的風味。1948 年，大衛·恩伯里（David Embury）《調飲的完美藝術（The Fine Art of Mixing Drinks）》中的蜂之膝則是以等比的琴酒、檸檬汁、蜂蜜所調成，且備註它僅是杯以蜂蜜替代「酸甜琴酒（Gin Sour）」的變化；然而這杯原本不被看好的調酒卻廣受歡迎，實在是始料未及。

註 1 以 2 湯匙蜂蜜加上 1 湯匙溫水攪勻備用。

Maiden's Blush

少女羞紅

琴酒 Gin 50ml
檸檬汁 Lemon Juice 15ml
覆盆莓糖漿 Raspberry Syrup 17.5ml
艾碧斯酒 Absinthe 2 dash

作法

搖盪 Shake
雞尾酒杯 Cocktail Glass

　　「少女羞紅」最早記錄於 1887 年，查理・保羅（Charlie Paul）所編著的《美式與其他冷飲配方（Recipes of American and Other Iced Drinks）》中；以半小酒杯量的老湯姆琴酒（Old Tom Gin）加入各 1 茶匙砂糖、覆盆莓糖漿及艾碧斯酒，擠進半顆檸檬汁與冰塊搖製過濾，飾以檸檬片；同樣的酒譜也收錄於法國調酒師路易斯・富凱（Louis Fouquet）1896 年的《酒吧收藏家（Bariana）》書裡。哈利・麥克艾爾馮（Harry MacElhone）在 1927 年《酒吧常客與調酒（Barflies and Cocktails）》將「少女羞紅」裡的覆盆莓換成紅石榴糖漿，不再特別指定琴酒種類並省略檸檬汁。

　　1930 年的《薩伏伊雞尾酒手札（Savoy Cocktail Book）》出現兩款「少女羞紅」；第一款使用辛口琴酒、紅石榴糖漿、庫拉索柑橘酒（Orange Curaçao）、檸檬汁，第二款則是採用麥克艾爾馮不加檸檬汁的酒譜。倫敦的威廉・塔林（William J Tarling）在 1937 年寫了《咖啡館皇家雞尾酒（Cafe Royal Cocktail Book）》，終於將「少女羞紅」改回覆盆莓糖漿，除了承襲辛口琴酒而非老湯姆，酒譜倒是跟最初 1887 年的版本一致。

Alaska
阿拉斯加

琴酒 Gin 45ml
黃色夏翠斯藥草酒
Yellow Chartreuse 15ml
柑橘苦精 Orange Bitter 1dash

作法

攪拌 Stir
雞尾酒杯 Cocktail Glass

　　以琴酒與法國藥草酒夏翠斯調製的經典調酒「阿拉斯加」，因為杜松子調性，襯托出源自 1737 年法國修道院配方的夏翠斯其中豐富的草本滋味，銳利口感帶著一股暖意，以及層疊而出的迷迭香、百里香、薄荷、鼠尾草香氣。1914 年，芝加哥黑石酒店（Blackstone Hotel）的瑞士籍侍酒師雅克斯・斯特勞布（Jacques Straub），編寫《飲品（Drinks）》一書，提到的「阿拉斯加」酒譜是目前最早的相關記載。以 20 毫升的老湯姆琴酒（Old Tom Gin），10 毫升的黃色夏翠斯藥草酒及 3 小滴柑橘苦精，冰鎮搖製後倒入雞尾酒杯中。

Tuxedo

燕尾服

琴酒 Gin 45 ml
不甜苦艾酒 Dry Vermouth 12.5 ml
不甜雪莉酒 Fino Sherry 7.5 ml
黑櫻桃蒸餾酒 Maraschino Liqueur 7.5 ml
艾碧斯酒 Absinthe 2 dash

作法

攪拌 Stir
雞尾酒杯 Cocktail Glass

此酒譜以 1914 年芝加哥黑石酒店（Blackstone Hotel）瑞士籍侍酒師雅克斯・斯特勞布（Jacques Straub）的著作《飲品（Drinks）》為本，再稍作調整。

Last
Word

最終一語

琴酒 Gin 50ml
綠色夏翠斯藥草酒 Green Chartreuse 15ml
黑櫻桃蒸餾酒 Maraschino Liqueur 15ml
萊姆汁 15ml

作法

搖盪 Shake
雞尾酒杯 Cocktail Glass

　　泰德・索西耶（Ted Saucier）是紐約華爾道夫酒店（Waldorf Astoria Hotel）的資深公關，他在這裡工作四十幾年，1951 年將當時兩百多種流行調飲整理成《乾杯（Bottoms Up）》這本書，當中提及「最終一語」，這是發源於 1920 年代底特律競技俱樂部（Detroit Athletic Club）的熱銷調酒。時值美國禁酒令（1920～1933 年）初期，地處美加邊界的底特律要走私加拿大威士忌與歐洲酒款相當方便，加上以酒精浸漬杜松子等材料自製的浴缸琴酒，造就這杯調性顯著且饒富草本風味的經典。

　　「最終一語」的典故源自出身自愛爾蘭蒂珀雷里郡（Tipperary）、號稱「都柏林吟遊詩人」的單人相聲表演家 —— 法蘭克・弗格第（Frank Fogarty），他從底特律發跡，再到紐約時代廣場的維多利亞劇院，透過劇院經理結識了華爾道夫酒店的公關索西耶，於是輾轉將這杯調酒介紹到紐約酒吧。六〇年代之後，美國調酒文化式微，「最終一語」一度被深埋遺忘，直到 2004 年，西雅圖齊札克咖啡館酒吧（Zig Zag Café）調酒師穆瑞・斯坦森（Murray Stenson）取得索西耶的《乾杯》調酒手冊，又將這款調酒列入店內酒單，使之重見天日。

Flying Dutchman

飛行荷蘭人

杜松子酒 Genever 50ml
萊姆汁 Lime Juice 15ml
庫拉索柑橘酒 Curaçao 10ml
糖漿 Simple Syrup 5ml

作法

搖盪 Shake
雞尾酒杯 Cocktail Glass

　　五〇年代在伏特加崛起取代琴酒的態勢下，讓許多琴酒商不論大小品牌皆試圖推出調味款琴酒以保住市場。1950 年由阿姆斯特丹的美國旅店（American Hotel）調酒師威倫・斯卡恩（Willem Slagter）編著《國際調酒指南（Internationale Cocktailgids）》，最早記錄「飛行荷蘭人」酒譜：使用 60 毫升柳橙琴酒、各 15 毫升的柳橙汁及檸檬汁、少量安格斯苦精，搖製均勻後倒入雞尾酒杯內飾以橙皮。2012 年由湯姆・桑德（Tom Sandham）出版的《世界最佳調酒（World's Best Cocktails）》把柳橙琴酒換成杜松子酒、柳橙汁改為庫拉索柑橘酒（Curaçao）、檸檬汁以萊姆汁代替，不另外添加苦精而補上些許糖水；從簡單柳橙口感變得酒體更紮實且帶有穀物風味。

　　波士酒廠（Bols）將自家編錄的「飛行荷蘭人」酒譜改為：35 毫升杜松子酒、各 20 毫升黑櫻桃蒸餾酒 （Maraschino）和檸檬汁、10 毫升紫羅蘭橙酒（Parfait Amour），這個版本就近似杜松子版本的「飛行（Aviation）」經典調酒。近代英國調酒師西蒙・迪佛德（Simon Difford）讓「飛行荷蘭人」以馬丁尼概念詮釋，使用 75 毫升杜松子酒與 7.5 毫升庫拉索柑橘酒、少量安格斯柳橙苦精（Angostura Orange Bitter）攪拌冰鎮，更好表現杜松子酒本身的特色。

　　帝亞吉歐世界調酒競賽（Diageo World Class）荷蘭冠軍 —— 泰絲・波薩姆斯（Tess Posthumus），2017 年底在阿姆斯特丹開設一間飛行荷蘭人雞尾酒酒吧（Flying Dutchmen Cocktail Bar），首波酒單上便是她自己調製的同名「飛行荷蘭人」調酒。她的「飛行荷蘭人」以桶陳杜松子酒為基底，加上自製荷蘭香料餅乾糖漿（Speculaas Syrup）與檸檬汁、一點柑橘苦精及橙花水；酸甜平衡，易飲而豐富的細緻香氣讓人兩三口就杯底見空。

Signature
cocktail

原 創 調 酒

Lost
Stars

迷途繁星

噶瑪蘭琴酒 Kavalan Gin 50ml
馬告風味白酒糖漿 Makao Aromatic Wine Syrup 20ml
白可可利口酒 Crème de Cacao Blanc 20ml
檸檬汁 Lemon Juice 20ml
熱帶水果果泥 Tropic Fruit Purée 10ml

作法

搖盪 Shake
短杯 Short Glass

馬告風味白酒 糖漿	白葡萄酒 750ml	新鮮黃檸檬皮 15g
	新鮮馬告 20g	新鮮橙皮 10g
	綠荳蔻 1g	白砂糖

1. 將所有材料放入鍋內小火加熱至稍滾後熄火靜置二十分鐘。
2. 過濾材料後，剩下液體量測重，加上等重的白砂糖攪拌溶解備用；冷藏可放置一週。

　　以經典調酒「土星（Saturn）」為基礎，發揮噶瑪蘭琴酒豐富熱帶果香的調性，加上臺灣特有馬告胡椒。希望重現當初去參訪噶瑪蘭酒廠時入住宜蘭民宿抬頭仰望的星空，那天夜涼如水而心事如秋，看著繁星尋覓歸途。

Flapper Girl

潮女

女教授琴酒 Gin del Professore À La Madame 45ml
艾普羅香甜酒 Aperol 15ml
山楂味噌糖漿 Hawthorn & Miso Syrup 10ml
檸檬汁 Lemon Juice 12.5ml
鳳梨汁 Pineapple Juice 12.5ml
柑橘苦精 Orange Bitter 1dash
煙燻海鹽 Smoked Sea Salt 極少量

作法

搖盪 Shake
淺碟杯 Coupe Glass

山楂味噌糖漿	乾燥山楂 30g	水 150g
	白味噌 3g	白砂糖

1. 將水及乾燥山楂以小火熬煮二十分鐘，放涼後加入白味噌攪勻。
2. 以藥袋布（或豆漿布）過濾後量重量加入等重白砂糖攪拌溶解備用；冷藏可放置一週。

　　以民初受西方文化影響的臺灣女子為形象，著短裙、髮型俐落、飲酒聽爵士樂，不墨守社會舊規；使用代表昔日臺灣風味：鳳梨、山楂，結合味噌與煙燻海鹽的鹹鮮，傳達時代女子的鹹酸甜。

A Clean, Well-Lighted Place

一個乾淨明亮的地方

絲塔朵琴酒 Citadelle Gin 45ml
向日葵茶苦艾酒 Sunflower Tea Infused Vermouth 20ml
向陽萊姆糖漿 Sun Lime Syrup 17.5ml
不甜雪莉酒 Fino Sherry 7.5ml

作法

搖盪 Shake
短杯 Short Glass

向日葵茶 苦艾酒	不甜苦艾酒 250ml 向日葵茶 1.5g

1. 置於冰箱冷泡一日後，取出茶包備用。

向陽萊姆 糖漿	新鮮萊姆汁 250ml	蜂蜜 30ml	青檸葉 10 片
	龍舌蘭糖漿 250ml	橙花水 5ml	檸檬酸 2g

1. 所有材料攪勻後，置於冰箱冷藏兩日後過濾備用；冷藏可放置一週。

　　以海明威短篇小說集為名，希望呈現乾淨明亮的風味。莎士比亞稱雪莉酒為「裝在瓶裡的西班牙陽光」，而向日葵是開在花園裡的太陽；臺灣詩人莊東橋在詩作裡〈讓那些屬於溫暖的黃色通通都知曉〉說：「妳的眼睛是太陽般的蜂蜜」。搭配白色橙花與青檸葉與龍舌蘭蜜，帶出和煦明澈的天氣意象。

Khand-
wa

坎德瓦

四柱珍稀琴酒 Four Pillars Rare Dry Gin 45ml
印度味乳香酒 India Flavored Skinos 15ml
不甜苦艾酒 Dry Vermouth 20ml
黃色夏翠斯藥草酒 Yellow Chartreuse 5ml
荳蔻苦精 Cardamom Bitter 2drop

作法

攪拌 Stir
短杯 Short Glass
搭配黑巧克力

印度味乳香酒	柳橙果乾 1 片	茉莉花茶包 3g	乳香酒 200ml	1. 置於冰箱冷泡三日後，過濾備用。
	芒果乾 2 片	肉豆蔻皮 1g	梅斯卡酒 50ml	

　　以電影《漫漫回家路》為靈感，故事描述一個印度小男孩被領養至澳洲，再萬里尋親回印度，坎德瓦是他故鄉的名字。於是結合澳洲四柱琴酒（Four Pillars Gin）與印度香料，乳香酒則是帶來薄荷與樹脂感覺。茉莉花常見於印度飲品，芒果常用來做甜點或咖哩添味，一點梅斯卡酒（Mezcal）是為了隱含一點肉質煙燻風味。

The
Other
Side of
Hope

希望
在世界另一端

科洛琴酒 Kyrö Gin 45ml
不甜苦艾酒 Dry Vermouth 12.5ml
茉莉花茶糖漿 Jasmine Tea Syrup 12.5ml
檸檬汁 Lemon Juice 12.5ml
柚子苦精 Yuzu Bitter drop

作法

搖盪 Shake
淺碟杯 Coupe Glass

茉莉花茶糖漿 Jasmine Tea Syrup	茉莉花茶包 3g 熱水（建議攝氏70度）150 ml 白砂糖	1. 熱水沖泡茉莉花茶包一分鐘後取出茶包。 2. 茉莉花茶測重量，加入等重白砂糖攪拌溶解備用； 冷藏可放置一週。

　　以芬蘭電影《希望在世界另一端》命名，理所當然使用了同樣來自芬蘭的科洛琴酒。一名來自敘利亞的尋求庇護者，片中鬧劇般賣起日式料理因而聯想到日本柚子添味，而茉莉花則是亂世裡可貴的芬芳。

Autumn Wild Forager

秋之覓味客

馬瑞琴酒 Gin Mare 15ml
公雞美國佬藥草酒 Cocchi Americano 15ml
阿蒙提拉多雪莉酒 Amontillado Sherry 15ml
楓糖漿 Maple Syrup 5ml
蘋果醋 Apple Vinegar 5ml
蘆筍汁 Asparagus Juice 15ml

作法

攪拌 Stir
葡萄酒杯 Wine Glass

　　與西班牙火腿搭配的開胃酒，發揮馬瑞琴酒的草本與油脂感，呼應雪莉酒的堅果韻味；使用果醋平衡甜度，蘆筍汁降低酒精刺激感。

Poems
About
Spring

關於
春天的詩

季之美琴酒 Ki No Bi Gin 45ml
竹葉苦艾酒 Bamboo Leaf Infused Dry Vermouth 7.5ml
酸葡萄汁 Verjus 7.5 ml
馬告風味白酒糖漿 Makao Aromatic Wine Syrup 7.5ml
通寧水 Tonic Water 75ml

作法

直調 Build
高球杯 Highball Glass

| 竹葉苦艾酒 | 不甜苦艾酒 150ml
笹竹葉 1 片 | 1. 置於冰箱冷藏三日後,取出笹竹葉後備用(笹竹葉可當杯飾)。 |

　季之美琴酒將京都四季之美匯集;將當中春季的元素抽出以竹葉、酸葡萄汁、苦艾酒、白酒反映經歷冬日的綠意,通寧水氣泡感代表著一年初始的活力。

附錄 *1.*

50 More Gins You Should Try

還有 50 款值得一試的琴酒

托本莫瑞赫布里底琴酒
Tobermory Hebridean Gin 43.3% ABV

酒廠	英國蘇格蘭　Tobermory Distillery
代表原料	赫布里底茶、接骨木花、甜橙皮、石楠花
簡述	繽紛花果香氣，舒服的茶韻。

獨奏曲琴酒
Solo Wild Gin 40% ABV

酒廠	義大利薩丁尼亞　Pure Sardinia
代表原料	杜松子
簡述	僅使用杜松子作為原料便能呈現飽滿層次。

犬啼琴酒
Alchemiae Gin 45% ABV

酒廠	日本岐阜　Tatsumi Distillery
代表原料	杜松子
簡述	以地瓜燒酎和米燒酎為基底，只添加杜松子卻表現出清幽森林感。

小正焙茶琴酒
Komasa Hojicha Gin 45% ABV

酒廠	日本鹿兒島　Komasa Jyozo
代表原料	鹿兒島焙茶、日本扁柏
簡述	米燒酎為基底，突出的焙茶口感。

蜜思嘉琴酒
Muscatel Gin 44% ABV

酒廠	德國美茵茲　A Witch, A Dragon & Me
代表原料	愛（酒廠：以及更多的愛）、洋甘菊、鼠尾草花、接骨木花
簡述	蜜思嘉葡萄為基底烈酒，花香與清新草本感覺。

肯禾原創杜松子酒
Kever Genever Original 38.7% ABV

酒廠	荷蘭贊丹　Kever Genever
代表原料	葡萄柚花椒莓、啤酒花、鳳梨、香蕉
簡述	用新世代的想法呈現舊時代的杜松子風味。

老杜夫單一純麥杜松子酒
Old Duff 100% Malt Wine Genever 45% ABV

酒廠	荷蘭斯希丹　Disruptive Craft Spirits
代表原料	杜松子、布拉姆林啤酒花
簡述	百分之百麥酒製作，跟威士忌單一麥芽不同；純粹簡單的好滋味。

阿卡琴酒
Akko Gin 40% ABV

酒廠	以色列加利利　Julius Distillery
代表原料	以色列杜松子、乳香木、雪松、無花果、橄欖
簡述	以葡萄為基底烈酒，原料皆來自以色列當地。

費利蒙惡作劇琴酒
Fremont Mischief Gin 42.5% ABV

酒廠	美國西雅圖　Fremont Mischief Distillery
代表原料	甜檸檬皮、甜香料、調皮的春藥（酒廠：開玩笑的）
簡述	顯著的穀物香氣搭配柔順柑橘和辛香料。

七嶺琴酒
VII Hills Gin 43% ABV

酒廠	義大利皮埃蒙特　Mercury Spirits Ltd
代表原料	玫瑰果、芹菜、紅石榴、朝鮮薊、洋甘菊、血橙
簡述	豐富而飽滿的辛香料與草本滋味。

群山與港灣琴酒
Hills & Harbour Gin 40% ABV

酒廠	英國蘇格蘭 Crafty Distillery
代表原料	墨角藻、紅冷杉、芒果、胡椒
簡述	堅持自製小麥基酒的微型酒廠，鮮美的熱帶果韻。

銅作琴酒
Copperworks Gin 47% ABV

酒廠	美國西雅圖 Copperworks Distilling Company
代表原料	尾胡椒、天堂椒、柑橘皮、桂皮
簡述	自製基底麥芽烈酒，舒服的穀物氣味之中有溫暖的森林意象。

香立琴酒
Kodachi Gin 47% ABV

酒廠	日本和歌山 Nakano BC. Co.,Ltd.
代表原料	山椒、紀州衫樹、紀州檜木
簡述	以米燒酎為基底，清新的木質香氣，恍若置身熊野古道林間。

聖塔瑪莉亞四柱琴酒
Santamanía Four Pillars Gin 40% ABV

酒廠	西班牙馬德里 SANTAMANÍA Destilería Urbana
代表原料	柯尼卡布納橄欖、馬科納杏仁、灌木番茄、檸檬香桃木、塔斯尼亞胡椒
簡述	以西班牙葡萄為基底烈酒，與澳洲四柱酒廠合作添加兩地原料。

粉紅胡椒琴酒
Pink Pepper Gin 44% ABV

酒廠	法國干邑區 Audemus Spirits
代表原料	蜂蜜、香草、零陵香豆、粉紅胡椒
簡述	原料個別減壓低溫蒸餾再調和，有淡淡梅子氣味，柔順甘甜。

兩枝鉛筆琴酒
Two Pencils Gin 40% ABV

酒廠	澳洲黃金海岸 Granddad Jacks Craft Distillery
代表原料	杜松子
簡述	僅添加杜松子，柔順經典的倫敦琴酒風味。

夏日百里香琴酒
Summer Thyme Gin 41.5% ABV

酒廠	澳洲墨爾本　Patient Wolf Distilling Co.
代表原料	新鮮檸檬、新鮮百里香、零陵香豆
簡述	蒸氣萃取新鮮檸檬和百里香氣味，形塑出夏天最需要的清爽感受。

哈里斯琴酒
Isle of Harris Gin 45% ABV

酒廠	英國蘇格蘭　Isle of Harris Distillery
代表原料	闊葉巨藻
簡述	經典的杜松子之外帶著柔順的些許鮮鹹滋味。

琴裸琴酒
Gin Raw 42.3% ABV

酒廠	西班牙巴塞隆納　Mediterranean Premium Spirits
代表原料	青檸葉、黑荳蔻
簡述	由調酒師、侍酒師、廚師、香水大師、蒸餾師共同研發，除杜松子以外的原料皆為個別減壓低溫蒸餾；搭配餐點得宜。

巴斯克女巫琴酒
Sorgin Gin 43% ABV

酒廠	法國波爾多　François Lurton S.A.
代表原料	葡萄柚、荊豆花、紫羅蘭、紅醋栗芽
簡述	使用白蘇維翁葡萄製成的基底烈酒，明亮豐富的花果香。

三葉草琴酒幸運四號
Clover Gin Lucky N° 4 44% ABV

酒廠	比利時呂貝克　Clover Gin
代表原料	綠茶、香檸檬、克萊門丁小紅橘
簡述	類似蘋果養樂多的香氣，入喉的甜柑橘與茶韻舒服宜人。

匠師花香琴酒
Crafter's Aromatic Flower Gin 40% ABV

酒廠	愛沙尼克塔林　Liviko AS
代表原料	繡線菊、薰衣草、洋甘菊、接骨木花、薔薇、玫瑰、日本柚子
簡述	嚴選多種芬芳花卉入酒，甘甜帶有淡淡蜂蜜味。

藥劑師琴酒
Pothecary Gin 44.8% ABV

酒廠	英國多塞特　Soapbox Spirits.
代表原料	薰衣草、桑椹、椴樹花
簡述	帶著薰衣草花香搭配杜松子骨幹，柔順隱約的果香和柑橘。

阿奇羅斯夏日海岸琴酒
Archie Rose Summer Coast Gin 40% ABV

酒廠	澳洲雪梨　Archie Rose Distilling Co.
代表原料	草莓桉、海蓬苣、蜜桃、椰子
簡述	明亮清爽的鮮甜滋味。

老樹琴酒
L'Arbre Gin 41% ABV

酒廠	西班牙巴塞隆納　Teichenné, S.A.
代表原料	迷迭香、百里香、羅勒、薰衣草
簡述	柔順舒服的地中海感受，草本及花香飽滿。

魯布恩薩琴酒
Luftbremzer Gin 44% ABV

酒廠	克羅埃西亞薩格勒布　Luftbremzer Gin Distillery
代表原料	洋甘菊、接骨木花、接骨木果實、芸香
簡述	顯著的杜松子之後是層遞的草本與淡淡花香。

六犬卡魯沙漠琴酒
Six Dogs Karoo Gin 43% ABV

酒廠	南非沃爾契斯特　Six Dogs Distillery
代表原料	卡魯金合歡、野生薰衣草、檸檬布枯葉、洋甘菊
簡述	甘甜的草本與柔美的花香，夾帶著柑橘調性。

航海家琴酒
Knut Hansen Gin 42% ABV

酒廠	德國漢堡　Hamburg Distilling Company HDC GmbH
代表原料	羅勒、蘋果、玫瑰、小黃瓜
簡述	清新明亮的草本與果香，隨後紛至的淡雅花香。

香之森琴酒
Kanomori Gin 47% ABV

酒廠	日本長野　Yomeishu Seizo Co., Ltd
代表原料	烏樟枝葉、枸杞、杜仲葉、杉葉、松針、鼠尾草
簡述	如同置身森林般各種芬芳，一點木質調，滋味遼闊無邊。

北水鐘琴酒
Kitasuisho Gin 45% ABV

酒廠	日本旭川　Oenon Group
代表原料	紅紫蘇、男爵馬鈴薯、蘋果薄荷、昆布、沙棘、吟風米
簡述	杜松子氣味之後，接續的各式細緻香氣如同被鐘響音波激起的漣漪陣陣飄送。

豬皮桶陳琴酒
Pigskin Wood Finish Gin 40% ABV

酒廠	義大利薩丁尼亞　Silvio Carta srl
代表原料	香桃木、百里香、鼠尾草、茴香
簡述	近代第一款義大利熟成琴酒，使用存放過維納夏葡萄酒栗木桶。命名來自原料採集時正好遇上野豬覓食，跟豬皮沒有關係。

蒙巴薩俱樂部琴酒
Mombasa Club Gin 41.5% ABV

酒廠	英國倫敦　Unesdi Distribuciones SA
代表原料	孜然、丁香、桂皮
簡述	飽滿的孜然、肉桂等辛香料滋味。

釀造商行檸檬凝乳琴酒
Zymurgorium Syllabub Gin 40% ABV

酒廠	英國曼徹斯特　Zymurgorium
代表原料	檸檬、萊姆、松針
簡述	如同烘焙甜點的香氣，撲鼻的花果氣味入喉後揮之不去。

四十斑啄果鳥夏日版琴酒
Forty Spotted Summer Release Gin 40% ABV

酒廠	澳洲塔斯馬尼亞　Lark Distillery
代表原料	大馬士革玫瑰、茉莉花、柳橙、橘子、木槿花
簡述	以木槿花染成粉紅，花香與柑橘調性明亮舒服。

哈德肖爾原創琴酒
Hardshore Original Gin 40% ABV

酒廠	美國波特蘭　Hardshore Distilling Company
代表原料	迷迭香、薄荷
簡述	自家栽種的穀物製成基底烈酒，入喉是清新的草本茶香。

兩個你經典香草琴酒
Double You Vintage Vanilla Gin 43.7% ABV

酒廠	比利時維爾德倫 Brouwerij & Alcoholstokerij Wilderen
代表原料	馬達加斯加香草、啤酒花、玫瑰
簡述	以自家經典琴酒再另外浸泡香草，飽滿的香草氣味。

琴酒十一
XI Gin 46% ABV

酒廠	奧地利福拉爾貝格　Marte and Marte Ltd
代表原料	迷迭香
簡述	採集阿爾卑斯山十一種草本植物交織成花草香與淡雅辛香料的滋味。

煉金術師琴酒
Alkkemist Gin 40% ABV

酒廠	西班牙哈韋亞 Innovation Premium Brands S.L.
代表原料	玫瑰、洋甘菊、蜜思嘉葡萄、香蜂草、薄荷、百里香、海蓬子、鼠尾草
簡述	因為相信滿月時帶來的謎樣魔力，僅在滿月時製酒。飽滿的花果香甘甜宜人。

沒有人琴酒
Niemand Dry Gin 46% ABV

酒廠	德國漢諾威　Niemand Gin
代表原料	薰衣草、迷迭香、檀木、香草、蘋果
簡述	極小的微型酒廠；迷人的花香與草本，入喉的柔美水果，尾餘是杜松子溫暖風味作結。

聖喬治風土琴酒
St. George Terroir Gin 45% ABV

酒廠	美國加州　St. George Spirits
代表原料	烘烤過的芫荽籽、花旗松、月桂葉、鼠尾草
簡述	呈現出樹林間的潮溼、薄霧感覺。

皮革琴酒
Skin Gin 42% ABV

酒廠	德國漢堡 Skin Gin GmbH
代表原料	薄荷、檸檬、萊姆、葡萄柚、柳橙
簡述	令人難忘的清涼薄荷感覺。

赤屋根春日琴酒
Akayane Haru Gin 47% ABV

酒廠	日本鹿兒島 Satasouji Shouten
代表原料	昆布、山椒、日本柚子、抹茶、櫻花
簡述	米燒酎為基底,使用多款日式原料展現春景。

當代主義琴酒
Modernessia Gin 40% ABV

酒廠	西班牙巴塞隆納 Modernessia
代表原料	洋甘菊、檸檬馬鞭草、蜂蜜
簡述	優雅的花草香氣,帶有蜂蜜甘甜。

狐狸上校琴酒
Colonel Fox Gin 40% ABV

酒廠	英國倫敦 CASK Liquid Marketing
代表原料	桂皮、甘草、苦橙皮
簡述	柔順的經典杜松子、甘草、柑橘等溫暖風味呈現。

萊姆花與酒花琴酒
Blossom & Hops Gin 43% ABV

酒廠	南非開普敦 Trouvaille Spirits
代表原料	萊姆花、啤酒花
簡述	溫暖而豐富的多種柑橘氣味與淡淡白花香氣飄散。

莫菲檸檬琴酒
Malfy Gin Con Limone 41% ABV

酒廠	義大利皮埃蒙特 Torino Distillati
代表原料	檸檬
簡述	使用阿瑪菲及西西里檸檬,製作出義大利檸檬甜酒的香氣。

草莓與巴薩米克醋琴酒
Strawberry & Balsamico Gin 40.1% ABV

酒廠	英國肯特　That Boutique-y Gin Company
代表原料	草莓、巴薩米克醋、黑胡椒
簡述	使用陳年巴薩米克醋、新鮮草莓為主要原料，搭配香草冰淇淋食用甚是美味。

拯救女王琴酒
Save The Queen Gin 46% ABV

酒廠	比利時阿爾斯特　Save The Queen bvba
代表原料	蜂蜜、薰衣草、迷迭香、檸檬、肉桂
簡述	以保育蜜蜂為號召，與許多城市蜂農合作。

刺蔥琴酒
Tana Gin 39% ABV

酒廠	臺灣臺中　Chio Shuen Wine Industry Co,. Ltd
代表原料	刺蔥
簡述	強烈的刺蔥香氣，適合調製酸甜氣泡感的調酒。

越五之數琴酒
Piucinque Gin 47% ABV

酒廠	義大利威尼托　Three Spirits srl
代表原料	鼠尾草、香檸檬、薑、苦蒿
簡述	明亮的柑橘與草本香氣，而後入喉尾韻有淡雅花香。

Aaron J. Knoll, *Gin: The Art and Craft of the Artisan Revival, 2015*

Amy Stewart, *The Drunken Botanist, 2013*

Dave Broom, *Gin The Manual, 2015*

David T Smith, *Gin Tonica: 40 recipes for Spanish-style gin and tonic cocktails, 2017*

David T. Smith, *The Gin Dictionary, 2018*

Gin Foundry, *Gin: Distilled: The Essential Guide for Gin Lovers, 2018*

Ian Buxton, *101 Gins To Try Before You Die, 2018*

Joel Harrison, *The World Atlas of Gin: Explore the gins of more than 50 countries, 2019*

Matt Teacher, *The Spirit of Gin: A Stirring Miscellany of the New Gin Revival, 2014*

Sean Murphy, *Gin Galore: A Journey to the Source of Scotland's Gin, 2019*

Tristan Stephenson, *The Curious Bartender's Gin Palace, 2016*

Gin Magazine Issue 1-10

Gin Foundry, *Gin Annual 2019/20*

Gin Foundry, *Gin Annual 2018/19*

Gin Foundry, *Gin Annual 2017/18*

日本ジン協会，《ジン大全》

Table of Material About Gins

琴酒原料
中英文對照

中文	英文	中文	英文
丁香	Clove	木瓜	Papaya
人參	Ginseng	木槿花	Hibiscus
八角	Star Anise	木薯	Yucca Root
大和當歸	Yamato Touk	水蜜桃	Peach
大和橘	Yamato Tachibana	水薄荷	Water Mint
大紅香蜂草/ 美國薄荷	Mondara Didyma	火炬薑花	Torch Ginger Flower
大紅袍烏龍茶	Dahongpao Oolong Tea	牛蒡根	Burdock Root
大茴香	Aniseed	牛膝草	Hyssop
大馬士革黑刺李	Damsons Sloes	仕女砧草花 / 蓬子菜	Lady's Bedstraw Flower
大麥麥芽	Malted Barley	冬日香薄荷	Winter Savoury
大黃	Rhubarb	北極杜香	Arctic Blend
小地榆	Salad Burnet	北歐杜松子	Nordic Juniper
小米	Millet	可可	Cocoa
小黃瓜	Cucumber	可可豆碎	Cocoa Nibs
山子	Charoli Nuts	四季柑	Calamansi
山毛櫸葉	Beech Leaves	布枯葉	Buchu
山桑子/ 歐洲藍莓 Blaeberry（Bilberry/ Fraughan Berry）		本格特松芽	Benguet Pine Buds
山椒	Sanshō	玉蘭花	White Champaca Flowers
山椒芽葉	Sanshō Leaves	玉露綠茶	Gyokuro Tea
山楂果	Hawthorn Berries/ Haws	瓦倫西亞柳橙	Valencia Orange
山楂花	Hawthorn Flower	甘夏蜜柑	Amanatsu
天堂椒	Grains of Paradise / Guinea Pepper	甘草	Liquorice
日本白桃	Japanese Peach	生芒果粉 / 青芒果粉	Amchoor
日本柚子	Yuzu	田薊花	Creeping Thistle Flowers
日本煎茶	Japanese Sencha Tea	白甘草	White Liquorice
日本酸橙	Daidai	白胡椒	White Pepper
日高昆布	Hidaka Kombu	白苜蓿	White Clover
月桂籽	Laurel Seed	白桃	White Peach
月桂葉	Bay Leaves	白樺樹	Silver Birch
月桂漿果	Laurel Berry	白罌粟花籽	White Poppy Seed

白蘆筍	White Asparagus	奇異莓	Kiwiberry
石斛	Dendrobium Nobile Lindl Orchid/Shi Hu	岩海蓬子 / 海茴香	Rock Samphire
石楠花	Heather Flower	岩高蘭果實	Crowberry
伊蘭花	Ylang Ylang	拉布拉多茶	Labrador Tea
伏牛花籽	Barberry	東亞薄荷	East Asian Mint
冰島地衣	Iceland Moss	松芽	Pine Buds
印度菝葜	Indian Sarsaparilla	松針	Pine Needles
印度萊姆	Indian Lime	松葉菊	Sceletium
多香果 / 牙買加胡椒	Allspice/Jamaica Pepper/Pimento	法蘭西菊	Ox Eye Daisy
安丘辣椒	Chile Ancho	波旁香草	Bourbon Vanilla
百里香	Thyme	波斯萊姆	Persian Lime
百香果	Passionfruit	狗薔薇	Dog Rose
百香果花 / 西番蓮	Passion Flower	玫瑰	Rose
羽衣甘藍 / 海甘藍	Kale	玫瑰天竺葵	Rose Geranium
考爾布萊希蘋果	Coul Blush Apple	玫瑰果	Rosehip
肉豆蔻皮	Mace	玫瑰根	Rose Root
肉桂	Cinnamon	芥末	Mustard
肉豆蔻	Nutmeg	芫荽籽	Coriander Seed
艾草	Mugwort Leaves/Wormwood	芭樂葉	Guava Leaves
艾斯摩爾弗蘋果	Bravo de Esmolfe Apple	花椒	Sichuan Pepper
西姆科啤酒花	Simcoe Hop	花旗松針	Douglas Fir Needles
西班牙辣椒	Pimiento/Cherry Pepper	芹菜籽	Celery Seeds
孜然	Cumin	芹菜葉	Celery Leaves
尾胡椒	Cubeb	金山車花	Arnica Flower
李子	Plum	金桔 / 金橘	Kumquat
杏仁	Almond	金雀花 / 荊豆花	Gorse Flower
杜松子	Juniper	金銀花 / 忍冬	Honeysuckle
沙棘	Sea Buckthorn	金錢薄荷	Ground Ivy
芒果	Mango	長胡椒 / 蓽拔	Long Pepper
乳香	Frankincense/Boswellia Sacra	阿貝金納橄欖	Arbequina Olives
乳香脂	Mastiha	阿薩姆紅茶	Assam Black Tea
亞麻籽	Flax Seed	青檸	Kaffir Lime
亞歷山大草籽	Alexander's Seeds	青檸葉	Kaffir Lime Leave
刺槐 / 金合歡	Acacia	非洲苦蒿	Africa Wormwood
咖哩葉	Curry Leaf	非洲迷迭香	Kapokbos/Wild Rosemary

非洲薑	African Ginger / Whitei Mondei	香蕉	Banana
南非國寶茶 / 博士茶	Rooibos	香薄荷	Savoury
南非鈎麻 / 魔鬼爪	Devil's Claw	香檸檬	Bergamot
奎寧	Quinine	香蘭葉	Pandan Leaves
星狀茉莉	Sampaguita	哥達荷拉杰檸檬	Gondhraj Lemon
枸杞	Goji Berry	夏威夷豆	Macadamia
柚子	Pomelo / Oriental Grapefruit	夏蜜柑	Sweet Summer Orange
柬埔寨羅勒	Khmer Basil	庫拉索柑橘皮	Laraha Peel
洋甘菊	Chamomile	栗子	Chestnuts
洛神花	Roselle	桂皮	Cassia Bark
派普瑞納薄荷	Peperina	桂花	Osmanthus
紅心芭樂	Pink Guava	桉樹	Eucalyptus
紅玉米	Red Corn	泰北辣椒	Makhwaen
紅花百里香 / 鋪地香	Creeping Thyme / Breckland Thyme	泰國甜羅勒	Thai Sweet Basil
紅苜蓿花	Red Clover Flower	海石竹	Sea Pink Flower
紅茶	Black Tea	海角鵝莓 / 燈籠果	Cape Gooseberry / Groundcherry
紅甜椒	Red Bell Pepper	珠茶	Gunpowder Tea
紅景天 / 岩玫瑰	Rhodiola Rosea	神香草葉壽馬草 / 岩茶	Sideritis Hyssopifolia
紅紫蘇	Red Shiso / Red Perilla	粉紅胡椒	Pink Pepper
美洲花椒	Prickly Ash	粉紅葡萄柚皮	Pink Grapefruit Peel
苜蓿花	Clover Flowers	胭脂樹紅	Annatto
苦木	Quassia	茗荷	Japanese Ginger
苦瓜	Goya / Bitter Melon	茴香	Fennel
苦杏仁	Bitter Almond	草莓	Strawberry
苦蒿	Wormwood	荔枝	Lychee
苦橙皮	Bitter Orange Peel	貢布胡椒	Kampot Pepper
英式法格爾啤酒花	English Fuggle Hop	迷迭香	Rosemary
茉莉花	Jasmine	馬克納杏仁	Marcona Almonds
香車葉草	Sweet Woodruff	馬里翁莓	Marionberry
香根草	Vetivera	馬齒莧葉	Spekboom Leaf
香草	Vanilla	馬鞭草	Verbena
香菇乾	Shiitake Mushroom	高良薑 / 南薑	Galangal
香菜葉	Cilantro / Coriander Leaf	啤酒花	Hops
香楊梅 / 香桃木	Bog Myrtle	接骨木果實	Elderberry
香葵	Hibiscus Abelmoschus	接骨木花	Elderflower

曼薩尼亞橄欖	Manzanilla Olives	猴麵包樹果	Baobab Fruit
梨子	Pear	番紅花	Saffron
甜甘菊	Sweet Chamomile	紫羅蘭	Violet Flower
甜沒藥	Sweet Cicely	紫蘿蘭葉	Violet Leaves
甜萊姆	Sweet Lime	菊花	Chrysanthemum Flowers
甜橙皮	Sweet Orange Peel	菊蒿 / 艾菊	Tansy
甜檸檬皮	Sweet Lemon Peel	菖蒲	Calamus/ Acorus Calamus/ Sweet Flag
笹竹葉	Sasa Bamboo Leaf	菖蒲根	Calamus Root
荳蔻	Cardamom	菲律賓萊姆	Dayap
荷花	Lotus Flower	萊姆	Lime
莪朮	White Turmeric/Zedoaria	萊姆花	Lime Blossom
野生水薄荷	Wild Water Mint	越橘	Lingonberries
野生花蜜	Wild Flower Honey	酢橘 / 酸橘	Kabosu
野生茴香	Wild Fennel	開普檸檬皮	Cape Lemon Peel
野生迷迭香	Wild Rosemary	雲杉	Spruce
野生迷迭香	Wild Rosemary	雲莓	Cloudberry
野生辣椒	Wild Chilli	黃葵籽	Ambrette Seed
野生酸蘋果	Crab Apples	黃葡萄柚	Yellow Grapefruit
野生歐白芷	Wild Angelica	黑山石楠	Black Mountain Heather
野生藍莓	Wild Blueberry	黑刺李	Sloe
野玫瑰	Wild Rose	黑胡椒	Black Pepper
野薑花	Camia Blossom / White Ginger Lily	黑桑葚	Black Mulberries
野櫻莓	Aronia Berry	黑荳蔻	Black Cardamom
陳皮	Aged Tangerine Peel	黑莓	Blackberry
雪松木	Cedar Wood	黑莓葉	Blackberry Leaves
麥蘆卡枝葉	Manuka Leaves	黑醋栗	Black Currant
喀什米爾紅茶	Kashmir / Cashmere Tea	黑醋栗葉	Black Currant Leaves
喀拉哈里松露	Kalahari Truffle / N'abbas	黑蕃茄	Black Tomato
富士蘋果	Fuji Apple	黑檸檬	Black Lemon
普列薄荷	Pennyroyal Mint	塔斯馬尼亞胡椒	Tasmanian Pepper
普洱茶	Pu'er Tea	塞維亞苦橙	Seville Bitter Orange
棕櫚油	Palm Oil	椰子	Coconut
棕櫚籽	Palm Seed	椴樹花	Linden Flowers
椪柑	Tangerine	楊桃	Starfruit
犀牛草	Rhino Bush	煙燻岩鹽	Smoked Stone Salt

獅耳花	Wild Dagga/Lion Tail	酸模	Sorrel
瑞士石松	Cembra Pine/Stone Pine	酸橙	Sour Orange
當歸	Chinese Angelica/Dang Gwei	鳳梨	Pineapple
葛縷子	Caraway	鳶尾根	Orris Root
葡萄皮	Grape Peel	歐白芷籽	Angelica Seed
葡萄果	Nouaison Berries	歐白芷根	Angelica Root
葡萄花	Vine Flower	歐石楠	Bell Heather
葡萄柚皮	Grapefruit Peel	歐防風 / 芹菜蘿蔔	Parsnip
蜀葵根	Marshmallow Root	歐亞路邊青	Wood Aven/Geum Urbanum
蜂蜜	Honey	歐洲山松	Mountain Pine
達瑞德麥芽	Darred Malt	歐夏至草	Horehound Herb
酪梨葉	Avocado Leaves	歐當歸	Lovage
零陵香豆	Tonka Bean	蓮花葉	Lotus Leaves
鼠尾草	Sage	蔓生杜松子	Prostrate Juniper
壽眉茶	Shoumei Tea	蔓越莓	Cranberries
榛果	Hazelnut	蝶豆花	Butterfly Pea Flower
瑪黛茶	Yerba Mate	黎檬	Rangpur Lime
綠茶	Green Tea	墨西哥萊姆	Key Lime
綠荳蔻	Green Cardamom	樺樹葉	Birch Leaves
綠紫蘇	Perilla、Green Shiso	橘子	Mandarin
綠葡萄柚	Green Grapefruit	橘葉	Mandarin Leaf
綠橙皮	Green Orange Peel	橘檬	Limon Mandarino
綠薄荷	Spearmint	橙皮	Orange Peel
綠薑黃	Green Turmeric	橙花	Orange Blossom
蒔蘿	Dill	蕃薯	Sweet Potato
蒔蘿籽	Dill Seed	錦葵花	Mallow Blossom/Malva
蒲公英花	Dandelion Flower	錫蘭茶	Ceylon Tea
蒲公英根	Dandelion Root	龍井茶	Longjing Tea
蒲公英葉	Dandelion Leaf	龍眼	Dragon Eye/Longan
蓍草	Yarrow	龍膽根	Gentian Root
蜜多福啤酒花	Mittelfrüh Hop	優利卡檸檬 / 四季檸檬	Eureka Lemon
蜜樹	Honeybush	檀木	Sandalwood
蜜檸檬香桃木	Honey Lemon Myrtle	檜木	Hinoki
辣根	Horseraddish	薄荷	Mint
酸桔	Shekwasha/Flat Lemon	薑	Ginger

闊葉巨藻	Sweet Kelp
叢林胡椒	Jungle Pepper
檸檬天竺葵	Lemon Pelargonium
檸檬皮	Lemon Peel
檸檬百里香	Lemon Thyme
檸檬香茅	Lemongrass
檸檬香桃木	Lemon Myrtle
檸檬香蜂草	Lemon Balm
檸檬馬鞭草	Lemon Verbena
瀑布啤酒花	Cascade Hops
繖形花	Spignel /Meum Athamanticum
繖形花根	Spignel Root /Baldmoney/Meum Athamanticum / 德文：Bärwürz
繡線菊	Meadowsweet
臍橙	Navel Orange
臍薊根	Carline Thistle Root
薰衣草	Lavender
藍山咖啡豆	Jamaica Blue Mountain Coffee Bean
藍莓	Blueberry
藍睡蓮	Blue Lotus Blossom
覆盆莓	Raspberry
羅恰梨	Rocha Pear
羅恩漿果 / 歐州山梨果	Rowan Berry
羅勒	Basil
羅望子	Tamarind
藜麥	Quinoa
蘋果	Apple
蘋果薄荷	Apple Mint /Foxtail Mint
櫻花	Cherry Blossom
纈草根	Valerian Root
麝香葡萄	Muscat Grape
蘿蔔絲乾	Dried Daikon
鹽角草 / 海蘆筍	Glasswort /Salicornia /Samphire

Distributors & Agents

琴酒代理及進口商一覽

歐洲 | 英國

Bombay	康達吉爾國際行銷股份有限公司
London No.3	嘉馥貿易有限公司
Tanqueray	巴拿馬商帝亞吉歐有限公司台灣分公司
Hayman	英勃特有限公司
Hendrick	格蘭父子洋酒股份有限公司
Ableforth	華揚國際展覽有限公司
Bimber	人上人實業有限公司
Opihr	康達吉爾國際行銷股份有限公司
Berkeley Square	康達吉爾國際行銷股份有限公司
Thomas Dakin	康達吉爾國際行銷股份有限公司
Botanist	新加坡商人頭馬君度股份有限公司台灣分公司
Whitley Neill	隼昌股份有限公司
Cotswolds	德興昌貿易有限公司
Portobello Road	布法羅洋行有限公司
Darnley's	振泰洋酒有限公司
Boodles	香港商長懋有限公司台灣分公司
Plymouth	道地餐飲股份有限公司
Caorunn	翔盛國際企業有限公司
Edinburgh	捷成國際洋行股份有限公司
Beefeater	台灣保樂力加股份有限公司
Martin Miller	英勃特有限公司
Bulldog	康達吉爾國際行銷股份有限公司
Chase	大倉捷有限公司
Sipsmith	台灣三得利股份有限公司
Tarsier	波德有限公司
Jawbox	布法羅洋行有限公司

歐洲 | 西班牙

Gin Mare	道地餐飲股份有限公司
London No. 1	橡木桶洋酒股份有限公司
Jodhpur	利多吉股份有限公司
Nordes	道地餐飲股份有限公司

歐洲 | 德國

Berliner	康達吉爾國際行銷股份有限公司
Monkey 47	台灣保樂力加股份有限公司
GIN SUL	CASS Lifestyle 愷心股份有限公司

歐洲 | 愛爾蘭

Glendalough	酒之最股份有限公司

歐洲 | 葡萄牙

Sharish	丸達電子有限公司

歐洲 | 法國

Meridor	義式企業有限公司
Le Gin	華揚國際展覽有限公司
G'Vine	隼昌股份有限公司
Citadelle	英勃特有限公司
Fair	奧壘有限公司

歐洲 | 比利時

Blind Tiger	人上人實業有限公司
X Gin	道地餐飲股份有限公司

歐洲 | 奧地利

Stin	歐德佳貿易有限公司
Wien	歐德佳貿易有限公司

歐洲 | 挪威

Bareksten	友煌有限公司

歐洲 | 芬蘭

Kyrö	迅如有限公司

歐洲 | 丹麥

Mikkeller	凱迪亞國際事業有限公司

歐洲 | 義大利

Gin del Professore	東遠國際有限公司
Wolfrest	吉時良品國際有限公司

歐洲 | 瑞士

Nginious!	友煌有限公司

美洲 | 美國

Koval	隼昌股份有限公司
FEW	華揚國際展覽有限公司
Bluecoat	友煌有限公司
Ransom	道地餐飲股份有限公司
Aviation	道地餐飲股份有限公司

美洲 | 秘魯

London to Lima	鳳林國際有限公司

美洲 | 哥倫比亞

Dictador	廷漢企業有限公司

亞洲 | 日本

Kikka	樂驪有限公司
Ki No Bi	華揚國際展覽有限公司
Wa Bi Gin	堃泰貿易有限公司
Okinawa	東和商貿有限公司
Sakurao	人上人實業有限公司
9148	台漢生技有限公司

亞洲 | 臺灣

Kavalan	金車公司
Sidebar	那吧有限公司
Holy	台灣自酒發展有限公司

亞洲 | 香港

Perfume Trees	康達吉爾國際行銷股份有限公司

亞洲 | 柬埔寨

Seekers	布法羅洋行有限公司

非洲 | 南非

Musgrave	東虹有限公司
New Harbour	東虹有限公司
Hope	東虹有限公司

大洋洲 | 澳洲

Four Pillars	布法羅洋行有限公司

大洋洲 | 紐西蘭

Dancing Sands	九洋築地股份有限公司

工藝琴酒全書 歷史 x 製程 全球夢幻酒款與應用調酒

作　　　　者	鄭哲宇
主　　　　編	莊樹穎
封 面 設 計	犬良品牌設計
內 頁 設 計	犬良品牌設計
行 銷 企 劃	洪于茹
出 　 版 　 者	寫樂文化有限公司
創 　 辦 　 人	韓嵩齡、詹仁雄
發行人兼總編輯	韓嵩齡
發 行 業 務	蕭星貞
發 行 地 址	106 台北市大安區光復南路 202 號 10 樓之 5
電　　　　話	(02) 6617-5759
傳　　　　真	(02) 2772-2651
讀 者 服 務 信 箱	soulerbook@gmail.com
總 　 經 　 銷	時報文化出版企業股份有限公司
公 司 地 址	台北市和平西路三段 240 號 5 樓
電　　　　話	(02) 2306-6600

協力 Contributors

蘇泉仲 Craig Su

蔡旻倪 Sami Tsai

吳書維、譚詠光、王子齊、廖友仁

Full Circle Craft Distillers Co. P51,373

Kyrö Distillery Company P282,283,284

Perfume Trees Gin P361

CASS Lifestyle 愷心股份有限公司 P244

新加坡商人頭馬君度股份有限公司台灣分公司 P102,103

華揚國際展覽有限公司 P40,69,78,300

英勃特有限公司 P16,19,85(右),147(上),201,202,408

天鵝脖子有限公司 P187(右)

道地餐飲股份有限公司 P46(上),79,82,211,212,218(上)

東和商貿有限公司 P349,P350(上)

東遠國際有限公司 P249

人上人實業有限公司 P228

布法羅洋行有限公司 P37,39,46(下),52,54,55,57,60,61,62,66,81,
　　　　　　　　　　　183(下),400,402

國家圖書館出版品預行編目（CIP）資料

工藝琴酒全書 / 鄭哲宇著 . -- 第一版 . -- 臺北市：
寫樂文化 , 2020.04
　面；　公分 . -- (我的檔案夾；45)
ISBN 978-986-97326-9-7(平裝)

1. 蒸餾酒 2. 製酒業

463.83　　　　　　　　　　　　　109004265

第一版第一刷　2020 年 4 月 24 日
第一版第四刷　2023 年 8 月 25 日
ISBN　978-986-97326-9-7